新生物学丛书

# 基因组学:核心实验方法
## Genomics: Essential Methods

〔英〕Mike Starkey　Ramnath Elaswarapu　著

于 军 主译

科学出版社

北京

图字:01-2011-4859

## 内 容 简 介

本书主要阐述了基因组学及其衍生学科的各种关键技术，涉及内容广泛，涵盖实验手段和计算机模拟等方法。尤其是其中的实验方法，都是依据专家撰写的实验报告而建立的，并来自于实验室里应用新技术进行研究的第一线数据。特点是实用性强、可靠性强、专业指导性强，非常适合于从事基因组学及其在生命科学领域的各个衍生学科研究的研究生和青年学者阅读。读者不仅可以在这里了解到实验技术的详细步骤，还可以掌握实验技术的根本思想和原理，有助于进一步提出其他的替代方法。

All right reserved. Authorized translation from the English language edition published by John Wiley & Sons Limited. Responsibility for the accuracy of the translation rests solely with Science Press Ltd. And is not the respensibility of John Wiley & Sons Limited. No part of this book may be reproduced in any form without the written permission of the original copyright holder，John wiley & Sons Limited.
Copies of this book sold without a Wiley sticker on the cover are unauthorized and illegal.

**图书在版编目(CIP)数据**

基因组学：核心实验方法／(英)斯塔基(Starkey, M.)等著；于军主译 .—北京：科学出版社，2012

(新生物学丛书)

Genomics：Essential Methods

ISBN 978-7-03-033378-0

Ⅰ.①基… Ⅱ.①斯…②于… Ⅲ.①基因组-实验方法 Ⅳ.①Q343.1-33

中国版本图书馆 CIP 数据核字(2012)第 008666 号

责任编辑：罗 静 刘 晶／责任校对：李 影
责任印制：徐晓晨／封面设计：美光制版

**科学出版社**出版
北京东黄城根北街 16 号
邮政编码：100717
http://www.sciencep.com

北京凌奇印刷有限责任公司印刷
科学出版社发行 各地新华书店经销

\*

2012 年 3 月第 一 版　　开本：787×1092　1/16
2025 年 1 月第七次印刷　　印张：19
字数：425 000
**定价：78.00 元**
(如有印装质量问题，我社负责调换)

# 《新生物学丛书》专家委员会成员名单

主　任：蒲慕明

副主任：吴家睿

**专家委员会成员**（按汉语拼音排序）：

| | | | | |
|---|---|---|---|---|
| 昌增益 | 陈洛南 | 陈晔光 | 邓兴旺 | 高　福 |
| 韩忠朝 | 贺福初 | 蒋华良 | 金　力 | 李家洋 |
| 林其谁 | 马克平 | 孟安明 | 裴　钢 | 饶　毅 |
| 饶子和 | 施一公 | 舒红兵 | 王　琛 | 王梅祥 |
| 王小宁 | 吴仲义 | 徐安龙 | 薛红卫 | 詹启敏 |
| 赵国屏 | 赵立平 | 钟　扬 | 朱　桢 | |

# 译者名单

**主　　译**　于　军

**翻译人员**（按姓氏汉语拼音排序）

　　　　李欣刚　肖景发　吴佳妍　孟庆姝

# 《新生物学丛书》
# 丛书序

当前,一场新的生物学革命正在展开。为此,美国国家科学院研究理事会于2009年发布了一份战略研究报告,提出一个"新生物学"(New Biology)时代即将来临。这个"新生物学",一方面是生物学内部各种分支学科的重组与融合,另一方面是化学、物理、信息科学、材料科学等众多非生命学科与生物学的紧密交叉与整合。

在这样一个全球生命科学发展变革的时代,我国的生命科学研究也正在高速发展,并进入了一个充满机遇和挑战的黄金期。在这个时期,将会产生许多具有影响力、推动力的科研成果。因此,有必要通过系统性集成和出版相关主题的国内外优秀图书,为后人留下一笔宝贵的"新生物学"时代精神财富。

科学出版社联合国内一批有志于推进生命科学发展的专家与学者,联合打造了一个21世纪中国生命科学的传播平台——《新生物学丛书》。希望通过这套丛书的出版,记录生命科学的进步,传递对生物技术发展的梦想。

《新生物学丛书》下设三个子系列:科学风向标,着重收集科学发展战略和态势分析报告,为科学管理者和科研人员展示科学的最新动向;科学百家园,重点收录国内外专家与学者的科研专著,为专业工作者提供新思想和新方法;科学新视窗,主要发表高级科普著作,为不同领域的研究人员和科学爱好者普及生命科学的前沿知识。

如果说科学出版社是一个"支点",这套丛书就像一根"杠杆",那么读者就能够借助这根"杠杆"成为撬动"地球"的人。编委会相信,不同类型的读者都能够从这套丛书中得到新的知识信息,获得思考与启迪。

《新生物学丛书》专家委员会
主　任:蒲慕明
副主任:吴家睿
2012年3月

# 译者前言

《基因组学:核心实验方法》一书主要阐述了基因组学及其衍生学科的各种关键技术,涉及内容广泛,涵盖实验手段和计算机模拟等方法。尤其是其中的实验方法都是依据专家撰写的实验报告而建立的,并来自于实验室里以应用新技术进行研究的第一线数据。特点是实用性强、可靠性强、专业指导性强。

由于基因组学的影响力日益扩大,新技术不断产生,海量数据迅速积累,基因组学的核心实验方法已经被应用到生命科学研究的各个领域当中。越来越多的研究者在试图利用基因组学知识和成果的同时,也越来越重视一系列可靠的研究方法和研究手段的掌握。因此,本书非常适合于从事基因组学及其在生命科学领域的各个衍生学科研究的研究生和青年学者阅读。他们不仅可以在这里了解到实验技术的详细步骤,还可以掌握实验技术的根本思想和原理,有助于进一步提出其他的替代方法。

衷心感谢参加翻译的肖景发博士、吴佳妍博士、孟庆姝博士和李欣刚博士为本书所作的贡献,他们都是多年从事基因组学前沿工作的青年学者,具有很好的语言能力和专业水平。

在译校过程中,虽力求忠于原意、通顺信达,但限于水平有限,谬误之处在所难免,敬希读者批评指正。

于 军
2011 年 11 月 11 日

# 前　言

随着人类基因组测序计划完成，基因组学的影响力迅速扩大。目前，由于新技术的产生以及海量数据的积累，使得以前难以想象的大规模实验具有可行性，进而使人们对生物系统的认识发生了巨大改变。

后基因组时代已经拉开序幕，它提供更多对新技术进行相关学术研究和商业开发的机会，越来越多的研究者在试图利用基因组学的知识和成果时，发现掌握一系列可靠的研究方法尤为重要。基于此想法，我们依据主要在实验室以应用新技术进行研究的专家们撰写的实验报告而建立了一系列研究方法。

本书主要介绍了实验技术详细步骤，同时还阐明了技术的根本思想，有助于研究者提出其他可替代的方法。本书和其他的工具书所不同的地方在于，所有作者在介绍实验步骤的同时投入大量精力来阐述技术的原理，因此大大增加了本书的实用价值。

本书的宗旨在于阐述基因组学及其衍生学科的关键技术，并不是广泛收集基因组学实验技术本身。这些技术涉及内容非常广泛，主要包括遗传变异探测技术、mRNA 表达谱和基因组 DNA 拷贝数分析、通过实验或计算机模拟进行蛋白质分析，以及基因疗法的应用等。

第 1~4 章主要涉及基因组分析方法的程序，包括检测染色体拷贝数变化的几种策略。样本数据处理的流程中（第 1 章和第 3 章）充分考虑了进行研究中新鲜组织的难收集性和组织病理学部门收集的组织资源库太大等问题。单核苷酸多态性识别技术（第 2 章）是在疾病易感性和药物基因组学研究方面应用高精度全基因组关联分析方法（第 4 章）的重要工具。

第 5~7 章介绍了基因表达分析技术，转录组分析的发展趋势是利用 RNA 扩增技术得到更为严格定义的细胞群体的表达谱。一方面，由于 RT-PCR 技术（第 6 章）具有特异性和敏感性强等特点，其被广泛应用于 RNA 的检测和定量化；另一方面，许多应用需要外源基因在体内进行表达，第 7 章也介绍了一系列体内系统转移基因的新方法。

第 8 章详细描述了利用酵母双杂交方法进行蛋白质相互作用的研究，并且获取高度可信的蛋白质相互作用的数据信息，蛋白质-蛋白质相互作用研究有助于理解这些基因的生物功能和阐明生化反应途径。确定基因功能是功能基因组学的关键，第 9 章和第 10 章阐述功能基因组学的研究方法。

基因疗法是通过对与致病机制相关的缺陷基因进行修饰而达到治疗疾病的目的，其逐渐被认为是疾病治疗的一种可行性途径，第 11 章和第 12 章着重解决相关问题并提出一般性策略。

蛋白质组分析通常被认为是转录组研究的延伸，最后一章着重介绍基因组学专家如何分析蛋白质表达谱。这一章和前面的章节风格有所不同，主要描述应用蛋白质组学技术时遇到的相关问题的解决策略。

  我们衷心希望本书中关于这些实验技术和基本原理的阐述能够帮助该领域中初级和资深的研究工作者顺利完成实验。

  最后谢谢所有作出贡献的作者 David Hames、Clare Boomer 和 Jonathan Ray 以及 Wiley-Blackwell 出版社的工作人员,最重要的是他们的家人在编辑本书期间给予的支持。

Mike Starkey

Ramnath Elaswarapu

# 目 录

《新生物学丛书》丛书序
译者前言
前言
1 基因拷贝数量变化的高精度分析 ………………………………………… 1
  1.1 简介 ……………………………………………………………………… 1
  1.2 方法和途径 ……………………………………………………………… 2
      1.2.1 寡核苷酸比较基因组杂交(aCGH)芯片 ………………………… 2
      1.2.2 单核苷酸多态性比较基因组杂交(aCGH)芯片 ………………… 13
      1.2.3 多重连接探针扩增 ……………………………………………… 17
  1.3 疑难解答 ………………………………………………………………… 25
  参考文献 ……………………………………………………………………… 26
2 遗传图谱中的多态性标记识别 …………………………………………… 29
  2.1 简介 ……………………………………………………………………… 29
  2.2 方法和途径 ……………………………………………………………… 30
      2.2.1 基因变异的知识库 ……………………………………………… 30
      2.2.2 基因变异的靶向重测序 ………………………………………… 31
  2.3 疑难解答 ………………………………………………………………… 40
      2.3.1 引物设计 ………………………………………………………… 40
      2.3.2 PCR 扩增 ………………………………………………………… 41
      2.3.3 二进制文件的使用 ……………………………………………… 41
      2.3.4 Phred/Phrap 软件 ……………………………………………… 41
  参考文献 ……………………………………………………………………… 41
3 基于 SNP 芯片的基因分型和杂合性缺失分析 …………………………… 44
  3.1 简介 ……………………………………………………………………… 44
  3.2 方法和途径 ……………………………………………………………… 44
      3.2.1 芯片 ……………………………………………………………… 44
      3.2.2 基因分型 ………………………………………………………… 45
      3.2.3 连锁关联分析 …………………………………………………… 45
      3.2.4 甲醛固定石蜡包埋组织 ………………………………………… 46
      3.2.5 杂合性缺失 ……………………………………………………… 52
  3.3 疑难解答 ………………………………………………………………… 56
  参考文献 ……………………………………………………………………… 57

## 4 复杂性状的基因定位 ......60
### 4.1 简介 ......60
### 4.2 方法和途径 ......61
#### 4.2.1 关联分析方法:随机样本 ......61
#### 4.2.2 关联方法:基于家系样本 ......72
#### 4.2.3 连锁分析:使用 LOD 值作为参数的分析方法 ......73
#### 4.2.4 连锁分析:非参数方法 ......74
#### 4.2.5 总结 ......75
### 4.3 疑难解答 ......75
#### 4.3.1 合并数据集 ......75
### 参考文献 ......76

## 5 针对单细胞敏感性的 RNA 扩增技术 ......82
### 5.1 简介 ......82
#### 5.1.1 RNA 扩增的目的 ......82
#### 5.1.2 扩增的方法 ......84
### 5.2 方法和途径 ......89
#### 5.2.1 T7RNA 聚合酶的体外转录 ......89
#### 5.2.2 全局 RT-PCR ......96
### 5.3 疑难解答 ......103
### 参考文献 ......104

## 6 表达谱分析的实时定量聚合酶链反应技术 ......107
### 6.1 简介 ......107
### 6.2 方法和途径 ......108
#### 6.2.1 样本筛选 ......108
#### 6.2.2 提取 RNA ......109
#### 6.2.3 临床样本和环境样本 ......112
#### 6.2.4 逆转录 ......114
#### 6.2.5 SYBR Green I 染料检测的荧光定量 PCR ......118
#### 6.2.6 寡核苷酸探针标记的定量 PCR ......122
#### 6.2.7 定量方法 ......124
#### 6.2.8 实时定量 PCR 的标准化 ......127
### 6.3 疑难解答 ......127
#### 6.3.1 未扩增、扩增量少、扩增起步晚 ......127
#### 6.3.2 缺少模板组或阴性对照组 ......130
#### 6.3.3 无逆转录酶对照组 ......130
#### 6.3.4 形成引物二聚体 ......131
#### 6.3.5 SYBR Green I 溶解曲线出现多峰 ......131
#### 6.3.6 在样本重复实验 3 次,至少 5 倍对数稀释情况下,相关系数<0.98,其标准曲线

| | | 不可信 | 131 |
|---|---|---|---|
| | 6.3.7 | 不稳定的扩增曲线图或大幅度的井间变化 | 131 |
| 参考文献 | | | 132 |

# 7 哺乳动物细胞中的基因表达 ... 137
## 7.1 简介 ... 137
### 7.1.1 人工染色体和转基因技术 ... 138
### 7.1.2 基因转移和表达 ... 139
### 7.1.3 位置效应和核染色质 ... 139
### 7.1.4 组织特异性调控元件 ... 139
### 7.1.5 持续表达和染色质绝缘体 ... 139
## 7.2 方法和途径 ... 140
### 7.2.1 哺乳动物细胞的位点特异性染色体重组 ... 140
### 7.2.2 质粒要求 ... 142
### 7.2.3 染色体转移 ... 144
## 7.3 疑难解答 ... 149
参考文献 ... 149

# 8 酵母双杂交在分析大量蛋白质相互作用中的应用 ... 152
## 8.1 概述 ... 152
## 8.2 方法和途径 ... 154
### 8.2.1 建立大量"诱饵"或"猎物"蛋白克隆 ... 154
### 8.2.2 生成兼容性重组插入用于缺口修复克隆 ... 156
### 8.2.3 缺口修复反应 ... 157
### 8.2.4 阳性转化株鉴定 ... 159
### 8.2.5 酵母菌落 PCR ... 159
### 8.2.6 "诱饵"与"猎物"克隆自激活检测 ... 161
### 8.2.7 靶向矩阵法 Y2H 筛选 ... 162
## 8.3 疑难解答 ... 166
参考文献 ... 166

# 9 蛋白质功能预测 ... 168
## 9.1 引言 ... 168
## 9.2 方法和途径 ... 168
### 9.2.1 注释策略 ... 169
### 9.2.2 多个蛋白质识别系统的应用 ... 171
### 9.2.3 序列同源性 ... 172
### 9.2.4 系统发生关系 ... 175
### 9.2.5 序列衍生的功能和化学性质 ... 177
### 9.2.6 蛋白质-蛋白质相互作用图谱 ... 178
## 9.3 故障排查 ... 180

参考文献 ............................................................ 181

# 10 通过基因工程小鼠阐释基因功能 ............................................................ 186
## 10.1 引言 ............................................................ 186
## 10.2 方法和途径 ............................................................ 187
### 10.2.1 小鼠目标基因剔除原理 ............................................................ 187
### 10.2.2 小鼠基因打靶策略 ............................................................ 189
### 10.2.3 通过重组工程从 BAC 中获得 DNA ............................................................ 191
### 10.2.4 胚胎干细胞和胚胎成纤维细胞培养 ............................................................ 195
### 10.2.5 嵌合体配对和下游的应用 ............................................................ 215
## 10.3 疑难解答 ............................................................ 216
参考文献 ............................................................ 217

# 11 基因转移的载体系统 ............................................................ 220
## 11.1 引言 ............................................................ 220
## 11.2 方法和途径 ............................................................ 220
### 11.2.1 理想的基因治疗载体 ............................................................ 220
### 11.2.2 质粒设计 ............................................................ 222
### 11.2.3 病毒载体 ............................................................ 222
### 11.2.4 非病毒 DNA 载体 ............................................................ 232
### 11.2.5 鉴定非病毒载体的物理性质 ............................................................ 235
### 11.2.6 优化体外基因传递 ............................................................ 236
### 11.2.7 优化方案 ............................................................ 239
### 11.2.8 报告基因和分析 ............................................................ 240
### 11.2.9 细胞毒性分析 ............................................................ 240
### 11.2.10 非病毒载体的未来发展 ............................................................ 240
## 11.3 疑难解答 ............................................................ 241
### 11.3.1 一般问题 ............................................................ 241
参考文献 ............................................................ 242

# 12 基因治疗策略:构建 AAV 特洛伊木马 ............................................................ 249
## 12.1 简介 ............................................................ 249
### 12.1.1 基因治疗的常规策略:基本方法 ............................................................ 249
### 12.1.2 基因治疗策略:基因转染细胞 ............................................................ 253
### 12.1.3 病毒载体 ............................................................ 254
### 12.1.4 重组 AAV 病毒的生产、纯化和滴度检测 ............................................................ 256
## 12.2 方法和途径 ............................................................ 257
## 12.3 疑难解答 ............................................................ 267
参考文献 ............................................................ 267

# 13 蛋白质组学技术简介 ............................................................ 270

| | | |
|---|---|---|
| 13.1 | 简介 | 270 |
| 13.2 | 方法和途径 | 271 |
| | 13.2.1 基于凝胶的策略 | 271 |
| | 13.2.2 LC/MS策略 | 274 |
| | 13.2.3 基质辅助激光解吸电离（MALDI）成像和概览 | 276 |
| 13.3 | 故障诊断 | 277 |
| | 13.3.1 若干分解出来的特征和修饰 | 277 |
| | 13.3.2 样品消耗、蛋白质识别及覆盖深度 | 278 |
| | 13.3.3 统计强度 | 279 |
| | 13.3.4 结论 | 279 |
| 参考文献 | | 280 |
| 索引 | | 284 |

# 1 基因拷贝数量变化的高精度分析

Mario Hermsen[1], Jordy Coffa[2], Bauke Ylstra[3], Gerrit Meijer[2], Hans Morreau[4], Ronald van Eijk[4], Jan Oosting[4] and Tom van Wezel[4]

[1] *Department Otorrinolaringlogía, Instituto Universitario de Oncología del Principado de Asturias, Oviedo, Spain*
[2] *Department of Pathology, VU University Medical Center, Amsterdam, The Netherlands*
[3] *Microarray Facility, VU University Medical Center, Amsterdam, The Netherlands*
[4] *Department of Pathology, Leiden University Medical Center, Leiden, The Netherlands*

## 1.1 简介

1992 年 Kallioniemi 等首次提出了比较基因组杂交技术（comparative genomic hybridization，CGH），这标志着从全基因组角度分析 DNA 拷贝数变化的开始[1]。该技术的基本原理是，用不同的荧光染料通过缺口平移法分别标记待测的全基因组 DNA 样本和对照样本 DNA 制成的探针，并与正常人的间期染色体进行共杂交，用在染色体上显示的待测样本与对照样本的荧光强度的不同来反映待测样品基因组 DNA 表达状况的变化，再借助于图像分析技术可对染色体拷贝数量的变化进行定量研究。

表面上看这项实验技术对非专门从事染色体组技术的实验室是非常困难，但自从介绍该实验详细过程的文章[2]刊登之后，CGH 技术被广泛应用于各项研究中，特别是在癌症遗传学研究方面。使用福尔马林固定石蜡包埋（formalin-fixed and paraffin-embedded，FFPE）方法处理 DNA 样品为后续基于临床数据研究肿瘤奠定了基础，可以在肿瘤发生、扩散和转移等不同时期探测基因的变化[3]。

经典的 CGH 技术只有 5～10Mb 的染色体带的分辨率。但 1997 年出现的比较基因组杂交芯片（array comparative genomic hybridization，aCGH）技术克服了这一"瓶颈"[4,5]。该技术沿用了经典 CGH 技术的基本思想，它的改进在于不是使用中期染色体组而是采用基因组 DNA 克隆芯片或者寡核苷酸作为杂交的靶标。aCGH 的优势在于其精度由 DNA 克隆数量或者寡核苷酸数量决定，另一个优势在于不需要染色体组分型。目前，主要有两种广泛应用的 aCGH，分别是寡核苷酸芯片和单核苷酸多态性芯片（single nucleotide polymorphism，SNP）[6]。

2002 年由 Schouten 等提出并公开发表的多重连接探针扩增（multiple ligation-dependent probe amplification，MLPA）技术是另一种 DNA 拷贝数分析技术[7]，该技

术主要针对那些感兴趣且已知的特异性基因或者染色体区域。MLPA 技术仅需要 20ng 的 DNA 样品就能同时定量 50 个大约 50 个核苷酸长度的不同靶标。MLPA 的另一个优势在于其具有可重复性和特异性等特点，在日常诊断中应用此技术能够保证实验高效率和低成本完成。

对 FFPE 样品的基因组表达概况分析应用的重要性逐渐增长，在全世界范围内收集了大量临床跟踪的 FFPE 样品集，然而，FFPE 样品 DNA 的降解程度因其长度、固定方法及样品保存时间的不同而表现出不一致性。本章旨在描述寡核苷酸 aCGH 方法、SNP aCGH 方法和 MLPA 技术，还特别介绍了从 FFPE 样品中获取 DNA 的使用。这些技术主要应用于癌症研究，同时它们也同样适用于人类遗传疾病的 DNA 拷贝数畸变分析。

## 1.2 方法和途径

### 1.2.1 寡核苷酸比较基因组杂交（aCGH）芯片

第一个全基因组芯片是只包含 2400 个基因克隆的探针，探针的引入主要是通过细菌人工染色体（bacterial artificial chromosome，BAC）进行［8］。寡核苷酸比较基因组杂交芯片和经典的 CGH 相比具有更高的实验精度，对于人类全基因组 30 亿碱基对来说，其精度平均可以达到 1Mb 左右［1］，相对经典的 CGH 方法提高约 1 个数量级。如果要达到完全覆盖的精度，即把精度再提升一个数量级，大约需要制备 30 000 个 BAC 载体［9］。然而，制备如此大量 BAC 载体用于 aCGH 实验是非常昂贵和耗时的，由于 BAC 载体较大的克隆容量，BAC aCGH 方法已经达到了其精度的限制。

一些实验室使用测定染色体拷贝数变化的 cDNA 芯片来研究基因表达谱［10］。尽管 cDNA 芯片方法确实能得到一些有用信息，但是由于实验精度的限制还远远不能和寡核苷酸平台相提并论。寡核苷酸平台具有精度高、灵活性强和性价比高等特点［6］，还能应用于所有已测序物种的全基因组。寡核苷酸芯片 CGH 和基因表达谱可以用来直接比较 mRNA 表达和 DNA 拷贝数比率。此外，在基因表达谱研究中经常使用或者设计新的寡核苷酸芯片，并且该方法已被广泛地应用。

商业寡核苷酸 aCGH 平台包括 Illumina（60mer）、Operon（70mer）、Affymetrix（25mer）、Agilent（60mer）和 NimbleGen（45～85bp），最新的芯片上的寡核苷酸数目可以达到 210 万个［11］。随着对单个碱基的敏感度水平迅速达到单个 BAC 克隆载体的水平，寡核苷酸 aCGH 平台精度也不断改进。目前，并不是所有的寡核苷酸 aCGH 平台都可以检测到单个碱基的获得或缺失，但是 3～5 个相邻碱基的变化能可靠地检测到［6，11］。而且，随着实验技术的改进，目前在长达 50bp 以上的寡核苷酸芯片上进行分析，从 FFPE 肿瘤样本分离的 DNA 可以和新鲜材料（实验方案 1.1～1.4）的 DNA 相比拟（图 1.1）。

寡核苷酸 aCGH 和其他 aCGH 的原理一样，都是采用不同标记的肿瘤组织的 DNA（实验方案 1.5）和正常组织的 DNA 在寡核苷酸芯片上共杂交（实验方案 1.6），通过专用扫描器和数字图像处理软件计算出芯片上每一点的两种样本发出的荧光强度比值。

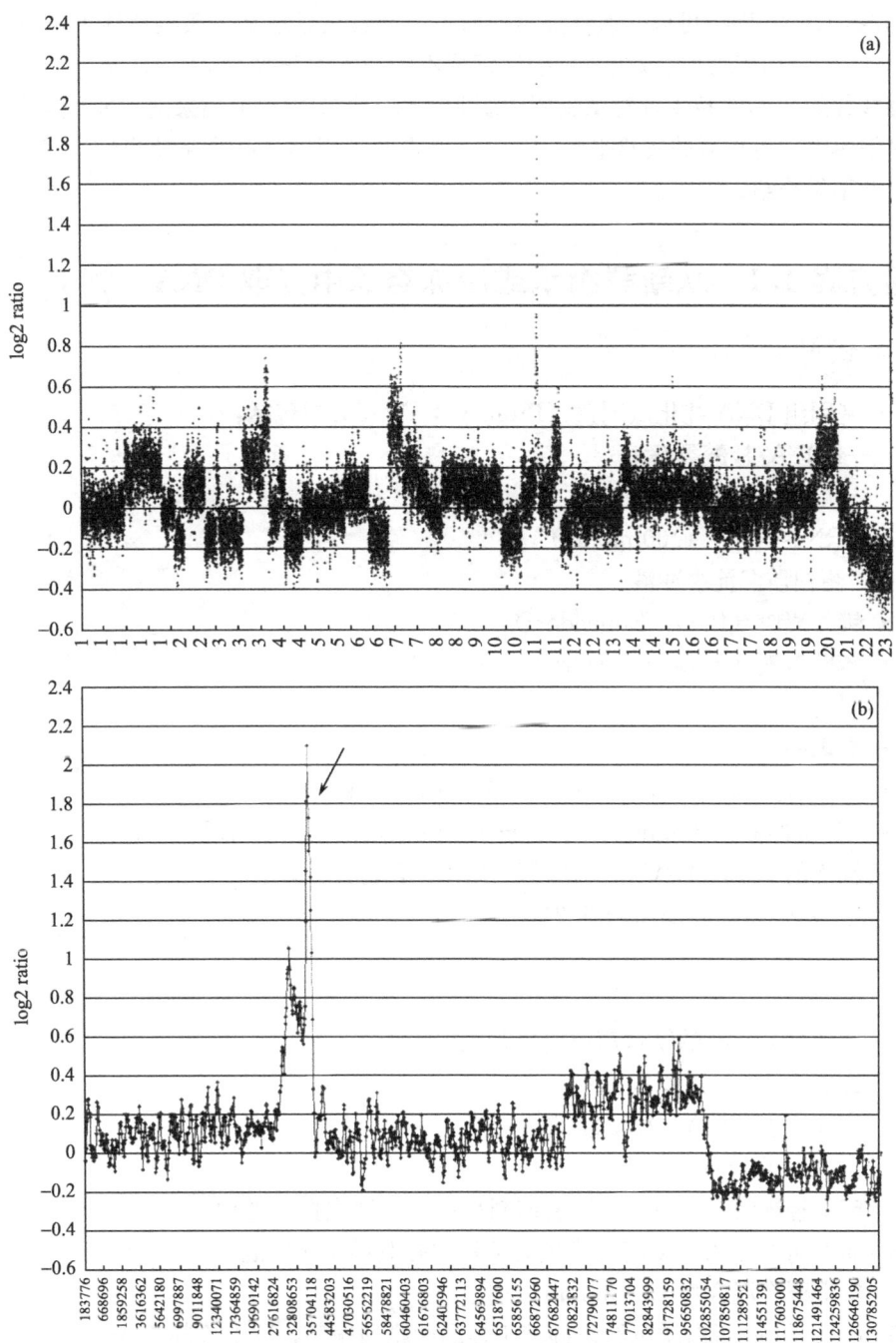

图 1.1 从 FFPE 抽取的肿瘤 DNA 的寡核苷酸 aCGH 分析实例。(a) 所有寡核苷酸按在染色体上的位置排序。(b) 11 号染色体的寡核苷酸,观测到一个显著的扩增(箭头所示)。

如果比值偏离正常值 1.0（或 log2 对数正常值为 0.0），表明肿瘤组织的 DNA 拷贝数异常，最终得到的是根据染色体位置排序的芯片上所有寡核苷酸的 DNA 拷贝数的信息（实验方案 1.7）。图示可以一次性显示所有位点或者只显示某一条染色体上位点的信息（图 1.1）。CGH 的敏感度取决于肿瘤组织样本的纯度和获取 DNA 的质量。

寡核苷酸 aCGH 技术针对从新鲜组织和 FFPE 组织中提取出来的 DNA 样品提供了一个高敏感性、可重复的实验平台，鉴于此类芯片可以通过商业途径购买，芯片的准备工作在此不做介绍。

## 实验方案 1.1　从新鲜组织或冷冻组织中提取 DNA

设备和试剂

- 基因组 DNA 纯化试剂盒（Promega，A1120），包括：
  —EDTA/核酸裂解液
  —蛋白酶 K（20mg/ml）
  —RNase 溶液（100mg/ml）
  —蛋白质沉淀缓冲液
- 锁相凝胶（PLG，Eppendorf）
- 苯酚溶液（如 Sigma-Aldrich，P-4557）
- 氯仿
- 异丙醇
- 酚/氯仿：50%（V/V）酚，50%（V/V）氯仿
- TE 缓冲液：10mmol/L Tris-HCl，pH 8.0，1mmol/L EDTA
- 预冷的 70%（V/V）和 100%（V/V）乙醇
- 乙酸钠（3mol/L，pH 5.2）

方法

1. 向一个 1.5ml 的微量离心管中加入：
- 0.5~1cm$^3$ 的组织样品；
- 600$\mu$l 的 EDTA/核酸裂解液；
- 17.5$\mu$l 的蛋白酶 K。
2. 55℃轻摇孵育过夜，或孵育时对样品进行数次振荡处理。
3. 加入 3$\mu$l 的 RNase 溶液到核裂解物中并对样品颠倒混匀 2~5 次。
4. 37℃孵育混合物 15~30min。
5. 加入 200$\mu$l 蛋白质沉淀缓冲液于样品中剧烈振荡，冰上冷却 10min。
6. 20 000g 室温离心 15min，沉淀蛋白质。
7. 小心将含有 DNA 的上清液移至一个干净的 1.5ml 离心管中。
8. 室温下加入 600$\mu$l 异丙醇。

9. 轻微颠倒混匀直到出现可见数量的白色丝状 DNA。

10. 室温下 20 000g 离心 1min，DNA 在离心沉淀中呈白色可见颗粒状，弃去上清液并吹干乙醇。

11. 加入 200μl TE 缓冲液重新溶解 DNA。

12. 用 2ml PLG light 沉淀，在室温 12 000～16 000g 离心 20～30s。

13. 加入 200μl 含 DNA 的 TE 到 2ml 的 PLG light 管中，接着加入 200μl 苯酚-氯仿。

14. 颠倒混匀水相和有机相[a]。

15. 12 000～16 000g 室温离心 5min 以分离两相，将上清液转移到 1.5ml 离心管中。

16. 直接加入 200μl 氯仿到上述离心管中。

17. 颠倒彻底混匀[a]。

18. 室温 12 000～16 000g 离心 5min，分离两相。

19. 转移水相（凝胶的上部）到新的 1.5ml 离心管中。

20. 加入 20μl 3mol/L 的乙酸钠颠倒混匀。

21. 加入 2.5 倍体积的预冷 100%浓度的乙醇[b]。

22. 室温 12 000～16 000g 离心 15min。

23. 弃去上清液，加入 500μl 预冷的 70%乙醇，振荡样品并在 4℃下 20 000g 离心 10～15min。

24. 弃去上清液，风干乙醇。

25. 重新溶解于 100μl TE 或水中。

**注释**

a 不要振荡。

b 混合之后，DNA 应会离开溶液。

## 实验方案 1.2　石蜡包埋组织中提取 DNA[c]

设备和试剂

- 二甲苯（如 Merck-VEL，90380）
- 甲醇
- 乙醇 [100% (V/V)，96% (V/V)，70% (V/V)]
- 试剂盒：QIAamp DNA Mini Kit 250 (Qiagen, 51306)，如果组织样品数量有限时（如活检样品）采用 QIAamp DNA Micro Kit 50 (Qiagen, 56304)
- 硫氰酸钠（NaSCN）（如 Sigma）1mol/L
- 蛋白酶 K（如 Roche），20mg/ml
- RNase A（如 Roche），100mg/ml

- 磷酸盐缓冲液（PBS）

方法[c]

1. 把2～3份50μm厚的石蜡包埋组织切片转移到一个离心管中。
2. 室温下于1ml二甲苯中温育7min，涡旋振荡混匀数次。
3. 室温下14 000g离心5min，弃去上清液。
4. 重复步骤2和3两次。
5. 室温下于1ml甲醇中温育5min，涡旋振荡混匀数次。
6. 室温下14 000g离心5min，弃去上清液。
7. 重复步骤5和6一次。
8. 加入1ml PBS，涡旋振荡混匀数次。
9. 室温下14 000g离心5min，弃去上清液。
10. 重复步骤8和9一次。
11. 在38～40℃下，1ml 1mol/L的NaSCN温育过夜，温育期间涡旋振荡混匀数次。
12. 室温下14 000g离心5min，弃去上清液。
13. 按照步骤11和12，用1ml PBS代替NaSCN洗颗粒物三次。
14. 加入200μl ATL缓冲液（QIAamp Kit中）和20μl蛋白酶K，涡旋振荡混匀数次。
15. 在50～60℃下温育60h，每隔12h补充20μl蛋白酶K。
16. 室温下加入40μl RNase A温育2min，涡旋振荡混匀数次。
17. 再加入400μl AL缓冲液于65～75℃下温育10min，涡旋振荡混匀数次。
18. 加入420μl 100%（V/V）乙醇后彻底涡旋振荡混匀。
19. 转移600μl上述溶液到一个QIAamp试剂盒的离心柱中。
20. 室温下2000g离心1min，弃去滤液。
21. 重复步骤19和20，直至所有的样品都转移到离心柱中。
22. 加入500μl AW1溶液到离心柱中。
23. 室温下2000g离心1min，弃去滤液。
24. 再加入500μl AW2溶液到离心柱中。
25. 室温下14 000g离心3min，弃去滤液。
26. 把离心柱放到一个干净的带盖离心管中。
27. 加入75μl预热至65～75℃的AE溶液，把DNA从离心柱上洗下来。
28. 在室温下放置1min。
29. 室温下2000g离心1min。
30. 丢弃离心柱，DNA保存在2～8℃。

**注释**

c 上述方法使用QIAamp Mini Kit是用来从大约1cm³或者更大的组织切片中提取DNA，如果需要从更小的组织块（如小于0.5cm³）中提取，需使用QIAamp Micro Kit。

相应地,蛋白酶 K 的加入量和温育时间应该相应地调整,不需用 RNase 处理。石蜡包埋组织中提取出的 DNA 的质量会有很大的变化。总的来说,较老的石蜡块包埋的样品,提取的 DNA 质量较差。其中影响石蜡包埋保存样品 DNA 质量的一个很重要因素就是,包埋前固定用的甲醛必须缓冲至 pH 7.0。

## 实验方案 1.3  使用 PicoGreen 法进行荧光 DNA 定量

设备和试剂
- TE: 10mmol/L Tris-HCl, pH 8.0, 0.1mmol/L EDTA
- PicoGreen dsDNA 试剂 (Molecular Probes)[d]
- λ DNA 标准品
- 推荐的微孔板(平底的免疫滴定微孔板;Dynex Immulux™)
- 荧光分析仪
- 针对微孔板的离心机

[e]方法:

1. 在 96 孔板中准备一组 100μl/孔的 λ DNA 标准品,浓度梯度如下:

| λ DNA (2 μg/μl) | TE/μl | 最终浓度 |
| --- | --- | --- |
| 100μl | 0 | 100 ng/μl |
| 75μl | 25 | 750 pg/μl |
| 50μl | 50 | 500 pg/μl |
| 25μl | 75 | 250 pg/μl |
| 10μl | 90 | 100 pg/μl |
| 5μl | 95 | 50 pg/μl |
| 0μl | 100 | 0 pg/μl |

2. 对每个 DNA 样品取出 2μl,加入 98μl 的 TE 稀释。
3. 对每个 DNA 样本的稀释液,准备 100μl 的用 TE 稀释 200 倍的吡咯绿[d]稀释液。
4. 加入 100μl 吡咯绿稀释液到 100μl 的 DNA 稀释液中,充分混匀。
5. 将微孔板 250g 离心 1min 以除去气泡。
6. 读取荧光分析仪(激发光 485nm,发射光 538nm)。
7. 根据 DNA 标准品制作标准曲线并计算相应 DNA 样品的浓度。

注释

d 由于 PicoGreen 是光敏感的,尽量避免过度曝光。

e 对于用于 SNP 分析的石蜡包埋的 DNA 样品来说,PicoGreen 法进行荧光 DNA 定量的可靠性比用分光光度计检测 $A_{260nm}$ 高 [12]。

## 实验方案 1.4　　DNA 定量 PCR

设备和试剂

- 引物库 (100μmol/L):
  —RS2032018 (150bp)
    - 引物 1: 5′-GTGTCTCCCTTCCCACTCAA-3′
    - 引物 2: 5′-AGCCCACCTACCTTGGAAAG-3′
  —AP000555 (PRKM1, 255bp)
    - 引物 3: 5′-TGGCTGATCTATGTCCCTGA-3′
    - 引物 4: 5′-GCTCAGTTGTTTTGTGGGTAAG-3′
  —AC008575 (APC, 511bp)
    - 引物 5: GCTCAGACACCCAAAAGTCC
    - 引物 6: CATTCCCATTGTCATTTTCC
- 无 $MgCl_2$ 的 PCR 反应缓冲液 (Applera)
- Amplitaq gold DNA 聚合酶 (5U/μl Applera)

方法

1. 准备引物工作液,其中包含 20pmol/μl 的引物 1 和 2, 10pmol/μl 的引物 3~6[f]。
2. 按下列要求准备 10μl 的反应液,其中包含:
   - 0.25μl 引物工作液
   - 1.0μl 的 10×不含 $MgCl_2$ 的 PCR 反应缓冲液 II
   - 0.2μl 的 4×10mmol/L dNTP
   - 1.0μl 的 25mmol/L $MgCl_2$
   - 2.0μl 模板 DNA (1~250ng)[g, h]
   - 0.1μl 的 Amplitaq gold DNA 聚合酶
   - 5.45μl 的水。
3. PRC 的热循环设置为:
   - 变性 96℃, 10min
   - (94℃, 30s; 55℃, 30s; 72℃, 1min) 35 个循环
   - 72℃, 5min。
4. 对每个 PCR 产品进行 2% (m/V) Tris-acetate-EDTA 琼脂糖凝胶电泳分析,将扩增后的产物比对到 Marker 上来进行定量[i]。

**注释**

f 多通道 PCR 可以扩增出三类扩增子,分别是 150bp、255bp 和 511bp,这种方法堪比 van Beers 法。

g 用 10ng 的从新鲜冰冻组织中的基因组 DNA 作为对照。

h 如果 DNA 浓度(参见实验方案 1.9)高于 5ng/μl,可以用水稀释。

i 从 DNA 模板扩增出的 150bp 和 255bp 的扩增子可以适合 aCGH 实验。

## 实验方案 1.5　用于寡核苷酸 aCGH 对 DNA 进行标记

**设备和试剂**

- BioPrime DNA 标记系统（Invitrogen，18094-011），包括：
  — 2.5× 随机引物的溶液
  — Klenow 片段的 DNA 聚合酶 I（40U/$\mu$l）；必须一直保持在冰上，放入和取离冰箱时最好放到 −20℃ 的冰冻盒内
- Cy3-labeled dCTP（如 Amersham Biosciences/Perkin Elmer）
- Cy5-labeled dCTP（如 Amersham Biosciences/Perkin Elmer）
- ProbeQuant G-50 微管柱（Amersham Biosciences）
- dNTP 混合物；制备成 200$\mu$l 混合液，包括：
  —4$\mu$l 的 100mmol/L dATP
  —4$\mu$l 的 100mmol/L dGTP
  —4$\mu$l 的 100mmol/L dTTP
  —1$\mu$l 的 100mmol/L dCTP
  —2$\mu$l 的 1mol/L Tris-HCl，pH 7.6
  —0.4$\mu$l 的 0.5mol/L EDTA，pH 8.0
  —184.6$\mu$l 的水。

**方法**

1. 在一个 PCR 管内，加入 300ng[j] 的基因组 DNA 和 20$\mu$l 的 2.5× 随机引物的溶液，加水调容积至 42$\mu$l。
2. 在 PCR 仪上，以 100℃ 将 DNA 混合物变性 100min，然后迅速转移到冰水中冰浴 2~5min，简单离心后放回冰上。
3. 在冰上进行操作，向 PCR 管中加入 5$\mu$l 的 dNTP 混合物、Cy3 标记的测试 DNA 或 Cy5 标记的内参 DNA 样品和 1$\mu$l 的 Klenow DNA 聚合酶。
4. 充分混合后在 37℃ 孵育 14h（在 PCR 仪中），然后维持在 4℃。
5. 准备一个 Probe-Quant G-50 柱来去除未偶联上的染料，操作如下所述。
   - 涡旋振荡悬在柱子里的树脂；
   - 旋松帽子 1/4 圈，轻弹底部；
   - 将柱子放入到 1.5ml 的离心管中 735g 离心 1min[l]。
6. 把柱子放到一个新的 1.5ml 离心管中，小心将 50$\mu$l 样品加入到树脂的中部，注意不要破坏树脂床。
7. 735g 离心 2min。离心管的底部收集纯化后的样品。
8. 丢弃纯化柱，如当天使用则避光保存标记好的样本[m]，或最多在 −20℃ 保存 10d。

**注释**

j 对于石蜡包埋的组织,应该用600ng的待测和内参DNA样本。我们的经验表明内参DNA可以用血样或者石蜡包埋的正常组织,效果都不错。

k 测试和内参DNA可以用Cy3或Cy5之一标记。

l 同时启动计时器和离心机使得离心时间不超过1min。

m 不必准备对标记的DNA或Cy5/Cy3-dCTP进行准确定量,因为在数据分析中Cy5/Cy3通道的标准化能够替代这一过程。

## 实验方案1.6 杂交

设备和试剂

- 封闭液[n]:0.1mol/L Tris,50mmol/L 氨基乙醇,pH 9.0;6.055g的Trizma碱和7.88g Trizma-HCl 加入到900ml水溶液中,加入3ml氨基乙醇(Sigma-Aldrich Chemie B. V. Zwijndrecht, Netherlands)彻底混匀,用6mol/L的HCl 调pH9.0,用水定容至1L。
- 20×SSC, pH 7.0(如Sigma)然后用水稀释成(0.2×SSC、0.1×SSC 和0.01×SSC)。
- 20% ($m/V$) SDS 溶液100ml,将20g SDS 粉末溶于90ml 水中,定容至100ml。
- 洗脱液:4×SSC、0.1% ($m/V$) SDS;200ml 20×SSC、10ml 10% ($m/V$) SDS,用水定容至1L。
- Human Cot-1 DNA, 1μg/μl(如Invitrogen)。
- Yeast tRNA, 100μg/μl(如Invitrogen)。
- 母液:14.3% ($m/V$) 硫酸葡聚糖,50% ($V/V$) 甲酰胺,2.9×SSC, pH 7.0。将1g的硫酸葡聚糖(USB)、3.5ml再蒸馏的甲酰胺(Invitrogen;−20℃储存)、2.5ml水和1ml的20×SSC混合,轻摇数小时至硫酸葡聚糖完全溶解,−20℃储存。
- 洗脱液:50% ($V/V$) 甲酰,2×SSC, pH 7.0。
- PN 溶液:0.1mol/L $Na_2HPO_4$/$NaH_2PO_4$, pH 8.0, 0.1% ($V/V$) Igepal CA630 (如Sigma)。
- GeneTAC/HybArray12 杂交反应器(Genomic Solutions/Perkin Elmer)。

方法

1. 加入0.01体积的10% ($m/V$) SDS 到封闭液中[最终浓度为0.1% ($m/V$) SDS],50℃预热。

2. 将一寡核苷酸基因芯片放到载玻片架上，50℃孵育15min以封闭剩余的活性基团º。

3. 用水冲洗载玻片两遍。

4. 用50℃预热的洗脱液洗15～60min^p。

5. 用水稍稍洗一会儿，保证离心前载玻片保持湿润。

6. 将载玻片放入一个50ml管中，200g离心3min以干燥。

7. 取一块载玻片，一周内杂交。

8. 在一个1.5ml的离心管中加入50$\mu$l的Cy3标记的测试DNA、50 $\mu$l Cy5标记的内参DNA和10$\mu$l Cot-1 DNA^r。

9. 加入11$\mu$l的3mol/L乙酸钠，pH5.2（0.1体积）及300$\mu$l预冷的100%（V/V）乙醇，颠倒混匀，在4℃ 20 000g离心30min收集DNA。

10. 用移液器除去上清液，吹干底部沉淀块5～10min直至没有乙醇，小心把沉淀块溶解在13$\mu$l的酵母tRNA和26$\mu$l的20%（m/V）SDS混合物中，室温下静置至少15min。

11. 加入91$\mu$l的母液，轻轻混匀。

12. 在73℃下变性杂交液10min，然后37℃孵育60min让Cot-1 DNA封闭重复序列。

13. 在杂交仪^t上以"CGH.hyb"为名保存以下程序^s：

(a) introduce hybridization solution, temperature 37℃

(b) set slide temperature: temperature: 37℃; time: 38 hours : 00 minutes : 00seconds, agitate: Yes

(c) wash slides (washing buffer): six cycles, source 1, waste 2 at 36℃, flow for 10s, hold for 20s

(d) wash slides (PN buffer): two cycles, source 2, waste 1 at 25℃, flow for 10s, hold for 20s

(e) wash slides (0.2× SSC): two cycles, source 3, waste 1 at 25℃, flow for 10s, hold for 20s

(f) wash slides (0.1× SSC): two cycles, source 4, waste 1 at 25℃, flow for 10s, hold for 20s.

14. 收集够6U的杂交样品（两块载玻片为1U）：在盖上插入橡皮圈，把载玻片放到黑色底盘上，保证载玻片的印迹面朝上。

15. 把反应单元放入杂交仪，单手按住反应单元直到螺丝钉旋紧。

16. 把塞子塞入相应的口，废弃的管子放入相应的洗瓶里。

17. 在触摸屏上顺序按下以下键：start a run, from floppy, CGH.hyb, load, the positions of the slides you want to use, start, continue（此时开始加热载玻片）。

18. 当杂交仪准备好的时候（此时屏幕会提醒），进行以下操作。

(a) 按下Probe键，向选定的载玻片加入杂交液；

(b) 检查一下屏幕上是否有标记出现；

(c) 将塞子取出，用 200μl 移液器缓慢加入杂交液到对应的口中；

(d) 按下 Finished control 键（检查标记），然后替换塞子；

(e) 对下一块载玻片重复以上操作；

(f) 对选定的载玻片按下 Finished control 键；

(g) 对模块按下 Finished control 键；

(h) 对选定的模块重复此步骤。

19. 38h 后拿出载玻片，放入 0.01× SSC。
20. 把每块载玻片放入一个 50ml 管中 200g 离心 3min 甩干。
21. 立刻在微芯片检测仪下扫描芯片。
22. 清洗杂交仪[u]。
23. 重新收集所有用过的杂交单元用其他的载玻片代替放入杂交仪。
24. 在所有样品的口上插入塞子，所有管子放进水里。
25. 在触摸屏上依次按下如下键：maintenance，Machine Cleaning Cycle，the positions of the slides you used，continue。
26. 清理完之后，拿出所有的杂交单元，用水（千万不能用乙醇）润洗（特别是样品口），然后吹风机吹干。

**注释**

n 这种配方的封闭液只针对含氨基接头的寡核苷酸（将 10μmol/L 溶解在 pH8.5 的 50mmol/L 的磷酸钠溶液中）的 CodeLink™ 芯片（SurModics Inc）。

o 如果封闭液没有预热，则封闭时间延长 30min，但不要超过 1h。

p 每块载玻片至少使用 10ml 的洗脱液。

q 检测 DNA 和参考 DNA 分别使用 Cy3 和 Cy5 标记。

r 如果安排了多组实验，我们建议准备同一批次的大量的 cot-DNA。

s 加入 SDS 时注意气泡的产生。

t 以下是另一个杂交和洗脱的方法：剪掉 200μl 枪头的大端，使之能套到 5ml 注射器上，注射器灌满胶水（Ross）；将胶水涂到芯片周围，涂上 2 或 3 层；然后将杂交混合物涂到芯片上，并把载玻片叠到一起保证培养条件相近，在 37℃ 的恒温摇床下孵育两个晚上；杂交后，解开堆叠的载玻片并在室温下用缓慢的 PN 溶液流冲洗掉杂交液；用镊子小心除去胶水，注意过程中不要让芯片烘干；然后依次用 0.2×SSC 和 0.1×SSC 溶液洗芯片，离心甩干（250g，3min）。

u 杂交后清洗仪器对维持以后的实验相当重要。

## 实验方案 1.7　扫描和创建一个拷贝数变化图谱

设备和试剂

- 高分辨率的激光扫描仪，或者用能检测 Cy3 和 Cy5 染料荧光的成像仪，以及

配套的软件系统（如 Microarray Scanner G2505B，Agilent Technologies）
- 图像特征提取软件［如 Bluefuse 3.2 (BF)，BlueGnome Ltd，UK］
- 基因微阵列列表（GAL-file 或等效文件）：利用寡核苷酸文库提供者提供的寡核苷酸序列内容，通过微阵列 printer 软件产生
- 位置列表：一个包含相关寡核苷酸在所研究的基因组中的位置的文件，位置信息可以由寡核苷酸文库的提供者提供或者通过相对应的基因组进行定位
- 能够计算比率或能通过实验比率数据来连接基因位置和生成拷贝数变化图谱的软件（如 Microsoft Excel，或其他专门的软件如 BF）。

方法

1. 预热激光扫描仪 5min。
2. 按照使用手册，用 10μm 的分辨率扫描基因芯片。
3. 将两个通道的结果存储为独立的 TIFF 图像。
4. 利用 GAL 文件中的信息来定位微阵列网格中的每个图像进行自动寻找。
5. 进行自动斑点排查[v]。
6. 把各斑点的比率自动对应到寡核苷酸在基因组中的位置上（使用位置文件中的信息）。
7. 进行整体模型标准化[w]。
8. 画出基因组拷贝数变化图谱（在 BF 中自动生成）：按照在染色体上定位排列标准化后的比例，然后生成图形[x]。

注释

[v] 为了进一步减少偏差，我们建议去掉可信度低于 0.1 的或者质量标记低于 1 的斑点信息，这些参数是通过 BF 图像提取软件自带的方法进行计算的。

[w] 不要对区块标准化，这可能会缩减表达谱（芯片上每一个显示位点的区块的标准化可以通过中值损失或者每一点独立的光强度损失来计算）。模型的标准化用来设定"标准"值，这比平均数或者中位数标准化要好，因为它不计算获得、缺失基因和扩增所造成的影响，从而更加精确。尽管区块标准化的适用性依赖于分析样本的类型，但它通常是用来降低噪声的。也就是说，对于有很少染色体异常的样本，区块标准化可以降低噪声；但对于有很多染色体异常的样本（如肿瘤样本），我们不推荐使用。

[x] 为了更加准确地分析和获取有关获得、缺失基因和扩增的信息，建议使用更加专业的软件，如免费软件 CGH call [14]。

## 1.2.2 单核苷酸多态性比较基因组杂交（aCGH）芯片

最近发展起来的高密度 SNP 芯片初期应用在基因关联和连锁分析中高通量基因分型，同时 SNP aCGH 也可用于检测基因组拷贝数变化和杂合性缺失（loss of heterozygosity，LOH）等方面。不同于传统的 CGH，SNP aCGH 能够识别中性遗传拷贝数异常，进而能够检测到染色体中性杂合缺失[15]。而且，拷贝数异常结合、LOH 水平和亲本起源的等位基因的异常很可能与癌症遗传易感性相关。据报道，SNP aCGH 已成功应用于一些癌症研究，如乳腺癌、肠癌和肺癌[16～19]。目前，高密度 SNP 芯片可以同时对 100 万的 SNP 进行检测，但对于研究 FFPE 抽提的 DNA 样品并不理想，这是因为从 FFPE 抽提的 DNA 片段过于零碎。基于这一点，目前的芯片都要求 6000～10 000 的长度。

商业上有基于不同原理的各种类型的 SNP 芯片，包括局部特异性的寡核苷酸芯片（基因芯片）和全局捕获寡核苷酸芯片（微珠芯片），单张基因芯片可以探测 25 万个 SNP。为探测每一个 SNP，芯片上合成了一簇局部特异性寡核苷酸。根据全基因组采样的方法进行样品的准备[20]。限制性酶切消化基因组高分子 DNA 后，在 DNA 两端加上通用接头进行单引物 PCR 扩增和局部特异性杂交[21]。对于 Infinium 芯片，是对整个全基因组 DNA 进行扩增后打断成 DNA 片段，再将变性的 DNA 杂交到局部特异性芯片上，使用标准的免疫组化学探测方法对芯片染色、扫描后进行等位基因特异性引物延伸试验。目前单个 Infinium 芯片可以探测超过百万个 SNP[22]。Goldengate 基因分型实验使用的芯片混合了 96、384、768 和 1536 这四种 SNP 探针[23]，结合了等位基因特异性引物和局部特异性引物的方法来探测 SNP，这种引物的末端加上了通用正向和反向的引物，对局部特异性引物还加上了互补的一般性捕获探针。随着连接反应的进行，等位基因特异性引物不断延伸，产生了等位基因特异性人工 PCR 模板，在该模板上扩增和标识。使用全局捕获探针对该芯片杂交，呈现出两种杂交色分别表示 SNP 的两个等位基因。倒置探针（molecular-inversion probe，MIP）基因分型是用超过 10 000 个 SNP 的多元化芯片上的环化局部特异性探针来实现的。每一个探针的 5′端和 3′端在 SNP 的上游和下游退火，后续的连接反应来填补这 1bp 的间隙形成一个环状探针，然后用限制酶消化环状探针得到使用一般性引物的 PCR 扩增产物[24]。用不同的颜色标记 4 种核苷酸，因此，PCR 扩增产物杂交到全局捕获探针的芯片上，用扫描器读取 4 种颜色。然而，高密度基因芯片和 Infinium 芯片是为高质量的 DNA 样品设计的，Goldengate 和 MIP 芯片则都可以用来检测 LOH 及 FFPE 样品的基因拷贝数的变化[25，26]。

SNP aCGH 可收集样品上的荧光信号强度和等位基因信息，为了获得基因组拷贝数变化和杂合性缺失变化图谱，出现了多种不同的算法和软件[13，27～30]。对于 LOH 谱和拷贝数变异的分析，特别是针对 Goldengate 基因芯片分析，基本上没有可行性的方法出现。因此，为了分析微珠芯片的数据开发了 R 软件包 BeadArraySNP，该软件包将特异性等位基因信号强度标准化，并且能展示基因组拷贝数变化和杂合性缺失变化图谱[25]。

这里我们描述利用 Goldengate 芯片和微珠芯片（Beadarray）分析从 FFPE 样品中纯化的 DNA 样品的高分辨率基因组拷贝数变化和杂合性缺失变化图谱（实验方案 1.8）。由于 Illumina 芯片是一款商业平台，其最新的实验方法（用户手册）可以通过 www.illumina.com 网站获取，在此不做详细介绍。

## 实验方案 1.8　Illumina SNP Beadarray 实验数据分析

设备和试剂

- 用于基因分型的 Illumina 微珠扫描软件和 Bioconductor（www-bioconductor-org）BeadarraySNP 软件包 [25]
- 曲线分位点平滑（quantile smoothing）软件 [31]。

方法[y]

1. 将 1μg 的活性 DNA（抽提自 FFPE 样品）溶解于 60～100μl 的 RS1 缓冲液中，根据 Illumina 提供的方法制备 Illumina GoldenGate™ 芯片[y]。
2. 使用 Illumina BeadScan 软件[aa]扫描芯片[z]，对于每张芯片上的样本生成了（默认）以下类型的文件：
   - locs：芯片上微珠的位置
   - idat：信号强度信息（二进制文件）
   - XML：扫描设置。
3. 为了生成附加文件类型，在 beadstudio 软件目录下修改 Settings.xml[bb] 文件
   <SavePerBeadFiles>true<\SavePerBeadFiles>
   <SaveEIFFiles>false<\SaveEIFFiles>
   <SaveTextFiles>true<\SaveTextFiles>
   <CompressImages>true<\CompressImages>
   <ExcludeOutliers>true<\ExcludeOutliers>
   <IncludeXY>true<\IncludeXY>
4. 用 GenCall 软件完成扫描图像的基因分型[cc]，对于每个实验生成以下类型文件[dd]。
5. *-OPA_LocusByDNA_*.csv：基因分型和质量分数（每个样本一行）。
   - *-OPA_LocusByDNA_*DNA_Report.csv：每个样本的等位基因频率汇总。
   - *-OPA_LocusByDNA_*Final.csv：基因分型和质量值（每个探针和每个样本的信息在不同行显示）。
   - *-OPA_LocusByDNA_*.Locus_Report.csv：所有探针的质量值索引。
6. 在拷贝数分析之前首先定义样本集[ee]，接着通过函数 standerd Normalization 计算试验中所有样本的拷贝数[ff]。
7. 用 Quantile smoothing 软件画出原始拷贝数变化图和平滑后拷贝数变化图[gg]。
8. 用 50% 刻度作图（图中点线所示，见图 1.2）来指示基因获得和缺失分析[hh]。

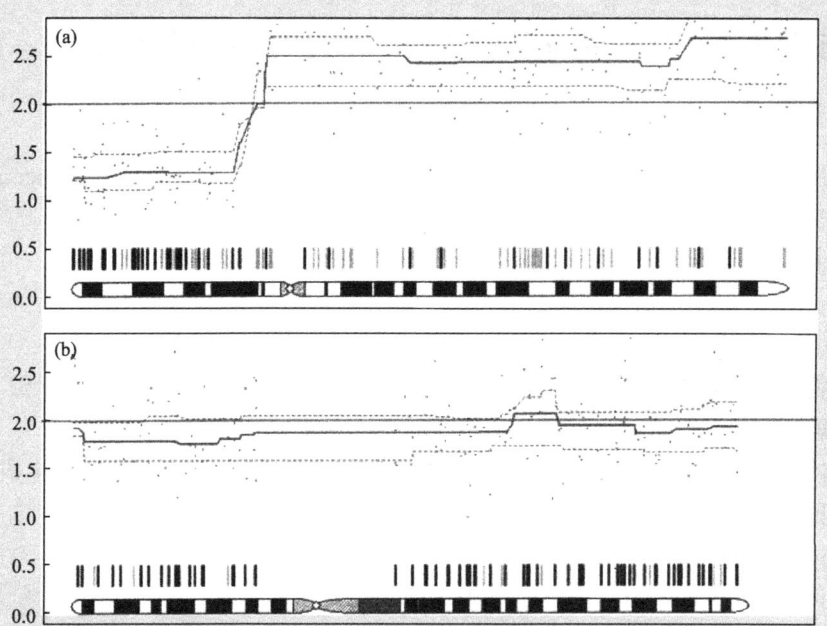

图 1.2 直肠癌样本的 BeadArraySNP 分析结果在染色体可视化图示例。(a) 8 号染色体 p 臂物理缺失,在 q 臂获得。(b) 无拷贝数变化的 9 号染色体 LOH 的示例。每个点代表每个归一化的 SNP 信号;实线显示 25% 分位平滑后的拷贝数,虚线则显示 75% 分位平滑后的拷贝数。灰色直条表示正常组织中杂合的 SNP,这些 SNP 在肿瘤组织中仍然保持其杂合性。黑色直条表示 LOH,即正常组织中是杂合的,但在肿瘤组织中是纯合的。

**注释**

y 12 对肿瘤样本+正常样本(24 个样本):用 4 个体系接近 1500 个 SNP(统称为连接板)分析(24 个样本)。SNP 杂交到 sentrix 芯片上,该芯片是 96 孔板,每个可以探测 1500 个 SNP。因此,对于每一个样本,4 块约 1500 个 SNP 的芯片杂交后得到大约 6000 个基因型。也可以用全基因组癌症 SNP 板或自制 1536、768 或 384 SNP 板取代。

z 从 Illumina SNP 芯片得到的特定的等位基因数据可以用于基因型和拷贝数变化分析。尽管用于 Illumina 数据进行基因型分析的软件多数情况下还是令人满意,但是我们发现,特别是相对于 100 000 SNP 或 317 000 SNP 的 Infinium 芯片或仅就 6000 SNP 的 GoldenGate 芯片来说,在拷贝数变化分析方面还可以改进。

aa 这个软件能识别单个微珠并测定每个微珠的强度,一般来说,这能较好地管理扫描器输出的文件,把每次试验的数据放在相应的子目录中。

bb 这样设置创建了以下文件:tiff,扫描样本的图像;csv,每个探针强度、标准差和微珠数量的信息汇总;txt,TIF 图像上微珠的位置和强度信息。

cc Illumina 平台对扫描图像进行基因分型提供了两款软件包。Gencall 最早应用于基因分型，而后续的软件 BeadStudio 是一款用来分析 Illumina 芯片数据的集成包，不同的软件其基因分析的算法不同。一般倾向于用 Gencall 的结果作为拷贝数变化分析的输入信息，如果使用 Illumina 的 Gencall 软件进行基因分型分析，那么 csv 文件是后续分析拷贝数变化的必要文件。

dd BeadStudio 生成一份具有大量详细结果的报告。对于后续拷贝数变化分析，以下结果是必须的：GC Score Allele1 — AB Allele2 — AB GT Score X Raw Y Raw，报告文件将包含每个样本和探针的结果。

ee 计算由三个步骤组成：normalizeBetweenAlleles.SNP（）完成同一样品两种颜色的标准化。因为实验中同一样品两个等位基因频率几乎完全相同，因此可以一次完成两种颜色的标准化，这样做也中和了染色偏差的影响。normalizeWithinArrays.SNP（）用高质量杂合 SNP 的中位数作为标准化因子衡量每个样本。拷贝数变异区域的 LOH 也很可能低，或者由于质量低也造成基因分型的困难。normalizeLoci.SNP（）用正常样本衡量每个探针，它假定这些样本是二倍体，都有两个拷贝。

ff Illumina 基因分型软件输出的文件，但如果包含每个样本更多的信息会更有用，如实验分组、正常/肿瘤组织。数据的格式在软件包的帮助文档中有详细的说明，必须检查数据的质量。已经证明用物理装置列出每一个通道的平均强度对探测技术异常很有帮助，对于 GoldenGate 芯片，每个通道的平均强度应该大于 1250。

gg 用分位数平滑（quantile smoothing）软件可以得到各种原始和平滑后的拷贝数变化图，如大量样本所有染色体、实验指定区域（获得、缺失基因和 LOH 区域）的样本、每一条染色体的平滑后强度，或者实验中每个样本的似 BAC 芯片图。

hh 当 25% 分位高于 2N 线时认为拷贝数增加，当 75% 分位低于 2N 线时认为拷贝数缺失。

## 1.2.3 多重连接探针扩增

2002 年，Schouten 等 [7] 首次介绍了 MLPA 技术，该技术现已迅速发展成探测各种疾病相关基因畸变的关键技术。MLPA 是一项多元化技术，在 mRNA 表达谱分析 [34]、探测基因组 DNA 序列的拷贝数变化 [32] 和启动子甲基化状态 [33] 方面都得到重要的应用。尽管基因组特征分析在研究和临床诊断上变得越来越重要，但是常规的检测外显子缺失和复制的方法仍然很缺乏。到目前为止，MLPA 技术已经广泛应用于许多研究中，这些研究包括三体性染色体异常 [35]、Duchene&Becker 型肌肉萎缩症 [36] 和离心肌肉萎缩症的诊断，以及 *BRCA1* 基因 [37] 和 *MLH1/MSH2* 基因 [32]

的一个或多个外显子的缺失和复制的检测等。本章描述的实验方法比较详细，已足够应用于日常诊断。

MLPA实验比较简单也相对比较便宜，可以同时处理高达96个样本并在24h内获得实验结果，目前大部分分子生物学实验室都具备了MLPA所需仪器（温度循环器和测序型电泳仪）。由于探针靶向序列比较短（50~70个碱基），也就是说MLPA可以应用于部分降解的DNA样品研究，如FFPE组织中的DNA或者从孕妇血浆中游离的胎儿的DNA样品。相对于普通的PCR反应，MLPA反应对从FFPE组织中抽提的DNA中的杂质更敏感。制备新的MLPA探针混合物是一项既复杂又昂贵、耗时的工作，每一个探针都需要设计和培养噬菌体M13克隆，并且需要DNA单链的纯化，以及需要昂贵的限制性内切核酸酶的酶切反应。根据研究的目的，可以设计小量的完全人工合成探针，扩增后的产物长度在100~130个碱基之间。

MLPA是一种基于PCR技术的方法，它灵敏度高、重现性好、序列特异性强，能够同时量化高达50个不同的靶标。MLPA探针和非样本核酸需要进行扩增和量化。MLPA的探针由短的合成的寡核苷酸和M13衍生的长的寡核苷酸探针组成，衍生的探针能杂交到靶向序列的邻近位点处。短的探针包括靶向特异性序列（21~30个核苷酸）的5′端和标记的PCR引物完全相同的19个核苷酸序列。长的MLPA探针在5′磷酸末端包含24~43个核苷酸的靶向特异性序列，3′端包含未标记的PCR引物的互补序列，中间是一段可变长度的序列。因为这段可变长度的序列有不同的大小，每个探针结合后可通过毛细管凝胶电泳区分和量化[7]。当所有探针稳定地杂交到靶向序列上，随后杂交探针的寡核苷酸通过特异性连接酶连接进行后续的扩增反应（实验方案1.9；图1.3）。

通过选定的标准大小的毛细管筛选特定大小的MLPA探针（实验方案1.10）。相对的MLPA探针信号（单位荧光强度）反映了靶向序列的相对拷贝数。MLPA反应的DNA含量可以通过检测对照序列的剂量（dosage quotient，DQ）获得，MLPA试剂盒中的对照序列有多种不同长度。如果样本DNA含量非常低，对照序列的信号强度将比较明显；相反，连接依赖含92个核苷酸序列的第5个对照条带应该和其他MLPA扩增产物序列中有相似的信号强度。比较病例样本和对照参考样本的峰图可以用来分析小样本数，但对于更复杂的疾病、更大的样本，以及MLPA处理更多的样本类型，需要输出峰值信号和更准确的归一化方法。

到目前为止，已有超过150项MLPA的应用研究，并且这个数字还在迅速增长。对于大多遗传性疾病研究已有可用的MLPA试剂盒，如唐氏综合征（图1.4）、乳腺癌（BRCA1）[37]、结肠癌[32]（MSH2和MLH1）、杜氏肌营养不良症[36]、囊肿纤维化症、离心肌萎缩、镰状细胞贫血症和马凡综合征等。而今后MLPA试剂盒将会更多地发展针对肿瘤发生、细胞凋亡、血管新生和药物遗传学中的基因变异检测。

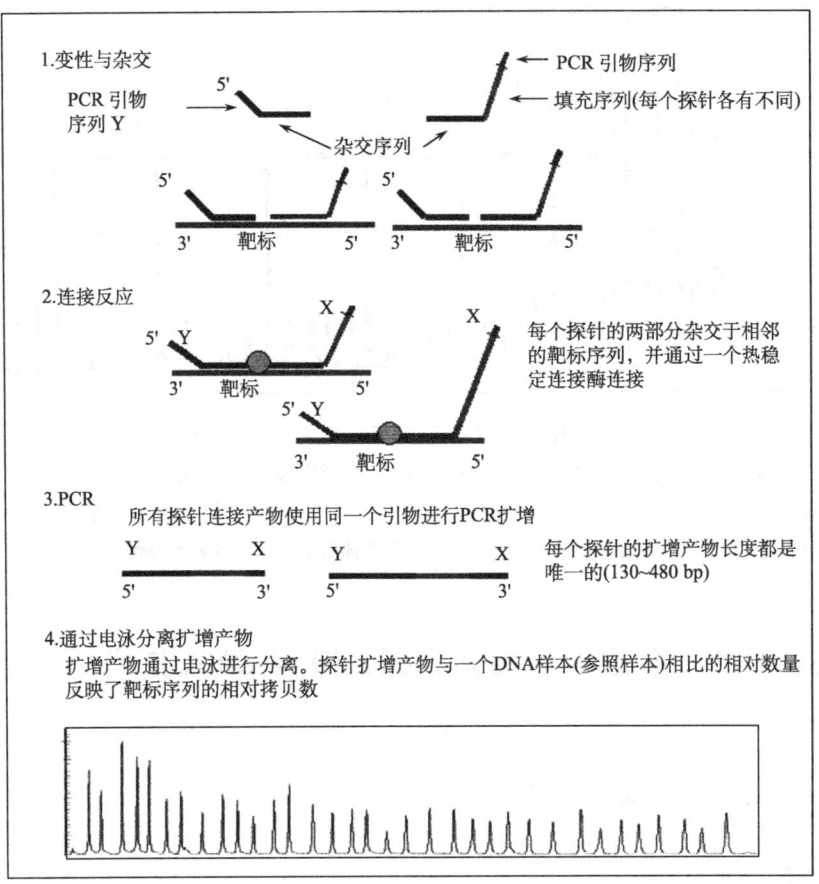

SALAS MLPA P001 染色体三体试剂盒检测过程

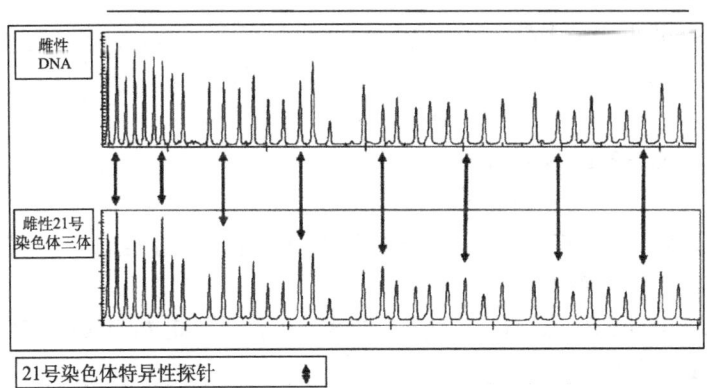

图 1.3 MLPA 过程图解。MLPA 反应分为四步：DNA 变性；加入 MLPA 探针孵育 16h，使得所有目标序列完成杂交；探针和序列的目标区域发生连接反应后进行指数形式的 PCR 扩增；最终用毛细管电泳仪检测和定量（见彩版）。

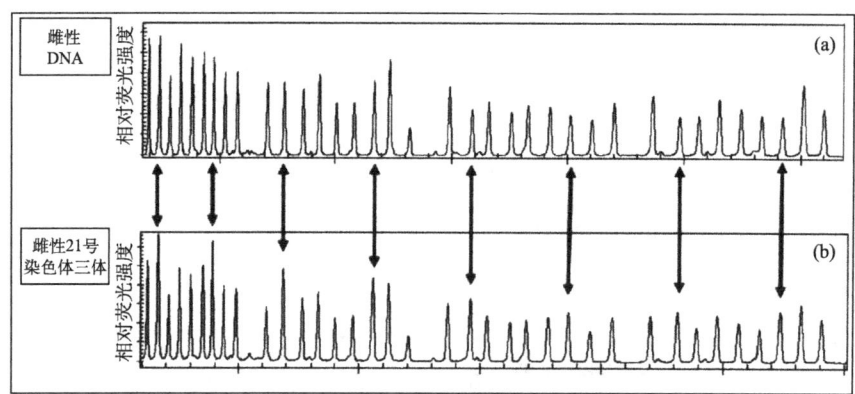

图1.4 用MLPA三体试剂盒(对13、18、21、X这4条染色体分别设计8个探针，另外对Y染色体的目标区域设计3个探针)检测唐氏综合征。箭头表示21号染色体的探针区域。(a) 正常雌性DNA的MLPA电泳图。(b) 唐氏综合征患者DNA的MLPA电泳图，图中清晰地看到所有21号染色体探针的位置峰值都有所增加。

## 实验方案1.9 多通道连接依赖探针进行DNA扩增

设备和试剂

- 完整的MLPA试剂盒(MRC-Holland)包括：
  — MLPA probe mix
  — MLPA buffer
  — Ligase-65 buffer A
  — Ligase-65 buffer B
  — Ligase-65
  — 超纯水
  — 10× SALSA PCR buffer
  — 10× SALSA PCR buffer
  — SALSA PCR 正向引物(FAM或D4标记的)：5'-GGGTTCCCTA-AGGGTTGGA-3'
  — SALSA PCR 反向引物(非标记的)：5'-GTGCCAGCAAGATC-CAATCTAGA-3'
  — SALSA 酶缓冲液
  — SALSA 聚合酶
- 有热盖功能的热循环仪[a]设置以下完整的MLPA程序：
  — 杂交程序
    ◦ 98℃，5min

- 25℃，保持
- 95℃，1min
- 60℃，保持

— 连接程序
- 54℃，保持
- 54℃，15min
- 98℃，5min
- 4℃，保持

— PCR 程序
- 60℃，保持
- (95℃，30s；60℃，30s；72℃，1min)×35
- 72℃，20min
- 4℃，保持

**方法**

1. 在 PCR 之前，先测定存储的 DNA 溶液的浓度（见实验方案 1.3）。
2. 用 10mmol/L Tris-HCl，pH8.0，1mmol/L EDTA 将上述 DNA 溶液稀释[jj,kk]至 10～20ng/μl 的工作浓度。
3. 将准备装样本初始液和探针的 0.2ml 管子标记好。
4. 在每个管子中加入 5μl 存储 DNA 溶液（空白对照加水）
5. 简单离心，将 DNA 样本聚于底部。
6. 把管子放入热循环仪并启动 MLPA 程序（5min，98℃），开盖前先冷却到 25℃。
7. 从 −20℃ 冰箱取出探针混合液和 MPLA 缓冲液解冻，稍稍涡旋振荡一下。
8. 配制探针母液：混合每个 DNA 样本 1.5μl 的探针溶液和 1.5μl 的 MLPA 缓冲液。
9. 当热循环仪达到 25℃ 时，向每个样本中加入 3μl 探针母液，吹打混匀。
10. 热循环仪暂停 25℃ 孵育，开始 95℃ 孵育 1min，然后 60℃ 下孵育 16h。
11. PCR 反应之前从冰箱拿出 Ligase-65 buffer A 和 Ligase-65 buffer B 解冻，轻微涡旋振荡。
12. 配制[ll, mm, nn, oo]连接液：3μl 的 Ligase-65 buffer A、3μl 的 Ligase-65 buffer B 和 25μl 水，涡旋振荡混匀。
13. 向每个反应体系的连接液中加入 1μl Ligase 65，涡旋振荡混匀。
14. 继续进行热缓冲仪上的步骤，加热到 54℃ 后停止。
15. 当样品预热到 54℃ 时，每个反应体系加入 32μl 连接液和 Ligase-65，吹打混匀。

16. 继续进行热缓冲仪上的下一步（54℃下孵育15min，接着98℃下孵育5min，最后保持在4℃）。在4℃下可保存连接产物一周[pp]。

17. 在PCR装置之前（pre-PCR location）准备好解冻的10× SALSA PCR 缓冲液、SALSA PCR 引物和SALSA 酶稀释缓冲液，轻微涡旋振荡。

18. 对新的装有相同样品起始物和探针的管子编号，这些管子用于杂交和连接。

19. 配制[ll, mm, nn, oo] PCR 混合液（每个反应体系）：4μl 的 SALSA PCR 缓冲液和 26μl 水，涡旋振荡混匀。

20. 每个新管中加入30μl PCR 混合液。

21. 把10μl 连接产物移液到相应的 PCR 管中。

22. 稍微离心一下管子，将反应混合物离心到管子底部。

23. 将管子放入热循环仪。

24. 在冰上配制PCR母液（每个连接体系）：2μl 的 SALSA 引物、2μl 的 SALSA 酶稀释缓冲液和5.5μl 水，吹打混匀。

25. 向每个反应体系中加入0.5μl SALSA 聚合酶，小心吹打混匀。

26. 程序进行运行到60℃时停止。

27. 往热循环仪中的每个PCR管中加入10μl PCR混合液，吹打混匀。

28. 程序继续，进行指数扩增[qq]。

**注释**

ii 如果PCR仪没有热盖功能，应该在每个DNA样本中加入15μl 矿物油防止蒸发。

jj 如果储存的DNA浓度不足10ng/μl，需用尽可能大的浓度，但是结果会降低可信度。尽管实用范围是20~500ng，但每次建议使用50~100ng的DNA。

kk 阴性对照和阳性对照（正常DNA和水）应该平行处理。

ll 所有的MLPA的反应液都应该在使用前1h内配制好，并放置在冰上。

mm 为了保持酶的活性，所有试剂使用之后都要马上放回冰箱。

nn 为了减少误差，要一次配制所有同一个反应的母液。为了补充移液器操作时的损耗，每次要多加10%的量。

oo 当处理大量样本时，应该使用多通道移液器。

pp 若要长时间保存，应存于−20℃。

qq PCR产物在4℃下可以保存至少一周，但是由于荧光标记对光敏感，所以要放在黑盒或者用锡箔纸包好。

## 实验方案1.10 对MLPA产物分离和相对定量

设备和试剂

- 带片段分析软件的毛细管测序仪或者平板胶测序仪，例如：

— ABI-310（1 道毛细管）-毛细管：5～47 cm，50μm（ABI 402839）；聚合物：POP-4（ABI 4316355）或 POP-6（ABI 4306733）

— ABI-3100（16 道毛细管），或 ABI 3100 Avant（4 道毛细管）- capillaries：36 cm；polymer：POP-4（ABI 4316355）

— ABI-3700（96 道毛细管）-毛细管：3700 毛细管陈列，50 cm（ABI 4305787）；polymer：POP-4 或 POP-6

- 去离子甲酰胺（deionized formamide）（ABI，4311320）
- 标准品（labelled size standard）（ROX-500 ABI GeneScan 401734；TAMRA-500 ABI GeneScan 401733）

方法[rr]

**ABI-310[ss, tt]**

1. PCR 反应体系为：
- 0.75μl PCR 反应液
- 0.75μl 水
- 0.5μl 的 ROX 标记的标准品
- 12μl 去离子甲酰胺

2. 吹打混匀，94℃孵育 2min 后冰上冷却。

3. 用以下设置参数启动基因片段分离软件：
- injection time：5s
- run voltage：15kV
- run time：30min
- run temperature：60℃
- run voltage：15kV
- flter：C.

**ABI-3100 和 ABI 3100 Avant[ss, tt]**

1. PCR 反应体系为：
- 0.5μl ROX 标记的标准品
- 8.5μl 去离子甲酰胺
- 1～3μl PCR 反应液

2. 用移液器将混合物点到汪射板上。

3. 用封面板的胶片封闭注射板，94℃孵育 2min，然后 4℃保存 5min。

4. 用以下设置参数启动基因片段分离软件：
- run temperature：60℃
- capillary fill volume：184 steps

- pre-run voltage：15kV
- pre-run time：180s
- injection voltage：3.0kV
- injection time：10～30s
- run voltage：15kV
- data delay time：1s
- run time：1500s

**ABI-3700<sup>ss, tt</sup>**

1. PCR 反应体系为：
- 2μl PCR 反应液；
- 0.2μl ROX 标记的标准品；
- 10μl 去离子甲酰胺。
2. 用移液器将混合物点到注射板上。
3. 用封面板的胶片封闭注射板，94℃孵育 2min，然后 4℃保存 5min。
4. 用以下设置参数启动基因片段分离软件：
- sample volume：2.5μl
- injection time：10s
- injection voltage：10kV
- run voltage：7.5kV
- run time：4500s
- cuvette temperature：48℃
- run temperature：50℃
- filter set：D

**注释**

rr 商业化毛细管测序仪的使用方法和设置见说明书。

ss 毛细管电泳分析需要的 MLPA PCR 的数量取决于所使用的装备和荧光标记。

tt MLPA 的标记：SALSA 6-FAM PCR 引物-dNTP 混合物。

## 实验方案 1.11　MLPA 片段分离数据标准化生成拷贝数比率

设备和试剂

- 带序列分析软件的毛细管测序仪或平板胶测序仪
- 含基因组图位置信息的 MLPA 探针混合物列表
- 片段列表：包含片段长度、高度和样本面积等相关信息[uu]

- 计算比率的软件，将探针映射到基因组位置上作图并做出相应说明［如Microsoft Excel 或其他专门的软件（如 MLPA-DAT、Genemarker 或 Seq Pilot）］

方法[vv]

1. 把特定的 MLPA mix 探针列表载入到程序中。
2. 导入片段列表，定义参考序列数据文件[ww]。
3. 检查可见的电泳图[xx]。
4. 通过自动编制和数据过滤把探针信号和背景信号分离。
5. 定量和归一化探针信号（峰值信号）[yy]。
6. 计算对应基因组位置的 DNA 拷贝数变化并作图[zz, aaa]。

**注释**

[uu] MLPA 结果片段列表的作图设置——Genescan 软件（ABI）：荧光染料、时间、峰长、峰高、峰面积；Genemapper 软件（ABI）：染料峰值、样本文件名、峰高、峰面积。

[vv] 实验方法描述了如何用 MLPA-DAT 从 MLPA 结果片段列表得到拷贝数变化的比率。

[ww] 对照结果一般是在同一试验过程中正常人 DNA 样本的 MLPA 的结果，一般建议做多组对照计算样本拷贝数比率的概率值。平均数和中位数归一化一般只适用于研究某一罕见症状时的大样本试验。

[xx] 自动完成 DNA 浓度、DNA 连接检查和信号值计算。

[yy] MLPA-DAT 全自动定量化并去掉异常值，标准化的原理分为两部分：首先，所有峰面积除以总的峰面积转换成相对峰面积；其次，用所有对照样本和参考 DNA 序列探针的相对峰面积比计算归一化因子。标准化设置与 MLPA 试剂盒和分析样本的类型相关，对于较少变异的样本，可以用所有探针计算归一化，但是对于较多染色体变异的样本（如肿瘤），建议只计算对照样本的探针。对照探针的标准化确定了大量 MLPA 探针的归一化因子，并视为该类型样本中的一个常量。然而大量的变异的标准化不仅仅依赖于对照探针，它和所有探针有关。

[zz] 这由 MLPA-DAT 自动完成。

[aaa] 探针靶向序列的一个拷贝数缺失通常很明显地反映为相对峰面积的衰减，一般衰减探针扩增产物的 35%～55%。而二倍体或者三倍体基因组的探针靶向序列拷贝数增加通常很明显地反映为相对峰面积增加 30%～35%。

## 1.3 疑难解答

- **从 FFPE 组织中抽提得到低密度 DNA**：若从 FFPE 中抽提得到的 DNA 量太少，在加乙醇沉淀之前先加多糖作为共沉淀剂，这种方法不会对 aCGH 的结果有很大影响。
- **MLPA 的 DNA 污染**：MLPA 比 PCR 对杂质的污染更敏感，从 FFPE 组织抽提的 DNA 样品通常含有杂质；少量的苯酚残留可能作为 PCR 抑制剂，导致扩增产物的平均峰面积降低，所以应该以从相同组织来源的参考 DNA 样品作为对照，对这些 DNA 样品进行归一化处理。

- **MLPA 峰面积低**：探针扩增产物的含量主要由探针靶向序列决定，由于位于高 GC 区域的 DNA 不容易完全变性，因此 MLPA 探针通常很难和目标杂交。通过将初始变性反应（98℃）的时间延长 10min，MLPA 反应会得出更好的结果。探针寡核苷酸的质量、PCR 反应中的 KCl 和聚合酶的含量也影响探针信号。由于聚合酶活性可能影响一些探针的相对信号强度，强烈建议对混合物进行吹打混匀。如果 4 种 DQ（DNA 质量）的平均信号强度小于连接反应信号峰值的 1/3，也可能是由于 DNA 含量太少。

（于 军 译）

## 参考文献

1. Kallioniemi, A., Kallioniemi, O. P., Sudar, D. et al. (1992) Comparative genomic hybridization for molecular cytogenetic analysis of solid tumors. *Science*, **258**, 818-821. The original publication describing CGH.
2. Kallioniemi, O. P., Kallioniemi, A., Piper, J. et al. (1994) Optimizing comparative genomic hybridization for analysis of DNA sequence copy number changes in solid tumors. *Genes Chromosomes Cancer*, **10**, 231-243.
3. Oostlander, A. E., Meijer, G. A. and Ylstra, B. (2004) Microarray-based comparative genomic hybridization and its applications in human genetics. *Clinical Genetics*, **66**, 488-495.
4. Solinas-Toldo, S., Lampel, S., Stilgenbauer, S. et al. (1997) Matrix-based comparative genomic hybridization: biochips to screen for genomic imbalances. *Genes Chromosomes Cancer*, **20**, 399-407.
5. Pinkel, D., Segraves, R., Sudar, D. et al. (1998) High resolution analysis of DNA copy number variation using comparative genomic hybridization to microarrays. *Nature Genetics*, **20**, 207-211. The original publication describing microarray CGH.
6. Ylstra, B., van den IJssel, P., Carvalho, B. et al. (2006) BAC to the future! or oligonucleotides: a perspective for micro array comparative genomic hybridization (array CGH). *Nucleic Acids Res.*, **34**, 445-450. Review of microarray CGH platforms.
7. Schouten, J. P., McElgunn, C. J., Waaijer, R. et al. (2002) Relative quantification of 40 nucleic acid sequences by multiplex ligation-dependent probe amplification. *Nucleic Acids Res.*, **30**, e57. The original publication describing MLPA.
8. Snijders, A. M., Nowak, N., Segraves, R. et al. (2001) Assembly of microarrays for genome-wide measurement of DNA copy number. *Nature Genetics*, **29**, 263-264.
9. Ishkanian, A. S., Malloff, C. A., Watson, S. K. et al. (2004) *Nature Genetics*, **36**, 299-303.
10. Pollack, J R., Perou, C. M., Alizadeh, A. A. et al. (1999) Genome-wide analysis of DNA copy-number changes using cDNA microarrays. *Nature Genetics*, **23**, 41-46.
11. Coe, B. P., Ylstra, B., Carvalho, B. et al. (2007) Resolving the resolution of array CGH. *Genomics*, **89**, 647-653. Interesting paper on algorithms dealing with the resolution of diverse microarray CGH platforms.
12. Serth, J., Kuczyk, M. A., Paeslack, U. et al. (2000) Quantitation of DNA extracted after micropreparation of cells from frozen and formalin-fixed tissue sections. *American Journal of Pathology*, **156**, 1189-1196.
13. Nannya, Y., Sanada, M., Nakazaki, K. et al. (2005) A robust algorithm for copy number detection using high-density oligonucleotide single nucleotide polymorphism genotyping arrays. *Cancer Research*, **65**, 6071-6079.
14. Van de Wiel, M. A., Kim, K. I., Vosse, S. J. et al. (2007) CGHcall: calling aberrations for array CGH tumor profiles. *Bioinformatics*, **23**, 892-894.

15. Bignell, G. R., Huang, J., Greshock, J. et al. (2004) High-resolution analysis of DNA copy number using oligonucleotide microarrays. *Genome Research*, **14**, 287-295.
16. Lindblad-Toh, K., Tanenbaum, D. M., Daly, M. J. et al. (2000) Loss-of-heterozygosity analysis of small-cell lung carcinomas using single-nucleotide polymorphism arrays. *Nature Biotechnology*, **18**, 1001-1005.
17. Janne, P. A., Li, C., Zhao, X. et al. (2004) High-resolution single-nucleotide polymorphism array and clustering analysis of loss of heterozygosity in human lung cancer cell lines. *Oncogene*, **23**, 2716-27262.
18. Zhao, X., Li, C., Paez, J. G. et al. (2004) An integrated view of copy number and allelic alterations in the cancer genome using single nucleotide polymorphism arrays. *Cancer Research*, **64**, 3060-3071.
19. Lips, E. H., Dierssen, J. W. F., van Eijk, R. R et al. (2005) Reliable high-throughput genotyping and loss-of-heterozygosity detection in formalin-fixed, paraffin-embedded tumors using single nucleotide polymorphism arrays. *Cancer Research*, **65**, 10188-10191.
20. Kennedy, G. C., Matsuzaki, H., Dong, S. et al. (2003) Large-scale genotyping of complex DNA. *Nature Biotechnology*, **21**, 1233-1237.
21. Matsuzaki, H., Loi, H., Dong, S. et al. (2004) Parallel genotyping of over 1 0, 000 sNPs using a one-primer assay on a high-density oligonucleotide array. *Genome Research*, **14**, 414-425.
22. Gunderson, K. L., Steemers, F. J., Lee, G. et al. (2005) A genome-wide scalable SNP genotyping assay using microarray technology. *Nature Genetics*, **37**, 549-554.
23. Shen, R., Fan, J. B., Campbell, D. et al. (2005) High-throughput SNP genotyping on universal bead arrays. *Mutation Research*, **573**, 70-82.
24. Hardenbol, P., Yu, F., Belmont, J. et al. (2005) Highly multiplexed molecular inversion probe genotyping: over 10 000 targeted SNPs genotyped in a single tube assay. *Genome Research*, **15**, 269-275.
25. Oosting, J., Lips, E. H., van Eijk, R. R et al. (2007) High-resolution copy number analysis of paraffin-embedded archival tissue using SNP BeadArrays. *Genome Research*, **17**, 368-376.
26. Ji, H., Kumm, J., Zhang, M. et al. (2006) Molecular inversion probe analysis of gene copy alterations reveals distinct categories of colorectal carcinoma. *Cancer Research*, **66**, 7910-7919.
27. Lieberfarb, M. E., Lin, M., Lechpammer, M. et al. (2003) Genome-wide loss of heterozygosity analysis from laser capture microdissected prostate cancer using single nucleotide polymorphic allele (SNP) arrays and a novel bioinformatics platform dChipSNP. *Cancer Research*, **63**, 4781-4785.
28. Lin, M., Wei, L. J., Sellers, W. R. et al. (2004) dChipSNP: significance curve and clustering of SNP-array-based loss-of-heterozygosity data. *Bioinformatics*, **20**, 1233-1240.
29. Ishikawa, S., Komura, D., Tsuji, S. et al. (2005) Allelic dosage analysis with genotyping microarrays. *Biochemical and Biophysical Research Communications*, **333**, 1309-1314.
30. Herr, A., Grutzmann, R., Matthaei, A. et al. (2005) High-resolution analysis of chromosomal imbalances using the Affymetrix 10K SNP genotyping chip. *Genomics*, **85**, 392-400.
31. Eilers, P. H. and de Menezes, R. X. (2005) Quantile smoothing of array CGH data. *Bioinformatics*, **21**, 1146-1153.
32. Gille, J. J. P., Hogervorst, F. B. L., Pals, G. et al. (2002) *British Journal of Cancer*, **87**, 892-897.
33. Procter, M., Chou, L. S., Tang, W. et al. (2006) Molecular diagnosis of Prader-Willi and Angelman syndromes by methylation-specific melting analysis and methylation-specific multiplex ligation dependent probe amplification. *Clinical Chemistry*, **52** (7), 1276-1283.
34. Hess, C. J., Denkers, F., Ossenkoppele, F. J. et al. (2004) Gene expression profiling of minimal residual disease in acute myeloid leukaemia by novel multiplex-PCR-based method. *Leukaemia*, **18**, 1981-1988.
35. Diego-Alvarez, D., Ramos-Corrales, C., Garcia-Hoyas, M. et al. (2006) Double trisomy in spontaneous miscarriages: cytogenetic and molecular approach. *Human Reproduction*, **21**, 958-966.
36. Lalic, T. T, Vossen, R. H. A. M., Coffa, J. et al. (2005) Deletion and duplication screening in the DMD

gene using MLPA. *European Journal of Human Genetics*, **13**, 1231-1234.

37. Hogervorst, F. B. L., Nederlof, P. M., Gille, J. J. P. *et al.* (2003) Large genomic deletions and duplications in the *BRCA*1 gene identified by a novel quantitative method. *Cancer Research*, **63**, 1449-1453.

38. Van Beers, E. H., Joosse, S. A., Ligtenberg, M. J. *et al.* (2006) A multiplex PCR predictor for aCGH success of FFPE samples. *British Journal of Cancer*, **94**, 333-337. Describing a method for testing DNA quality of FFPE samples.

# 2 遗传图谱中的多态性标记识别

Daniel C. Koboldt，Raymond D. Miller

*Department of Genetics*，*Washington University School of Medicine*，*St. Louis*，*Missouri*，*USA*

## 2.1 简介

单核苷酸多态性（SNP）是人类 DNA 序列变异中最普遍的形式。截至 2008 年底，公共数据库中已有人的 1200 万条基因变异（variant）信息，其中绝大部分是 SNP[1]。在人的基因组中大约平均每 1000bp 就有 1 个 SNP，SNP 更倾向于在局部区域成簇出现[2]。也就是说，在某一个区域内 SNP 密度可能很高[3]，而它周围很大范围内却没有 SNP 位点。SNP 有 4 种等位基因（A、T、C 和 G），其中大部分是双等位基因。A/G 是最常见的组合，因为 DNA 是双螺旋结构，它另一条链上有等位基因 T 和 C，所以 A/G SNP 也就对应着 T/C SNP，这取决于读取位点在染色体上的定位（orientation）。在已知的 SNP 中大约 A/G 占 63%、A/C 占 17%、C/G 占 8%、A/T 占 4%，其余 8%是单碱基的插入和缺失[3]。

SNP 在全基因组范围内广泛分布，同时高通量基因分型技术的发展也促进了 SNP 研究进展，SNP 分析已经成为基因关联性分析的主要工具。为了研究人类基因组的遗传变异，国际 HapMap 组织[4,5]在四个不同地域的人种中发现了近 400 万个 SNP 信息，这些人种包括尼日利亚伊巴丹的约鲁巴人（YRI）、日本东京的日本人（JPT）、中国北京的汉族人（CHB）和祖居欧洲的美国犹他州居民 CEPH 种族（CEU），这些信息可以构建高分辨率的单体型图谱并用于描述人类基因组中具有连锁不平衡性（LD）的区域结构。通过大规模的全基因组关联分析研究发现了很多新的与复杂疾病相关的基因位点[6]。

SNP 中只有很少一部分会引起表现型改变，大部分的 SNP 对表现型没有影响。在基因型和表型之间的关系没有彻底研究清楚之前，通过关联分析识别的基因区域必须对所有的 DNA 变异进行全面的筛选鉴定。基于毛细管电泳测序平台（如 ABI 3730XL）的靶向 DNA 重测序方法用于在特定的目标区域全面地发现遗传变异。

## 2.2 方法和途径

### 2.2.1 基因变异的知识库

现有公共数据库收录了人类及其他物种的大量 SNP 信息和其他类型变异，其中最主要的数据库是 dbSNP [1]，这个数据库是由美国国家生物技术信息中心（NCBI）主持。2008 年 4 月建立的 dbSNP v129 中包含了至少 20 个物种中超过 1000 个特有的遗传变异信息（表 2.1）。

表 2.1 在 dbSNP 数据库中有超过 1000 个 SNP 的物种 [7]

| 物种 | SNP |
| --- | --- |
| *Homo sapiens* | 14 708 752 |
| *Mus musculus* | 14 380 528 |
| *Gallus gallus* | 3 293 383 |
| *Oryza sativa* | 5 418 373 |
| *Canis familiaris* | 3 301 322 |
| *Pan troglodytes* | 1 154 208 |
| *Bos taurus* | 2 223 033 |
| *Monodelphis domestica* | 1 194 131 |
| *Anopheles gambiae* | 1 131 534 |
| *Apis mellifera* | 1 117 049 |
| *Danio rerio* | 662 322 |
| *Felis catus* | 327 037 |
| *Plasmodium falciparum* | 185 071 |
| *Rattus norvegicus* | 43 628 |
| *Saccharum hybrid cultivar* | 42 853 |
| *Sus scrofa* | 8 427 |
| *Ovis aries* | 4 181 |
| *Bos indicus* × *Bos taurus* | 2 484 |
| *Macaca mulatta* | 780 |
| *Caenorhabditis elegans* | 1 065 |

物种特异性数据库如 WormBase [8] 和 FlyBase [9]，收录了大量已知的遗传变异信息。其他补充的 SNP 信息（如不同种族间等位基因的频率等）可以通过加利福尼亚大学圣克鲁斯分校（UCSC）的基因组浏览器 [10，11] 和国际 HapMap 计划 [12，13] 网站获得。

## 2.2.2 基因变异的靶向重测序

目前用于发现 SNP 的最可靠方法是对基因组 DNA 重测序，这种方法先对目标 DNA 片段用聚合酶链反应（PCR）扩增，然后用测序仪直接测序。传统的测序平台（如 ABI3730XL）高质量的读长（read）可以达到 400～600bp，通过把这些读长比对到相应的参考序列上进行基因变异的鉴定。

### 2.2.2.1 样本的选择

针对特定目标序列选择样本时应该考虑几个因素。首先，优先选取目标序列区域具有最大可能性含变异的样本。一种方法是"查末端"（sequencing the extremes）法，它是将所有样本按某一指标排序来产生样本的表型谱（phenotypic spectrum），选取表型谱中两个极端的样本进行研究，这种方法适合于具有量化指标的表现型研究，如血压、药物剂量和体重指数等。因为在患者样本的表型谱中，一个方向是易感性基因变异，对应的另一个方向就可能有抗病性基因变异。

其次，在选择样本时考虑的另一个重要因素是 DNA 的质量和可用样品量。样本 DNA 的质量和纯度是非常关键的因素，因为如果被其他组织或物种污染，噪声序列会导致假阳性错误。来自一个特定样本（或患者）的可用 DNA 量也应该考虑，因为用于重测序需要有充足的样本量储备，以便后期验证或者进一步实验研究。

进行重测序的样本数取决于若干因素，可用的样本量和项目预算一般是确定的。虽然 DNA 重测序价格昂贵，但是进行测序的样本越多，发现重要变异的可能性也就越大。

### 2.2.2.2 目标区域的选择

重测序要选择最可能含有变异的目标序列测序，有两种常用方法来选择目标序列：第一，根据文献报道以及对特定表现型的相关生物学知识积累来找到候选基因；第二，根据实验结果（如基因表达数据、连锁分析数据和基因关联性研究）筛选候选基因。

当候选基因确定后，下一步是在这些基因中确定目标序列进行重测序，这种经典的方法常用于许多大规模重测序项目，如美国肿瘤基因组计划试验阶段［14］。重测序的目标序列集中于外显子和剪切区域，因为这些区域更可能发现有功能性的遗传变异，进化上保守的启动子区域和非翻译区（UTR）也是重测序的选择目标。

### 2.2.2.3 PCR 引物设计

如果目标序列在基因组中的位置已经确定，接下来就是设计引物对目标序列的 DNA 片段进行 PCR 扩增。由于基于毛细管测序平台的限制，为了保证双向测序获得高质量的序列，PCR 扩增子长度不要超过 600bp。当目标序列大于 500bp 时，要采用"覆瓦式"的方法，使 PCR 相邻扩增子之间覆盖大于 100bp（保证对于整个区域有高质量的序列覆盖度）。选择合适的 PCR 引物并不是一个简单的过程，引物要避免选在有重复序列、已知遗传变异、GC 含量特别高或特别低的区域和存在引物间易形成二聚体的区域。现在有许多免费的、有效的引物设计工具，如 Primer3Plus 会综合考虑这些因素自动完成引物的选择，保证扩增子覆盖整个序列（见实验方案 2.1）。

## 实验方案 2.1  使用 Primer3Plus 设计引物

设备和试剂

- 目标基因、转录物和蛋白质名称
- UCSC 基因组浏览器网站[a]
- Primer3Plus 在线软件[b]

方法

1. 打开 UCSC 基因组浏览器的网页[c]，点击页面顶端 "Gene Sorter" 的链接。
2. 在下拉列表中选择合适的物种，在搜索框中输入基因的名称或其他名称，点击 "Go" 按钮。
3. 在搜索结果中选择合适的基因点击进入[d]。
4. 在 "Sequence and Links to Tools and Databases" 下点击 "Genomic Sequence" 链接[e]。
5. 在 "Sequence Retrieval Region Options" 下选择基因的目标区域[f]。
6. 选择 "One FASTA record per region" 单选按钮，具体指明要包含基因上下游 500bp。
7. 在 "Sequence Formatting Options" 的选项下选择 "Exons in upper case, everything else in lower case"。
8. 点击 "Mask Repeats" 复选框，选择 "to N." 单选按钮[g]。
9. 点击 "Submit" 按钮。
10. 在另一个浏览器窗口中打开 Primer3Plus 在线工具。
11. 在 Task 选项下从下拉菜单中选择 "Sequenceing"。
12. 把目标基因的序列粘贴到序列区域，用括弧（[ ]）标记序列中要研究或感兴趣的区域[h]。
13. 选择 "General Setting" 选项卡，设置如下参数：Primer Size Min=20 Opt=23 Max=26；Primer TM-Min=54 Opt=55 Max=56；Primer GC%-Min=20.0 Max=50.0，选择合适的 "Mispriming/Repeat Library"[i]。
14. 在 Advanced Settings 选项卡中，设置 Product Size Min=200，Opt=400，Max=600，在 "Sequencing" 这部分，设置 Spacing=500，Interval=400，Lead=50，Reverse Primers 的复选框打勾。
15. 点击 Pick Primer 按钮[j]。
16. 如果引物设计成功，可选择的引物在你的序列里会变成高亮，向下滚动滑轮查看引物序列，在设计引物模块旁边的窗口点击 "Send to Priemr3Manager" 按钮。

17. 用 Primer3Manager 检查已设计完成的引物，确认每个引物的退火温度 ($T_m$) 在 54~56℃，GC 含量为 20%~50%。

**注释**

a http://genome.ucsc.edu/ [10]。

b http://www.bioinformatics.nl/cgi-bin/primer3plus/primer3plus.cgi [15]。

c 如果序列的引物设计已经完成，跳到第 10 步。

d 在表格中会出现基因的列表，点击"required gen description"会出现总结页面信息。

e 返回"Get Genomic Sequence Near Gene"页面。

f 一般来说，包含 5'UTR 区、CDS 外显子和 3'UTR 区。

g 这样可以避免重复区域的引物设计，也可以使目标序列（外显子）更容易识别。

h 也可以用鼠标选中要研究的区域，然后点击"Mark selected region"选项中的（[ ]）按钮。

i "Repeat/Mispricing Library"是具有物种特异性的，要选择与所研究物种相应的数据库。

j 进入下一页需要花几分钟加载时间。

#### 2.2.2.4 基因组 DNA 的靶向重测序

在完成样本的选择、目标序列确定和 PCR 引物设计之后，下一步就是进行 DNA 测序阶段，高质量的测序读长能够保证更有效性地发现遗传变异。PCR 扩增子应该双向测序，即两个读长对应在同一个基因区域，但是在相反的 DNA 链上，许多下游 SNP 发现工具通过用得到的成对读长信息来评估预测遗传变异的可信度。当然，双向测序的缺点是增加更多通用引物的费用，但是这种费用可以采用"10-to-1"测序策略来避免，"10-to-1"测序方法是当把 PCR 引物加到 10×浓度时，PCR 引物可作为测序引物起作用。

## 实验方案 2.2 PCR 和 10-to-1 测序方案

### 设备和试剂

- 10× PCR 缓冲液 [0.5mol/L KCl、0.1mol/L Tris-HCl（pH 8.3）和 35mmol/L $MgCl_2$]
- 10× 4 dNTP（4×1mmol/L）
- 10× Primer 1 [k, l] (10×μmol/L)
- 10× Primer 2 [l] (1μmol/L)

- Hotstart *Taq* DNA 聚合酶（JumpStart *Taq*、Sigma-Aldrich 或 Platinum *Taq*、Invitrogen Life Technologies）
- BigDye version 3 mix（Applied Biosystems）
- 5×测序缓冲液（Applied Biosystems）
- 96 或 384 孔板（Princeton Separation 或 Genetix）
- 纯化试剂盒（Qiagen 或 GE Healthcare）

**方法**

**PCR**

1. 在 96 或 384 孔板中做 PCR 扩增，对于每个靶标建立 $10\mu l$ 反应体系，包含 1×PCR缓冲液、1×4 dNTP、1×Primer1、1×Primer2、4ng DNA 和 0.15U Hotstart *Taq* DNA 聚合酶。
2. PCR 反应热循环设置：95℃，2min；（92℃，10s；58℃，20s；68℃，30s）×35；68℃，10min。
3. 在测序前用凝胶电泳检查 PCR 产物是否正确[m]。

**测序**

4. 对每一个 PCR 产物建立 $12\mu l$ 测序反应体系，包含 $2.5\mu l$ PCR 反应混合物、$2\mu l$ BigDye version 3 mix 和 $1.0\mu l$ 5×测序缓冲液。
5. PCR 反应热循环设置：96℃，2min；（96℃，15s；50℃，1s；60℃，4min）×25。
6. 洗掉未结合的染料终止剂[n]，把 96 或 384 孔板中的反应体系转移到 ABI 3730XL（Applied Biosystems）中测序。

**注释**

k Primer 1 也是测序的引物。

l 把引物依次放在 96 孔板（Integrated DNA Technologies 和 Qiagen Operon）中，调整引物的浓度达到 $40\mu mol/L$。

m 为了得到更好的实验结果，每次 PCR 后通过加上商用虾碱性磷酸酶（SAP）和外切核酸酶（SAP-EXO；Princeton Separation 或 Genetix）清除 PCR 产物。

n 为了得到更好的实验结果，采用 Qiagen（QiaQuick）或 GE Healthcare（Illustra AutoSeq G-50）生产的商业试剂盒。

### 2.2.2.5 提取 read 的序列和质量信息

通常毛细管测序仪对来自一个样本的一个扩增子的测序 read 产生一个计算机可处理二进制的文件，文件有两种格式——ABI 和 SCF。为了进一步分析，要将这些文件用碱基识别程序处理，从峰图中读出每一个碱基和质量分数。最常用的碱基识别程序是华盛顿大学开发的 Phred [16]（见实验方案 2.3）。

## 实验方案 2.3　用 Phred 软件碱基识别

### 设备和试剂

- ABI 或 SCF 格式的测序峰图
- UNIX/LINUX 操作系统
- Phred 软件。

### 方法

1. 创建一个项目目录，并在该目录下创建子目录：chromat_dir、edit_dir、phd_dir 和 poly_dir。
2. 把二进制峰图文件（.abi 或 .scf）复制到 chromat_dir 文件夹中。
3. 运行 Phred 程序提取序列和质量信息，用如下命令 ᵖ剔除低质量的碱基。
   (a) phred-trim_alt ' ' trim_cutoff 0.05-trim_trim_qual
   (b) 把所有碱基序列合并为一个文件，所有碱基质量合并在另一个文件中：
   phred-id chromat_dir/-s-sa myFile.fa-q-qa myFile.qual
   (c) 将序列信息和质量信息放在一个文件中，并存储在相应文件夹中：
   phred-id chromat_dir/-s-sd fasta_dir/-q-qd qual_dir/
   (d) 把峰图文件从 ABI 格式转换为 SCF 格式：
   phred-id chromat_dir/-c-cd trace_dir/

**表 2.2　Phred 程序的常用命令**

| 参数 | 变量 | 默认值 | 描述 |
|---|---|---|---|
| -help | 无 | 无 | 显示帮助信息 |
| -if | &lt;filename&gt; | 无 | Read 输入文件的绝对路径 |
| -id | &lt;dirname&gt; | 无 | Read 输入文件所在目录 |
| -s | 无 | 无 | 在当前目录下创建序列文件，以 .sep 为后缀 |
| -sa | &lt;filename&gt; | 无 | 在文件&lt;filename&gt;下创建单个序列 |
| -sd | &lt;dirname&gt; | 无 | 在&lt;dirname&gt;目录下创建序列文件，以 .sep 为后缀 |
| -q | 无 | 无 | 在当前目录下创建测序质量文件，以 .qual 为后缀 |
| -qa | &lt;filename&gt; | 无 | 在&lt;filename&gt;创建测序质量文件 |
| -qd | &lt;dirname&gt; | 无 | 在&lt;dirname&gt;目录下创建测序质量文件，以 .qual 为后缀 |
| -c | 无 | 无 | 在当前目录下创建 SCF 文件 |
| -cd | &lt;dirname&gt; | 无 | 在&lt;dirname&gt;目录下创建 SCF 文件 |
| -d | 无 | 无 | 在当前目录下创建 .poly 文件 |
| -dd | &lt;dirname&gt; | 无 | 在&lt;dirname&gt;目录下创建 .poly 文件 |

续表

| 参数 | 变量 | 默认值 | 描述 |
| --- | --- | --- | --- |
| -trim_alt | <enzyme seq> | Notrim | 查找并定位色谱图的高质量测序区,从酶切位置的开始位点进行修整。使用最大分值区域(maximun score subsequence)算法 |
| -trim_cutoff | <n> | 0.05 | 用最大分值区域算法的错误阈值 |
| -trim_fasta | 无 | 无 | 修整后的序列和序列质量分值写入 FASTA 格式文件中 |
| -trim_scf | 无 | 无 | 修整后的序列和序列质量分值写入 SCF 格式文件中 |
| -trim_phd | 无 | 无 | 修整后的序列和序列质量分值写入 PHD 格式文件中 |
| -process_nomatch | 无 | 无 | 如果在 Phred 参数文件中没有相对应的 Primer ID,则用"_no_matching_string_"条目识别色谱图中的峰 |

**注释**

o 相关介绍在 http://www.phrap.org/phredphrap/phred.html [17],表 2.2 中是常用参数。

p 用-help 可以得到命令行的完整参数信息。

### 2.2.2.6 序列比对和组装

从测序数据发现遗传变异信息需要把 Read 序列比对到参考序列上(alignment),比较 Read 序列在参考序列上的多重覆盖结果,就可得到该序列各个碱基位置的一致性序列(assembly)。由华盛顿大学开发的 cross_match 和 Phrap 软件[18]可以完成基于毛细管测序产生的数据的比对和拼接工作。输入 Phrap 的参考序列格式必须是 SCF 文件格式,sudophred 工具(见实验方案 2.4)可以创建这种格式的文件,接下来用 phrap 的命令(见实验方案 2.5)分析测序结果完成序列的组装。一般拼接结果是 ACE 文件(.ace),这个格式可以被许多后续的分析工具识别。

## 实验方案 2.4  用 sudophred 工具产生参考序列的虚拟峰图文件

**设备和试剂**

- 参考序列的 FASTA 格式。
- Polyphred 软件包中 sudophred 工具[q]。

**方法**

1. 查看 chromat_dir 和 phd_dir 文件夹是否存在,如果没有,则创建这两个文件夹。

2. 运行 sudophred 工具：sudophred [reference.fasta] -r
3. 指定允许的最小碱基质量，用-q 参数：
4. sudophred [reference.fasta] -r -q 20
5. 如果需要查看更多相关信息，使用命令：sudophred -h
6. 确认参考序列的峰图文件是否在文件夹 chromat_dir 和 phd_dir 下生成。

**注释**

q 相关信息在 http://droog.gs.washington.edu/polyphred [19] 网页上。

## 实验方案 2.5　用 Phred 软件进行序列组装

设备和试剂

- 由 sudophred 产生参考序列的峰图文件（见实验方案 2.4）
- FASTA 格式的克隆和亚克隆载体序列，用来分析载体序列筛选
- 峰图或 PHD 格式的序列文件
- Phred/Phrap/cross_match 软件[r]
- phredPhrap 脚本[s]

方法

1. 创建 phredPhrap 脚本需要的四个目录。
2. 把峰图文件放在 chromat_dir 子目录下。
3. 把 phredPhrap 脚本移动或复制到 edit_dir 子目录下。
4. 运行 phredPhrap 脚本，将自动完成以下步骤：
   (a) Phred 的功能是碱基识别（basecalling），可以把 read 转化为 PHD 格式。
   (b) Phd2fasta 把由 Phred 产生的 PHD 文件转化为 FASTA 格式。
   (c) Cross_match 去除载体序列。
   (d) Phrap 完成 read 序列组装，建立 ACE 文件[t]。
   (e) 用 Consed 程序进行结果可视化。

**注释**

r 从 http://www.phrap.org 下载 [20]。

s 从 http://droog.gs.washington.edu/polyphred [19] 下载。

t 一般组装的输出结果是 ACE（.ace）文件格式，这种格式可以被后续许多分析工具识别。

### 2.2.2.7　基因变异的检测

所有 read 完成组装之后，通过每个 read 和参考序列之间成对比较可以发现变异。运行 phredPhrap 脚本（见实验方案 2.5）产生的组装结果可以用 Polyphred 软件 [19]

检测变异（见实验方案 2.6）。Polyphred 也是由华盛顿大学开发的，是用于检测变异的最常用的软件之一，它可以发现杂合或纯合 SNP、插入和缺失，并为每个变异打分，同时提供相关的基因型结果，使用 phredPhrap 和 Ployphred 要求使用者具有一定的 LINUX/UNIX 基础知识。另一个发现变异的软件是 NoveSNP［21］（图 2.1），它可以提供友好的用户界面并将结果可视化（见实验方案 2.7）。虽然 NoveSNP 可扩展性不如 Polyphred，但它也可以在 Windows、Mac 和 LINUX 操作系统下运行，运行 NoveSNP 只需要参考序列文件（FASTA 文件）和二进制的序列峰图文件。

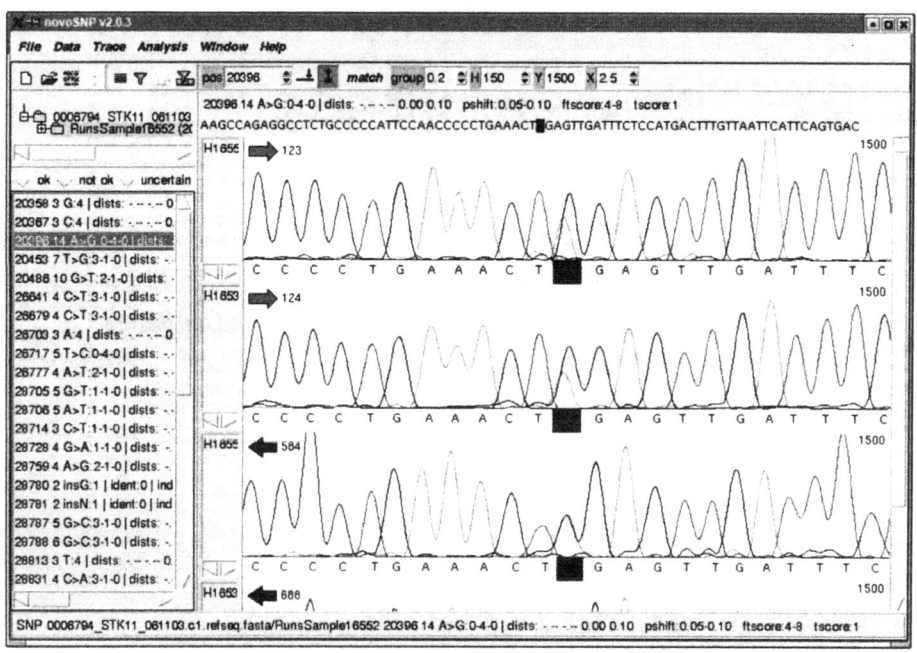

图 2.1　用 NovoSNP 软件分析 ABI 3730 测序结果中 SNP，把每个 read 和参考序列作为一个项目（左上）分析 SNP。初始序列文件经过碱基识别后比对到参考序列上，就会产生一系列候选 SNP 位点。通过比对结果的可视化人工检查每个 SNP 预测结果（右）（见彩版）。

## 实验方案 2.6　使用 Polyphred 在 Phrap 拼接结果中发现遗传变异

设备和试剂

- 运行 Polyphred 目录结构：包括 Phred 的输出结果、序列峰图文件的组装结果和参考序列（见实验方案 2.5[u]）
- Polyphred 程序[v]

方法

1. 如果在前期没有执行 phredPhrap 命令时，在 edit_dir 文件夹下运行 phredPhrap 脚本（见实验方案 2.5）。

2. 在 edit_dir 文件夹下运行 Polyphred 程序[w]:
(a) cd edit_dir/
(b) polyphred-ace [ace_file] -refcomp [refseq_id] [option] [x]
3. 分析 Polyphred 输出结果[y]。

**注释**

u 如果 phredPhrap 脚本运行成功，会产生四个子目录：chromat_dir、edit_dir、phd_dir 和 poly_dir。每个峰图在这四个目录中有一个对应的文件，在 edit_dir 文件夹中还有一个组装结果的文件（.ace）。

v 查看相关信息在 http://droog.gs.washingtion.edu/polyphred [19]。

w SNP 检测时的推荐选项：
- -t genotype：输出结果中包含 Consed 兼容的 tag 和 SNP 基因型。
- -quality 25：检测遗传变异时特定碱基的质量阈值。
- -score 25：检测遗传变异时特定碱基的分数阈值。

x 当 refcomp 的 [options] 设为 off 或 refcomp 缺省时，polyPhred 以一致性序列作为比较的标准，[refseq_id] 是由 phredPhrap 产生的一致性序列的文件名称。当 refcomp 没有缺省，默认 [options] 为 on，polyPhred 以参考序列作为比较的标准，[refseq_id] 是由 sudophred 产生的参考序列峰图文件名。如果参考序列峰图文件不是默认的扩展名（.REF），在设置 [refseq_id] 上要与实际文件的扩展名一致。

y 要了解 Polyphred 输出结果的格式，参见 Polyphred 文档 http://droog.gs.washington.edu/polyphred/poly_doclist.html。

## 实验方案 2.7　使用图形界面软件 NovoSNP 发现遗传变异

**设备和试剂**

- novoSNP 软件[z, aa]
- FASTA 格式参考序列
- 二进制格式（ABI 或 SCF）序列峰图文件

**方法**

1. 在 novoSNP 中创建一个新项目：在 File 菜单下选择 "New Project"，在弹出的窗口中确定新项目文件存储位置并命名，比如 MyNovoSNP.proj。

2. 在新项目下添加参考序列：在 Data 菜单下选择 "Add refseq"，在弹出的窗口中打开包含参考序列的文件夹，选择参考序列的 FASTA 格式。

3. 在新项目中添加序列的峰图文件：在 Data 菜单下选择 "Add Runs"。在弹出的窗口中打开包含二进制峰图文件的文件夹点击 "Select" 按钮，在弹出窗口设置以下选项：

- Simple base qualities：Always
- Quality clipping：On
- Cutoff：0.02

4. 点击"Add all"或者"Add selected"到附加峰图[bb]。

5. 查看 read 的比对结果：在 Window 菜单下选择"Alignment"[cc]。

6. 手工检查得到遗传变异：在 novoSNP 程序窗口左边是检测到的变异结果，点击一个变异，在 novoSNP 程序窗口的右边会显示与变异相关的所有峰图，点击鼠标左键并拖动峰图的窗口的滚动条可查看整个峰图，可根据实际需要在 novoSNP 的工具栏里设置峰图的显示。

7. 自动过滤变异：在 Window 菜单下选择"Filter"[dd]。

8. 产生 SNP 或峰图的报告[ee]：在 Analysis 菜单下选择"Reports"，确定报告的类型并命名。

**注释**

z 在 http://www.molgen.ua.ac.be/bioinfo/novosnp/ [22] 可获取更多相关信息。

aa 更多相关信息见 Comparative Genomics，volume 2 [23]。

bb novoSNP 软件自动运行整个过程，包括读取峰图文件、识别碱基、把 read 和参考序列比对和检测 SNP/indel。这个过程运行时间的长短取决于峰图文件的数量和参考序列的大小，在程序的状态栏可以了解项目的进程。

cc 打开一个新的窗口，在窗口中显示了所有 read 比对到参考序列的情况，在检测到变异的位置高亮显示。

dd 弹出一个窗口，包括几个自动过滤选项：sample name patterns，根据峰图文件的名称识别每个样本；base quality algorithm 可以选择 novoSNP 自带的算法或者使用 Phred 软件，quality clipping 算法可以从 read 末端去掉低质量的碱基。

ee 默认的报告类型是导出 novoSNP 检测到的 SNP/indel，并用 tab 键分隔。

## 2.3 疑难解答

### 2.3.1 引物设计

引物设计失败的常见原因有以下几种。

- **引物 GC 含量**：在 GC 含量非常高或非常低的区域引物设计容易失败，这是因为引物的 GC 含量在可实现的范围（20%~50%）以外或者引物的解链温度超出实验允许范围。在设计时，首先要保证引物的解链温度在允许的最大解链温度范围内，然后考虑在可允许的 GC 含量范围。
- **重复序列**：如果研究的目标序列两端都是重复序列，则不能在两端设计唯一的引物，大部分引物在这样的区域扩增是不成功的。如果只有一个引物设计在重复序列区域，PCR 偶尔会成功。

- **PCR 产物大小**：如果要扩展的序列既可以用正向引物扩增，也可以用反向引物扩增，但不能设计出合适的芯片，可调整 PCR 产物的大小范围从 80～400bp 到 80～1000bp。

### 2.3.2 PCR 扩增

许多因素会影响 PCR 扩增，以下是一些常见问题。

- **可变的引物退火位点（引物中的 SNP）**：当 PCR 引物中包含 SNP，PCR 可能会失败或者这个等位基因检测不到，尤其是这个 SNP 靠近引物的 3′端。为了避免这样的问题，在设计 PCR 引物时，可使用 SNP 标记的参考序列，在变异的位置标记为 Ns，这样在设计引物时不考虑这个位置。
- **DNA 样本质量差**：降解、被污染或浓度不同的 DNA 样本扩增效果很差。一个质量和浓度都未知的样本在 PCR 之前，要用 Picogreen 荧光定量法对 DNA 精确定量，用琼脂糖凝胶电泳评估完整性 [24]。

### 2.3.3 二进制文件的使用

Phred 或其他程序在非本地的操作系统（比如 MacOS）下读取二进制文件会出现问题。在 UNIX/Linux 系统下，可使用如下命令查看二进制序列峰图文件的类型：

file trace.b1.ab1

trace.b1.ab1 是一个峰图文件的名称，这个文件的类型是"data"，如果是被压缩的数据，用 unzips 命令解压；如果是其他文件类型，这个峰图文件可能损坏或者不存在，应该把这个文件删除或者重新拷贝一份。

### 2.3.4 Phred/Phrap 软件

使用 Phred 过程中可能会存在很多问题，特别是相关参数的设置，可使用命令查看使用文档：

phred -doc

Phred 的完整文档也可以到 http://www.phrap.org/phredphrap/phred.html 网页上查看。

（肖景发 译）

## 参 考 文 献

1. Sherry, S. T., Ward, M. H., Kholodov, M. et al. (2001) dbSNP: the NCBI database of genetic variation. *Nucleic Acids Research*, **29** (1), 308-311.

2. Koboldt, D. C., Miller, R. D. and Kwok, P. Y. (2006) Distribution of human SNPs and its effect on high-throughput genotyping. *Human Mutation*, **27** (3), 249-225.
3. Miller, R. D., Taillon-Miller, P. and Kwok, P. Y. (2001) Regions of low single-nucleotide polymorphism incidence in human and orangutan xq: deserts and recent coalescences. *Genomics*, **71** (1), 78-88.
4. The International HapMap Consortium (2005) A haplotype map of the human genome. *Nature*, **437** (7063), 1299-1320.
5. The International HapMap Consortium (2007) A second generation human haplotype map of over 3.1 million SNPs. *Nature*, **449** (7164), 851-861.
6. The Wellcome Trust Case Control Consortium (2007) Genome-wide association study of 14 000 cases of seven common diseases and 3,000 shared controls. *Nature*, **447** (7145), 661-678.
7. dbSNP http://www.ncbi.nlm.nih.gov/projects/SNP/ (last accessed May 2010). The NCBI database of sequence variation. This is the central resource for searching databases of known SNPs and indels.
8. WormBase http://www.wormbase.org/ (last accessed May 2010). This is a central community resource for researchers that work with *Caenorhabditis elegans* and other nematodes. It serves as the central repository for sequence variation, mutants, phenotypes and other information related to nematode species.
9. FlyBase http://flybase.org/ (last accessed May 2010). This is the central community resource for researchers that work with *Drosophila melanogaster* and other fly species. It contains extensive information, including a database of known sequence variants, specific to fly model organisms.
10. UCSC http://genome.ucsc.edu/ (last accessed May 2010). The UCSC Genome Browser. This widely used visualization tool makes it possible to browse genomes at any resolution (individual bases to entire chromosomes), along with tracks showing annotated genes, conserved sequences, regulatory elements and known sequence variations.
11. Karolchik, D., Baertsch, R., Diekhans, M. et al. (2003) The UCSC genome browser database. *Nucleic Acids Research*, **31** (1), 51-54.
12. HapMap http://www.hapmap.org (last accessed May 2010). The website of the International HapMap Project provides allele frequencies and genotype data for millions of SNPs characterized in several human population.
13. Thorisson, G. A., Smith, A. V., Krishnan, L. and Stein, L. D. et al. (2005) The International HapMap Project Web site. *Genome Research*, **15** (11), 1592-1593.
14. Cancer Genome Atlas Consortium (2008) Comprehensive genomic characterization defines human glioblastoma genes and core pathways. *Nature*, **455** (7216), 1061-1068.
15. Primer3Plus http://www.bioinformatics.nl/cgi-bin/primer3plus/primer3plus.cgi (last accessed May 2010). This online tool for provides interactive, highly customizable design of PCR assays based on the *primer3* design algorimm.
16. Ewing, B. and Green, P. (1998) Base-calling of automated sequencer traces using phred. II. Error probabilities. *Genome Research*, **8** (3), 186-194.
17. *Phred* http://www.phrap.org/phredphrap/phred.html (last accessed May 2010). This is the site for downloading *Phred*, the widely used basecaller for capillary-based sequencing that provides a numeric quality score for each base position.
18. De la Bastide, M. and McCombie, W. R. (2007) Assembling genomic DNA sequences with PHRAP. *Current Protocols in Bioinformatics*, **11**: 14.
19. *Polyphred* http://droog.gs.washington.edu/polyphred (last accessed May 2010). This is the site for downloading *Polyphred*, a suite of programs from the University of Washington for basecalling, alignment, assembly and SNP/indel discovery in capillary-based sequencing data.
20. *Phrap* http://www.phrap.org (last accessed May 2010). This is the site for downloading *Phrap*, a widely used assembly program, and cross_match, a sequence alignment algorithm.

21. Weckx, S., Del-Favero, J., Rademakers, R. et al. (2005) novoSNP, a novel computational tool for sequence variation discovery. *Genome Research*, **15** (3), 436-442.
22. NovoSNP http://www.molgen.ua.ac.be/bioinfo/novosnp (last accessed May 2010). This is the site for downloading novoSNP, a Java-based, platform-independent, graphical tool for visualizing ABI 3730 sequence traces and detecting variations in them.
23. Rijk, P. D. and Del-Favero, J. (2007) novoSNP3: variant detection and sequence annotation in resequencing projects. *Comparative Genomics*, volume 2 (ed. N. H. Bergman). Methods in Molecular Biology, volume 396. Humana Press: 331-344.
24. Ahn, S. J., Costa, J. and Emanuel, J. R. (1996) PicoGreen quantitation of DNA: effective evaluation of samples pre-or post-PCR. *Nucleic Acids Research*, **24** (13), 2623-2625.

# 3 基于 SNP 芯片的基因分型和杂合性缺失分析

Ronald van Eijk，Anneke Middeldorp，Esther H. Lips，Marjo van Puijenbroek，
Hans Morreau，Jan Oosting and Tom van Wezel
*Department of pathology*，Leiden University Medical Center，Leiden，The Netherlands

## 3.1 简介

基因分型是一种用来揭示人类疾病（如癌症）发病机制的遗传学的基础方法，连锁关联分析能够帮助我们认识遗传信息与疾病表型之间的关系和定位致病基因中的关键位点，最终能鉴定出潜在的基因。例如，通过连锁分析已经成功地找出导致乳腺癌的关键基因 *BRCA1* 与 *BRCA2*，以及结肠癌的关键基因 *MLH1* 与 *MSH2* 等。在过去的数十年里，基因分型从费时、低通量的限制性片段长度多态性（RFLP [8]）和简单序列长度多态性（SSLP [9]）方法，发展到应用单核苷酸多态性（SNP）芯片高通量基因分型分析。

在这一章中，我们将会讨论高通量基因分型方法和 SNP 芯片平台，重点是介绍针对从固定石蜡包埋组织中提取的 DNA 样品和杂合性缺失分析。

## 3.2 方法和途径

### 3.2.1 芯片

目前已经开发出多种不同的 SNP 分型方法学和各种商业化的 SNP 芯片，大体上说有两种类型的芯片：特异位点的寡核苷酸芯片和全面捕获寡核苷酸芯片。SNP 分型芯片方法学包括如等位基因特异引物延伸和全基因组的抽样方法。我们将简要讨论 4 种不同的方法，其中分子倒置探针（MIP）基因分型和 Goldengate 基因分型均是通过通用引物和通用芯片的多重 PCR 得到的。Goldengate 基因分型是基于多重混合探针，每个芯片有 96SNP、384SNP、768SNP 或 1536SNP 探针 [10]。对于每一个 SNP，特异等位基因和特异位点引物的结合会退火至 SNP 位点。这些引物都具有共同的正向和反向引物，以及一个通用的捕获互补性特异位点引物的探针。特异等位基因与位点探针之间小的缺口在随后与等位基因特异性引物延伸过程中该缺口由一个连接酶连接，最后产生等位基因特异的人工 PCR 模板。这个模板是用于使用荧光标记的通用的 PCR 引物进行扩增，最终探针和带有通用捕获探针的芯片杂交，这个芯片能够扫描特殊的片段产生两

种代表两个不同的 SNP 等位基因的荧光信号。MIP 基因分型是利用位点特异的探针文库进行的，每个芯片包含多重自由度超过 10 000 个 SNP 特异探针，每个可环化探针 5′端和 3′端退火至 SNP 上游和下游。每个 1bp 缺口由核苷酸的不同反应来填补。随后探针进行环化的同时用连接酶封补其余切口，没有退火和环化的探针用外切核酸酶去除，接着释放环化的探针，最后得到的模板利用通用引物进行 PCR 扩增 [11]。四个核苷酸使用不同的颜色标记和来自不同反应物池，反应物池中核苷酸和通用捕获探针的芯片杂交，通过颜色被识别出来。单张芯片的检测能力可以超过 10 000 个 SNP，对于每一个 SNP 在芯片上都有一套位点特异、长度为 25mer 的寡核苷酸探针。样本是根据全基因组抽样检测来准备的 [12]，其中一个基因组的复杂性降低是通过用限制性内切核酸酶（RE）处理，对高质量基因组 DNA 进行降解，接着把降解的 DNA 片段连上通用接头。通过高效的长度选择 PCR 反应，这种单一引物的 PCR 步骤降低了基因组的复杂性。反应产物和位点特异芯片进行杂交，芯片上的 SNP 选自 PCR 反应得到的复杂度降低的DNA [13]。Infinium 芯片是一种通过等位基因特异捕获探针进行检测的位点特异芯片，在检测中基因组 DNA 先进行全基因组扩增，随后被打碎成片段。得到的碎片进行变性并和芯片杂交，在芯片上特异等位基因引物延伸之后，利用免疫组织化学检测的方法进行染色并读出结果。目前，单张芯片的检测能力可以超过 100 万个 SNP。

### 3.2.2 基因分型

SNP 芯片扫描后，信号强度被转换成基因型检测。每个平台应用不同 SNP 检测软件，所有程序在本质上都很相似，Beadstudio 软件用于 Goldengate 和 Infinium 芯片，CTYPE 和 Genotyping Console 软件用于 Genechip，GTGS 软件用于 MIP 芯片，这三个方法都能自动地分析每个 SNP 是杂合子 AB 还是纯合子 AA 或 BB，这些方法的依据是特异等位基因信号强度。基因分型的错误和无信号将会影响连锁和关联研究，并且对于这些应用可靠的 SNP 信号检测是必需的。因此，附加基因分型算法的应用将能提高 SNP 芯片基因分型的质量，如 SNIPer [15]、AccuTyping [16]、SNPchip [17] 和 RLMM [18]。

### 3.2.3 连锁关联分析

低成本、高通量 SNP 芯片技术的发展改变了遗传学和基因组学研究，它们的应用使得通过对全基因组关联分析解开疾病的复杂遗传学基础成为可能。据报道，肠炎 [19]、2 型糖尿病 [20]、乳腺癌、前列腺癌和直肠癌等癌症 [21～24] 的研究已经取得了成功。各种基因型的连锁分析的报道也不断涌现，如 Bardet-Bield 综合征 [25]、新生儿糖尿病 [26] 和酒精中毒 [27]。在直肠癌的研究中，超过 10 000 SNP 的芯片被成功地用来鉴定染色体 3q21-q24 上的疾病易敏感性位点 [28] 和染色体 10q23 遗传性混合性息肉综合征位点 [29]。对 SNP 芯片基因分型的连锁分析可以使用一些免费的软件包来进行，如 Mendel [30]、Merlin [31] 或 Allegro [32]。为了简化分析和进行大规模基因分型，各种免费的工具应运而生，如 Alohomora [33]、SNPlink [34]、CompareLinkage [35] 和 Easylinkage [36]。这些工具把基因分型转换成适合于连锁分析程序的格式，进行不同层次的质量控制和错误消除，并以图形化呈现关联分析数据。SNPlink 能自动地剔除高度连锁不平衡 SNP，因为高度连锁不平衡会扩大连锁分析统计的工作量。

### 3.2.4 甲醛固定石蜡包埋组织

应用 FFPE 样品进行基因分型和基因组特征分析变得越来越广泛，并且全世界范围内的病理科存有大量的 FFPE 临床样本。理想情况下，从这些组织中提取的 DNA（见实验方案 3.1～3.3）可能用于进行连锁和关联研究，或产生肿瘤样品的 LOH 与基因异常特征图。临床上对这些样品的跟踪收集必将有助于此类研究。对于连锁分析，基因分型 FFPE 组织的应用也可以与那些白细胞 DNA 不可用的个体分析相结合。FFPE 样本中 DNA 的主要缺点是质量问题（见实验方案 3.4），组织样品用甲醛固定，提取 DNA 时会呈现出不同水平的 DNA 降解，DNA 的降解程度在很大程度上依赖于固定的长度和方法及样本的时间。SNP 芯片的含义表明并不是所有的方法都适合使用 FFPE DNA。高密度基因芯片和 Infinium 芯片需使用高质量的基因组 DNA，而 Goldengate 和 MIP 芯片可以用来对 FFPE 样本进行基因分型及检测 LOH 和拷贝数变化。

## 实验方案 3.1 从 FFPE 组织[a] 中非柱式 DNA 分离

设备和试剂

- 二甲苯
- 乙醇 [100% (V/V)、70% (V/V)]
- PK1：10mmol/L Tris-HCl pH 8.3、50mmol/L KCl、2.5mmol/L $MgCl_2$、0.45% (V/V) NP-40、0.45% (V/V) Tween-20 和 0.01%明胶
- 蛋白酶 K (10mg/ml)
- PPS：蛋白质沉淀溶液（如 Promega，A7951）
- TE：10mmol/L Tris-HCl pH 8.0、0.1mmol/L EDTA
- 组织阵列仪（如 Beecher Instruments）

[b]方法

1. 确定 FFPE 肿瘤样品中组织的正常部位和肿瘤区域，用组织阵列仪在正常组织和肿瘤组织中各收集三孔（0.6mm）放在独立的管中。
2. 在装有 FFPE 组织样品的管中加入 1ml 二甲苯。
3. 室温下涡旋和搅拌 15min。
4. 室温下 13 000g 离心 3min。
5. 小心地从组织核心除去二甲苯。

6. 重复步骤 2～5。
7. 加入 1ml 100%（V/V）乙醇。
8. 室温下涡旋和搅拌 15min。
9. 室温下 13 000g 离心 3min。
10. 小心地从组织核心除去乙醇。
11. 重复步骤 7～10。
12. 风干 5min。
13. 加入 150μl PK1 缓冲液。
14. 加入 5μl 蛋白酶 K。
15. 搅拌，脉冲离心。
16. 56℃下微量恒温仪中孵育过夜。
17. 100℃下蛋白酶 K 热失活 10min。
18. 室温下 13 000g 离心 10min。
19. 将含有 DNA 的上层清液转移至新的管中。
20. 在上层清液中加入 50μl PPS。
21. 涡旋，在冰上冷却 5min。
22. [c]室温 13 000g 离心 5min。
23. 将含有 DNA 的上层清液转移至新的管中。
24. [d]在上层清液中加入 150μl 异丙醇，倒置摇匀。
25. 室温下 13 000g 离心 5min 析出 DNA。
26. 移去上层清液。
27. [e]用 200μl 70%（V/V）乙醇清洗颗粒。
28. 重复步骤 26 和 27。
29. 风干 DNA[f] 颗粒并在 100μl TE 中溶解。

**注释**

a 对于 Goldengate 芯片技术，我们倾向于对 DNA 样品经过蛋白酶 K 降解和简单的沉淀过程处理。尽管柱或者基于磁珠的方法都可能产出纯净的 DNA，但是已经碎片化的 FFPE 组织中 DNA 片段使用沉淀方法效果会更好些。

b 使用 Wizard 基因组 DNA 纯化试剂盒（Promega）从新鲜冷冻的肿瘤组织或者正常血液白细胞中分离出基因组 DNA。

c 析出的蛋白质将会形成白色的小颗粒。

d 如果预料到从组织中得到的产量比较低，可以事先在沉淀之前加入糖原（glycogen）。

e 小颗粒可能看不见，因此要在离心机中管子朝外的外侧边缘做标记，或者确保离心时铰链的盖子是朝外的。

f 运用 1.5% 的琼脂糖凝胶电泳和多重 PCR 或者 van Beers 描述的类似方法[40]，可以评估 DNA 大小和质量。

## 实验方案 3.2　从 FFPE 组织 a 中柱式 DNA 分离[g]

### 设备和试剂

- NucleoSpin 组织 XS 基因组 DNA 纯化试剂盒（Machery-Nagel）
- 二甲苯
- 乙醇 [100% (V/V)]
- PK1：10mmol/L Tris-HCl，pH 8.3，50mmol/L KCl，2.5mmol/L $MgCl_2$，0.45% (V/V) NP-40，0.45% (V/V) Tween-20，0.01%明胶
- 蛋白酶 K（10mg/ml）
- PPS：蛋白沉淀缓冲液（如 Promega，A7951）
- TE：10mmol/L Tris-HCl，pH 8.0，0.1mmol/L EDTA
- 组织阵列仪（如 Beecher Instruments）

### 方法

1. 确定正常部位和 FFPE 中的肿瘤区域，用组织阵列仪在正常组织和肿瘤组织中各收集三穿孔样品（0.6mm）放在独立的管中。
2. 在装有 FFPE 组织孔的管中加入 1ml 二甲苯。
3. 室温下涡旋搅拌 15min。
4. 室温下 13 000g 离心 3min。
5. 小心地从组织核中除去二甲苯。
6. 重复步骤 2~5。
7. 加入 1ml 100% (V/V) 乙醇。
8. 室温下涡旋搅拌 15min。
9. 室温下 13 000g 离心 3min。
10. 小心地从组织颗粒除去乙醇。
11. 重复步骤 7~10。
12. 风干 5min。
13. 在风干的组织颗粒中加入 150μl PK1 缓冲液。
14. 加入 5μl 蛋白酶 K。
15. 搅拌，脉冲离心。
16. 56℃下恒温培养过夜。
17. 将蛋白酶 K 在 100℃下热失活 10min。
18. 室温下 13 000g 离心 10min。
19. 将含有 DNA 的上层清液转移至新的管中。
20. 加入 80μl NucleoSpin B3 缓冲液。

21. 每隔 5s 涡旋振荡一次，共两次；70℃恒温培养 5min；培养结束后再稍加涡旋振荡。
22. 让裂解液冷却至室温。
23. 在裂解液中加入 80μl 100%（V/V）乙醇。
24. 每隔 5s 涡旋振荡一次，共两次。
25. 13 000g 离心 10s 并收集管底部的所有液体。
26. 在 2ml 收集管中放置一个 NucleoSpin Tissue XS 柱并将样本置于柱中。
27. 13 000g 离心 2min。
28. 丢掉流动的液体部分。
29. 将柱液放到一个新的 2ml 收集管中。
30. 在膜中加入 50μl B5 缓冲液。
31. 11 000g 离心 2min[h]。
32. 在膜中直接加入 50μl B5 缓冲液。
33. 13 000g 离心 2min。
34. 将柱液倒入 1.5ml 的微型离心管中。
35. 将 50μl TE 缓冲液直接加入到柱液二氧化硅膜中央。
36. [i]13 000g 离心 1min。

**注释**

g 该方案可以用实验方案 3.1 中描述的方法代替，相对于实验方案 3.1，该方案的缺点是花费多和 DNA 产量低，优点是分离出的 DNA 纯度要高。

h 不用丢掉流动的液体部分，再次利用收集管。

i 为了获得更高的 DNA 产量，将步骤 36 中的洗出液移回到柱里，重复步骤 35。

## 实验方案 3.3 用 Picogreen 法测量 DNA 浓度

设备和试剂

- TE：10mmol/L Tris-HCl，pH 8.0，0.1mmol/L EDTA
- Picogreen 试剂（分子探针）[j]
- λ DNA 标准液
- 微孔板（Dynex Immulux™）
- 荧光分析仪
- 微孔板离心机

[k]方法

1. 按照下列表格在一个干净的 96 孔板准备一系列 100μl/孔 λ DNA 标准液：

| λ DNA/ (2μg/μl) | TE/μl | 终浓度 |
|---|---|---|
| 100μl | 0 | 100ng/μl |
| 75μl | 25 | 750pg/μl |
| 50μl | 50 | 500pg/μl |
| 25μl | 75 | 250pg/μl |
| 10μl | 90 | 100pg/μl |
| 5μl | 95 | 50pg/μl |
| 0μl | 100 | 0pg/μl |

2. 对于每个 DNA 样本，用 98μl TE 稀释 DNA 2μl 样品。

3. 对于每个 DNA 稀释液，准备 100μl 按照 Picogreen∶TE（1∶200）的 Picogreen[j] 试剂。

4. 在每个 DNA 稀释样本中加入 100μl Picogreen 稀释液并颠倒混匀。

5. 250g 将微孔板离心 1min 以除掉泡沫。

6. 在荧光分析仪中读信号（激发波长 485nm，发射波长 538nm）。

7. 通过标准曲线用荧光分析仪自带软件计算样品浓度。

**注释**

j 由于染料是光敏感的，要避免暴露在光下。

k DNA 浓度或者可以利用分光光度计测量 $A_{260\,nm}$ 来计算，但是对于 FFPE 组织的 DNA 定量化，Picogreen 方法会更准确些，因为分光光度计只能测量双链 DNA（没有降解的产物）。

## 实验方案 3.4　DNA 质量控制 PCR

设备和试剂

- 引物库（100μmol/L）：
  —RS2032018（150bp）
    。引物 1：5′-GTGTCTCCCTTCCCACTCAA-3′
    。引物 2：5′-AGCCCACCTACCTTGGAAAG-3′
  —AP000555（PRKM1，255bp）
    。引物 3：5′-TGGCTGATCTATGTCCCTGA-3′
    。引物 4：5′-GCTCAGTTGTTTTGTGGGTAAG-3′
  —AC008575（APC，511bp）
    。引物 5：GCTCAGACACCCAAAAGTCC
    。引物 6：CATTCCCATTGTCATTTTCC
- 不含 $MgCl_2$ 的 PCR 反应缓冲液（Applera）
- Amplitaq Gold DNA 聚合酶（5U/μl Applera）

方法

1. 准备一个包含 20pmol/μl 引物 1 和 2，10pmol/μl 引物 3～6 的引物混合物溶液[1]。
2. 准备 10μl 的反应体系：
   - 0.25μl 引物混合物
   - 1.0μl 不含 $MgCl_2$ 的 10×PCR 反应缓冲液 II
   - 0.2μl 4×10mmol/L dNTP
   - 1.0μl 25mmol/L $MgCl_2$ 溶液
   - 2.0μl DNA 模板（5ng/μl）[m]
   - 0.1μl Amplitaq Gold DNA 聚合酶
   - 5.45μl 水
3. 热循环仪设置如下：
   - 96℃，10min
   - (94℃，30s；55℃，30s；72℃，1min) ×35
   - 72℃，5 min
4. 通过 2%（m/V）琼脂糖凝胶电泳分析每个 PCR 反应产物[n]，把扩增产物和分子质量标记物进行比较。

**注释**

l 多重 PCR 扩增的三类扩增子为 150bp、255bp 和 511bp。这种方法可以与 van Beers [40] 方法进行比较（图 3.1）。

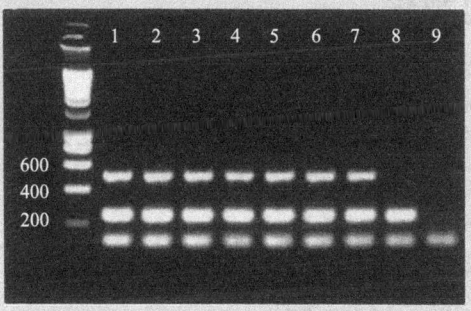

图 3.1 FFPE 组织中提取的 DNA 质量控制 PCR 扩增的琼脂糖凝胶电泳，泳道 1～9 包含不同 FFPE 肿瘤样本的 DNA 样品，泳道 1～8 表示"可接受"DNA，泳道 9 表示"不可接受"DNA，左边的泳道包含一个分子标记（Smartladder；Eurogentec）。所有的样本都是在 2%（m/V）的琼脂糖 TAE（Tris-acetate-ETDA）缓冲液中进行分析。

m 用 10ng 基因组高分子 DNA（如从新鲜冷冻的组织中提取的 DNA）作为对照。
n 如果三类扩增子在琼脂糖凝胶上都可见，可以认为该 DNA 是高质量的，然而，DNA 的样本表明 150bp 和 255bp 扩增子可以用于进一步研究。

## 3.2.5 杂合性缺失

染色体 LOH 是癌症常见的一个特征，对它们的识别有助于发现那些包含潜在肿瘤抑制基因的基因组区域。最初是运用简单序列长度多态性方法分析 LOH，对比来自同一个患者的肿瘤 DNA 和正常 DNA 基因分型发现的。LOH 被定义为，那些正常 DNA 杂合标记变成肿瘤纯合子的区域，基因型水平的 LOH 识别可以认为是等位基因不平衡（AI）的结果，其中 AI 可能是由等位基因的物理丢失或增加导致的，另外有丝分裂基因重组也能导致 LOH。随着 SNP 芯片技术的发展，癌症中 LOH 高通量分析成为可能，这项技术最早应用于在小细胞肺癌的研究中［42］。并且，杂合性缺失的单倍体型鉴定可以应用于癌症的遗传性研究中，各种癌症的 LOH 的研究越来越多，鉴定和显示 LOH 的方法正在不断发展和提高。由于和肿瘤对应的正常组织或细胞系不容易得到，如何从肿瘤样本中推测出 LOH 变得尤为重要［43，44］。高通量 SNP 芯片技术在 FFPE 样本基因分型和 LOH 分析中的应用是一个巨大的进步，它扩展了相应研究中的组织样品获取工作。

由于 Illumina Goldengate 芯片和 Sentrix 芯片是商业平台，在此将不描述应用它们进行基因分型和 LOH 分析的 Illumina 实验方案（最近版本的实验方案可以参照网址 www.illumina.com）。或者我们讨论数据处理和基因分型与 LOH 分析，包括利用 Spotfire DecisionSite 软件进行一个染色体可视化工具［45］的使用（实验方案 3.5 和 3.6）。

### 实验方案 3.5 利用 Spotfire 软件进行基因分型和 LOH 数据的可视化

设备和试剂

- 一台如下配置的电脑：
  - ——主频为英特尔奔腾 2.0GHz 或以上
  - ——内存≥2GB
  - ——硬盘≥100GB
  - ——视频设备 1280×1024（推荐）
  - ——17in（注：1in=0.0254m）LCD 显示器（推荐）
  - ——操作系统 Windows XP-SP2（32 位）或者 Windows XP-SP2（64 位）
- Microsoft NET framework 1.1（或以上）
- Microsoft Access 2003
- 功能基因组学软件 Spotfire DecisionSite 9.1 (Spotfire, Someville, MA, USA)

方法

1. 打开 Spotfire DecisionSite 9.1 软件。

2. 把 Access 数据库中检索到包含所有样本信息（实验方案 3.5，步骤 14）的数据粘贴到 Spotfire 中。

3. Spotfire 自动生成一个散点图°。为了展示每个肿瘤样本的 SNP 和 LOH 信息，需要改变一些设置参数（图 3.2）。

　　(a) 选择 $x$ 轴上的开始位置 (bp)，这显示 SNP 成对碱基从 p-ter 到 q-ter 的 SNP 的位置。

　　(b) 在 $y$ 轴选择 ABnormRationorm 作为肿瘤之一，来显示与可能的 LOH 相关的质量分数。

　　(c) 回到属性编辑栏，选择网格标签并添加染色体变量名 (bind to columns)，例如，把所有列都设为 1，所有行都设为 5，可以生成每个样本 5 条染色体信息的可视化形式。

　　(d) 选择标识标签并根据已选择的肿瘤 ABnormRationorm 和分类设置颜色，自定义方块的形状，把标签设置为 Locus_Name。

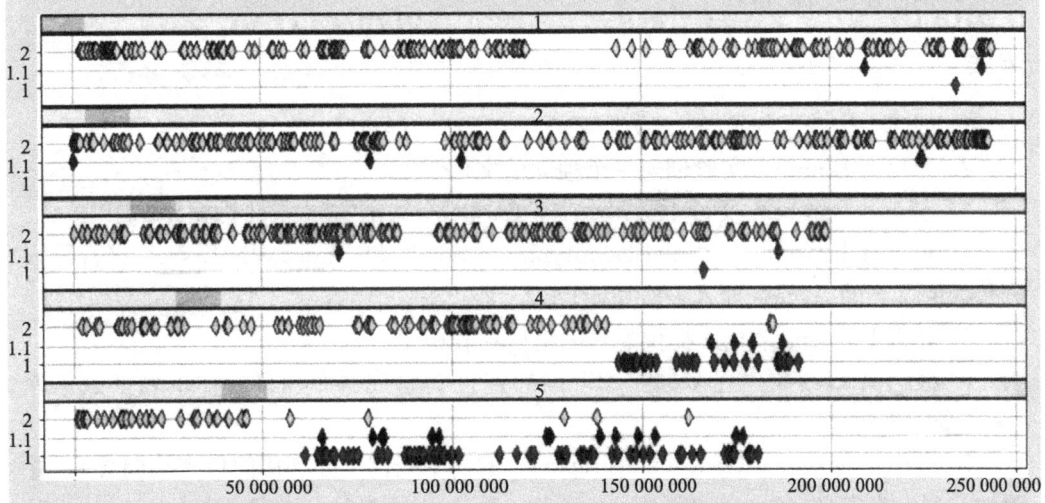

图 3.2　肿瘤样本和对照样本的 Spotfire 基因型和 LOH 分析结果可视化。5 个显示板展示了染色体 1～5 信息，在每个显示板，$x$ 轴上表示从染色体 p 端粒到 q 端粒每个 SNP 碱基对的位置，在 $y$ 轴方向 2-线上，正常样本和肿瘤样本中 SNP 均为杂合子的用黄色方块表示。在正常样本是杂合而肿瘤样本中是纯合的 SNP 用红色方块在 1-线上标出，在正常样本是杂合但在配对肿瘤样本质量比率低于 0.8 的 SNP 用蓝色方块在 1.1-线上标出，红色和蓝色标记多于黄色标记的区域（相对于它们在 $x$ 轴上的基本配对位置），需要进行 LOH 分析（见彩版）。

4. 在查询方式框中，通过剔除 AA 和 BB 基因型来选择杂合 SNP 作为分析成对的肿瘤样本和正常样本，这就明确了 SNP 分析是针对在正常样本中的杂合子位点。

5. 根据图 3.2 分析散点可视化结果，从而判断出可能的 LOH 模式。

6. 重复步骤 3 (b)～5 来分析每对肿瘤和对照样本。

**注释**

o 详细信息参照文献 [45]

## 实验方案 3.6　Illumina 数据存储、LOH 和基因型分析

设备和试剂

- 一台如下配置的电脑：
  —主频为英特尔奔腾 2.0GHz 或以上
  —内存≥2GB
  —硬盘≥100GB
  —视频设备 1280×1024（推荐）
  —17in LCD 显示器（推荐）
  —操作系统 Windows XP-SP2（32 位）或者 Windows XP-SP2（64 位）
- Microsoft NET framework 1.1（或以上）
- Illumina Beadstudio 版本 2 和 Gencall 版本 6
- Microsoft Access

方法

1. 创建一个普通的 Access 数据库来记录所有的样本[p]。
2. 为每个 Illumina 实验创建一个独立的文件[q, r]。
3. 在 09_Database 文件中给每个实验创建一个特定的 Access 数据库。
4. 对于每个实验，将"final Genotyping report"和"Locus-By-DNA"报告导入到数据库（新的 Access 导入表格功能）[s]。
5. 导入 Illumina 数据库提供的基因组信息表格[t]。
6. 根据 Access 中"连接数据库"向导连接实验数据库和普通样本表单数据库（第一步中创建）。
7. 进行包含"final Genotyping report"的简单查询（如利用简单查询向导），并附加一列 n 来定义（SentrixID: Left$（tbl_LocusByDNA_final! DNA_Name; 7）芯片（SentrixID），把查询存储为 qryGenotypingfinal。
8. 进行一个包含 qryGenotypingfinal、"Locus-By-DNA"和样本表单表格的 Access 查询。
9. 为了合并 qryGenotypingfinal 和"Locus-By-DNA"表，连接 Locus_Name 和 SentrixID 两列，通过连接 DNA_Name 到 Sentrix_Position 将样本表单表格连接到 Locus-By-DNA 表。
10. 为了查询可视化选择所有的列并把下面计算的列加入到查询。
  (a) AB：把 SNP 信号合并到一列的 [Allele1] 和 [Allele2]。
  (b) ABnorm：IIf（[AB]="AB"; "2"; "1"）将杂合 SNP 重新命名为 2，将纯合 SNP 重新命名为 1。

(c) 比率：[GC_Score] / [Gentrain_Score] 为质量值分配和 LOH 分析计算 GSC/GTS 比率u。

(d) ABnormRationorm：IIf（[ABnorm]）= "2"；(IIf（[ratio] >0.8；[ABnorm]；"1.1"））；[ABnorm]）。

(e) 该列设置每个杂合 SNP 的比率低于 0.8～1.1 而不是 $2^v$。

11. 用一个描述性的名字保存查询。例如，qry_finalresults，这个查询包含了芯片上所有样本的全部结果。

12. 用步骤 11 的查询来进行两个不同的交叉表查询（利用交叉表查询向导），二者的 Locus_Name 均设为行标题，Sample_Name 均设为列标题。

(a) 第一步 AB [见步骤 10（a）] 当作值。以 ctqry_ABresults 命名保存这个 Crosstab Query。

(b) 第二步 ABnormRationorm [见步骤 10（d）] 当作值。以 ctqry_ABNResults 命名保存这个 Crosstab Query。

13. 进行最后一个查询，在该查询中通过连接 SNP（位点）名称与选择查询中的所有列，并结合表 ctqry_ABresults、表 ctqry_ABNResults 和基因组信息表（步骤 5) 信息，以 final_query 命名保存这个查询。

14. 为了下一步的分析和可视化，将步骤 13 的 final_query 数据导入或者粘贴至 Spotfire 中（见实验方案 3.6）。

**注释**

p 数据库中记录了样本名称、芯片上样本位置和样本表单信息等 [图 3.3（b）]。

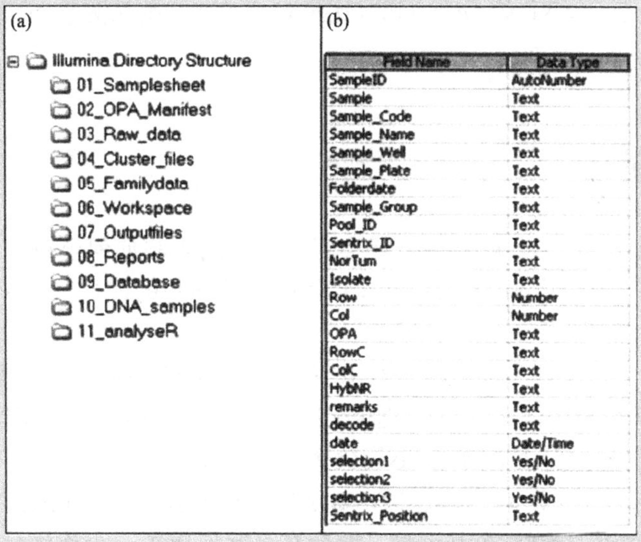

图 3.3 Illumina 数据存储，在界面 A 中，Illumina 目录结构包含有 11 个不同实验步骤数据的子文件，界面 B 是显示 Illumina 样本表单中不同列的信息。

q 将文件命名为 exp_year_month_day_project；如 Exp081125_myproject。

r 实验定义为单张 Illumina 芯片上的结果，包括芯片上所有样品的基因分型和 LOH 分析结果，每个实验文件有 11 个子文件，这些子文件包含了分析过程中不同步骤的数据 [见图 3.3（a）]。

s 最后的基因分型结果在 Beadstudio 中生成，其中包括基因分型和质量信息，Locus-By-DNA 报告从 Genecall 输出，包含 SNP、连锁分析芯片和实验使用的芯片信息。

t Illumina 在寡核苷酸序列文库的芯片清单中提供了所有 SNP 的基因组信息，并且在 Sentrix 芯片盒中提供一张小 CD。

u 肿瘤样品比例过低会破坏 LOH 检测，分离物中的正常细胞和（肿瘤浸润）白细胞将会导致 LOH 信号的降低。理想情况下，应该用于纯的肿瘤样品进行 LOH 检测，但是在实际的肿瘤样品中能检测到大约 40% 的非肿瘤细胞。在这种情况下，大部分 SNP 依旧被称作杂合子，然而它们对应的基因型质量有所降低，因此我们进行质量打分并通过基因信号程序 Beadstudio 自动地分配每个基因型。每个 SNP 有两个不同的质量打分，即样本特异的基因信号打分（GCS）和 SNP 特异的 GTS。由于肿瘤组织中低质量打分也可能指示 LOH，我们计算每个 SNP 和样本的 GCS/GTS 比率。对于正常样本，我们期望比率偏高（0.8～1）。因此，只选取那些 GCS/GTS 比率为 0.8～1.0 的正常样本的高质量的杂合 SNP 进行 LOH 分析。当肿瘤基因型信号是纯合，或者杂合或者 GCS/GTS 比率低于 0.8 时，这些 SNP 才需要进行 LOH 分析。

v 如果一个杂合 SNP 的 GCS/GTS 比率低于 0.8，则认为该 SNP 基因型的质量为"低"。

## 3.3 疑难解答

- **常见问题**：Illumina 有"一般疑难问题"的列表和如何解决问题的建议，这些信息可以在网址 www.illumina.com DNA 分析常见问题的链接（faqs for DNA analysis）下找到。

- **实验设计**：一个典型的实验是对 12 对肿瘤组织和对应正常组织的全基因组进行基因分型和 LOH 分析。这 24 个样本通过包含 4 个寡核苷酸序列文库近似 1500 SNP 的连锁分析芯片进行基因分型，这些 SNP 杂交到 Sentrix 芯片上，芯片阵列上有 96 个芯片，每个可检测 1500 SNP 位点。这样，对于每个样本要与 4 个近似 1500 SNP 芯片杂交，从而结合得到近似 6000 个基因型，结合在一起形成了一个连锁分析芯片。一个全基因组癌症的 SNP 芯片或者标准的 SNP 芯片可制作成 1536SNP、768SNP 或 384SNP 用来测试。

- **运用 Illumina Goldengate 芯片和 Sentrix 芯片进行 FFPE 组织 DNA 基因分型**：对于每个芯片，按照 Goldengate 芯片的实验方案中需要 250ng 活化 DNA（单次活化最后

体积为 $10\mu l$），或者需要 $2\mu g$ DNA（在多次使用的 DNA 激活体积为 $100\mu l$）。Fan 等[46] 提到可以使用更少的 DNA。对于 FFPE 样品 DNA 的使用，我们一般用 $1\mu g$ DNA 作为多次使用 DNA 活化，最终的生物素基-DNA 溶解于 $60\mu l$ 的 RS1 缓冲液中。

（肖景发 译）

## 参 考 文 献

1. Hall, J. M., Lee, M. K., Newman, B. et al. (1990) Linkage of early-onset familial breast cancer to chromosome 17q21. *Science*, **250**, 1684-1689.
2. Castilla, L. H., Couch, F. J., Erdos, M. R. et al. (1994) Mutations in the *BRCA1* gene in families with early-onset breast and ovarian cancer. *Nature Genetics*, **8**, 387-391.
3. Wooster, R., Bignell, G., Lancaster, J. et al. (1995) Identification of the breast cancer susceptibility gene BRCA2. *Nature*, **378**, 789-792.
4. Leach, F. S., Nicolaides, N. C., Papadopoulos, N. et al. (1993) Mutations of a mutS homolog in hereditary nonpolyposis colorectal cancer. *Cell*, 75, 1215-1225.
5. Peltomaki, P., Aaltonen, L. A., Sistonen, P. et al. (1993) Genetic mapping of a locus predisposing to human colorectal cancer. *Science*, **260**, 810-812.
6. Lindblom, A., Tannergard, P., Werelius, B. and Nordenskjold, M. (1993) Genetic mapping of a second locus predisposing to hereditary non-polyposis colon cancer. *Nature Genetics*, **5**, 279-282.
7. Papadopoulos, N., Nicolaides, N. C., Wei, Y. F. et al. (1994) Mutation of a mutL homolog in hereditary colon cancer. *Science*, **263**, 1625-1629.
8. Wyman, A. R. and White, R. (1980) A highly polymorphic locus in human DNA. *Proceedings of the National Academy of Sciences of the United States of America*, **77**, 6754-6758.
9. Tautz, D. (1989) Hypervariability of simple sequences as a general source for polymorphic DNA markers. *Nucleic Acids Research*, **17**, 6463-6471.
10. Shen, R., Fan, J. B., Campbell, D. et al. (2005) High-throughput SNP genotyping on universal bead arrays. *Mutation Research*, **573**, 70-82. Describes the development of a highly multiplexed SNP genotyping assay for high-throughput genetic analysis of large populations on a bead array platform.
11. Hardenbol, P., Yu, F., Belmont, J. et al. (2005) Highly multiplexed molecular inversion probe genotyping: over 10 000 targeted SNPs genotyped in a single tube assay. *Genome Research*, **15**, 269-275.
12. Kennedy, G. C., Matsuzaki, H., Dong, S. et al. (2003) Large-scale genotyping of complex DNA. *Nature Biotechnology*, **21**, 1233-1237. Demonstrates that oligonucleotide arrays designed for CGH provide a robust and precise platform for detecting chromosomal alterations throughout a genome.
13. Matsuzaki, H., Loi, H., Dong, S. et al. (2004) Parallel genotyping of over 10 000 SNPs using a one-primer assay on a high-density oligonucleotide array. *Genome Research*, **14**, 414-425.
14. Gunderson, K. L., Steemers, F. J., Lee, G. et al. (2005) A genome-wide scalable SNP genotyping assay using microarray technology. *Nature Genetics*, **37**, 549-554. A whole-genome genotyping assay that combines specific hybridization of WGA DNA to arrayed probes with allele-specific primer extension and signal amplification.
15. Hua, J., Craig, D. W., Brun, M. et al. (2007) SNiPer-HD: improved genotype calling accuracy by an expectation-maximization algorithm for high-density SNP arrays. *Bioinformatics*, **23**, 57-63.
16. Hu, G., Wang, H. Y., Greenawalt, D. M. et al. (2006) AccuTyping: new algorithms for automated analysis of data from high-throughput genotyping with oligonucleotide microarrays. *Nucleic Acids Research*, **34**, e116.

17. Scharpf, R. B., Ting, J. C., Pevsner, J. and Ruczinski, I. (2007) *SNPchip*: R classes and methods for SNP array data. *Bioinformatics*, **23**, 627-628.
18. Rabbee, N. and Speed, T. P. (2006) A genotype calling algorithm for Affymetrix SNP arrays. *Bioinformatics*, **22**, 7-12.
19. Duerr, R. H., Taylor, K. D., Brant, S. R. et al. (2006) A genome-wide association study identifies IL23R as an inflammatory bowel disease gene. *Science*, **314**, 1461-1463.
20. Sladek, R., Rocheleau, G., Rung, J. et al. (2007) A genome-wide association study identifies novel risk loci for type 2 diabetes. *Nature*, **445**, 881-885.
21. Easton, D. F., Pooley, K. A., Dunning, A. M. et al. (2007) Genome-wide association study identifies novel breast cancer susceptibility loci. *Nature*, **447**, 1087-1093.
22. Haiman, C. A., Le Marchand, L., Yamamato, J. et al. (2007) A common genetic risk factor for colorectal and prostate cancer. *Nature Genetics*, **39**, 954-956.
23. Schumacher, F. R., Feigelson, H. S., Cox, D. G. et al. (2007) a common 8q24 variant in prostate and breast cancer from a large nested case-control study. *Cancer Research*, **67**, 2951-2956.
24. Tomlinson, I., Webb, E., Carvajal-Carmona, L. et al. (2007) A genome-wide association scan of tag SNPs identifies a susceptibility variant for colorectal cancer at 8q24.21. *Nature Genetics*, **39**, 984-988.
25. White, D. R., Ganesh, A., Nishimura, D. et al. (2007) Autozygosity mapping of Bardet-Biedl syndrome to 12q21.2 and confirmation of *FLJ23560* as BBS10. *European Journal of Human Genetics*, **15**, 173-178.
26. Sellick, G. S., Garrett, C. and Houlston, R. S. (2003) A novel gene for neonatal diabetes maps to chromosome 10p12.1-p13. *Diabetes*, **52**, 2636-2638.
27. Zhang, C., Cawley, S., Liu, G. et al. (2005) A genome-wide linkage analysis of alcoholism on microsatellite and single-nucleotide polymorphism data, using alcohol dependence phenotypes and electroencephalogram measures. *BMC Genetics*, **6** (Suppl 1), S17.
28. Kemp, Z., Carvajal-Carmona, L., Spain, S. et al. (2006) Evidence for a colorectal cancer susceptibility locus on chromosome 3q21-q24 from a high-density SNP genome-wide linkage scan. *Human Molecular Genetics*, **15**, 2903-2910.
29. Cao, X., Eu, K. W., Kumarasinghe, M. P. et al. (2006) Mapping of hereditary mixed polyposis syndrome (HMPS) to chromosome 10q23 by genomewide high-density single nucleotide polymorphism (SNP) scan and identification of *BMPR1A* loss of function. *Journal of Medical Genetics*, **43**, e13.
30. Lange, K., Weeks, D. and Boehnke, M. (1988) Programs for pedigree analysis: MENDEL, FISHER, and dGENE. *Genetic Epidemiology*, **5**, 471-472.
31. Abecasis, G. R., Cherny, S. S., Cookson, W. O. and Cardon, L. R. (2002) Merlin-rapid analysis of dense genetic maps using sparse gene flow trees. *Nature Genetics*, **30**, 97-101.
32. Gudbjartsson, D. F., Jonasson, K., Frigge, M. L. and Kong, A. (2000) Allegro, a new computer program for multipoint linkage analysis. *Nature Genetics*, **25**, 12-13.
33. Ruschendorf, F. and Nurnberg, P. (2005) ALOHOMORA: a tool for linkage analysis using 10K SNP array data. *Bioinformatics*, **21**, 2123-2125.
34. Webb, E. L., Sellick, G. S. and Houlston, R. S. (2005) SNPLINK: multipoint linkage analysis of densely distributed SNP data incorporating automated linkage disequilibrium removal. *Bioinformatics*. **21**. 3060-3061. Describing the detection of linkage and removal of LD from high density SNP data.
35. Leykin, I., Hao, K., Cheng, J. et al. (2005) Comparative linkage analysis and visualization of high-density oligonucleotide SNP array data. *BMC Genetics*, **6**, 7.
36. Lindner, T. H. and Hoffmann, K. (2005) easyLINKAGE: a PERL script for easy and automated two-/multipoint linkage analyses. *Bioinformatics*, **21**, 405-407.
37. Lips, E. H., Dierssen, J. W. F., van Eijk, R. et al. (2005) Reliable high-throughput genotyping and loss-

of-heterozygosity detection in formalin-fixed, paraffin-embedded tumors using single nucleotide polymorphism arrays. *Cancer Research*, **65**, 10188-10191. The first paper that describes genotyping and LOH analysis using Illumina Beadarrays.

38. Oosting, J., Lips, E. H., van Eijk, R. *et al.* (2007) High-resolution copy number analysis of paraffin-embedded archival tissue using SNP BeadArrays. *Genome Research*, **17**, 368-376. The design and validation of copy number measurements using BeadArray's and the application to FFPE tissue.

39. Ji, H., Kumm, J., Zhang, M. *et al.* (2006) Molecular inversion probe analysis of gene copy alterations reveals distinct categories of colorectal carcinoma. *Cancer Research*, **66**, 7910-7919.

40. Van Beers, E. H., Joosse, S A., Ligtenberg, M. J. *et al.* (2006) A multiplex PCR predictor for aCGH success of FFPE samples. *British Journal of Cancer*, **94**, 333-337. Demonstrates that WGA is capable of increasing the yield of starting DNA material with identical genetic sequence.

41. Rajagopalan, H. and Lengauer, C. (2004) Aneuploidy and cancer. *Nature*, **432**, 338-341.

42. Lindblad-Toh, K., Tanenbaum, D. M., Daly, M. J. *et al.* (2000) Loss-of-heterozygosity analysis of small-cell lung carcinomas using single-nucleotide polymorphism arrays. *Nature Biotechnology*, **18**, 1001-1005. First paper describing the use of SNP arrays for the detection of LOH in cancer.

43. LaFramboise, T., Harrington, D. and Weir, B. A. (2006) PLASQ: a generalized linear model-based procedure to determine allelic dosage in cancer cells from SNP array data. *Biostatistics*, **8**, 323-336.

44. Beroukhim, R., Lin, M., Park, Y. *et al.* (2006) Inferring loss-of-heterozygosity from unpaired tumors using high-density oligonucleotide SNP arrays. *PLoS Computational Biology*, **2**, e41.

45. Van Eijk, R., Oosting, J., Sieben, N., *et al.* (2004) Visualization of regional gene expression biases by microarray data sorting. *Biotechniques*, **36**, 592-594, 596.

46. Fan, J. B., Oliphant, A., Shen, R. *et al.* (2003) Highly parallel SNP genotyping. *Cold Spring Harbor Symposia on Quantitative Biology*, **68**, 69-78. Technical note on the properties of the beadarray platform for SNP genotyping.

# 4 复杂性状的基因定位

**Nancy L. Saccone**
*Department of Genetics，Division of Human Genetics，Washington University School of Medicine，St Louis，Missouri，USA*

## 4.1 简介

本章总结了目前基于家系样本或种群样本分析对人类多因素疾病基因的定位方法。复杂多因素疾病通常被认为是由多个基因的不完全外显率导致的。基因与基因之间以及基因与环境之间的相互作用也在疾病发生中起到一定的作用。

致病基因定位策略可以大致分为两个彼此相关的类型——连锁分析和关联分析。连锁分析的定位依赖于家族中标记基因型与表现型的共分离，从而探知影响疾病风险的遗传位点。关联分析的定位方法则是通过探测在种群水平上，哪个基因型或等位基因位点与表现型有关，并且这种相关能够在家系样本间或随机个体间实现。关联分析定位近几年非常流行，这是由于技术的进步使得大规模分析由单核苷酸多态性（SNP）标记的基因型成为可能，也促进了对人类疾病的全基因组关联分析（GWAS）。这种分析方法脱胎于 Risch 和 Merikangas 早期的发现[1]，他们认为，与同胞连锁分析的方法相比，关联分析的设计更适用于复杂性状基因的检测。

本章将重点阐述关联分析，尤其是 GWAS，近期很多大规模关联分析的文章都登上了期刊的头条。针对随机样本的大规模关联分析发现了与重要疾病相关的基因，这些疾病包括糖尿病[2～4]、乳腺癌[5]、吸烟[6～9]和肺癌[8，10～12]。

我们将概述连锁分析的方法，包括参数法和非参数法。尽管现在采用大规模关联分析的方法来发现新基因变得越来越流行，但是一些研究者一直在探寻传统的、基于家系样本的连锁分析在新的时代要扮演怎样的角色，新的连锁分析结果仍在不断报道，并指导和影响着未来关联分析的设计和解析。此外，还有研究者通过综合使用连锁分析和关联分析两种方法，研究家系样本[13]也充分利用了连锁分析的优势。

研究者希望知道针对他们感兴趣疾病的致病基因，什么样的研究设计是最优的。这个问题并没有一个简单明了的答案。但本章会大致描绘出不同方法的优缺点，并且介绍各个方法的一些应用实例。

## 4.2 方法和途径

### 4.2.1 关联分析方法：随机样本

我们首先探讨哪种形式的样本是随机的。随机样本关联分析的优点是确定相对于家系的随机样本比较容易。在使用随机样本时有几点需要特别注意。例如，选取实验组和对照组时，应该尽量降低出现隐藏群体结构（群体分层）的可能性，从而降低第一错误率（假阳性）。家系样本比较难收集，且相比于病例对照样，样本量要达到一定的水平，否则其分析结果效率较低[14]。但是，由于家系分析在群体分层方面鲁棒性较强，有时也会被选用。

由于大规模关联分析项目中 SNP 基因分型非常流行，我们大部分的讨论都会假设使用两个等位基因（二等位基因）的 SNP 标记。然而，我们也会讨论一些适用于多等位基因标记的方法实例（如微卫星）。

进行上述分析的实验方案很大程度上依赖于研究人员选用的分析软件。我们不只是概述多个软件的具体实验方案，我们还会讨论该方法的概念基础，给出可用的软件包，并且为感兴趣的研究者提供这些程序的说明文档。为了说明，我们还会给出两个对随机样本进行大规模关联分析的通用实验方案：一个是实验设计和数据质量控制的实验方案，一个是基于特定分析方法的实验方案（对数回归）。

#### 4.2.1.1 随机样本关联分析：实验设计和数据质量

本节我们讨论实验设计和在执行与疾病关联的统计分析之前的数据预处理，包括数据清理检验和群体分层测试。接下来我们讨论用于随机样本试验中基因标记和疾病性状关联性分析的主要统计方法。

**初始实验设计**

广泛来说，设计病例对照实验有两个重要标准：选择哪个主题来做基因分型；选择哪个遗传标记位点（通常是 SNP）来为疾病关联检验做基因分型。

**研究主题**　针对一个病例对照研究，研究者对病例组的定义通常是清晰的，尽管细节可能会受制于研究资源和病例的获取。理想情况下，研究人员能够确定一致而精确的病例定义。然而，由于疾病本身和实验设计的原因，研究人员可能要权衡于使用精确临床诊断还是较不精确的定义方法；或者衡量哪个方法只和临床诊断相关，却对发现疾病的潜在生物学性状有作用。表型的选择依赖于疾病本身和研究目的。例如，如果目标是搜集不同研究者获取的不同患者群体或不同数据源的大量样本，一致标准就不太适用了，在最终的分析模型中，潜在的"位点"差异被模拟为协变量。

研究人员通常会选取"空白"样本作为对照组，这些人没有患病，甚至已经过了疾病高发年龄。研究者也以选择群体对照，这种对照中有一定比例的人可能患有疾病（尽管特定的表型信息可能不可用）。前一种方案效率更高，空白的对照比相同规模的随机群体对照更具说服力。但后一种方案更可行也更便宜，它不需要诊断或临床评估。成本收益分析表明未经筛选的群体对照组在大多数情况下都是符合成本效益的，尤其是研究小群体流行疾病［15］。最近，Wellcome Trust 病例对照联盟（简称 WTCCC）采用单一的大量样本群体作为对照数据集，进行多疾病直接相关的全基因组关联分析［16］；他们成功界定了与疾病高发相关的已知和新发现的变异。

**选择 SNP** 无论整个实验设计是全基因组关联分析还是候选基因的靶向研究，决定基因型的标记都是重要的。SNP 正在成为关联分析标记的适当选择，因为 SNP 具有较低的错误率，适于进行高通量基因分型，于是问题演变为："应该挑选哪些 SNP？"。商业化的综合分析平台可以找到全基因组范围内数百、数千，乃至数百万的 SNP 标记，如 Illumina（www.illumina.com）和 Affymetrix（www.affymetrix.com）等。这些平台或 GWAS 基因分型芯片已经流行于全基因组关联分析，并且刚刚发现了许多复杂疾病的关联性［16］。

对于候选基因的研究，通常选取自定义的 SNP。为降低成本，通常会将靶基因和靶基因附近的所有已知 SNP 都进行基因分型。选取的 SNP 会被用来"标记"额外变异，这些变异可以被选取的 SNP 替代。这些用于等位基因 SNP 位点关联的标签 SNP 选择方法可以大致分为两类：单体型和连锁不平衡型（LD）。当然，这两种方法是有联系的，因为高 LD 区表明了单体型多样性的降低，反之亦然。国际单体型图联盟（www.hapmap.org）提供的人类多群体的大量 LD 数据已经成为关联分析实验设计的重要资源［17，18］。

在两个位点的等位基因的共现频率不同于单独分类下的预期时，LD 会发生。配对 LD 的传统度量是 LD 系数 $D=h_{11}-p_{A1}p_{B1}$，其中 $p_{A1}$（或 $p_{B1}$）是等位基因 1 在 A 位点（或 B 位点）的出现频率；$h_{11}$ 是单体型概率，包括等位基因 1 位于 A 位点和等位基因 2 位于 B 位点（称为 1-1 单体型）的出现频率。因为 D 的取值范围依赖于等位基因出现在 A 位点和 B 位点的频率，D 通常被标准化为 $-1\sim1$ 的范围，由此得出标准化的不平衡系数 $D'=D/|D|_{max}$，其中 $|D|_{max}$ 是给定两位点的等位基因概率时 D 的最大（绝对）值。高的 $|D'|$ 值被用来识别减少重组的基因组区域。相关系数 $r=D/(p_{A1}p_{A2}p_{B1}p_{B2})^{0.5}$，而 $r^2$ 通常用来判定一个位点是否成为另一个位点的代理，判定依据是接下来将要讨论的位点间强相互作用。

在单体型策略中，典型的 SNP 标签方法是选择"单体型 SNP 标签"来代表连续的 SNP 模块以显示缩减的单体型多态性［19～21］。这些 SNP 标签使所有单体型，或者说所有常见的单体型在基因分型基础上仅凭标签就可被区分开。

与此相反，常用的 LD 分析方法不需要明确标记从多个 SNP 得来的单体型。该方法衡量成对的 LD（对于基因型数据，通常需要评估两个位点单体型概率）来决定一组标记中，哪些可以根据成对相关性代替未发现标记。Carlson 等［22］发展了一种贪心算法来定义标记组，标记组不一定连续，但组内至少有一个标记具有高于其余标记的 $r^2$ 值；这个标记会被选作该标记组的标签。

$r^2$ 标记组方法的易用性和可解释性，使它得到了广泛的使用，特别是该方法考虑到探测疾病关联能力和标签与标记组成员间 LD 强度之间的关系。对于疾病位点和 SNP

标记之间一个给定的 $r^2$ 值，样本量大小需要等效功率来探测标记处而不是真正的位点处等位基因和疾病的关联，增加的系数大约为 $1/r^2$ [23]。更为精确的关系可以被计算[24]。通常要求定义的标记组标签阈值标签与所有标记组成员间的 $r^2 \geqslant 0.8$。要记住，$r^2$ 值很高的两个 SNP 等位基因频率很相似。因此，由 $D'$ 定义的 LD 区域根据区域中的标记的潜在等位基因频率，可以被分成若干个 $r^2$ 组，每组包含不连续的 SNP。

研究人员想为特定基因或感兴趣的区段筛选标签 SNP，HapMap 网站在浏览器界面下提供了多种筛选标签 SNP 的方法，包括 $r^2$ 分组法。图 4.1 展示了如何使用 HapMap 浏览器（http://www.hapmap.org/cgi-perl/gbrowse/hapmap_B35）为 *CHRNA5* 基因筛选标签。其他筛选标签 SNP 的软件工具有很多，其中 SNPtagger [20]、Snagger [25] 和 Haploview [19] 用于单体型标记，LDselect [22] 和 Tagger [26] 用于 $r^2$ 组标记。SNP Annotation 和 Proxy Search（SNAP）网站 [27] 是一种通过 SNP 列表的标记来查询所有 SNP 的使用方便的工具。

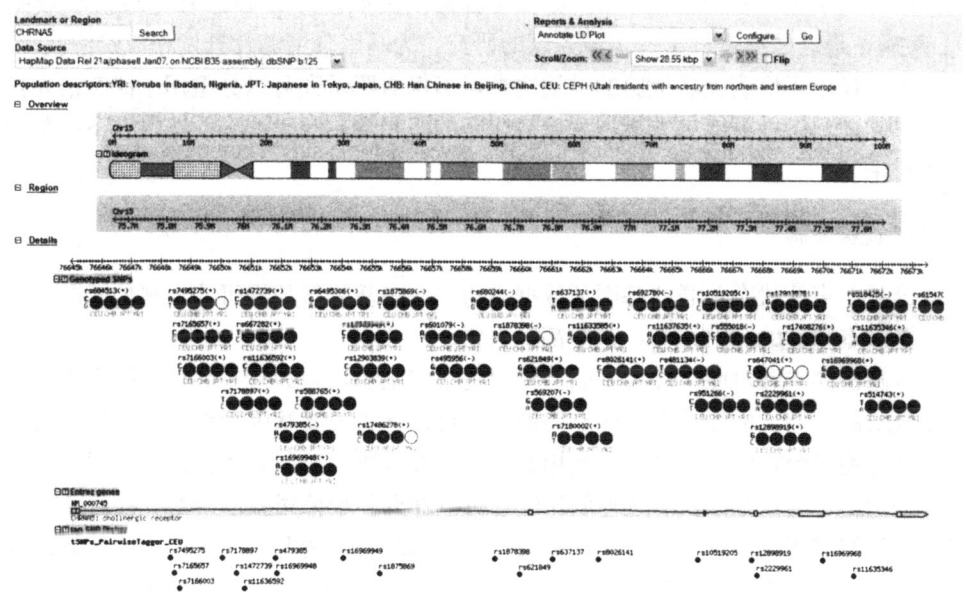

图 4.1　www.hapmap.org 显示的浏览器实例，点击 "HapMap Genome Browser（B35-full data set）" 连接即可进入。将 *CHRNA5* 基因输入 "Landmark or Region" 选项。"Scroll/Zoom" 选项表示目前显示的是 28.55kb。"Overview" 部分显示该基因所在的整条染色体，染色体区域显示于 "Region" 部分。"Details" 部分显示 HapMap 中选定区域基因分型的 SNP，同时显示每个 SNP 在 HapMap 4 个人种中的等位基因频率：CEU（人类多态性中心，CEPH；祖先来自北欧和西欧的犹他州居民），YRI（尼日利亚西南部城市伊巴丹的约鲁巴人种），CHB（中国北京的汉族人），JPT（日本东京的日本人）。最后两项显示基因和缺省状态下选择的标签 SNP：标签代表 $r^2$ 组中所有成员都满足 $r^2 \geqslant 0.8$ 且至少有一个标签出现于 CEU 群体。标签 SNP 选择的参数可以通过 "Reports and analysis" 下拉菜单更改，图中的选项是 "Annotate LD Plot"：点击右侧箭头，选择 "Annotate tag SNP Picker"，选择所需参数（见彩版）。

上述标签方法关注于选择 SNP，由于 SNP 之间的相关性或单体型模式，这些方法善于查找感兴趣区域的附加位点变化。除此之外，标签方法还可以考虑基因分型得到的重点关注的附加 SNP。例如，此前有该 SNP 关联性的报道，或者该 SNP 在基因中有重要功能（如非同义编码 SNP）。为了便于进行选择，HapMap 浏览器允许用户在"标签"集中预先设定一个 SNP 列表。SNP 的主要功能信息（如一个基因中的所有编码 SNP）可以从美国国家生物信息中心（NCBI，www.ncbi.nlm.nih.gov）的基因数据库和"SNP"的相关数据库获得。

GWAS 的一个有趣而重要的实验设计问题是商用 GWAS 平台提供的"基因组覆盖"。最近的研究已经计算了几种商用芯片的覆盖度和成本效率，办法是计算常见 SNP 中由芯片 SNP 标记且 $r^2$ 远大于阈值的部分（最小等位基因频率≥0.05）[28, 29]。考虑很有可能与疾病关联的特定基因簇的覆盖度将有助于 GWAS 的设计 [30, 31]。使用商用基因分型芯片的研究者可能希望测定足够多的 SNP 来保证重要位点基因的良好覆盖度，以适用于某个或某类疾病的关联性研究。例如，针对心血管 [31] 和成瘾性 [30] 疾病，最近已经进行了一定覆盖度的研究，为基因分型芯片开发相应资源。

除了选择用于疾病关联检验的标记之外，病例对照研究可以分型用于研究潜在群体分层样本的标记，并可能导致标记和疾病之间的假阳性关联。这个问题将在下一部分进行深入讨论。

**数据质量控制**

在分析与疾病状态关联的基因型数据之前，检查基因型数据可能出现的问题、解决差异或去除有问题的观察结果，这些都很重要。

对于随机样本和对照，发现基因型错误是很困难的，因为没有家系数据来检测孟德尔遗传模式的偏差。但还是有一些有用的工具可以帮助过滤基因型数据。另外，依照所用的基因分型平台，研究人员可以利用其特异的技术质量控制方法；讨论不同平台的特异性方法超出了本章范围，有兴趣的研究者可以详询各个公司或制造商。针对这种平台依赖性，我们需要在基因分型时评估基因分型数据的聚类情况；通常这种评估都是由有经验的实验人员来完成，采用统计学方法检验 Hardy-Weinberg 平衡定律（HWE，稍后详细讨论）的偏差。另外，举个例子，Illumina 公司可以提供其平台上特定 SNP 在基因分型前类似表现的信息，这对研究人员在设计阶段挑选 SNP 很有帮助。

一种经常使用的质量控制技术是根据 HWE 定律检查每个基因分型位点的一致性。HWE 偏差可能归咎于几个不同的原因，包括近亲繁殖、疾病选择，甚至是疾病关联。然而，当 HWE 定律在对照试验中被严重违反时，通常这个位点都不值得采信，在之后的分析中会被舍去。为检验 HWE 偏差的显著性，在预期基因分型数量很小时，我们采用 PEDSTATS [32] 或者 PLINK [33] 软件，进行卡方检验或者 Fisher 精确检验。对于一个包含成百上千个 SNP 的全基因组研究来说，由于实验 SNP 数量所限，只有少数 SNP 会具有显著的 HWE $p$ 值，所以 HWE 信息有时用来标记潜在问题 SNP，这些 SNP 依据其原始基因分型分布需要重新检测，在下一步分析中又不必去除。在关联性检验后，还应该检查与 HWE 一致的关联性最强的 SNP。

我们需要检测每个分型得到的标记的信号达标率（所有分型基因中成功找到的基因型所占比率）。低信号达标率表示标记位点可能有基因分型问题，其结果可能不可靠。需要注意的是，如果"缺失"，即基因型部分未出现，依赖于真实的基因型或者取决于表现型，那么结果的偏差可能会导致分析和解释的问题。例如，如果仅仅是杂合子或仅仅是纯合子没有信号，都可能导致 HWE 偏差 [34]。PLINK 软件 [33] 提供了可以检测非随机缺失的一些模式的方法。另外，对于给定的标记，如果实验组的信号达标率与对照组有显著不同，那就会导致假的等位基因频率差异；因此，在得出结论前，类似模式的结果要仔细验证。

随机样本比家系样本要更容易收集。这一优点大大促进了此类实验设计的广泛应用。另外，这种实验设计比 4.2.2 节中讨论的亲代-子代三重实验设计更有效。然而，这种设计始终有一个潜在的不足，就是如果有所谓隐秘的群体结构，换言之，出现群体分层，则容易出现假阳性关联。思考下面的例子。假设实验组和对照组选自一个大群体，该群体包含两个未识别的子群体，可能由于文化、环境、不同的健康护理水平或者其他（非遗传）因素的影响，针对所研究的疾病，这两个子群体的发病率不同。那么任何在两个子群体中有显著不同的等位基因频率的基因标记都可能在随机样本中显示关联性，即使单独考虑两个子群体时，该基因标记与疾病没有关联性。图 4.2 显示了这种现象，这个例子常被统计学家叫做"辛普森悖论"。图 4.2 描述了有不同患病率的两个群体，同一个标记在两个等位基因上的频率不同。单独看每个群体，该等位基因与疾病状态没有关联性。例如，在群体 1 中，75% 的等位基因"1"来自于实验组，75% 的等位基因"2"来自于实验组；从另一个角度看，1/6 的对照等位基因是"1"，1/6 的实验组（感染）等位基因也是"1"。然而，在联合群体中，等位基因和疾病间有显著相关性，等位基因 1 可能会增加患病风险。

一个设计良好的实验方案一定能避免出现这种混淆。现行的方法是选择一组基因标记来探知随机样本中可能的子结构。这些标记与致病位点之间应该没有关联性（或者不像有关联性），散布于全基因组，在不同群体中有不同的频率。STRUCTURE [35] 程序等方法可以评估这些标记，该程序允许用户选择适量的基因标记进行基因分型，来推断不同子群体的存在。其中一个典型应用是，将数据聚类成预先设定数量的簇，进而估算每个簇成员间单独的可能性。这些簇首先用于检验是否表明样本个体可以被分成两个或更多的子群体（例如，有些个体明显聚于一簇，另外一些个体明显聚于另外一簇）。其次，很重要的一点是，估算这些子群体在实验组和对照组中是否占据显著不同的比例。

如果没有任何子结构的证据，那么分析就简单化了。但是，如果出现子结构，那可能就需要适当调整分析中检测到的祖先差异。基因组对照法 [36] 通过计算总"膨胀因子"来调整关联性统计结果，以校正群体分层效应。最近发布的 EIGENSTRAT 方法 [37] 利用主成分分析来调整群体分层，并且在不考虑遍及祖先群体的等位基因频率的可能差异的情况下，定位采用统一校正的界限。EIGENSTRAT 方法中可以使用大量标记，适用于 GWAS 分析。不同研究结果都印证了祖先信息标记（AIM）可能在子结构测试中有特殊用途 [38~42]。一些商用 SNP 基因分型芯片也能够提供有益的 SNP，用于评估潜在群体分层，如 Illumina 公司的 DNA Test Panel（360 个 SNP）。

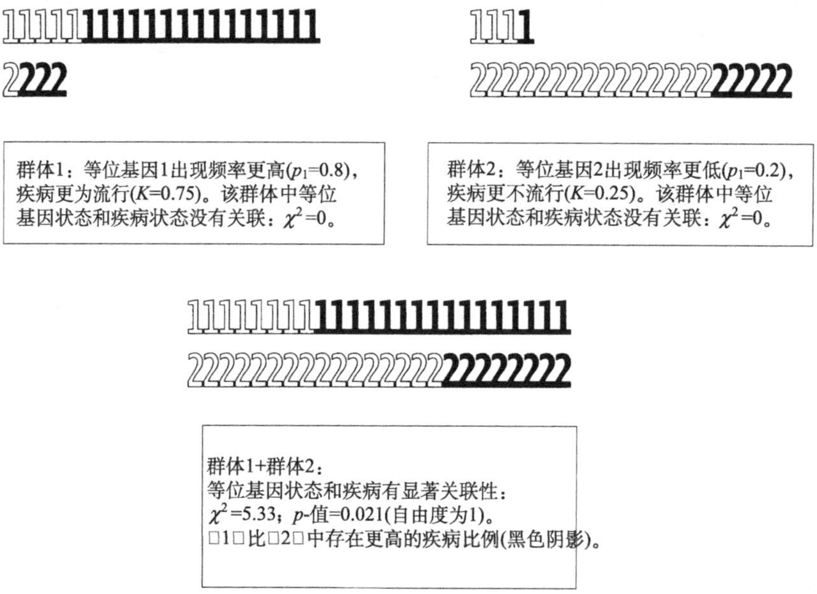

群体1：等位基因1出现频率更高($p_1$=0.8)，疾病更为流行($K$=0.75)。该群体中等位基因状态和疾病状态没有关联：$\chi^2$=0。

群体2：等位基因2出现频率更低($p_1$=0.2)，疾病更不流行($K$=0.25)。该群体中等位基因状态和疾病状态没有关联：$\chi^2$=0。

群体1+群体2：
等位基因状态和疾病有显著关联性：
$\chi^2$=5.33；$p$-值=0.021(自由度为1)。
□1□比□2□中存在更高的疾病比例(黑色阴影)。

图 4.2 由群体分层导致的假的标记-疾病关联的例子。位于标记位点的两个可能的等位基因（1或者2）用相应的数字表示。当等位基因提取自患病的实验组，数字就是黑色；当等位基因来自正常对照组，数字是白色。$K$ 是疾病在群体中的流行程度（群体中感染该疾病的比例）。

## 实验方案 4.1　使用随机样本进行疾病关联分析的一般设计和质量控制流程[a]

设备和工具

- 关联分析软件如 PLINK [33][b]。

方法

**研究和实验设计**

1. 如果想做大规模全基因组研究[c]，需要谨慎选择最合适的基因分型平台。
2. 如果进行中等规模的研究[d]（如候选基因），需要选择覆盖感兴趣区域的 SNP（如在选定 LD 阈值下标记所有常见 SNP）。
3. 基因分型芯片上包含复制样本[e] 和已知基因型的个体（如人类多态性中心、CEPH 对照组）。
4. 每个基因分型芯片上，都包含实验组和对照组（在井间随机选取和分配），来避免潜在分型芯片效应导致的错误关联信号（如芯片实验处置的差异导致不同芯片之间基因型信号的系统偏差）。

**基因型数据质量控制（过滤）[f]**

5. 计算每个样本和每个 SNP 的基因型信号率（有信号未缺失的基因型所占比率）（在 PLINK 软件中，选择"--missing"参数）。

6. 所有样本中，在不参考样本状态和复制样本标识的前提下，寻找复制样本（共享高比率一致基因型的样本）[g]。确定复制样本有匹配的基因型。只保留成对或多拷贝中的单一拷贝[h]（在 PLINK 软件中，选择"--genome"参数）。

7. 在所有样本中查找亲缘关系（共享一定比率特定家系关系的等位基因）（在 PLINK 软件中，选择"--genome"参数）。

8. 如果 X 染色体基因型可用，查找所有样本，确保 X 染色体分型和性别匹配。（比如女性没有杂合 X 染色体基因型）[i]（在 PLINK 软件中，选择"--check--sex"参数）。

9. 检查分型芯片对 SNP 信号率和等位基因频率的影响[j]。

10. 在步骤 2～5 去除问题数据之后，再次计算每个样本和每个 SNP 的信号率（有信号基因型的百分比）（在 PLINK 软件中，选择"--missing"参数）。

11. 过滤样本和 SNP，只保留信号率高于可接受阈值的数据。

12. 使用 EIGENSTRAT 或者 STRUCTURE 软件，寻找自报告的种群[k]。

13. 为每个 SNP 计算 HWE（研究多个种族或人种时，分开计算）[l]（在 PLINK 软件中，选择"--hardy"参数）。

14. 计算每个种族的等位基因频率，与 dbSNP 中已知的等位基因频率数据进行比较。

**注释**

a 本实验方案主要针对大规模全基因组进行实验设计。

b 额外说明，一些步骤中给出合适的 PLINK [33] 命令。

c 一般来说，特殊的群体分层 SNP 不需要在 GWAS 研究中加以考虑。

d 基因分型过程中必须包括群体分层检验 SNP。

e 可以检测出分型芯片的转动，如一个 8 行、12 列的 96 孔板，在 A 行 1 列的样品的副本应该放在除 H 行 12 列之外的任何地方。

f 如果关联分析是基于家系的，本实验方案仍然能够提供一些有用的指导。需要额外进行孟德尔错误的检查（例如，在 PLINK 软件中，选择"--mendel"参数）。另外，一些检测如 Hardy-Weinberg 检查，需要在无关的独立个体间进行（如每个家族的个体），而不是在有亲缘关系的全样本中进行。

g 这种"盲目"的方法可以确定已知的、计划的复制样本的正确性，同时标记未预期的复制样本。

h 如这样可以使复制样本保持最高的基因型信号率。

i 问题需要仔细考虑，因为它们可能意味着偶然的样本交换。作为进一步研究的例子，需要检查问题样本是否来自同一块板（这意味着偶然的板转动，或者其他放置错误，影响了整个板上的所有样品，而不只是表现出明显性别不匹配的样品）。

j 低信号率的板或者批次需要重做。

k 步骤 5 中的问题要仔细检查，它们可能意味着偶然的样本交换。

l 低（高）$p$-值的 SNP 需要舍去。对这些 SNP 的基因分型聚类散点图的检查，可以表明差的聚类和不可靠的基因型信号，证实这些数据应该在基因组关联分析中去除。

### 4.2.1.2 无关病例对照样本的关联：分析方法

**疾病相关的单标记检验**

病例对照致病基因关联图谱的基本原理相对简单。病例组和对照组完成基因分型后，我们可以检测病例组和对照组之间在等位基因频率或基因型频率上的显著差异。检测这些差异的分析方法可以使用简单的卡方检验，双等位基因 SNP 标记的病例对应 $2 \times 2$ 或 $3 \times 2$ 的表格［或者 $N$ 等位基因的标记对应 $N \times 2$ 和 $N(N+1)/2 \times 2$ 的表格］。有时也选用 Cochran 趋势检验，它在采用 HWE［43］控制条件下，对等位基因频率差异的检验与卡方检验是等价的，但不需要提供与 HWE 一致的数据。

趋势检验简单而有效。然而，研究人员可能希望考虑一些重要的协变量，如性别或年龄。或者，研究可能从两个不同的招募点来招募参与者，两个不同点的病例组和对照组的比率可能有差异。因此，招募点的选择在病例对照研究中是可以预期的，我们可能需要在进行遗传效应检测之前，控制这方面的影响。

另一个允许考虑协变量的分析方法是对数回归。每个标记的基因型状态被编码成一个有序变量，代表特定等位基因的拷贝数。这个不基于遗传的模型，通过一个包含 $k$ 个协变量的函数来预测病例组状态（如上述例子中的位点）：$\ln[P/(1-P)] = \alpha + \beta_1 x_1 + \cdots + \beta_k x_k$，$P$ 是成为病例组的概率，$x_i (i = 1 \cdots k)$ 代表协变量。与这个基础模型相比，全模型 $\ln[P/(1-P)] = \alpha + \beta_1 x_1 + \cdots + \beta_k x_k + \beta_g$，按顺序编码（也就是说，按特定等位基因的拷贝数编码，通常选取整个样本中最小的等位基因），其中 $g$ 是所分析标记的基因型。这种似然率卡方统计可以得到一个表明遗传标记影响的 $p$-值。无论是基础模型还是全模型，都针对相同的数据集进行计算，因此，如果有个体发生标记位点的基因型缺失，或者缺失协变量值，进行对数回归分析时这些个体就要被去除。基因型的其他编码方式也要进行类似实验方案 4.2 的检验，实验方案 4.2 描述了基于对数回归和似然率卡方的分析方法。用户界面友好的软件包 PLINK［33］也包含采用对数回归分析法进行关联分析。

**多位点关联分析**

大规模病例对照关联分析的第一步通常是前一节所述的单 SNP 分析。而多位点关联分析可以获得更多的信息，通过不同的角度观察标记组。然而，检验数量的校正是需要付出代价的。如给定 100 000 个基因型，双等位基因 SNP，成对分析所有可能的位点间两两相互作用,需要(100 000×99 999)/2=4 999 950 000次检验。

分析多SNP位点的一种方法是考虑单体型,就是说一条染色体上出现在联动位点的等位基因的组合。单体型分析具有生物学理由。通常引入单体型分析的动机是一个致病但非基因型的变异可能隐藏在特定的单体型背景下,对单体型进行分析可以揭示这种相关性。或者,单体型中组合的等位基因状态具有生物学功能,并且是致病的。然而,检验单体型时,检验的数量和给定检验的自由度都会快速增加。一个典型的方法是在一定范围(该范围定义值为$N$)内使用包含$N$个SNP的"滑动窗口"。对每个给定的窗口,研究人员必须决定是分析所有观察到的单体型,还是忽略一些不常见的单体型,或者将那些不常见的单体型放在一起。对$H$个单体型种类进行分析,可以选择若干种方法,从传统的卡方检验到病例对照状态$2×H$表格的精确检验,以及单体型频率的估计,或者单体型趋势回归分析[44]和权重单体型频率差异分析[45]。

单体型分析通常用来直接分析未分型位点,该位点在特定单体型背景下具有等位基因易感性。另一种具有相似意图的分析方法是遗传派算法,即在未分型位点上推断"缺失"基因型。派算主要依赖可靠的LD数据,LD数据要来自于包含分型和未分型位点的"参考群体"(如HapMap)。这些"电脑模拟"的基因型可以通过与表型关联来实现检验。上面提到的Wellcome Trust GWAS多疾病分析中,使用了一种由Marchini等[46]开发的方法。这种派算方法使用HapMap的LD数据,进行全基因组精细重组评估以获得未分型位点上每个可能的基因型信号率,并在位点关联性检验中估计派算基因型的不确定性。另外还有一些派算程序可供使用[47~50]。无论使用什么软件,选择一个合适的外部参考群作为LD信息源是非常重要的。最近的研究表明,在欧洲血统的群体中,可以采用single CEU HapMap reference panel来派算常见的SNP,混合至少两个的HapMap群可以为大多数其他群体产生最高的派算精度[51]。罕见SNP的准确派算需要比HapMap更大的参考群。

基因间相互作用的分析也对复杂疾病的研究具有重要意义。公认的假说是复杂疾病的产生部分由于上位效应。SNP位点间的特异性相互作用可以通过上述的对数回归分析来检验,使用标准形式表示相互作用。其他检验相互作用的方法包括多维还原方法(MDR)[52~54],允许协变量的扩展MDR方法[55]以及递归分区法(RPM)[56,57]。

**多重检验**

多重检验和潜在假阳性率升高在统计遗传学和基因定位中并不少见。然而,随着大规模GWAS分析的普及,潜在假阳性的问题变得越来越重要。传统的统计学显著性水平是0.05,如果这个数值在每次检验中不根据受检数量进行校正,就显得太宽泛了;相反的,当研究者将可观的资源全都用于产生数据时,0.05的实验错误率又显得过于保守。

实验错误率可以通过经验性$p$-值的置换来估算;类似的,计算SNP间相关性(LD)的Bonferroni型校正[58,59]可以获得一个实验范围内的显著水平。另一个重要方法是,基于控制假发现率(FDR)来决定哪个SNP可以标记为"有价值的发现"。

显著水平是零假设为真时结果为阳性的比率,而 FDR 是所有阳性结果中假阳性比率。在资源投放基于阳性结果的研究中,FDR 方法比显著性水平更具有意义。低 FDR 值可能会提高预期,即此后的实验大多会"获得回报"。公共的计算 FDR 值的程序包括 QVALUE (http://faculty.washington.edu/jstorey/qvalue) [60]。

**效能**

进行遗传图谱研究中很重要的一步是在能够获得给定检验结果的条件下,预估所需的样本量。给定显著性水平下,实验检验效能被定义为在零假设为阴性时特定显著性水平 $\alpha$ 下,除去零假设的概率。

对病例组和对照组之间的等位基因频率进行简单的卡方检验,效能(或者一定效能下必要样本量)可以通过偏心卡方分布来计算。计算可以在 Genetic Power Calculator 上施行,这是基于网络的用户友好型计算服务,网址是 http://pngu.mgh.harvard.edu/~purcell/gpc/ [61];离散型病例对照研究的效能是其若干选项之一。对于这个计算,用户必须确定一个疾病模型来参数化疾病的流行趋势、致病基因频率,以及通过疾病等位基因的一个或两个拷贝来决定与基因型相关的疾病渗透风险。可以通过计算一个具有给定等位基因频率的分型双等位基因标记(SNP)和致病位点的 LD 强度,来探测这种潜在疾病位点的效能,LD 强度由 $D'$ 衡量。还有其他一些用于计算遗传关联研究效能的用户友好型软件,如 Menashe 等 [62] 和 Gordon 等 [63] 开发的软件。

LD 计算 $r^2$ 值有一个很有用的特性,是依赖于关联定位研究的效能。对于致病位点和标记之间一个给定的 $r^2$ 值,不考虑相位问题,样本量需要具有等价效能来探测标记位点而不是真实位点上等位基因与疾病的关联性,该值以大约 $1/r^2$ 的系数增长 [23]。虽然这个公式只给出大概值,并且在特定环境下可能过高估计标签集合的效能值 [24],但它还是提供了一个估计所需的样本量的研究方法,前提是 $r^2$ 组标记的 SNP 在基因分型中代表以给定 $r^2$ 值定义的标签组中其他 SNP。

**总结**

无关病例对照样本关联分析是目前用于致病基因定位的主要方法。适合 GWAS 的技术正在持续增加基因分型能力,并降低成本。关于病例对照关联分析的更多方法和讨论,参见 Balding 撰写的综述 [64,65]。

## 实验方案 4.2　病例对照 SNP 基因分型数据关联性分析的对数回归

设备和工具

　　SAS 软件(Cary、IN、USA)

方法

　　下面描述的是使用对数回归模型下的似然比卡方检验对单 SNP 进行分析的流程(详见 4.2.1.2)[m]。

1. 产生数据集，名为"fulldata"的 SAS 数据集包含研究中与每个组一一对应的观察值。如果是对照组，变量"ctrl"的值为 1；如果是病例组，其值是 0。变量"cov1"是一个二进制的协变量，如性别。变量"loc1"包含待分析标记上的基因型数据，根据较小等位基因的拷贝数编码；其他数值是 SAS 数值变量的常规缺省数值。

2. 运行一些 SAS 程序，计算在自由度为 1 情况下，全对数回归模型和精简模型下似然比卡方检验，并比较结果[n]：

```
data subset;
set fulldata;
if loc1 = . then delete;
*** analyze only the subset for which loc1 is non-missing;
run;
*** 1st proc logistic: base model, 1 covariate included;
proc logistic data=subset outest=base_loc1;
model ctrl = cov1;
title "1st proc logistic : base model";
run;
*** 2nd proc logistic: full model, 1 covariate + genotype;
*** genotype variable, loc1, is coded as number of copies of allele 1;
proc logistic data=subset outest=full_loc1;
model ctrl = cov1 loc1;
title "2nd proc logistic: full model";
run;
    *** get likelihoods for each model;
data like_base;
set base_loc1
(rename =  (_LNLIKE_ = lnlike_base));
keep lnlike_base;
data like_full;
set full_loc1
(rename (_LNLIKE_ = lnlike_full));
keep lnlike_full;
run;
data mrg;
merge like_base like_full;
chisq_1df = -2 * (lnlike_base - lnlike_full);
pvalue = 1 - probchi (chisq_1df, 1);
run;
```

3. 对每个待分析的 SNP 进行分析º。

4. 在 PLINK 软件中，可以使用"–logistic"选项，执行基于对数回归的关联分析。

**注释**

m 本实验方案描述的是大规模 GWAS 尼古丁依赖候选基因的研究 [6, 7]。一轮"proc logistic"步骤就足以获得单基因型检验的自由度为 1 时的 $p$-值；但这里的代码有两轮"pro logistic"步骤，是为进行更高自由度的检验提供模板（如果基因型有两个自由度，或者协变量与基因型之间有相互作用需要要联合检验）。

n 程序包含数据集 fulldata，以便保证 loc1 的观察值不会缺失；也保证了两次对数回归分析都基于相同的观察值集来运行。变量"$p$-值"表示病例/对照状态以及待分析的单 SNP 之间关联性的强弱。

o 在实践中，步骤 2 需要循环遍历所有 SNP，在合并步骤中，需要将对应 SNP 的名字加入"by"声明。

## 4.2.2 关联方法：基于家系样本

如前所述，病例对照关联分析的实验设计容易受到假阳性影响，此种假阳性主要是由群体混合引起的，而不是由靠近性状突变的关联标记而引起的。如果使用基于家族样本的关联分析方法，这个问题的影响就可以被降到最低。得到最广泛应用的所谓基于家族样本的关联分析方法，就是传递不平衡分析（transmission disequilibrium test, TDT）[66]。TDT 的前提是，一个位点存在与疾病关联的等位基因，如果父代在该位点是杂合的，则该关联基因被传给子代的概率要大于没有关联性情况下的预期值（0.5）。实际上，遗传的"实验组"等位基因和不遗传的"对照组"等位基因都是由一个人（父代）提供的，因此在给定父代的世系时会很容易获得匹配的结果，隐藏的群体分层所导致的潜在的混淆作用就被减弱或抵消了。

原始的 TDT 分析只是用于双亲和受感染的后代。扩展后，可以用来分析更加庞大的家系 [67]。统一的基于家系的关联分析框架（family-based association tests, FBAT）由 Rabinowitz 和 Laird [68] 以及 Laird 等提出 [69]。他们方法的主旨是在数据相应性状的条件下，计算标记等位基因在子代的分布情况，无论家系的表型构成是怎样的，这种条件分布都符合孟德尔式分离。当双亲的基因型已知时，在所有表型和双亲基因型的条件下，计算分布结果。当双亲的基因型缺失时，就在子代基因型的条件下计算分布结果。重点是关联分析的实验结果比较了等位基因分离的显性模式与具有正确的第一错误率的有条件分布下的预期模式，同时减少了群体混合产生的偏差。基于 FBAT 的应用于较大范围的软件包可以在这个网址获得：http://www.biostat.harvard.edu/~fbat/default.html，很多基于中心条件框架的新的分析检验工具也在持续开发中 [70~72]。PLINK 软件包 [33] 也可以运行基本的基于家系的关联分析。

#### 4.2.2.1 家系数据的质量控制

除了在随机病例对照数据中提到的质量控制之外，家系数据还需要一些额外的控制方法（无论是用于关联分析，还是用于接下来要讨论的连锁分析）。家族间关系的可用性，以及分析方法对这些关系的依赖，都意味着需要通过评估这些关系与基因型数据之间的一致性来证实这些关系。家系结构也提供了另一种检测某些基因型误差的方法。一些界面友好、文档齐全的程序可以做这方面的工作，如 PEDSTATS [32] 和 PREST [74，75]。

### 4.2.3 连锁分析：使用 LOD 值作为参数的分析方法

优势对数记分法（the logarithmic odds score method，LOD）首先由 Newton Morton 在一篇里程碑式的文章 [76] 中提出。现在，该方法有时也被称为"参数"方法，来表明它需要疾病模型的详细描述（遗传形式和参数值，如疾病等位基因频率）。这个方法采用单性状基因来设置公式，符合简单的孟德尔特性。为具有复杂特性的疾病建立特定疾病模型是非常困难的。然而，有些复杂疾病存在遵循孟德尔遗传的亚型，通过发现与这些亚型相关的遗传位点，有助于进行复杂疾病的生物学研究。

#### 4.2.3.1 经典的基于 LOD 分值的连锁分析的原则

假设我们现在有某个家系在遗传标记位点 M 的基因型信息和显性的表型信息（受到或未受所研究疾病感染的表型）。我们首先假设一个"单一主要位点"疾病模型，该模型可以被描述为 4 个"已知"（或计算的）参数：外显率 $f_{AA}$、$f_{Aa}$ 和 $f_{aa}$ 分别对应于性状位点的基因型分类 AA、Aa 和 aa，以及性状位点的基因频率 $p$。因此 $f_{AA}$ 是一个人带有受疾病感染的基因型 AA 的概率，目标是计算在 M 和性状位点之间的重组分数 $\theta$（也就是说，$\theta$ 是两个位点发成重组的概率），并且确定该 $\theta$ 值与无连锁状态下的预期值（$\theta=0.5$）之间是否存在显著差异。LOD 曲线 $Z(\theta)$ 表示成一个包含 $f_{AA}$、$f_{Aa}$、$f_{aa}$、$p$ 及 $\theta$ 的函数：

$$Z(\theta) = \frac{L(\text{data} \mid \theta, f_{AA}, f_{Aa}, f_{aa}, p)}{L(\text{data} \mid \theta = 1/2, f_{AA}, f_{Aa}, f_{aa}, p)}$$

其中，$L$ 代表似然性函数；data 代表家族中 M 位点的显性表现型和基因型。$Z(\theta)$ 的最大值被称作最大 LOD 值，表示成 $Z$。LOD 值可以转化成 $p$ 值，只要注明似然率卡方分布是在 $\theta=0.5$ 下似然值的自然对数与最大似然值的自然对数之间差异的 $-2$ 倍。也就是说，$2(\log_e 10)Z = 4.6Z \approx \chi_1^2$。因此，给定一个 LOD 值，比如 3，等价于自由度为 1 的卡方 13.8，相对于单尾检验 $\theta=0.5$ 时 $p$ 值是 0.0001。

LOD=3 通常被看做是典型连锁的阈值；然而，这个值出现在 Morton 的文章中 [76] 是对应于连续的连锁检验，每次会向样本增加一个家系，来计算 LOD 值，如果序列中的一点的 LOD 值超过 3，就宣布连锁。实际上，LOD=3 的标准在非连续的分析中也会用到。如前所述，这相当于单标记时 $\alpha=0.0001$。在目前的全基因组连锁扫描中，给定标记覆盖度的情况下，Lander 和 Kruglyak [77] 推荐在密度极大的图谱中，为确保全基因组误差率为 0.05，更合适的 LOD 阈值是 3.6。

在最简单的情况下，总数为 n 的减数分裂可以分为重组（k）以及未重组（n−k）两部分，当 $\theta=k/n$ 时，$Z(\theta)$ 出现最大值。然而，由于我们经常考虑 $\theta$ 的取值范围是 0~0.5，$\theta$ 的最大似然值计算如下

$$\hat{\theta} = \begin{cases} \dfrac{k}{n} & \text{if } k \leqslant \dfrac{n}{2} \\ \dfrac{1}{2} & \text{if } k > \dfrac{n}{2} \end{cases}$$

因此，最大的 LOD 值即为 $\log_{10} L(\hat{\theta})/L(0.5)$。对于更复杂的数据，需要使用软件来计算似然值函数和 LOD 值。

早期用于两点（也就是单标记）LOD 值连锁分析的计算程序，如 LIPED [78]，在那个时代是具有启发意义的，并且能够对复杂系谱进行快速计算。现在得到广泛使用的是用于快速计算多点参数连锁分析的软件包，包括 MERLIN [79] 和 Genehunter [80]；这些程序也可以用来做稍后谈及的非参数连锁分析。

### 4.2.4 连锁分析：非参数方法

参数方法成功界定了少见的孟德尔遗传失调基因，这种遗传模式可以被典型识别。然而，多因子疾病，如 II 型糖尿病和精神病，通常都不符合明确的疾病模型，这导致了非参数方法的流行。这种方法不需要指定疾病模型，其内容包括受累同胞对分析（affected sib pair analysis, ASP）、受累家系成员分析（affected pedigree member analysis, APM）及变异组分分析（variance components analysis, VC）。

不管给这些方法加上的标签是"不依赖模型"或者"非参数"，都必须意识到 ASP 方法和参数检验方法之间在某些案例 [81] 中是等价的。另外，ASP 检验中存在着隐含的模型假设，这类检验的效能受假设模型与真正模型间相似性的影响 [82]。

ASP 和 APM 方法会估算受累样本间是否共享超过预期数目的血缘同一的（identical by descent, IBD）等位基因标记，血缘同一的两个等位基因遗传自同一祖先。等位基因有相同的权值，但不知是否来自同一祖先的，被叫做状态同一（identical by state, IBS）。一个受累同胞对的预期 IBD 概率是 0.5；这等价于两个等位基因共享 IBD。在一个特殊标记或者遗传图谱位点上，是否发生连锁通常是由最大 LOD 值（maximum LOD score, MLS）决定。就是说，LOD 值在优化于单一主要位点模型的参数条件下取最大值，比如，基于推定性状位点的 IBD 共享概率。

现在的多点成对方法源于 Penrose 的早期想法 [82]。Penrose 提出对受累同胞对的两种显性状态或"表现型"的相似和不相似的状态进行制表，而现在这些显性状态或"表现型"就成了疾病特性和标记位点的基因型状态。更加专注的 ASP 连锁检验将比较每个受累同胞对的表现型相似性与其等位基因的相似性，后者通过 IBD 值来衡量。因为对于一个 ASP 设计，受累同胞对成员都是患病的，他们在表现型上具有相似性，我

们希望将一个标记对应一个致病位点（或者其本身就是致病位点），该标记的 IBD 值要高于没有连锁的原假设条件下的概率值（0.5）。可以采用一些正规的统计检验来比较这些原假设和备择假设，最有名的就是均值检验和比例检验。均值检验针对优势性状表现最好，而比例检验针对隐形性状表现最好［83］。比较 IBD 值和表现型状态的思想也扩展到了定量性状分析中［84］。

VC 连锁分析方法在一些程序，如 SOLAR［86］、ACT［87］及 SEGPATH［88］都适用于定量性状分析，也适用于易患性阈值模型的二分类或多分类的性状分析。典型的方法是使用多元正态分布来模拟系谱的似然性，主要关注于背离多元正态性假设的数据［89］。另一种方法使用多元 $t$ 分布，在软件 SOLAR 中有实现。

因为现在的技术允许对标记进行密集表型分析，非参数同胞对研究从跨越每条染色体的多重标记提取典型数据，进行多点法分析。上面提到的程序 MERLIN 和 Genehunter 实现了参数和非参数的多点连锁分析方法，这两个程序较之早期的经典程序 MAPMAKER/SIBS［90］和 Neil Risch 开发的 ASPEX（http://aspex.sourceforge.net/），更多的用于多点同胞对研究。

上面提到的很多程序与 UNIX 操作系统有密切联系，还需要标准的输入和输出程序。最近开发的软件包 easyLINKAGE-Plus［91］提供了界面友好的自动设置，参数和非参数连锁分析采用任一流行的程序来完成，并适用于 SNP 和微卫星标记。

### 4.2.5 总结

我们介绍了利用关联分析和连锁分析方法来定位复杂形状影响的基因。最近全基因组关联分析方法的成功，使得涉及关键性生物过程的特定基因备受关注，这种方法也成为确定复杂疾病相关变异的可行且有效的方法。然而，全基因组关联分析方法的局限性在于只对普遍的等位基因的关联分析具有较好的效能。一旦变量确定，周围的基因或者区域将被进一步研究以寻找额外的不常见的影响疾病表现的变量。然而，为了探知在哪个位点上存在导致疾病发生的不常见的多点变异或等位基因，我们仍然依靠传统的连锁分析。无论怎样，没有一个单一的方法可以满足所有条件，而这里讨论的方法与人类遗传学相关。

## 4.3 疑难解答

### 4.3.1 合并数据集

有时一项研究需要合并两个单独进行基因分型和过滤的数据集，如两个不同样本在两个 SNP 重复集上进行基因分型。合并的数据集可能会增加样本量或 SNP 数目，或者两者都增加，这导致了效能的提升和（或）基因组覆盖范围的增加。但是合并的过程要非常谨慎地进行。在创建一个由不同基因分型样本合并的数据集时，需要注意以下我们给出的关键步骤。

首先，需要确定在两个样本中都有哪些 SNP 被基因分型，考虑 SNP 中参考 SNP 数（rs，reference SNP）可能发生的变化。为了执行的准确性，分型的 SNP 列表可以用"batch"模式提交到 dbSNP 数据库（http://www.ncbi.nlm.nih.gov/projects/SNP/）。这个过程会返回一些信息，表明 rs 是否发生变化，或者根据最新的 dbSNP 版本合并成一个单一的 rs。

其次，在每个样本中都必须比较等位基因的编码以确定等位基因编码是否匹配，或者一个样本是否使用着另一样本的互补核苷酸。除了自我互补"A/T"或"C/G"SNP 以外，这个任务对其他 SNP 来说，是简单易行的。例如，如果两个样本的等位基因都是"C"和"T"，那么等位基因编码就是匹配的，但是如果一个样本的等位基因是"C"和"T"而另一个样本是"G"和"A"，那么就需要将一个样本中的等位基因调换成互补的核苷酸，以保证两个样本合并前的一致性。对于自我互补"A/T"或"C/G"SNP，校正等位基因编码更加困难，因为很难确定一个样本中的等位基因"A"对应的另一样本中的等位基因"A"或者"T"。如果有序列信息或者对应的引物序列，就可以用来检查这种匹配情况。单独检查两组的等位基因频率，与 dbSNP 中记录的频率进行比较，只要两个样本有相似的群体历史（如都是欧洲血统），并且等位基因频率远大于 50%，就能够用于校正等位基因。

### 4.3.1.1 注释和显示 SNP 结果

为了阐释大规模基因定位分析的结果，并且制作可用于发表的图表，很重要的一点是采用公共数据库中（如 dbSNP 和 HapMap）的基因定位等信息来注释 SNP，并获得相应的统计结果。然而，在全基因组范围内（如 GWAS）利用最新的注释信息来整合统计结果是很费力的。幸好有软件工具可以帮助我们呈现全基因关联数据信息。公共程序 WGAviewer [92] 是一个界面友好的解决方案，可以进行注释，并为 GWAS 结果提供可视化工具。详细的功能和使用介绍请参考网站 http://people.genome.duke.edu/~dg48/WGAViewer/。

（吴佳妍　译）

## 参 考 文 献

1. Risch, N. and Merikangas, K. (1996) The future of genetic studies of complex human diseases. *Science* (*New York*, *NY*), **273**, 1516-1517.
2. Saxena, R., Voight, B. F., Lyssenko, V. et al. (2007) Genome-wide association analysis identifies loci for type 2 diabetes and triglyceride levels. *Science* (*New York*, *NY*), **316**, 1331-1336.
3. Scott, L. J., Mohlke, K. L., Bonnycastle, L. L. et al. (2007) A genome-wide association study of type 2 diabetes in Finns detects multiple susceptibility variants. *Science* (*New York*, *NY*), **316**, 1341-1345.
4. Zeggini, E., Weedon, M. N., Lindgren, C. M. et al. (2007) Replication of genome-wide association signals in UK samples reveals risk loci for type 2 diabetes. *Science* (*New York*. *NY*), **316**, 1336-1341.
5. Easton, D. F., Pooley, K. A., Dunning, A. M. et al. (2007) Genome-wide association study identifies novel breast cancer susceptibility loci. *Nature*, **447**, 1087-1093.
6. Bierut, L. J., Madden, P. A., Breslau, N. et al. (2007) Novel genes identified in a high-density genome wide

association study for nicotine dependence. *Human Molecular Genetics*, **16**, 24-35.
7. Saccone, S. F., Hinrichs, A. L., Saccone, N. L. *et al.* (2007) Cholinergic nicotinic receptor genes implicated in a nicotine dependence association study targeting 348 candidate genes with 3713 SNPs. *Human Molecular Genetics*, **16**, 36-49.
8. Thorgeirsson, T. E., Geller, F., Sulem, P. *et al.* (2008) A variant associated with nicotine dependence, lung cancer and peripheral arterial disease. *Nature*, **452**, 638-642.
9. Berrettini, W., Yuan, X., Tozzi, F. *et al.* (2008) α-5/α-3 nicotinic receptor subunit alleles increase risk for heavy smoking. *Molecular Psychiatry*, **13**, 368-373.
10. Amos, C. I., Wu, X., Broderick, P. *et al.* (2008) Genome-wide association scan of tag SNPs identifies a susceptibility locus for lung cancer at 15q25.1. *Nature Genetics*, **40**, 616-622.
11. Hung, R. J., McKay, J D., Gaborieau, V. *et al.* (2008) A susceptibility locus for lung cancer maps to nicotinic acetylcholine receptor subunit genes on 15q25. *Nature*, **452**, 633-637.
12. Liu, P., Vikis, H. G., Wang, D. *et al.* (2008) Familial aggregation of common sequence variants on 15q24-25.1 in lung cancer. *Journal of the National Cancer Institute*, **100**, 1326-1330.
13. Li, M., Boehnke, M. and Abecasis, G. R. (2005) Joint modeling of linkage and association: identifying SNPs responsible for a linkage signal. *American Journal of Human Genetics*, **76**, 934-949.
14. Morton, N. E. and Collins, A. (1998) Tests and estimates of allelic association in complex inheritance. *Proceedings of the National Academy of Sciences of the United States of America*, **95**, 11389-11393.
15. Moskvina, V., Holmans, P., Schmidt, K. M. and Craddock, N. (2005) Design of case-controls studies with unscreened controls. *Annals of Human Genetics*, **69**, 566-576.
16. Wellcome Trust Case Control Consortium (2007) Genome-wide association study of 14 000 cases of seven common diseases and 3 000 shared controls. *Nature*, **447**, 661-678. A landmark example of a large-scale case-control genome-wide association study.
17. International HapMap Consortium (2005) A haplotype map of the human genome. *Nature*, **437**, 1299-1320. Describes Phase I results from the International HapMap Project.
18. Frazer, K. A., Ballinger, D. G., Cox, D. R. *et al.* (2007) A second generation human haplotype map of over 3.1 million SNPs. *Nature*, **449**, 851-861. Describes phase II results from the international HapMap Project.
19. Barrett, J. C., Fry, B., Mailer, J. and Daly, M. J. (2005) Haploview: analysis and visualization of LD and haplotype maps. *Bioinformatics (Oxford, England)*, **21**, 263-265.
20. Ke, X. and Cardon, L. R. (2003) Efficient selective screening of haplotype tag SNPs. *Bioinformatics (Oxford, England)*, **19**, 287-288.
21. Stram, D. O., Haiman, C. A., Hirschhorn, J. N. *et al.* (2003) Choosing haplotype-tagging snps based on unphased genotype data using a preliminary sample of unrelated subjects with an example from the multiethnic cohort study. *Human Heredity*, **55**, 27-36.
22. Carlson, C. S., Eberle, M. A., Rieder, M. J. *et al.* (2004) Selecting a maximally informative set of single-nucleotide polymorphisms for association analyses using linkage disequilibrium. *American Journal of Human Genetics*, **74**, 106-120.
23. Pritchard, J. K. and Przeworski, M. (2001) Linkage disequilibrium in humans: models and data. *American Journal of Human Genetics*, **69**, 1-14.
24. Moskvina, V. and O'Donovan, M. C. (2007) Detailed analysis of the relative power of direct and indirect association studies and the implications for their interpretation. *Human Heredity*, **64**, 63-73.
25. Edlund, C. K., Lee, W. H., Li, D., Van Den Berg, D. J. and Conti, D. V. (2008) Snagger: a userfriendly program for incorporating additional information for tagSNP selection. *BMC Bioinformatics*, **9**, 174.

26. De Bakker, P. I., Yelensky, R., Pe'er, I. et al. (2005) Efficiency and power in genetic association studies. *Nature Genetics*, **37**, 1217-1223.
27. Johnson, A. D., Handsaker, R. E., Pulit, S. L. et al. (2008) SNAP: a web-based tool for identification and annotation of proxy SNPs using HapMap. *Bioinformatics (Oxford, England)*, **24**, 2938-2939.
28. Li, C., Li, M., Long, J. R. et al. (2008) Evaluating cost efficiency of SNP chips in genome-wide association studies. *Genetic Epidemiology*, **32**, 387-395.
29. Li, M., Li, C. and Guan, W. (2008) Evaluation of coverage variation of SNP chips for genome-wide association studies. *European Journal of Human Genetics*, **16**, 635-643.
30. Saccone, S. F., Bierut, L. J., Chesler, E. J. et al. (2009) Supplementing high-density SNP microarrays for additional coverage of disease-related genes: addiction as a paradigm. *PLoS One*, **4**, e5225.
31. Keating, B. J., Tischfield, S., Murray, S. S. et al. (2008) Concept, design and implementation of a cardiovascular gene-centric 50 K SNP array for large-scale genomic association studies. *PLoS One*, **3**, e3583.
32. Wigginton, J. E. and Abecasis, G. R. (2005) PEDSTATS: descriptive statistics, graphics and quality assessment for gene mapping data. *Bioinformatics (Oxford, England)*, **21**, 3445-3447. Describes PEDSTATS, a user-friendly program for performing quality control checks of both family-based and unrelated samples.
33. Purcell, S., Neale, B., Todd-Brown, K. et al. (2007) PLINK: a tool set for whole-genome association and population-based linkage analyses. *American Journal of Human Genetics*, **81**, 559-575. Introduces and describes PLINK, an excellent and widely used software package for analysis of genome-wide SNP data.
34. Suarez, B. K., Taylor, C., Bertelsen, S. et al. (2005) An analysis of identical single-nucleotide polymorphisms genotyped by two different platforms. *BMC Genetics*, **6** (Suppl. 1), S152.
35. Pritchard, J. K., Stephens, M. and Donnelly, P. (2000) Inference of population structure using multilocus genotype data. *Genetics*, **155**, 945-959.
36. Devlin, B. and Roeder, K. (1999) Genomic control for association studies. *Biometrics*, **55**, 997-1004.
37. Price, A. L., Patterson, N. J., Plenge, R. M. et al. (2006) Principal components analysis corrects for stratification in genome-wide association studies. *Nature Genetics*, **38**, 904-909. The publication for EIGENSTRAT, an excellent and popular program for testing and correcting for population stratification.
38. Tian, C., Hinds, D. A., Shigeta, R. et al. (2007) A genomewide single-nucleotide-polymorphism panel for Mexican American admixture mapping. *American Journal of Human Genetics*, **80**, 1014-1023.
39. Tian, C., Hinds, D. A., Shigeta, R. et al. (2006) A genomewide single-nucleotide-polymorphism panel with high ancestry information for African American admixture mapping. *American Journal of Human Genetics*, **79**, 640-649.
40. Tian, C., Plenge, R. M., Ransom, M. et al. (2008) Analysis and application of European genetic substructure using 300 K SNP information. *PLoS Genetics*, **4**, e4.
41. Yang, B. Z., Zhao, H., Kranzler, H. R. and Gelernter, J. (2005) Practical population group assignment with selected informative markers: characteristics and properties of Bayesian clustering via STRUCTURE. *Genetic Epidemiology*, **28**, 302-312.
42. Yang, N., Li, H., Criswell, L. A. et al. (2005) Examination of ancestry and ethnic affiliation using highly informative diallelic DNA markers: application to diverse and admixed populations and implications for clinical epidemiology and forensic medicine. *Human Genetics*, **118**, 382-392.
43. Sasieni, P. D. (1997) From genotypes to genes: doubling the sample size. *Biometrics*, **53**, 1253-1261.
44. Zaykin, D. V., Westfall, P. H., Young, S. S. et al. (2002) Testing association of statistically inferred haplotypes with discrete and continuous traits in samples of unrelated individuals. *Human Heredity*, **53**, 79-91.
45. Zaitlen, N., Kang, H. M., Eskin, E. and Halperin, E. (2007) Leveraging the HapMap correlation structure in association studies. *American Journal of Human Genetics*, **80**, 683-691.
46. Marchini, J., Howie, B., Myers, S. S et al. (2007) A new multipoint method for genome-wide association

studies by imputation of genotypes. *Nature Genetics*, **39**, 906-913.
47. Nicolae, D. L. (2006) Testing Untyped Alleles (TUNA) -applications to genome-wide association studies. *Genetic Epidemiology*, **30**, 718-727.
48. Li, Y., Wilier, C. J., Sanna, S. and Abecasis, G. R. (2009) Genotype imputation. *Annual Review of Genomics and Human Genetics*, **10**, 387-406.
49. Servin, B. and Stephens, M. (2007) Imputation-based analysis of association studies: candidate regions and quantitative traits. *PLoS Genetics*, **3**, e114.
50. Browning, B. L. and Browning, S. R. (2009) A unified approach to genotype imputation and haplotype-phase inference for large data sets of trios and unrelated individuals. *American Journal of Human Genetics*, **84**, 210-223.
51. Huang, L., Li, Y., Singleton, A. B. *et al.* (2009) Genotype-imputation accuracy across worldwide human populations. *American Journal of Human Genetics*, **84**, 235-250.
52. Hahn, L. W., Ritchie, M. D. and Moore, J. H. (2003) Multifactor dimensionality reduction software for detecting gene-gene and gene-environment interactions. *Bioinformatics (Oxford, England)*, **19**, 376-382.
53. Ritchie, M. D., Hahn, L. W. and Moore, J. H. (2003) Power of multifactor dimensionality reduction for detecting gene-gene interactlons in tne presence ot genotyping error, missing data, phenocopy, and genetic heterogeneity. *Genetic Epidemiology*, **24**, 150-157.
54. Ritchie, M. D., Hahn, L. W., Roodi, N. *et al.* (2001) Multifactor-dimensionality reduction reveals high-order interactions among estrogen-metabolism genes in sporadic breast cancer. *American Journal of Human Genetics*, **69**, 138-147.
55. Lou, X. Y., Chen, G. B., Yan, L. *et al.* (2007) A generalized combinatorial approach for detecting gene-by-gene and gene-by-environment interactions with application to nicotine dependence. *American Journal of Human Genetics*, **80**, 1125-1137.
56. Culverhouse, R. (2007) The use of the restricted partition method with case-control data. *Human Heredity*, **63**, 93-100.
57. Culverhouse, R., Klein, T. and Shannon, W. (2004) Detecting epistatic interactions contributing to quantitative traits. *Genetic Epidemiology*, **27**, 141-152.
58. Cheverud, J. M. (2001) A simple correction for multiple comparisons in interval mapping genome scans. *Heredity*, **87**, 52-58.
59. Li, J. and Ji, L. (2005) Adjusting multiple testing in multilocus analyses using the eigenvalues of a correlation matrix. *Heredity*, **95**, 221-227.
60. Storey, J. D. and Tibshirani, R. (2003) Statistical significance for genomewide studies. *Proceedings of the National Academy of Sciences of the United States of America*, **100**, 9440-9445.
61. Purcell, S., Cherny, S. S. and Sham, P. C. (2003) Genetic Power Calculator: design of linkage and association genetic mapping studies of complex traits. *Bioinformatics (Oxford, England)*, **19**, 149-150.
62. Menashe, I., Rosenberg, P. S. and Chen, B. E. (2008) PGA: power calculator for case-control genetic association analyses. *BMC Genetics*, **9**, 36.
63. Gordon, D., Haynes, C., Blumenfeld, J. and Finch, S. J. (2005) PAWE-3D: visualizing power for association with error in case-control genetic studies of complex traits. *Bioinformatics (Oxford, England)*, **21**, 3935-3937.
64. Zondervan, K. T. and Cardon, L. R. (2007) Designing candidate gene and genome-wide case-control association studies. *Nature Protocols*, **2**, 2492-2501.
65. Balding, D. J. (2006) A tutorial on statistical methods for population association studies. *Nature Reviews Genetics*, **7**, 781-791. A helpful overview of methods and issues for case-control association studies.
66. Spielman, R. S., McGinnis, R. E. and Ewens, W. J. (1993) Transmission test for linkage disequilibrium:

the insulin gene region and insulin-dependent diabetes mellitus (IDDM). *American Journal of Human Genetics*, **52**, 506-516.

67. Martin, E. R., Monks, S. A., Warren, L. L. and Kaplan, N. L. (2000) A test for linkage and association in general pedigrees: the pedigree disequilibrium test. *American Journal of Human Genetics*, **67**, 146-154.
68. Rabinowitz, D. and Laird, N. (2000) A unified approach to adjusting association tests for population admixture with arbitrary pedigree structure and arbitrary missing marker information. *Human Heredity*, **50**, 211-223.
69. Laird, N. M., Horvath, S. and Xu, X. (2000) Implementing a unified approach to family-based tests of association. *Genetic Epidemiology*, **19** (Suppl 1), S36-S42.
70. Lewinger, J. P. and Bull, S. B. (2006) Validity, efficiency, and robustness of a family-based test of association. *Genetic Epidemiology*, **30**, 62-76.
71. Horvath, S., Xu, X, Lake, S. L. *et al*. (2004) Family-based tests for associating haplotypes with general phenotype data: application to asthma genetics. *Genetic Epidemiology*, **26**, 61-69.
72. Xu, X., Rakovski, C. and Laird, N. (2006) An efficient family-based association test using multiple markers. *Genetic Epidemiology*, **30**, 620-626.
73. Rakovski, C. S., Weiss, S. T., Laird, N. M. and Lange, C. (2008) FBAT-SNP-PC: an approach for multiple markers and single trait in family-based association tests. *Human Heredity*, **66**, 122-126.
74. McPeek, M. S. and Sun, L. (2000) Statistical tests for detection of misspecified relationships by use of genome-screen data. *American Journal of Human Genetics*, **66**, 1076-1094.
75. Sun, L., Wilder, K. and McPeek, M. S. (2002) Enhanced pedigree error detection. *Human Heredity*, **54**, 99-110. Develops and describes PREST and related programs for performing quality control checks for family-based data.
76. Morton, N. E. (1955) Sequential tests for the detection of linkage. *American Journal of Human Genetics*, **7**, 277-318.
77. Lander, E. and Kruglyak, L. (1995) Genetic dissection of complex traits: guidelines for interpreting and reporting linkage results. *Nature Genetics*, **11**, 241-247.
78. Ott, J. (1974) Estimation of the recombination fraction in human pedigrees: efficient computation of the likelihood for human linkage studies. *American Journal of Human Genetics*, **26**, 588-597.
79. Abecasis, G. R., Cherny, S. S., Cookson, W. O. and Cardon, L. R. (2002) Merlin-rapid analysis of dense genetic maps using sparse gene flow trees. *Nature Genetics*, **30**, 97-101.
80. Kruglyak, L., Daly, M. J., Reeve-Daly, M. P. and Lander, E. S. (1996) Parametric and nonparametric linkage analysis: a unified multipoint approach. *American Journal of Human Genetics*, **58**, 1347-1363.
81. Knapp, M., Seuchter, S. A. and Baur, M. P. (1994) Linkage analysis in nuclear families. 2: Relationship between affected sib-pair tests and lod score analysis. *Human Heredity*, **44**, 44-51.
82. Whittemore, A. S. (1996) Genome scanning for linkage: an overview. *American Journal of Human Genetics*, **59**, 704-716.
83. Penrose, L. S. (1935) The detection of autosomal linkage in data which consist of pairs of brothers and sisters of unspecified parentage. *Annals of Eugenics*, **6**, 133-138.
84. Whittemore, A. S. and Tu, I. P. (1998) Simple, robust linkage tests for affected sibs. *American Journal of Human Genetics*, **62**, 1228-1242.
85. Haseman, J. K. and Elston, R. C. (1972) The investigation of linkage between a quantitative trait and a marker locus. *Behavior Genetics*, **2**, 3-19.
86. Almasy, L. and Blangero, J. (1998) Multipoint quantitative-trait linkage analysis in general pedigrees. *American Journal of Human Genetics*, **62**, 1198-1211.
87. Amos, C. I. (1994) Robust variance-components approach for assessing genetic linkage in pedigrees. *American Journal of Human Genetics*, **54**, 535-543.

88. Province, M. A., Rice, T. K., Borecki, I. B. et al. (2003) Multivariate and multilocus variance components method, based on structural relationships to assess quantitative trait linkage via SEGPATH. *Genetic Epidemiology*, **24**, 128-138.
89. Allison, D. B., Neale, M. C., Zannolli, R. et al. (1999) Testing the robustness of the likelihood-ratio test in a variance-component quantitative-trait loci-mapping procedure. *American Journal of Human Genetics*, **65**, 531-544.
90. Kruglyak, L. and Lander, E. S. (1995) Complete multipoint sib-pair analysis of qualitative and quantitative traits. *American Journal of Human Genetics*, **57**, 439-454.
91. Hoffmann, K. and Lindner, T. H. (2005) easyLINKAGE-Plus-automated linkage analyses using large-scale SNP data. *Bioinformatics (Oxford, England)*, **21**, 3565-3567. Describes easyLinkage-Plus, a user-friendly program enabling linkage analysis of either microsatellite or SNP markers.
92. Ge, D., Zhang, K., Need, A. C. et al. (2008) WGAViewer: software for genomic annotation of whole genome association studies. *Genome Research*, **18**, 640-643. Describes WGAViewer, a user-friendly software package that provides SNP annotation and visualization for genome-wide association results.

# 5 针对单细胞敏感性的 RNA 扩增技术

Natalie Stickle[1], Norman N. Iscove[2], Carl Virtanen[1], Mary Barbara[2], Carolyn Modi[1], Toni Di Berardino[3], Ellen Greenblatt[3], Ted Brown[4] and Neil Winegarden[1]

[1] *University Health Network Microarray Centre, Toronto, Ontario, Canada*
[2] *Ontario Cancer Institute, Princess Margaret Hospital, University Health Network, Toronto, Ontario, Canada*
[3] *Mount Sinai Hospital Centre for Fertility and Reproductive Health, Toronto, Ontario, Canada*
[4] *Samuel Lunenfeld Research Institute, Mount Sinai Hospital, Joseph and Wolf Lebovic Centre, Toronto, Ontario, Canada*

## 5.1 简介

芯片技术已经成为基因组研究的常规手段，即使不考虑芯片技术的发展潜力，现有的许多芯片实验结果也是值得商榷的。对于芯片技术进行综合评估后，所得到的一个主要结果是该技术的局限性日趋增大，很大程度上限制了它能够进行的实验类型。特别是芯片技术对于样品要求很高，研究人员必须尽可能地使用纯度较高的细胞系，以免任何有意义的标记被淹没在大量异质组织的实验结果中。

### 5.1.1 RNA 扩增的目的

第一个发表的芯片实验流程中，要求总 RNA 量大于 $10\mu g$，而在许多更早的出版物中，对总 RNA 量的要求至少是 $100\sim500\mu g$ [1, 2]。考虑到一个哺乳动物单细胞含有的总 RNA 量为 $2\sim35pg$（表 5.1），这就要求芯片实验材料起码要有 $1\times10^6\sim3\times10^8$ 个细胞。因此，许多早期研究采用细胞培养的方法来获取足够的实验材料。而当我们进行临床样本或动物模型的研究时，就不得不使用大量组织样本。但由于许多组织和大多数肿瘤是高度异质性的，通过这样的大样本量芯片分析所得到结果，实际上是由不同异质组织样本构成的各种细胞类型的集合。此前的研究已经证明，在混合细胞群中占主导地位的细胞类型会完全掩盖其他细胞类型的实验信号 [3]。而 Szaniszlo 等的研究表明，即使细胞混合物中非主导细胞含量高达 $25\%$，主导细胞也会覆盖其信号 [3]。

表 5.1　不同细胞类型中的总 RNA 数量

| 细胞类型 | 每个细胞中总 RNA（pg）近似值 | 参考文献 |
| --- | --- | --- |
| 非洲青猴肾细胞 | 35 | http://www1.qiagen.com/HB/RNeasyMiniKit_EN |
| 上皮细胞（人类） | 8～15 | http://tools.invitrogen.com/content/sfs/manuals/15596018%20pps%20Trizol%20Reagent%2006 |
| 纤维组织母细胞（人类） | 5～7 | http://tools.invitrogen.com/content/sfs/manuals/15596018%20pps%20Trizol%20Reagent%20061207.pdf<br>http://www1.qiagen.com/HB/RNeasyMiniKit_EN |
| 人宫颈癌细胞 | 12～15 | http://www.5prime.com/products/nucleic-acid-purification/rna-purification/perfectpure-rna-cultured-cell-kit.aspx?details=1 |
| 肝癌细胞 | 13 | http://www.5prime.com/products/nucleic-acid-purification/rna-purification/perfectpure-rna-cultured-cell-kit.aspx?details=1 |
| 白细胞（人类） | 6～11 | http://tools.invitrogen.com/content/sfs/manuals/15596018%20pps%20Trizol%20Reagent%20061207.pdf |
| 巨噬细胞（人类） | 5～25 | http://tools.invitrogen.com/content/sfs/manuals/15596018%20pps%20Trizol%20Reagent%20061207.pdf |
| 巨噬细胞（老鼠） | 1.5～2 | http://tools.invitrogen.com/content/sfs/manuals/15596018%20pps%20Trizol%20Reagent%20061207.pdf |
| 胚胎成纤维细胞 | 10～19 | http://www1.qiagen.com/HB/RNeasyMiniKit_EN |
| 酵母菌 | 2.5 | http://www1.qiagen.com/HB/RNeasyMiniKit_EN |

另一个问题是，总是获得大量组织材料用于实验是不实际也不可能的。许多临床样本是通过穿刺活检或细针穿刺（fine needle aspirate，FNA）获得的，如果进行扩增，就无法提供足够的材料用于芯片实验。有证据表明，FNA 和穿刺活检获得的总 RNA 量通常只有 2μg，这是在不进行扩增的情况下芯片分析所需样本量的最低限度[4,5]。此外，一项研究结果表明，FNA 的产量是高度可变的，为 30 000～2 580 000 个细胞[5]。在 Assersohn 等进行的研究中，只有 15% 的临床样本能够进行芯片分析，正是由于大部分 FNA 只能获得有限的 RNA。

通过对复杂的疾病，尤其是癌症的深入了解，细胞群纯化技术变得越来越重要。更多的研究人员正在改变研究的方法和手段，如激光捕捉显微解剖（laser capture microdissection，LCM）、荧光激活（辅助）细胞分类术［fluorescence-activated (assisted) cell sorting，FACS］、显微操作术和顺磁性珠基分离（paramagnetic bead-based separation）。尽管这些技术都考虑到同质细胞群体的纯化，但如果不借助单细胞分析，往往很难获得完全纯化的细胞群体。

对于在单细胞水平上分析样本的技术需求正变得越来越明显。有证据表明，在发育过程中，很多细胞尽管从形态上看起来一样，但已经开始分化，并呈现不同的基因表达情况[6]。为了充分表征这些发育阶段，有必要对单细胞进行研究。以神经系统为例，作为一个典型的异构系统，单细胞研究对其大有裨益[7～9]。另外，人们对很多不常见的细胞群体越来越有兴趣，如干细胞、肿瘤干细胞、癌前病变细胞和循环肿瘤细胞，它们的细胞量通常很少，甚至是单细胞。虽然有大量研究使用芯片实验分析各种癌症样本，但真正取得突破的很少。一个可能的解释是，目前开展的研究工作虽然大大促进了我们对肿瘤生物学的理解，但又可能错过了最重要的信息，那就是肿瘤干细胞或肿瘤初始细胞。由于这些细胞的出现频率仅为 1/100 000～1/100，它们的特性会淹没在其他含量更丰富的细胞类型中。

因此，为了能对发育生物学、临床生物学进行更有意义的分析，必须尽可能地减少芯片技术对实验材料的要求。虽然通过提高阵列密度、改进底物和使用更好的检测技术等方法，芯片技术本身的敏感性已经得到提升，但总体敏感性的提升依然缓慢。最大的进步来自于扩增技术，这种技术从很多方面打开了分析微量 RNA 样本，甚至是分析单细胞的大门。

## 5.1.2 扩增的方法

高样本量的限制是芯片技术初期发展的要求，而像 Affymetrix、Agilent 和 Illumina 这些芯片生产公司都已经把合并扩增作为实验流程中的一个标准步骤。尽管如此，对样本的要求相对还是比较高，总 RNA 量要在 0.1～8μg（10 000～20 000 个细胞）（表 5.2）。大多数厂商采用基于体外转录（$in\ vitro$ transcription，IVT）反应的等温线性扩增策略。但即使已经有了这些改进，相对较高的样本要求仍然制约着很多重要生物学问题的研究。

灵敏度的增加依赖于两个基本途径之一：阵列产生信号的放大或初始材料的扩增（表 5.2）。

表 5.2 各种扩增方法的比较

| 生产商 | 工具包 | Amp 类型 | Amp 方法 | 总 RNA 输入/ng | 时间需求 |
| --- | --- | --- | --- | --- | --- |
| Affymetrix | One Cycle | 样本 | IVT | 1000～15 000 | 1d |
|  | Two Cycle | 样本 | IVT | 10～100 | 2d |
| Agilent | Quick Amp | 样本 | IVT | 200 | 6h |
| Ambion | MessageAmp™ II | 样本 | IVT | 0.1～20 | 2d |
|  | MessageAmp™ III | 样本 | IVT | 35～500 | 6h |
|  | MessageAmp™ Premier | 样本 | IVT | 20～500 | 6h |
| Clontech | Super SMART™ | 样本 | PCR | 2～150 | 3h |
| Enzo | BioArray Single-Round v2 | 样本 | IVT | 500～5000 | 1d |
| Epicenter | TargetAmp™ 1-Round Biotin 105 | 样本 | IVT | 25～500 | 6h |
|  | TargetAmp™ 2 Round Biotin v3 | 样本 | IVT | 0.05～0.1 | 2d |

| 生产商 | 工具包 | Amp 类型 | Amp 方法 | 总 RNA 输入/ng | 时间需求 |
|---|---|---|---|---|---|
| Genisphere | TargetAmp™ aRNA 2.0 | 样本 | IVT | 0.01～0.5 | 2d |
| | 3DNA™ FlashTag™ | 信号 | Dendrimer | 500～3000 | 1h |
| | RampUp™ | 样本 | TandemIVT | 1 | 2d |
| | SenseAmp™ | 样本 | IVT | 25～250 | 1d |
| Illumina | TotalPrep™ RNA | 样本 | IVT | 50 | 1d |
| Molecular Devices | RiboAmp® HS Plus | 样本 | IVT | 0.1～0.5 | 1d |
| NuGen | Ovation® v2 | 样本 | RiboSPIA | 5～100 | 4h |
| | WT-Ovation® | 样本 | RiboSPIA | 5～50 | 4h |
| | WT-Ovation® Pico | 样本 | RiboSPIA | 0.5～50 | 6h |
| Sigma-Aldrich | Transplex™ | 样本 | PCR | 5～50 | 4h |
| System Biosciences | Full Spectrum™ | 样本 | PCR | 20 | 3h |
| PerkinElmer | MICROMAX™ TSA™ | 信号 | Tyramide deposition | 500～1000 | 2h |
| University Health Network | Iscove et al., Global-RT-PCR | 样本 | PCR | 0.01～0.1 | 5h |

信号放大的方法学是通过给杂交位点添加额外检测内容来完成的，或者使用树枝状分子，或者进行荧光酶沉淀，即酪胺信号扩增（tyramide signal amplification，TSA；MICROMAX™TSA™，PE）[13]。这些技术的优点在于原始 RNA 样本不需进行过多操作，而酶处理又使其倾向于较小的偏差。另外，信号放大执行速度较快，一般只需要 1～3h。尽管有这些优点，信号放大技术仍然受制于初始样本中 RNA 的数量（例如，树枝状分子只能连接到 cDNA 上，cDNA 分子越少，连接树枝状分子也越少）。对于较低的采样能力，这种方法的改善效果也仅限于一个数量级。

RNA 扩增技术是对样本量不足最大的改进。RNA 扩增方法（无论由原始 mRNA 生产出的是 RNA 还是 DNA 拷贝）一般分为三类：①T7 启动转录的线性扩增方法（图 5.1）；② N$\mu$gen RiboSPIA™ 扩增过程（图 5.2）；③结合聚合酶链反应（PCR）方法的指数扩增过程（图 5.3）[14～16]。

最先应用于芯片实验的 RNA 扩增方法之一就是 T7 启动法（也称 IVT），这种方法是由 Eberwine 等首先提出的[7, 9, 17]。这项技术已经被广泛使用在芯片研究中，而且在事实上成为 Affymetrix、Agilent 和 Illumina 公司绝大多数基因表达芯片的标准做法。以 T7 为基础的扩增有其天然的优点，自然状态下近乎理想的线性性质和不受模板序列影响[16]等，尤其是它已经被证明的可重复性[17～21]。还有一些研究，通过提高该技术的敏感度、可靠性或功能性来改善 IVT 实验[22, 23]。IVT 方法的主要缺点是花费时间较长（一轮扩增需要 1.5～2d），而且它的灵敏度有一个极限。另一项

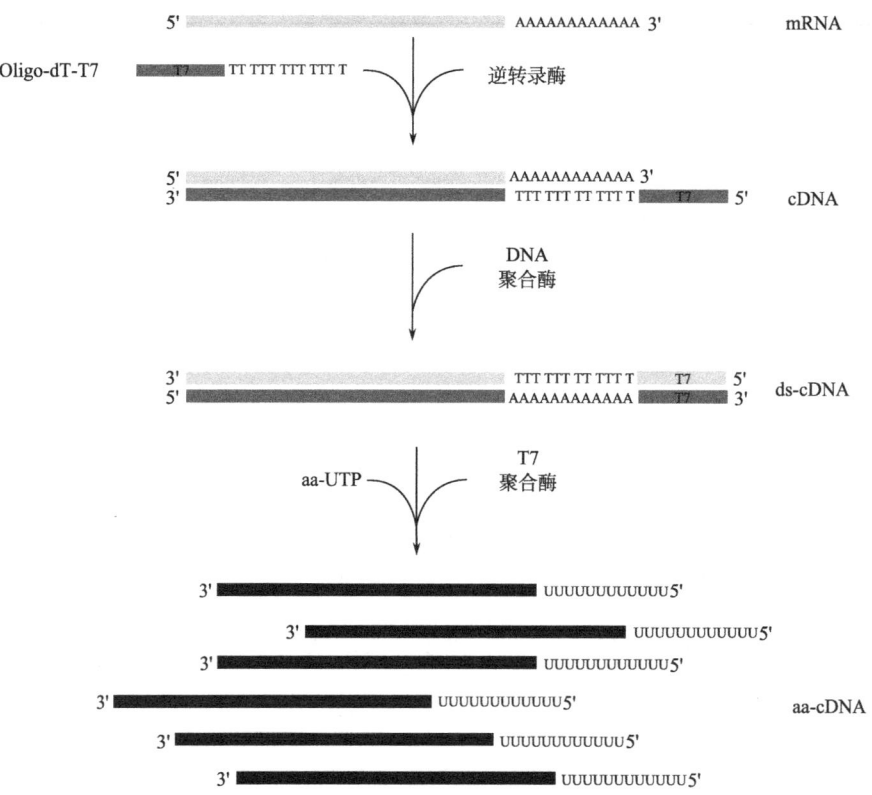

图 5.1 T7 启动扩增流程图。mRNA 逆转录为 cDNA。用于 RT 的 Oligo-dT 引物的 5′端也有一段 T7 启动序列。在第二条 cDNA 链完成合成后，形成一个带有 T7 启动子的人工基因。添加 T7 聚合酶会导致数百到数千的 cRNA 拷贝的产生。在转录过程中会加入一种改进的核苷酸，如 aminoallyl-UTP，以进行荧光标记。

值得注意的是，T7/IVT 生产的 RNA 产品并不很稳定。

虽然 T7 扩增技术最初用于单个神经元的基因表达分析，但它并不是全局性分析[7]。许多研究表明，以 T7 为基础的一轮扩增可以提供 RNA 水平 1000～2000 倍的增量[15, 16, 24]。多轮扩增也可以实现，但是其偏差和噪声会伴随扩增逐轮增长[17, 24, 25]。许多研究已经证实，当总 RNA 量小于 $10\mu g$ 时，芯片分析的结果往往是不可靠的[17, 26, 27]。因此，采用 T7 扩增策略的单细胞芯片分析并没有广泛开展，尽管也有研究认为 4 轮扩增是可行的[28]。

虽然至今为止 T7/IVT 扩增策略还是基于芯片的基因表达分析研究最常用的技术手段，但科学家们在进行单细胞表达模式分析时还是倾向于采用以 PCR 为基础的扩增策略。以 PCR 为基础的扩增策略已经应用于全长 cDNA 文库和基因表达谱分析[29～33]。这个方法可以分析即使是皮克量级的 RNA 样本[34]。在这些最初的报道中，各种以 PCR 扩增为基础的方法被用于单细胞芯片分析[6, 35, 36]。这些方法有许多优点：快速、廉价和高敏感性。PCR 扩增也可以使用 DNA 的扩增引物，它比 RNA 扩增

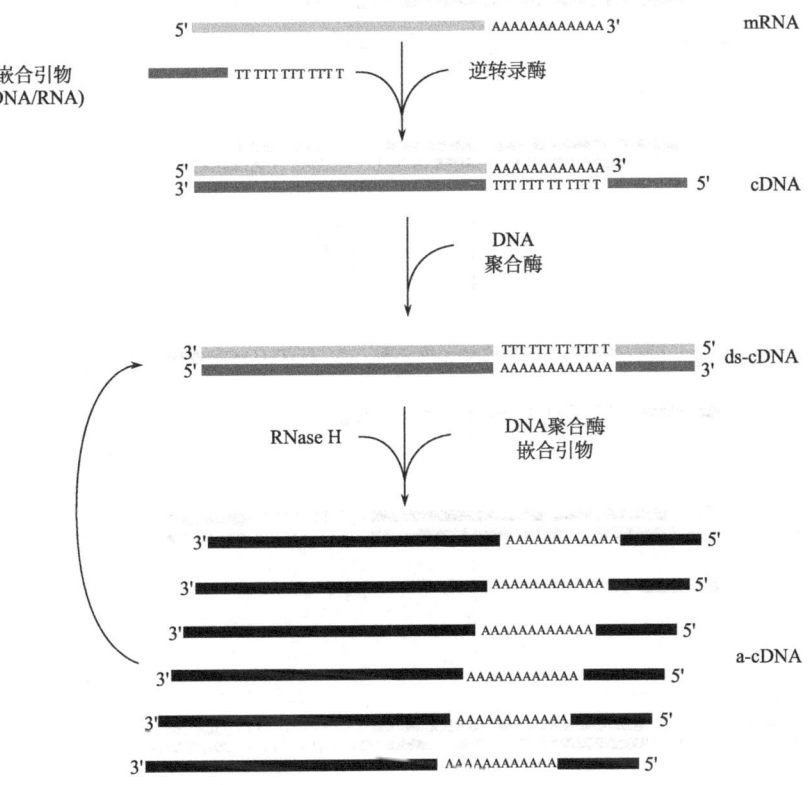

图 5.2 采用 NuGen™ 公司 Ribo-SPIA™ 技术的等温扩增（Ovation™ 系统）。NuGen™ 公司的 Ovation™ 系统在 RT 中利用一种特殊的嵌合 DNA/RNA 引物（SPIA™ 引物）。在第二条链完成合成后，加入 RNase H，以减少 SPIA™ 引物中的 RNA 含量。SPI-A™ 引物和 DNA 聚合酶共同作用的链置换会产生几千倍的 DNA 扩增物。

引物更稳定。在该方法的实施中，只有少部分扩增材料被用于芯片杂交，因此该技术也是可以重现的。虽然有这些优点，PCR 扩增策略被大众接纳的速度还是慢于 T7/IVT 方法。对于采用 PCR 扩增进行基因表达谱分析的怀疑，大部分源于该方法所表现的 GC 含量偏差、双链产物的出现和非线性 [15]。而对于 PCR 扩增方法的改进已经解决了这些问题。一些研究团队已经选择将 PCR 和 T7/IVT 两种方法组合使用，以平衡两种技术各自的问题[37～39]。

另一种扩增方法是来自于 NuGen 技术公司的 RiboSPIA™ 方法。它利用一种存在于核糖核酸酶 H（RNase H）中的嵌合 RNA/DNA 引物，取代前导 cDNA 链，创建另一个模板的拷贝（图 5.3）。这项技术目前越来越受欢迎，原因是其执行速度相对较快，对中高皮克量级比较敏感，产生的单链 DNA 分子也稳定性很高 [40]。

### 5.1.2.1 扩增方法比较

虽然已经有数以千计的论文在芯片分析基因表达谱研究中使用扩增方法，但是对

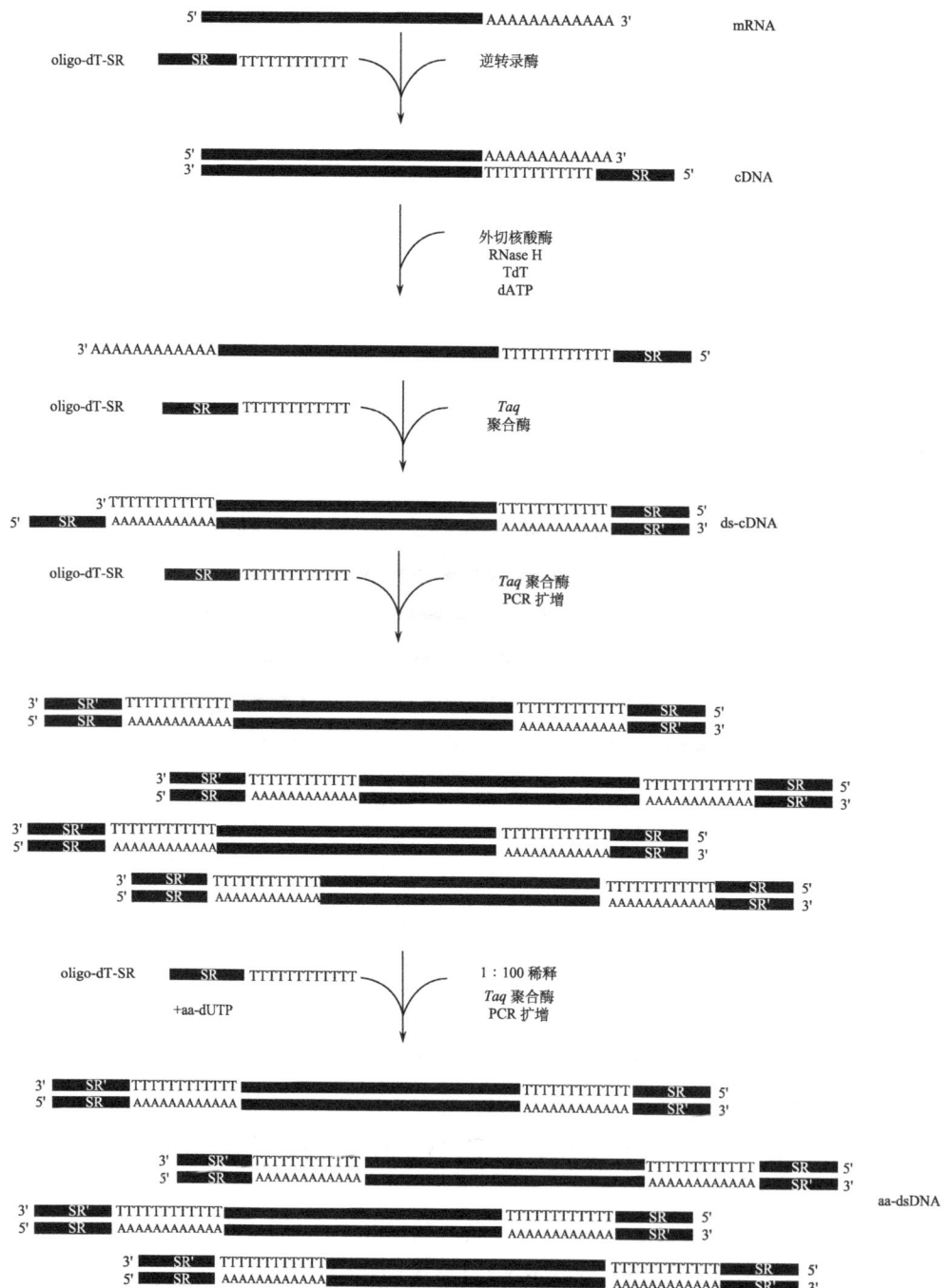

图 5.3 mRNA 的全局 PCR 扩增。用于 mRNA 逆转录的 oligo-dT 引物绑定有特定序列（SR）。用外切核酸酶去除多余的引物，用末端转移酶对 cDNA 产物去尾。采用同样的 SR-oligo-dT 引物引导第二条链合成，再利用 oligo-dT-SR 引物通过 PCR 对 dsDNA 进行扩增。

已有的多种方法进行直接比较的还很少。每一种技术都有它的支撑者,每一种技术通常由后续实验来判定其是否优于其他技术。例如,在某些情况下,IVT 扩增法比 PCR 扩增法表现得更好,特别是 IVT 扩增法能够产生出更长的模板内容[21]。然而,其他研究表明当用作初始模板的 RNA 在皮克量级时,PCR 扩增法优于 IVT 扩增法[24]。因此,如果芯片探针靶标区域多倾向于 5′ 或全基因组,并且 RNA 量足够的话,那么 IVT 扩增法是更好的选择。另外,如果 RNA 样本量非常小,采用倾向于 3′ 的芯片,那么 PCR 扩增法可能更适合。实际上,有些学者已经指出,这些技术是可以被不断改进以克服现有缺点的。有研究表明,在从 mRNA 模板获取较短读长片段时,随机引物逆转录比寡聚 dT(oligo-dT)引物逆转录更适用于 PCR 扩增法,并能提供更好的覆盖度[41]。值得注意的是,所有的扩增方法都会引入误差,但这些误差是可重复的,可以在建模和信息处理时被去除掉[18, 24]。在我们的研究中发现,许多扩增方法有较好的再现性,而且通常对非扩增样本反应灵敏(图 5.4)。

图 5.4 扩增策略的再现性和可靠性。HeLa 和 Stratagene 公司采用有 19 000 个探针的 cDNA 芯片,进行人类参考 RNA 的实验。每个样本中,$10\mu g$ 的 RNA 作为控制条件(灰色)。RNA 扩增方法分别为:T7 扩增法(蓝色)、NuGen Ovatiom™(橙色)和全局 RT-PCR(黄色)(见彩版)。

## 5.2 方法和途径

虽然存在多种扩增方法,我们还是选择重点介绍两种扩增方法:使用商业试剂盒的 T7 启动扩增法(来自 Ambion 公司的 MessageAmp™;实验方案 5.1~5.7);全局 RT-PCR 方法[34](实验方案 5.8~5.13)。

### 5.2.1 T7 RNA 聚合酶的体外转录

尽管我们可以根据大量参考文献自行制作 T7 启动扩增试剂盒,但在本章的实验方案中，我们还是选择已经有很多成功应用案例的商业试剂盒作为示例。商业试剂盒的优点在于组分的全面质量管理和技术支持。因此，许多研究人员更喜欢使用商业试剂盒来完成复杂的实验方案。Ambion 公司的 MessageAmp™ 试剂盒已经被广泛应用，这里，我们只进行单轮扩增。根据我们的经验，如果所使用的 RNA 量较低，那么全局 RT-PCR 方法比两轮 T7 启动扩增要更可信。

## 实验方案 5.1　使用 MessageAmp™ 试剂盒（Ambion）合成 cDNA 第一链

设备和试剂

- T7 Oligo（dT）引物（MessageAmp™ 试剂盒组分，Ambion）
- 逆转录酶（MessageAmp™ 试剂盒组分，Ambion）
- RNase 抑制剂（MessageAmp™ 试剂盒组分，Ambion）
- 10× 第一链缓冲剂（MessageAmp™ 试剂盒组分，Ambion）
- dNTP 混合物（MessageAmp™ 试剂盒组分，Ambion）
- 无菌水（Sigma）
- 温度循环器设置为 70℃
- 杂交炉或空气孵化器设置为 42℃

方法

1. 在 0.2ml 微量离心管中，混合以下试剂：
100～1000ng 的总 RNA [a]；
1μl 的 T7 Oligo（dT）引物；
添加无菌水，使总体积达到 12μl。

2. 在 70℃下，温度循环器中培养反应混合液 10min。简单离心，收集试管底部样本并放置在冰上。

3. 同时，准备 RT 主混合液如下（标示体积对应 20μl 反应物一份）：
- 2μl 的 10× 第一链缓冲剂
- 1μl 的 RNase 抑制剂
- 4μl 的 dNTP 混合物
- 1μl 的逆转录酶

混合，简单离心，收集试管底部试剂并放置在冰上。

4. 添加 8μl 的 RT 预混合液给步骤 2 得到的每一个样本，轻轻地调匀[b]，试管在 42℃下放置 2h，使 cDNA 分子根据 mRNA 模板进行合成。

5. 简单离心，收集试管底部样本并放置在冰上。

6. 根据实验方案 5.2，合成第二链 cDNA。

**注释**
a 根据我们的经验，使用这个试剂盒时，采用至少 200ng 的总 RNA 会提高可靠性。
b 不要旋转。

## 实验方案 5.2 使用 MessageAmp™ 试剂盒（Ambion）合成第二链 cDNA

**设备和试剂**

- 10×第二链缓冲剂（MessageAmp™ 试剂盒组分，Ambion）
- dNTP 混合物（MessageAmp™ 试剂盒组分，Ambion）
- DNA 聚合酶（MessageAmp™ 试剂盒组分，Ambion）
- RNase H（MessageAmp™ 试剂盒组分，Ambion）
- 无菌水（Sigma）
- 温度循环器设置为 16℃

**方法**

1. 按列出的顺序在无核酸酶试管中准备第二链预混合液（标示体积对应 100μl 反应物一份）：
   - 63μl 的无菌水
   - 10μl 的 10×第二链缓冲剂
   - 4μl 的 dNTP 混合物
   - 2μl 的 DNA 聚合酶
   - 1μl 的 RNase H[c]
2. 添加 80μl 的第二链预混合液给每一个样本，轻轻地调匀[d]，试管放置在 16℃ 温度循环器中 2h。
3. 根据实验方案 5.3，进行 cDNA 纯化。

**注释**
c 为了防止污染，建议 RNase H 步骤在一个单独的实验台上进行，远离第一链 cDNA 合成和随后进行的 T7 反应。
d 不要旋转。

## 实验方案 5.3 使用 MessageAmp™ 试剂盒（Ambion）进行 cDNA 纯化

**设备和试剂**

- 无菌水（Sigma）预热至 50℃

- cDNA 滤芯（MessageAmp™试剂盒组分，Ambion）
- 洗管（MessageAmp™试剂盒组分，Ambion）
- 结合缓冲液[e]（MessageAmp™试剂盒组分，Ambion）
- 美国化学学会等级（ACS-grade）100%（V/V）乙醇
- cDNA 洗涤液[f]（MessageAmp™试剂盒组分，Ambion）
- 洗脱管（MessageAmp™试剂盒组分，Ambion）

方法

1. 每个过滤器添加 50μl 的 cDNA 结合缓冲液，以平衡每个样本所配备的 cDNA 滤芯（1 个）。在室温条件下培养过滤器 5min。

2. 给实验方案 5.2 中步骤 2 得到的每个样本添加 250μl 的 cDNA 结合缓冲液。轻柔旋转，混匀。

3. 转移 cDNA 产品和结合缓冲液（约 350μl）到平衡过的 cDNA 滤芯（步骤 1 得到的）。

4. 在 10 000g 下离心 1min[g]。去掉上清，并将 cDNA 滤芯返回洗管。

5. 在每个柱子中，添加 500μl 的 cDNA 洗涤液，在 10 000g 下离心 1min，并去掉上清。

6. 在 10 000g 下再离心 1min，去除残留乙醇[h]。

7. 将柱子转移到一个新的 cDNA 洗脱管，添加 9μl 的 50℃（预热）无菌水到膜中心。

8. 在室温培养 2min，然后在 10 000g 下离心 1.5min，或者直到无菌水通过滤芯。

9. 再用 9μl 无菌水重复洗脱（步骤 8 和 9）。双链 DNA 已经被洗脱了。去掉 cDNA 滤芯。

10. 确保每个样本的体积至少 14μl。

11. 如果需要，添加无菌水使每个样本的体积达到 14μl。放置在冰上[i]。

**注释**

e 如果 cDNA 结合缓冲液中出现沉淀，就将缓冲液加热到 37℃ 并保持 10min，再大力旋转使其再溶解。在使用前将缓冲液冷却到室温。

f 在第一次使用 cDNA 洗涤液之前，添加 11.2ml 的 100%（V/V）乙醇。混合均匀，并在添加乙醇的瓶子上贴标签注明。

g 如果所有的 cDNA 和洗涤液没有通过滤芯，要再进行离心直到所有混合物通过柱子。

h 残留在柱子上的乙醇可能会影响接下来的反应。

i 纯化的双链 DNA 可以在 -20℃ 稳定许多天，这里提供了一个合适暂停点给用户，可以在一段时间后继续进行后续步骤。

## 实验方案 5.4 使用 MessageAmp™ 试剂盒（Ambion）进行包含 Aminoallyl 的 aRNA 的体外转录（IVT）合成

设备和试剂

- 空气孵化器[j] 设置为 37℃
- ATP、CTP、GTP 混合物（每份 25mmol/L；MessageAmp™ 试剂盒组分，Ambion）
- Aminoallyl-UTP（aa-UTP，50mmol/L；MessageAmp™ 试剂盒组分，Ambion）
- UTP 溶液（50mmol/L；MessageAmp™ 试剂盒组分，Ambion）
- T7 10× 反应缓冲液（MessageAmp™ 试剂盒组分，Ambion）
- T7 酶混合液（MessageAmp™ 试剂盒组分，Ambion）
- DNase I（MessageAmp™ 试剂盒组分，Ambion）。

方法

1. 按以下顺序在室温下，为每个 cDNA 样本混合 IVT 预混合液：
   - 3μl 的 aa-UTP（50mmol/L）
   - 12μl 的 ATP、CTP、GTP 混合物（25mmol/L）
   - 3μl 的 UTP 溶液（50mmol/L）
   - 4μl 的 T7 10× 反应缓冲液
   - 4μl 的 T7 酶混合液
2. 用取样器轻轻混合，然后简单离心，收集试管底部的反应混合物。
3. 转移 26μl 的 IVT 预混合液到 14μl 的 cDNA 样本中（在实验方案 5.3 中准备的）。摇动试管混合均匀，然后简单离心，收集试管底部的反应混合物。
4. 在空气孵化器中培养反应物，温度为 37℃，培养 14h[j]。
5. 添加 2μl 的 DNase I 到每个反应物。轻轻混合，简单离心，收集试管底部的反应混合物[k]。
6. 在 37℃ 下，培养 30min。
7. 添加 58μl 的无菌水到每个 aRNA 样本，调整最终体积直到 100μl，轻轻混匀反应混合物[l]。

注释

j 使用空气孵化器可以避免管帽处的凝结。凝结的形成会改变反应物浓度，并降低产率。

k 虽然 Ambion 公司的实验方案说这是一个可选步骤，但我们建议执行该步骤以提高再现性。

l aRNA 样本可以在 −20℃ 稳定许多天，这里提供了一个合适暂停点给用户，可以在一段时间后进行后续步骤。

## 实验方案 5.5 使用 MessageAmp™ 试剂盒 (Ambion) 进行 aRNA 纯化

设备和试剂

- aRNA 结合缓冲液（MessageAmp™ 试剂盒组分，Ambion）
- ACS-grade 100% (V/V) 乙醇
- aRNA 滤芯（MessageAmp™ 试剂盒组分，Ambion）
- aRNA 收集管（MessageAmp™ 试剂盒组分，Ambion）
- 根据制造商说明添加乙醇的 aRNA 洗涤液（MessageAmp™ 试剂盒组分，Ambion）
- 无菌水（Sigma）预热至 50°C
- 真空蒸发器（SpeedVac；ThermoElectron）
- 紫外-可见（UV-Vis）分光光度计

方法

1. 添加 350μl 的 aRNA 结合缓冲液到一份 aRNA 样本，轻轻混匀。
2. 添加 250μl 的 100% (V/V) 乙醇$^m$。
3. 在每个 aRNA 收集管中，放置一个 aRNA 滤芯，转移第二步产生的样本混合物到滤芯中心。
4. 在 10 000g 下离心 1min$^n$。去掉上清，替换 aRNA 收集管中的 aRNA 滤芯。
5. 添加 650μl 的 aRNA 洗涤液到 aRNA 滤芯。
6. 在 10 000g 下离心 1min$^n$。去掉上清，替换 aRNA 收集管中的 aRNA 滤芯。在 10 000g 下再离心 1min，以确保残留乙醇全部去除。
7. 将滤芯转移到一个新的 aRNA 收集管。
8. 添加 50μl 的 50°C（预热）无菌水$^o$ 到 aRNA 滤芯的膜中间。
9. 在室温培养 2min，然后在 10 000g 下离心 1.5min。
10. 用另外 50μl 的无菌水，重复步骤 8 和 9。
11. 用紫外-可见分光光度计测定 260nm 处的吸光度，确定 aRNA 的浓度。
12. 将体积等分，使每份包含 5μg 的 aRNA，放入新试管，并使用真空蒸发器（设置在低热状态）蒸干 5μg 样本，注意不使样本过于干燥$^p$。将纯化的样本悬浮于 7μl 的无菌水中。

**注释**

m 乙醇与 aRNA 混合后立即开始第三步，因为一旦混合，aRNA 会进入一种半沉淀状态，任何延迟都会导致样本流失。

n 初次离心后如果样本没有全部通过滤芯，就需要再进行离心，直到全部样本通过滤芯。

o 在步骤 10 进行 2 次洗脱时维持无菌水在 50℃。
p 样本的剩余部分可以储存在 −20℃。

## 实验方案 5.6　包含 aminoallyl 的 aRNA 的单功能化学活性染色

设备和试剂

- 二甲基亚砜（DMSO）
- 花青素 5 和花青素 3 NHS 脂类活性染料（Cy5 and Cy3 NHS Ester）（Enzo Life Sciences），或者 Alexa 647 和 Alexa 555 单功能化学活性染料（Invitrogen）（染料独立包装在小瓶内，用于一次反应）。
- 4mol/L 羟胺（MessageAmp™ 试剂盒组分，Ambion）
- 耦合缓冲液（MessageAmp™ 试剂盒组分，Ambion）

方法

1. 将 aRNA 样本悬置在 3μl 的 DMSO 的染料试管中。旋转使其完全溶解于染料，简单离心，收集试管底部的染料。

2. 取纯化的 aRNA 样本 7μl（来自实验方案 5.5 的步骤 12），添加 3μl 的花青素或者 Alexa 染料。添加 9μl 的耦合缓冲液。用取样器上下混合，在黑暗环境、室温条件下培养 30min，使染料分子和 aRNA 上的 aminoallyl 组分发生化学耦合。

3. 30min 耦合反应后，加入 4.5μl 的 4mol/L 羟胺并在黑暗环境、室温条件下培养 15min，猝灭该反应。

## 实验方案 5.7　荧光标记 aRNA 的纯化

设备和试剂

- aRNA 结合缓冲液（MessageAmp™ 试剂盒组分，Ambion）
- ACS-grade 100%（V/V）乙醇
- aRNA 滤芯（MessageAmp™ 试剂盒组分，Ambion）
- aRNA 收集管（MessageAmp™ 试剂盒组分，Ambion）
- 根据制造商说明添加乙醇的 aRNA 洗涤液（MessageAmp™ 试剂盒组分，Ambion）
- 无菌水（Sigma）预热至 50℃
- 真空蒸发器（SpeedVac；ThermoElectron）
- 紫外-可见（UV-Vis）分光光度计

**方法**

1. 取一份荧光染色标记的 aRNA 样本（来自于实验方案 5.6 的步骤 3），添加 73.5μl 的无菌水，使样本总体积达到 100μl。
2. 每份 aRNA 样本，添加 350μl 的 aRNA 结合缓冲液，轻轻混匀。
3. 添加 250μl 的 100%（V/V）乙醇[q]，轻轻混匀。
4. 在一个 aRNA 收集管中，放置一个 aRNA 滤芯，转移步骤 2 产生的样本混合物到滤芯。
5. 在 10 000g 下离心 1min[r]。去掉上清，并替换 aRNA 收集管中的 aRNA 滤芯。
6. 添加 650μl 的 aRNA 洗涤液到 aRNA 滤芯。
7. 在 10 000g 下离心 1min[r]。去掉上清，并替换 aRNA 收集管的 aRNA 滤芯。在 10 000g 下再离心 1min，去除所有残留乙醇。
8. 将滤芯转移到一个新的 aRNA 收集管。
9. 添加 50μl 的 50℃（预热）无菌水[s] 到 aRNA 滤芯的膜中间。
10. 在室温下培养 2min，然后在 10 000g 下离心 1.5min。
11. 用另外 50μl 的无菌水，重复步骤 8 和 9[t]。
12. 使用真空蒸发器（设置在低热状态）蒸干 aRNA 样本，注意不使样本过于干燥[u]。

**注释**

q 乙醇与 aRNA 混合后立即开始步骤 3，因为一旦混合，aRNA 会进入一种半沉淀状态，任何延迟都会导致样本流失。

r 初次离心后如果样本没有全部通过滤芯，就需要再进行离心，直到全部样本通过滤芯。

s 在步骤 10 进行 2 次洗脱时维持无菌水在 50℃。

t 用紫外-可见分光光度计测定 260nm 处的吸光度，确定 aRNA 的浓度（可选项）。

u 在这一步干燥样本的原因是，使你能够在后续应用（杂交）中选择合适的体积进行悬置。纯化之后，样本可以进行杂交。

## 5.2.2 全局 RT-PCR

全局 RT-PCR 流程有许多优点。首先也是最重要的是，它非常敏感。这个实验方法目前被广泛应用于单细胞分析，已经发现其具有高度可靠性和鲁棒性（图 5.5），实验执行速度也非常快。T7 启动的扩增过程一般要 2 天以上才能完成；当处理微小样本时，又需要进行很多轮的 IVT。相比之下，全局 RT-PCR 流程在少于 8h 的时间内就可以完成。全局 RT-PCR 产出的 DNA 产物，相比 T7 启动反应产出的 RNA 产物更稳定。事实上，在大多数情况下，第一轮全局 RT-PCR 之后的样本可以保存下来，为后续验

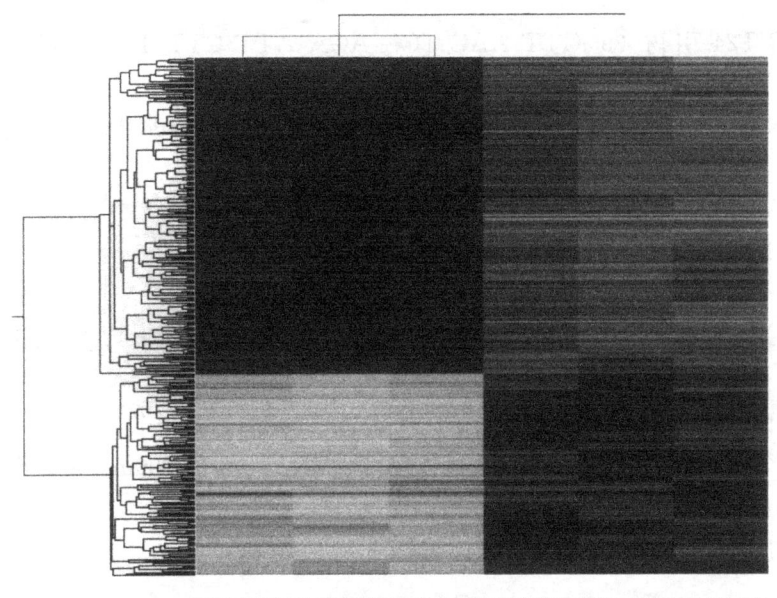

图 5.5 采用全局 RT-PCR 进行单细胞分析。两组各取三个单独的细胞,将 RNA 扩增并杂交于 Agilent 44k 人类全基因组芯片上。执行 T 检验以确认列表中的 358 个基因在两组之间的不同,再对基因表达情况进行分层聚类。对各组的每一个细胞进行重复试验并获取结果,形成表达谱分析结果(见彩版)。

证工作提供良好的实验资源,包括定量 PCR 和其他类型芯片分析。最后一个优点是这个方法在实验室内完成,性价比很高,反应组分便宜,运行整个反应的价格低于 50 美元。影响全局 RT-PCR 流程最重要的一个发展因素是,能够控制 RT 反应产生的 cDNA 的长度。与在 T7 启动扩增 [31,32,34] 花费 2h 相比,RT 反应只运行非常短的时间 (5min)。由于这一步骤时间上的优势,最终产物的平均长度被限制在一个狭窄的范围内,长度大约 300bp。这就确保了在 PCR 过程中,每个模板的执行效率都很相似,从而提高了再现性,并保持了原始 RNA 库中的丰度关系。

## 实验方案 5.8 逆转录

### 设备和试剂

- 裂解液 [52mmol/L Tris-HCl, pH 8.3, 78mmol/L KCl, 3.1mmol/L $MgCl_2$, 0.52% (V/V) NP-40]
- SUPERase-In (Ambion)
- 100× 乙酰化牛血清白蛋白 (BSA) [稀释高纯度乙酰化 BSA (Life Technologies) 至 10mg/ml]
- 逆转录酶和试剂 [200U/$\mu$l SuperScript III, 0.1mol/L 二硫苏糖醇 (DTT); Life Technologies]

- SR-T24 引物（5′-GTT AAC TCG AGA ATT CTT TTT TTT TTT TTT TTT TTT TTTT-3′，90.4mmol/L）
- 4×25mmol/L dNTP（与等量的 100mmol/L PCR-grade dNTP 结合；Invitrogen）
- RNase H（Life Technologies）
- 外切核酸酶 I 和 10×外切核酸酶 I 缓冲液（Fermentas）
- 75mmol/L 氯化镁（$MgCl_2$）
- 末端转移酶（TdT）和试剂 [25mmol/L 氯化钴（$CoCl_2$），5×TdT 缓冲液；Roche]
- 无菌水（Sigma）
- 2×末端转移缓冲液（80$\mu$l 的 5×TdT buffer，3$\mu$l 的 100mmol/L dATP，24$\mu$l 的 25nmol/L $CoCl_2$，93$\mu$l 的无菌水）
- 温度循环器

方法

1. 混合以下试剂，准备第一链缓冲液：
- 94$\mu$l 的裂解液
- 5$\mu$l 的 SUPERase-In
- 0.43$\mu$l 的 4×25mmol/L dNTP
- 1$\mu$l 的 100×乙酰化 BSA
- 1$\mu$l 的 0.1mol/L DTT
- 0.5$\mu$l 的 3.68mmol/L SR-T24

2. 在 0.2ml 的微量离心管里，混合以下试剂：
- 单细胞[v]
- 4$\mu$l 的第一链缓冲液
- 0.5$\mu$l 的 SuperScript III [w]

3. 运行 PCR 程序：
- 65℃，1min30s；
- 50℃，5min；
- 0℃，10min。

4. 混合 1$\mu$l 的 10×外切核酸酶 I 缓冲液、1$\mu$l 的外切核酸酶 I 和 8$\mu$l 的无菌水。添加 1$\mu$l 到 RT 反应混合物。在温度循环器中培养，先在 37℃条件下培养 15min，然后在 80℃下培养 15min。

5. 添加 0.7$\mu$l 的 75mmol/L $MgCl_2$ 和 0.5$\mu$l 的 RNase H。混合均匀，在 37°C 下培养 15min。

6. 添加 6.5$\mu$l 的 2×末端转移缓冲液和 0.7$\mu$l 的 TdT。混合均匀，在 37℃下培养 15min。在 65℃下培养 10min 热灭活 TdT。

**注释**

v 除了使用单细胞，还可以使用 0.5μl 体积中 10~1000pg 的总 RNA 来实现反应。反应总体积应为 5μl。

w SuperScript III 的使用很重要，这种酶在 50℃下可以稳定工作。在 RT 反应中提高温度有助于减少 RNA 二级结构的形成，为整个 mRNA 库提供一个更可靠的基础。

## 实验方案 5.9　合成第二链 cDNA 和 PCR 扩增

设备和试剂

- 重组 *Taq* DNA 聚合酶和试剂 (*Taq* DNA polymerase，10×*Taq* 缓冲液，50mmol/L $MgCl_2$；Life Technologies)
- SR-T24 引物 (5′-GTT AAC TCG AGA ATT CTT TTT TTT TTT TTT TTT TTT T-3′；425mmol/L)
- 4×25mmol/L dNTP (与等量的 100mmol/L PCR-grade dNTP 结合；Life Technologies)
- 75mmol/L $MgCl_2$
- 无菌水 (Sigma)
- 温度循环器

方法

1. 混合以下试剂，准备 PCR 预混合液 (为每个 RT 产物)：
- 2μl 的 10×*Taq* 缓冲液
- 0.6μl 的 50mmol/L $MgCl_2$
- 0.7μl 的 4×25mmol/L dNTP
- 1μl 的 SR-T24 引物 (425mmol/L)
- 10.7μl 的无菌水

2. 在一个 0.2ml 的微量离心管内，将 15μl 的 PCR 预混合液与 4μl 的 RT 产物 (来自实验方案 5 的步骤 5[x])、0.5μl 的 *Taq* DNA 聚合酶混合。

3. 合成 cDNA 的第二条链，用温度循环器，在如下条件下进行培养：
- 94℃，15s
- 50℃，2min
- 72℃，2min

4. PCR 扩增双链 DNA，在如下条件下，培养 35 个循环[y]：
- 94℃，15s
- 60℃，30s
- 72℃，2min

5. 在一个新的 0.2ml 微离心管里，将 15μl 新鲜的 PCR 预混合液（步骤 1 准备的）同 3μl 步骤 4 的产物混合。添加 1.2μl 的 75mmol/L $MgCl_2$ 和 0.5μl 的 *Taq* DNA 聚合酶，完成第二轮的 5 个扩增循环：
- 94℃，15s
- 60℃，30s
- 72℃，2min

6. 用 1.8%（*m/V*）琼脂凝胶电泳检查 PCR 产物的大小[z, aa]。

**注释**

x 如果 RT 反应是在单细胞上执行，或者是反应的总 RNA 量少于 20pg，那么三个 PCR 预混合液都需要添加 4μl 的 RT 产物，这样就使几乎所有的 RT 反应都推进为扩增反应。这样做是为了增加非高表达基因有效扩增的机会，以维持这些基因在较小的 RNA 库中的代表性。

y 创建 PCR 流程，完成第二链 cDNA 合成（步骤 3）和双链 DNA 的 PCR 扩增（步骤 4）。

z PCR 产物的长度应该在 200～400bp。

aa 在 −20℃下存储双链 PCR 产物。

## 实验方案 5.10　Aminoallyl 的合并

设备和试剂

- 重组 *Taq* DNA 聚合酶和试剂（*Taq* DNA 聚合酶，10×*Taq* 缓冲液，50mmol/L $MgCl_2$；Life Technologies）
- SR-T24 引物（5′-GTT AAC TCG AGA ATT CTT TTT TTT TTT TTT TTT TTT T-3′；7μmol/L）
- 2mmol/L dNTP 混合液（1μl 的 100mmol/L dGTP、1μl 的 100mmol/L dCTP、1μl 的 100mmol/L dATP 和 47μl 的无菌水）（100mmol/L PCR-grade dNTP；Life Technologies）
- 1mmol/L dTTP（稀释自 100mmol/L PCR-grade dNTP；Life Technologies）
- 2mmol/L aminoallyl-dUTP（稀释自 50mmol/L 储存液；Enzo life Sciences）
- 无菌水（Sigma）
- 温度循环器

方法

1. 混合以下试剂，准备 PCR 预混合液（每个 PCR 产物一份）：
- 10μl 的 10×*Taq* 缓冲液
- 10μl 的 2mmol/L dNTP 混合液

- 10μl 的 1mmol/L dTTP
- 10μl 的 2mmol/L aminoallyl-dUTP
- 1μl 的 SR-T24 引物（7μmol/L）
- 3μl 的 50mmol/L MgCl$_2$
- 0.5μl 的 *Taq* DNA 聚合酶
- 54.5μl 的无菌水

2. 以 100∶1 的比例用无菌水稀释 1μl 的扩增双链 DNA PCR 产物（来自于实验方案 5.11 的步骤 5）

3. 在一个新的 0.2ml 微离心管里，用 99μl 的 PCR 预混合液混合 1μl 稀释的双链 DNA PCR 产物。培养 25 个循环：

- 94℃，15s[bb]
- 60℃，30s
- 72℃，1min。

**注释**

bb 为了实现 aminoallyl 合并，如果双链 DNA PCR 产物在 −20℃ 下被储存过，那么在开始 PCR 扩增前，应该在 94°C 下培养 2min。

## 实验方案 5.11　Aminoallyl 双链 DNA 的纯化

设备和试剂

- Illustra™ CyScribe™ GFX™ 纯化试剂盒（GE Healthcare Life Sciences）
- 80%（V/V）ACS-grade 乙醇
- 17mmol/L NaHCO$_3$，pH 9.0
- 真空蒸发器（SpeedVac，ThermoElectron）

方法

1. 添加 500μl 的捕获缓冲液（GFX™ 纯化试剂盒）到一个 GFX™ 柱子。
2. 转移一个荧光标记的双链 DNA PCR 产物（来自于实验方案 5.12 的步骤 3）到柱子，并用取样器上下多次混合 DNA 和捕获缓冲液。
3. 在 13 800g 离心 30s，去掉上清。
4. 添加 600μl 的 80%（V/V）乙醇，并在 13 800g 离心 30s，去掉上清。
5. 重复步骤 4 两次，一共做三次。
6. 在 13 800g 再离心 30s，以确保去除所有残留乙醇。
7. 将 GFX 柱子转移到一个新试管，加入 60μl 的 17mmol/L NaHCO$_3$，pH 9[cc]。
8. 在室温下培养 1min。
9. 在 13 800g 离心 1min，以洗脱纯化的荧光标记双链 DNA[dd]。

10. 用真空蒸发器（设置为高热量）完全蒸干双链 DNA 样本，注意不要使样本过于干燥。在 7μl 的无菌水中悬置纯化样本。

**注释**

cc 至关重要的一点是，洗脱缓冲液要用膜覆盖，这样当纯化的 DNA 完成干燥，悬置在 7μl 的无菌水中，再添加 3μl 染料或 DMSO，最后在 10μl 染料混合反应中 $NaHCO_3$ 的浓度是 0.1mol/L。

dd 如果你想中途停止实验并在第二天恢复，你可以在纯化步骤之后这样做：只需在 −20℃ 下冰冻 aminoallyl 双链 DNA，材料可以在几天内保持稳定。

## 实验方案 5.12　包含 Aminoallyl 的 cDNA 的单功能化学活性染色

设备和试剂

- DMSO
- 花青素 5 和花青素 3 NHS 脂类活性染料（Cy5 and Cy3 NHS Ester）（Enzo Life Sciences），或者 Alexa 647 和 Alexa 555 单功能化学活性染料（Invitrogen）（染料独立包装在小瓶内，用于一次反应）
- 4mol/L 羟胺

方法

1. 将每个 cDNA 样本悬置在 3μl 的 DMSO 染料试管中。旋转使其完全溶解在染料中，简单离心，收集试管底部的染料。

2. 取 7μl 的纯化 cDNA 样本（来自于实验方案 5.11 的步骤 10），添加 3μl 的花青素或者 Alexa，染色。用取样器上下混合，在黑暗环境、室温条件下培养 60min，使染料分子与 cDNA 上的 aminoallyl 组分发生化学耦合。

3. 在 60min 的耦合反应后，加入 10μl 的 4mol/L 羟胺并在黑暗环境、室温条件下培养 15min，猝灭该反应。

## 实验方案 5.13　荧光标记的双链 cDNA 的纯化

设备和试剂

- Illustra™ CyScribe™ GFX™纯化试剂盒（GE Healthcare Life Sciences）
- 80%（V/V）ACS-grade 乙醇
- 无菌水（Sigma）
- 真空蒸发器（SpeedVac；ThermoElectron）

方法

1. 添加 80μl 的无菌水到每一个荧光标记的双链 cDNA（来自于实验方案 5.12 的步骤 6），将每个 cDNA 样本的体积调整到约 100μl。
2. 添加 500μl 的捕获缓冲液（来自 GFX™ 纯化试剂盒）到一个 GFX™ 柱子。
3. 转移一个荧光标记的双链 cDNA（100μl）到柱子，并用取样器上下混合多次。
4. 在 13 800g 离心 30s，去掉上清。
5. 对每柱子添加 600μl 的 80%（V/V）乙醇。在 13 800g 离心 30s，去掉上清。
6. 重复步骤 5 两次，一共做三次清洗。
7. 在 13 800g 再离心 30s，以确保去除所有残留乙醇。
8. 转移 GFX 柱子到一个新试管，加入 60μl 的洗脱缓冲液（GFX™ 纯化试剂盒）。
9. 在室温条件下，培养 GFX 柱子 1min，使 cDNA 可溶。
10. 在 13 800g 离心 1min，以洗脱纯化标记的 cDNA[ee]。
11. 用真空蒸发器（设置为高热量）蒸干 cDNA 样本，注意不使样本过于干燥[ff]。

注释

ee 如果你想中途停止实验并在第二天恢复，你可以在纯化步骤之后这样做：只需在 −20℃ 下冰冻荧光标记的双链 cDNA，材料可以在几天内保持稳定。

ff 这将有助于根据后续应用平台的杂交步骤，将样本处理为合适的体积。

## 5.3 疑难解答

- **T7 启动扩增中部分种类 RNA 的低度呈现**：由于许多种类的 mRNA 具有高阶的二级和三级结构，T7 启动扩增中有些 RNA 会出现低度呈现。这不只是在扩增过程中出现的问题；但是，这种效应在有些条件下会被放大。在初始 cDNA 生产（RT 反应流程 [42]）中，该效应是最突出的。可能减轻 RNA 二级结构的影响的方法是采用 SuperScript III 而不是 SuperScript II，并在 50℃ 下执行 RT 反应以产生鲁棒性更强的 cDNA 产物。

- **全局 RT-PCR 方法扩增中部分种类 RNA 的低度呈现**：全局 RT-PCR 方法在 RT 步骤中于 50℃ 下使用 SuperScript III，因此其 RNA 低度呈现并不是由二级或者三级结构引起的。在全局 RT-PCR 反应中，保证扩增物长度的能力是一种高鲁棒性和再现性的技术；然而，这可能导致较大的 3′端偏差，而这种偏差可能不与所有芯片类型兼容（从 polyA 尾巴得到的大于 300bp 的探针可能是不可靠的）。采用随机引物可能比 oligo-dT 引物能更好地实现对全基因组的覆盖，但是我们还没有优化这个程序。另一个选择是使用包含 3′端偏差的芯片，如 Affymetrix 公司的 X3P 芯片（这要求改变实验方案，加入维生素而不是荧光基团）。这个实验方案也可以用于现在不常见的 cDNA 芯片，其本质就是包括了 3′端几乎所有基因。

- **T7 启动扩增法的低产量**：在 IVT 反应中产生的 RNA，在 T7 聚合酶的最佳温度下并不非常稳定。有证据表明，在 4h 的 IVT 反应后，能检测到明显的 RNA 降解[43]。有趣的是，这一发现的重要影响并没有被充分认识，大多数商业试剂盒（包括基于 Affymetrix 和 Agilent 平台的产品）仍然建议在 IVT 反应中要培养相对长的时间（6h 至过夜）。但是，如果 RNA 质量是一个问题或者较长反应时间导致 aRNA 产量减少，那么尝试缩短 IVT 反应时间到 4h 以下可能会给我们带来益处，其结果会降低灵敏度，进而需要进行额外一轮的 T7 启动扩增。

- **与相同细胞类型的未扩增数据之间似乎没有可比性**：任何扩增过程成功的至关重要的一个问题是所有的样本都必须按相同的方式处理[20，44]。为了确保成功，研究者们应该注意整个研究中哪个样本量是最小的。应当选择适合样本的扩增策略并使用适当的方法处理所有样本，无论是没有被扩增的还是经少数几轮扩增的样本，样本输入数据也应该被标准化。大多数扩增程序有一个输入材料的最优范围，而且会随着投入反应的 RNA 量轻微地改变。当使用一个双色芯片系统时，两个样本处理方式的相同也是很重要的。因此，如果使用参照 RNA（如那些来自 Stratagene、Clontech、ArrayI 的参照 RNA），参照 RNA 也应该进行扩增，这是一个关键步骤。每一次扩增过程都会引入部分系统偏差；然而，好方法的系统偏差是有再现性的。因此，当我们对参照样本和实验样本都进行扩增时，每个样本上的系统偏差是相等的，在进行数据对比时，大部分偏差可以被去除，这大大提高了技术的可靠性和实用性。

（吴佳妍 译）

## 参 考 文 献

1. Schena, M., Shalon, D., Davis, R. W. and Brown, P. O. (1995) Quantitative monitoring of gene expression patterns with a complementary DNA microarray. *Science*, **270**, 467-470.
2. Schena, M., Shalon, D., Heller, R. *et al.* (1996) Parallel human genome analysis: microarray-based expression monitoring of 1000 genes. *Proceedings of the National Academy of Sciences of the United States of America*, **93**, 10614-10619.
3. Szaniszlo, P., Wang, N., Sinha, M. *et al.* (2004) Getting the right cells to the array: gene expression microarray analysis of cell mixtures and sorted cells. *Cytometry A*, **59**, 191-202.
4. Symmans, W. F., Ayers, M., Clark, E. A. *et al.* (2003) Total RNA yield and microarray gene expression profiles from fine-needle aspiration biopsy and core-needle biopsy samples of breast carcinoma. *Cancer*, **97**, 2960-2971.
5. Assersohn, L., Gangi, L., Zhao, Y. *et al.* (2002) The feasibility of using fine needle aspiration from primary breast cancers for cDNA microarray analyses. *Clinical Cancer Research*, **8**, 794-801.
6. Chiang, M. K. and Melton, D. A. (2003) Single-cell transcript analysis of pancreas development. *Developmental Cell*, **4**, 383-393.
7. Eberwine, J., Yeh, H., Miyashiro, K. *et al.* (1992) Analysis of gene expression in single live neurons. *Proceedings of the National Academy of Sciences of the United States of America*, **89**, 3010-3014. This is the first time that the ability to measure transcript levels from a single cell was presented. The T7-amplification method is often referred to as Eberwine amplification because of this paper.
8. Kamme, F., Salunga, R., Yu, J. *et al.* (2003) Single-cell microarray analysis in hippocampus CA1: demon-

stration and validation of cellular heterogeneity. *Journal of Neuroscience*, **23**, 3607-3615.

9. Van Gelder, R. N., von Zastrow, M. E., Yool, A. A. *et al.* (1990) Amplified RNA synthesized from limited quantities of heterogeneous cDNA. *Proceedings of the National Academy of Sciences of the United States of America*, **87**, 1663-1667.

10. Siminovitch, L., Mcculloch, E. A. and Till, J. E. (1963) The distribution of colony-forming cells among spleen colonies. *Journal of Cell Physiology*, **62**, 327-336.

11. Schneider, T. E., Barland, C., Alex, A. M. *et al.* (2003) Measuring stem cell frequency in epidermis: a quantitative in vivo functional assay for lon-term repopulating cells. *Proceedings of the National Academy of Sciences of the United States of America*, **100**, 11412-11417.

12. Wang, J. C. and Dick, J. (2005) Cancer stem cells: lessons from leukemia. *Trends in Cell Biology*, **15**, 494-501.

13. Badiee, A., Eiken, H. G., Steen, V. M. and Løvlie, R. (2003) Evaluation of five different cDNA labeling methods for microarrays using spike controls. *BMC Biotechnology*, **3**, 23.

14. Nygaard, V. and Hovig, E. (2006) Options available for profiling small samples: a review of sample amplification technology when combined with microarray profiling. *Nucleic Acids Research*, **34**, 996-1014. A helpful review of different amplification methods available for microarray analysis.

15. Glanzer, J. G. and Eberwine, J. H. (2004) Expression profiling of small cellular samples in cancer: less is more. *British Journal of Cancer*, **90**, 1111-1114. An excellent review on the need for and methods of amplification in gene expression studies.

16. Kawasaki, E. (2004) Microarrays and the gene expression profile of a single cell. *Annals of the New York Academy of Sciences*, **1020**, 92-100.

17. Wang, E., Miller, L. D., Ohnmacht, G. A. *et al.* (2000) High-fidelity mRNA amplification for gene profiling. *Nature Biotechnology*, **18**, 457-459. One of the first examples showing the utility of T7-amplification methods for spotted DNA arrays.

18. Puskás, L. G., Zvara, A., Hackler, L. and Van Hummelen, P. P (2002) RNA amplification results in reproducible microarray data with slight ratio bias. *BioTechniques*, **32**, 1330-1334, 1336, 1338, 1340.

19. Saghizadeh, M., Brown, D. J., Tajbakhsh, J. *et al.* (2003) Evaluation of techniques using amplified nucleic acid probes for gene expression profiling. *Biomolecular Engineering*, **20**, 97-106.

20. Schneider, J., Buness, A., Huber, W. *et al.* (2004) Systematic analysis of T7 RNA polymerase based *in vitro* linear RNA amplification for use in microarray experiments. *BMC Genomics*, **5**, 29.

21. Wadenbäck, J., Clapham, D., Craig, D. *et al.* (2005) Comparison of standard exponential and linear techniques to amplify small cDNA samples for microarrays. *BMC Genomics*, **6**, 61.

22. Schlingemann, J., Thuerigen, O., Ittrich, C. *et al.* (2005) Effective transcriptome amplification for expression profiling on sense-oriented oligonucleotide microarrays. *Nucleic Acids Research*, **33**, e29.

23. Shearstone, J., Allaire, N. E., Campos-Rivera, J. *et al.* (2006) Accurate and precise transcriptional profiles from 50 pg of total RNA or 100 flow-sorted primary lymphocytes. *Genomics*, **88**, 111-121.

24. Subkhankulova, T. and Livesey, F. J. (2006) Comparative evaluation of linear and exponential amplification techniques for expression profiling at the single-cell level. *Genome Biology*, **7**, R18.

25. Wilson, C. L., Pepper, S. D., Hey, Y. and Miller, C. J. (2004) Amplification protocols introduce systematic but reproducible errors into gene expression studies. *BioTechniques*, **36**, 498-506.

26. Baugh, L. R., Hill, A. A., Brown, E. L. and Hunter, C. P. (2001) Quantitative analysis of mRNA amplification by in vitro transcription. *Nucleic Acids Research*, **29**, E29.

27. Choesmel, V., Foucault, F., Thiery, J. P. and Blin, N. (2004) Design of a real time quantitative PCR assay to assess global mRNA amplification of small size specimens for microarray hybridisation. *Journal of Clinical Pathology*, **57**, 1278-1287.

28. Seshi, B., Kumar, S. and King, D. (2003) Multilineage gene expression in human bone marrow stromal cells as evidenced by single-cell microarray analysis. *Blood Cells, Molecules and Diseases*, **31**, 268-285.
29. Billia, F., Barbara, M., McEwen, J. et al. (2001) Resolution of pluripotential intermediates in murine hematopoietic differentiation by global complementary DNA amplification from single cells: confirmation of assignments by expression profiling of cytokine receptor transcripts. *Blood*, **97**, 2257-2268.
30. Brady, G., Barbara, M. and Iscove, N. N. (1990) Representative *in vitro* cDNA amplification from individual hematopoietic cells and colonies. *Methods in Molecular and Cellular Biology*, **2**, 17-25. The first demonstration of our global-RT-PCR approach to the study of transcripts from single cells.
31. Brady, G., Billia, F., Knox, J. et al. (1995) Analysis of gene expression in a complex differentiation hierarchy by global amplification of cDNA from single cells. *Current Biology*, **5**, 909-922. Application of the global-RT-PCR method to the study of heterogeneous populations of single cells.
32. Brady, G. and Iscove, N. N. (1993) Construction of cDNA libraries from single cells. *Methods in Enzymology*, **225**, 611-623. A detailed account of the utility of the global-RT-PCR method.
33. Dulac, C. and Axel, R. (1995) A novel family of genes encoding putative pheromone receptors in mammals. *Cell*, **83**, 195-206. Generation of single cell source cDNA libraries and downstream methods.
34. Iscove, N. N., Barbara, M., Gu, M. et al. (2002) Representation is faithfully preserved in global cDNA amplified exponentially from sub-picogram quantities of mRNA. *Nature Biotechnology*, **20**, 940-943. The first application of our global-RT-PCR methodology for microarray-based gene expression analysis.
35. Tietjen, I., Rihel, J. M., Cao, Y. et al. (2003) Single-cell transcriptional analysis of neuronal progenitors. *Neuron*, **38**, 161-175. Application of a global-RT-PCR strategy to gene expression analysis using Affymetrix GeneChips™.
36. Jensen, K. and Watt, F. (2006) Single-cell expression profiling of human epidermal stem and transit-amplifying cells: Lrig 1 is a regulator of stem cell quiescence. *Proceedings of the National Academy of Sciences of the United States of America*, **103**, 11958-11963.
37. Kurimoto, K., Yabuta, Y., Ohinata, Y. et al. (2006) An improved single-cell cDNA amplification method for efficient high-density oligonucleotide microarray analysis. *Nucleic Acids Research*, **34**, e42. An extension of the global-RT-PCR technique to increase robustness.
38. Kurimoto, K., Yabuta, Y., Ohinata, Y. and Saitou, M. (2007) Global single-cell cDNA amplification to provide a template for representative high-density oligonucleotide microarray analysis. *Natures*, **2**, 739-752. An extension of the global-RT-PCR technique to increase robustness.
39. Ohtsuka, S., Iwase, K., Kato, M. et al. (2004) An mRNA amplification procedure with directional cDNA cloning and strand-specific cRNA synthesis for comprehensive gene expression analysis. *Genomics*, **84**, 715-729.
40. Singh, R., Maganti, R. J., Jabba, S. V. et al. (2005) Microarray-based comparison of three amplification methods for nanogram amounts of total RNA. *American Journal of Physiology: Cell Physiology*, **288**, C1179-C1189.
41. Klur, S., Toy, K., Williams, M. P. and Certa, U. (2004) Evaluation of procedures for amplification of small-size samples for hybridization on microarrays. *Genomics*, **83**, 508-517.
42. Malboeuf, C. M., Isaacs, S. J., Tran, N. H. and Kim, B. (2001) Thermal effects on reverse transcription: improvement of accuracy and processivity in cDNA synthesis. *BioTechniques*, **30**, 1074-1078, 1080, 1082, passim.
43. Spiess, A. N., Mueller, N. and Ivell, R. (2003) Amplified RNA degradation in T7-amplification methods results in biased microarray hybridizations. *BMC Genomics*, **4**, 44.
44. Li, Y., Li, T., Liu, S. et al. (2004) Systematic comparison of the fidelity of aRNA, mRNA and T-RNA on gene expression profiling using cDNA microarray. *Journal of Biotechnology*, **107**, 19-28.

# 6 表达谱分析的实时定量聚合酶链反应技术

Stephen A. Bustin[1] and Tania Nolan[2]

[1] *Institute of Cell and Molecular Science, Barts and The London, Queen Mary's School of Medicine and Dentistry, University of London, Whitechapel, London, UK*

[2] *Sigma-Aldrich House, Haverhill, Suffolk, UK*

## 6.1 简介

　　实时定量的逆转录聚合酶链反应（RT-qPCR）[1]具有特异性强、灵敏度高、简易和快速的特点。这些特性使之成为检测和定量RNA[2,3]很好的方法，并且已经广泛应用于生物技术[4]、微生物[5]、病毒学[6]和分子医学[7]。RT-qPCR试验包括一个逆转录（RT）过程，随后进行qPCR（使用荧光标记分子在一个试管中同时完成扩增和检测PCR组分[8,9]）。荧光信号的增量与每一轮PCR中产生DNA的量成比例，并且在每次反应中产生一个特征性的临界循环（$C_t$）或交叉点（$C_p$）。$C_t$和$C_p$被定义为荧光信号第一次超过背景荧光强度的那一轮PCR循环。起始材料的靶标越多，仪器就能越早检测到荧光，也就是$C_t$值越低。这种荧光强度和扩增产物量之间的关系，使我们可以在一个宽泛的动态范围里对靶标分子精确定量，并且明显减少手动操作的时间和降低污染的风险。

　　RT-qPCR的一致性和可靠性依赖于一系列适当操作的执行，特别是涉及样本筛选、模板质量、实验设计和数据分析[11]的步骤，以及统计学模型和数据分析方法[12]的正确应用。只要操作步骤正确，那么结果通常都很稳定、可重复且精确度高。特别的是，RT-qPCR的可靠性取决于是否仔细考虑了RNA模板的质量[13~15]、cDNA引物的设计[16]、逆转录酶的选择[17,18]、PCR引物的特点[19,20]，以及有效的标准化方法[21~29]。这种技术的广泛使用促使大量的、独特的且具有很大分歧性的实验方案的发展，这些方案通常得到的也是不一致的结果[30~32]。幸运的是，结果的不确定性使我们渐渐意识到需要形成一个通用指导方案的必要性，特别是关系到RT-qPCR中每个组分的质量评估和恰当的数据分析[11]。基因表达水平的衡量标准一致性的提高，与人体临床诊断息息相关[7,33]。显而易见，尽管qPCR是基于PCR的创新方法，但如何通过有效的指导方案来发挥该方法在生物医学分子诊断未

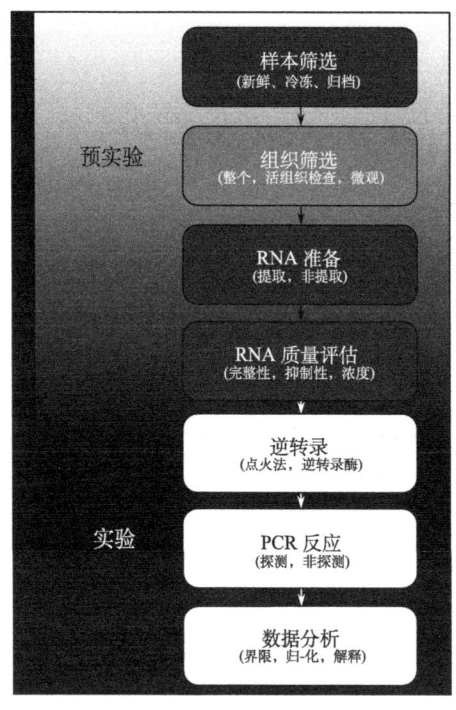

图 6.1 RT-qPCR 的实验流程。实验分为两个主要部分——预实验部分和实验部分，可以被细分为样本筛选、组织筛选、提取 RNA、RNA 质量评估和逆转录（RT）、PCR 和数据分析。这些用不同的颜色高亮标记。

来发展中将要起到的作用，这点才是重中之重[34，35]。

关于获取生物学相关数据的详细讨论可以在其他地方[36]或者网站上找到（http://www.gene-quantification.info/）。

## 6.2 方法和途径

RT-qPCR 很受欢迎的一个主要原因是其在微量样本中对低拷贝数 RNA 模板进行定性与定量的能力。尽管还有其他可选的技术存在，包括基于 PCR（如 StaRT-qPCR[37]，它是一个很有竞争力的方法）和不基于 PCR 的方法[38]，实时试验的简易性和普遍性使其成为在生命科学、医学和农学大多数领域实验方法的首选。尽管 RT-qPCR 是一项很有前途的技术，但是用传统 RT-qPCR 方法来进行定量仍存在很多问题[39]，同时一个成功的 RT-qPCR 实验是由一系列连续精确执行的步骤组成的，只有这样才能完成一个有意义的定量实验（图 6.1）。

### 6.2.1 样本筛选

最理想样品的质量是产生有效定量数据的先决条件。因此，样本的筛选和收集，以及 RNA 质量的控制是实验进行中非常重要的参数，且必须进行优化[40，41]。一般而言，从组织培养物、血液和血清中提取 RNA 相对简单，但从实体组织、排泄物、精液、植物和土壤样本中提取 RNA 会涉及很多值得注意的问题。对复合组织样本的 RNA 进行定量需要特别注意，因为这些组织通常有几种不同的细胞类型，会表达出不同水平的靶标 RNA。这不可避免地使来自不同细胞类型的转录物表达趋于平均，并且使特殊细胞类型的表达谱被屏蔽、丢失，甚至被认为是非法转录。这一点在比较正常组织和癌组织的基因表达谱时显得尤为重要，因为与肿瘤毗邻的正常细胞也许在表型上是正常的，但其基因型是不正常的；或者由于离肿瘤太近，该组织的基因表达谱已经发生改变。这个问题可以用显微切割来处理，尤其是激光捕获显微切割技术（LCM）[42]，在显微切割的大组织样本的基因表达谱中已经检测到重要的差异基因[43，44]。一种改进的方法是把 RT-qPCR 和邻近组织的原位杂交相结合，以实现同时空监控并定量基因表达的变化[45]。但是，必须认识到通过极少数细胞进行定量会造成一些问题，如相同类型的不同细胞可能不会表达相同系列的 mRNA[46]。此外，完全一样的细胞样本中包含的靶标 mRNA 拷贝数应该完全一样，或者接近正态分布；但实际上 mRNA 的分布更趋向于对数正态分布[47]。显微切割可以用于新鲜、冰冻或者归档样本。

## 6.2.2 提取 RNA

从新鲜或者冰冻材料中最容易提取 RNA，这种做法可以维持 RNA 的完整性。RNA 很容易降解，并且容易与逆转录或 PCR 步骤的抑制剂发生共纯化，从而会产生不精确的结果[48]。当处理很少量的样品时（如单细胞或微量的激光捕获显微切割的新鲜/冰冻样品），最好不要进行 RNA 提取，而直接对研磨过的组织执行 RT-qPCR[49]。根据我们的经验，这样得到的 RNA 质量和使用常规纯化方法得到的 RNA 没有区别（图 6.2）。RNA 的完整性最好通过一个 3′∶5′实验来鉴定，即靶标特异性，或使用 3-磷酸甘油醛（GAPDH）作为靶标序列[11]（见实验方案 6.1）。此方案获得的数据独立于核糖体 RNA（rRNA）的完整性，并且提供了一个对感兴趣的转录物降解的定量方法，模拟了可被芯片使用者接受的标准方法和应用于末端 PCR 实验的常规传统技术[50]。这对应于使用 Agilent 2100 Bioanalyser 或 BioRad Experion 平台的 RNA 芯片进行的 RNA 质量实验，该实验提供了 rRNA 完整性的测量，但不一定能反映出（大部分未测量的）mRNA 的质量。在实验方案 6.1 中描述的 3′∶5′实验测量了被 GAP-

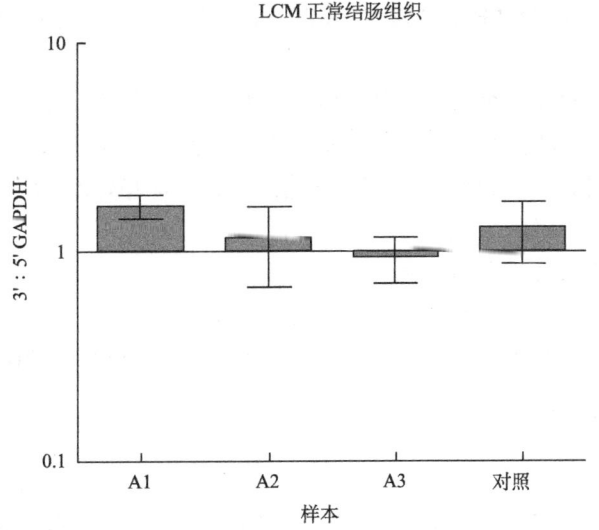

图 6.2　未经提取而获得的 RNA 的完整性评估。将四个结肠组织的冰冻样本放入微量离心管中，接着使用 PALM LCM 系统进行 LCM。A1～A3 是用 Invitrogen's Cells Direct 两步系统处理的 RNA，没有进行单独提取而直接进行 RT-qPCR。第 4 个样本（对照样）的 RNA 是由 Qiagen's RNeasy 微试剂盒提取和纯化的。进行 RT-qPCR 实验，采用单独的引物和探针（见实验方案 6.1）定量 GAPDH mRNA 的 5′和 3′端[11]。显然，这四个样本间在 3′与 5′的比例上没有特别大的差异。这表明处理冰冻 LCM 样本时，不需要单独的 RNA 提取步骤来保证最佳的 RNA 质量。

DH基因标记的表达mRNA的完整性，代表着在一个给定的RNA样品中所有mRNA的完整性。但是，由于不同的mRNA的降解速度不同，不一定永远都是这种情况，也许有必要对特殊的靶标设计类似的实验。1.3kb的 GAPDH mRNA逆转录反应采用oligo-dT引物，而一个单独的多元PCR实验要对三个靶标扩增子进行定量。这些扩增子从空间上分为朝向mRNA序列的5′端、中间以及3′端。扩增子的比例反映了由oligo-dT起始的逆转录反应完成转录物全部长度的成功程度。很显然，逆转录酶要经过5′扩增子的前提是mRNA未受损伤，如果mRNA降解，那么酶就无法达到那里。因此，达到平衡时，统一的3′∶5′比例代表高完整性；反之，任何大于5的比率结果代表mRNA的降解。这个实验被设计为三重实验，用标记的水解探针来检测每个实验，这样每个扩增子都能通过一个靶标特异性的不同标记的探针检测到。

## 实验方案6.1　mRNA完整性分析

设备和试剂

- 逆转录
  —逆转录酶（RT）50U/$\mu$l
  —10×RT缓冲液（RT反应供给）
  —oligo-dT引物（500ng/$\mu$l）
  —100mmol/L dNTP混合液（dATP、dCTP、dGTP、dTTP各25mmol/L）
- qPCR
  —6个GAPDH引物：5′、中间和3′扩增子各2个（每份10$\mu$mol/L）
  —3个GAPDH探针：5′、中间和3′扩增子各1个（每份5$\mu$mol/L）
  —两份商用qPCR预混合缓冲液（包括dNTP、热稳定的[a] 聚合酶），不含$MgCl_2$
  —25mmol/L $MgCl_2$
  —酵母tRNA（Invitrogen）
  —通用RNA（Stratagene，人、小鼠、大鼠）
  —能够检测多重反应的实时温度循环器（如Corbett 6000或Stratagene MX3005p）

寡核苷酸（5′→3′）

5′-GAPDH：
P：(**FAM**)-CCTCAAGATCATCAGCAATGCCTCCTG-(**BHQ1**)
F：GTGAACCATGAGAAGTATGACAAC
R：CATGAGTCCTTCCACGATACC
中间GAPDH：
P：(**HEX**)-CCTGGTATGACAACGAATTTGGCTACAGC-(**BHQ1**)
F：TCAACGACCACTTTGTCAAGC
R：CCAGGGGTCTTACTCCTTGG

3′-GAPDH:
P: (**CY5**) -CCCACCACACTGAATCTCCCCTCCT- (**BHQ3**)
F: AGTCCCTGCCACACTCAG
R: TACTTTATTGATGGTACATGACAAGG

方法

**逆转录**

1. 准备 RT 预混合液，体积足够进行 RNA 样本分析。对每一份 RNA 样本，准备包含下列试剂的 18.75μl RT 预混合液:
   - 12.75μl 水
   - 2.5μl 10×RT 缓冲液
   - 2.5μl 50ng/μl oligo-dT
   - 1μl 4mmol/L dNTP 混合液

2. 为每份 RNA 样本设置两组"阴性 RT"对照，由 18.75μl 预混合液与 6.25μl 水组成

3. 在 18.75μl RT 预混合液中加入 1.25μl RT，使其最终浓度为 2.5U/μl[b]。

4. 每 5μl RNA 样本中加入 20μl 预混合液（最好用复制品测试过每份样本），目标浓度为 50~500ng/μl（确保每个反应的 RNA 浓度相同）。确保最终的反应体积为 25μl。

5. 20℃下培养 10min 后，50℃下培养 60min。

6. 85℃下加热 5min，然后置于冰上 2min（或根据需要的更长时间）来终止反应。快速离心收集，接步骤 10 进行操作。

**qPCR**

7. 为每个单链 cDNA 样本准备含下列试剂的 20μl qPCR 预混合液:
   - 12.5μl 2×qPCR 预混合缓冲液
   - 4.5μl 25mmol/L $MgCl_2$（最终浓度 4.5mmol/L）
   - 0.25μl 10μmol/L 引物（共 6 份引物）
   - 0.5μl 5μmol/L 探针（共 3 份探针）

8. 准备一个标准曲线模板如下：准备 7 份 10 倍稀释浓度的酵母 tRNA（100ng/μl）靶标特异性扩增子，即大约 $10^1$~$10^7$ 的拷贝数；或者使用 6 份 5 倍稀释浓度的 cDNA（最高的浓度是由合成的 cDNA 1:2 稀释），由通用 RNA 或者样本 RNA 得到。在每种情况下进行两次实验。

9. 在合适的 qPCR 反应管或者微量滴定板中加入 5μl 标准曲线模板。

10. 用步骤 6 中得到的 cDNA 制备 1:10 的稀释溶液（与水），在两个 qPCR 反应管中加入 5μl 稀释的溶液。

11. 在每个反应管中加入 20μl qPCR 预混合液,用移液器轻轻上下混匀,避免起泡。快速离心,在反应管底部收集反应物。

12. 按照下述三个步骤进行 PCR:

| | | |
|---|---|---|
| 1 个循环: | *Taq* 活化 | 95℃,10min[c] |
| 45 个循环 | 变性 | 95℃,30s |
| | 退火延伸 | 56℃,30s |
| | 延伸 | 62℃,30s(收集数据) |

13. 分析标准曲线样本中得到的数据[d]。

14. 参考步骤 13 中得到的标准曲线[e]对每个实验进行单独分析(也就是 5′、中间或 3′),从而定量每个靶标的拷贝数。

15. 计算每个靶标的比率[f]。

**注释**

a 可以用化学或抗体失活的热启动聚合酶。注意激活条件的差别。

b 不要在"阴性 RT"对照组中加入逆转录酶。

c 抗体热启动酶可以使激活时间更短。

d 为了确保基线的设定,可以定义适当的起始和终止循环,要在没有软件分析(原始数据视图)的情况下检查扩增图,并检查线性范围和水平基线的区域。核对软件设置是否反映了这个线性区域,以便于忽略早期循环的噪声,并且在基线终止循环后开始扩增(更多细节参考操作手册)。得到基线校准且标准化的扩增图,设定扩增对数期的临界值。对数期可以通过检查扩增图观察到,该扩增图是荧光信号的对数与扩增循环和线性期作图得到的。

e 为反应效率的差异设置一个标准曲线对照,以确保更精确的定量。

f 如果 5′扩增子有 $1.0\times10^6$ 的拷贝数,3′扩增子有 $1.5\times10^6$ 的拷贝数,那么样本的 3′:5′的比率为 $1.5\times10^6/1.0\times10^6$,即 1.5,表示是高质量的 RNA。相反的,如果相应的拷贝数是 $1.0\times10^5$(5′)和 $1.5\times10^7$(3′),那么 150 的比率表明 mRNA 被降解了。有时还能在 RT-qPCR 实验中继续用这样的 RNA,特别是使用靶标特异性引物时,最好不要直接比较从那样的 RNA 中获得的结果和从高质量 RNA 中获得的结果。通常认为,3′:5′比率小于 5 的 RNA 是高质量的,适合进行后续的使用。

## 6.2.3 临床样本和环境样本

福尔马林固定-石蜡包埋的组织(FFPE 组织)是回顾性临床研究中最广泛使用的材料,结合临床数据用于阐明病理、确定差异表达的基因以作为新的治疗靶点或预后指标。

分析从 FFPE 组织中提取出来的 RNA 会有点儿困难 [51]，因为在用福尔马林固定之前 [52] 或固定期间 [53]，RNA 会大量降解。此外，福尔马林固定会产生核酸和蛋白质的交联，并且会共价修饰 RNA，使随后进行的 RNA 提取、逆转录和定量分析非常困难 [54]。显而易见，固定剂是很重要的 [55]，在不同的实验室用不同的组织准备方法总是会得到不同的结果。但是，由于实时 RT-PCR 的扩增会产生小到 60bp 的扩增子，当使用特殊的基因逆转录引物而得到很好结果时，这个技术就很适合评估这样的组织样本中 mRNA 的水平 [56~60]。

不同的方法可以用于确定生物样本中抑制剂的存在。一个实验样本中 PCR 的效率可以用一系列稀释浓度的样本来评定 [61]，尽管在提取非常微量的 RNA 时该方法不可行，如从单细胞或者激光捕获显微切割中提取到的 RNA。另一种数学的方法可以通过分析扩增反应曲线来评定 PCR 效率 [62~64]。与靶标核酸共纯化、共扩增的内部扩增控制元件（IAC）可以检测到抑制物，并且显示过程中模板的损失 [65]。还有一种方法利用一个完整的细菌基因组来检测临床样本中的抑制 [66]。最近一篇关于 qPCR 的文章，是通过记录一定数量拷贝的人造有义链扩增子的 $C_t$ 值特征，来识别 RT 或 PCR 过程中的抑制物 [15]（见实验方案 6.2）。无论 RNA 样本存在与否，在扩增进行时 RNA 样本中的抑制物会导致 $C_t$ 值的增加。

## 实验方案 6.2　RT-qPCR 抑制剂的检测

设备和试剂

- RNA 模板（50~500ng/$\mu$l）或 cDNA（合成的 cDNA 的 1∶10 稀释液)$^g$
- 2× 商用 qPCR 预混合缓冲液（包含 dNTP 和化学或者抗体失活的热稳定聚合酶），不含 $MgCl_2$
- 25mmol/L $MgCl_2$
- SPUD 合成的 DNA 扩增子（5′→3′）：
  AACTTGGCTTTAATGGACCTCCAATTTTGAGTGTGCACAAGCTATGGAACACCACGTAAGACATAAAACGGCCACATATGGTGCCATGTAAGGATGAATGT

  （Sigma Genosys；准备一份 20$\mu$mol/L 溶液，包含 $1.2 \times 10^{13}$ 分子/$\mu$l；稀释到大约 20 000 拷贝/$\mu$l，待用）
- SPUD F 和 R 引物（每份 10$\mu$mol/L）（5′→3′）：
  正向引物：AACTTGGCTTTAATGGACCTCCA
  反向引物：ACATTCATCCTTACATGGCACCA
- SPUD 探针（5$\mu$mol/L）（5′→3′）：
  **FAM**-TGCACAAGCTATGGAACACCACGT-**（BHQ1）**
- 实时温度循环器（如 Corbett 6000 或 Stratagene MX3005p）

**方法**

1. 为所有 RNA 样本准备充足的 qPCR 预混合液，两倍于实验用量，包括两份"无 RNA 样本"仅包含 SPUD 扩增子（SPUD-A）模板的对照组。为每份 RNA 样本，准备包含下列试剂的 20μl 预混合液：
   - 0.5μl 水
   - 12.5μl 2×预混合缓冲液
   - 5.0μl 25mmol/L $MgCl_2$
   - 1.0μl 20 000 拷贝/μl SPUD-A
   - 1.0μl 5μmol/L SPUD P
   - 0.5μl 10μmol/L SPUD F 和 SPUD R
2. 在两只 qPCR 管中各加入 5μl 待测试的 RNA 或 cDNA 模板。
3. 在每份 RNA 样本中加入 20μl 预混合液。
4. 按照下述两个步骤进行 qPCR：

| | | |
|---|---|---|
| 1 个循环： | 活化 | 95℃，10min |
| 40 个循环： | 变性 | 95℃，30s |
| | 退火/延伸 | 60℃，60s（收集数据） |

5. 确定只含 SPUD-A（如无样本 RNA）的对照反应的 $C_t$ 值。
6. 确定包含实验样本的反应的 $C_t$ 值，并和无样本的对照组比较[h]。

**注释**

g 当采用两步的 RT-PCR 流程时，最好只标识抑制 qPCR 的因素并且实验样本中包括 cDNA（在随后的 qPCR 中合适的浓度）。

h 如果实验样本中记录的 $C_t$ 值比只含有 SPUD-A 的对照组高，则表明存在抑制剂。只含有 SPUD-A 的复制样本得到的 $C_t$ 值的分布表征了实验的方差系数（CV），并且界定了不含有抑制剂的样本的 $C_t$ 值的可接受范围。$C_t$ 值变化远大于对照组 CV 的样本被认为是含有抑制剂的，应该被纯化或者提取新鲜 RNA 样本。

### 6.2.4 逆转录

引物的选择是非常严格的，尤其是 RT 步骤中使用的反向引物，因为这影响到 RT-qPCR 实验的灵敏度[67]。这也显示了诸如多聚糖或蛋白质等组织特异性因子会以序列特异性的方式影响扩增动力学，可以通过引物的选择在一定程度上来减轻这种影响[68]。必须重视 RNA 靶标在引物结合位点的结构，因为这关系到引物和靶标之间是否容易结合。实际上,所谓的单链 RNA 很容易发生自折叠,所以选择折叠的双链靶标位点中的引物结合位点会使实验执行得非常没有效率。对于 RNA 病毒还有另外一个困难,就是不同病毒血清型会导致序列变异性,因此有必要进行使用通用引物的内嵌 RT-PCR 实验,通用引物结合于所有特异血清型共有的靶标序列上,位于血清特异引物对上游 [69]。

如何采用最合适的方法启动 cDNA 复制一直存在争议。直接比较各种不同的方法会发现没有一个方法是通用而又最好的,并且实验结果依赖于靶标和酶 [17,18]。随机引发或者 oligo-dT 引发都会在单轮反应中产生一个有代表性的 cDNA 库(分别见实验方案 6.3 和实验方案 6.4)。但是,实验已经证实了用随机六聚体引物引发反应对样本中的所有靶标不会产生相同的 RT 效率,并且在定量特异性靶标时,投入靶标的量和 cDNA 的产出不呈线性关系 [16,70]。根据最近一项关于不同长度的随机引物引发 RT 反应的效率比较结果,15 个核苷酸长度的随机寡核苷酸作引物时,总会产生至少两倍于随机六聚体作引物所产生的 cDNA [71]。Oligo-dT 引物只能用于未损伤的 RNA,即使使用高质量 RNA,cDNA 分子还是可能被截短,因为逆转录酶在高结构化区域不能有效地催化反应。Qiagen 声称他们的 Omniscript(目录号 205110)和 Sensiscript(目录号 205211)逆转录酶可以打开并且通读 RNA 二级结构区域。尽管如此,为保险起见,用 oligo-dT 作引物的实验应该用于 3′端的转录。Oligo-dT 引物对于有些实验并不是一个很好的选择,包括可变剪切的检测、序列中有很长的 3′非翻译区,或者没有 polyA 序列。此外,从石蜡组织中提取 RNA 时,最好不要用 Oligo-dT 引发反应,因为用福尔马林固定组织时,mRNA 上的 polyA 尾巴会丢失 [72]。靶标特异性引物是最特殊的,一般来说也是将 mRNA 转为 cDNA 的最灵敏方法 [16,73](见实验方案 6.5)。这种特殊的反应引物所引起的最大争议在于需要大量靶标 RNA,从而不适于从有限数量的 RNA 中大量检测 RNA 靶标。但是,最近一篇报告证实了特异性引物可以采用多重 PCR 方法(MT-PCR),对有限数量 RNA 中的 72 个基因进行有效的特异性扩增 [74]。虽然如此,和随机引物一样,该反应的效率可能与单独的 RT 反应有所不同。

## 实验方案 6.3 用随机引物进行逆转录

设备和试剂

- RNA(10~500ng)$^i$
- 随机引物(6-mer、9-mer 和 15-mer;50ng/$\mu$l)
- 逆转录酶(RT)200U/$\mu$l
- 10×RT 缓冲液(RT 反应匹配)
- 25mmol/L MgCl$_2$
- 100mmol/L 二硫苏糖醇(DDT)

方法

1. 简单离心 RNA 和引物，制备下述反应前混合液：
   - 1.0~9.0μl RNA
   - 1.0μl 50ng/μl 随机引物
   - 0~9.0μl 水（用于调整总体积至 10μl）
2. 在 65℃培养 10min，然后突然用冰块冷却 5min。
3. 为每份 RNA 样本制备 RT 预混合液：
   - 2.5μl 10×RT 缓冲液
   - 5.0μl 25mmol/L MgCl$_2$
   - 2.5μl 100mmol/L DDT
   - 1.0μl 200U/μl RT[j]
   - 4.0μl 水
4. 在 RNA/引物混合物中加入 15μl RT 预混合液，使总体积达到 25μl[k]。轻轻混匀并简单离心。
5. 在 20℃培养 10min，之后在 50℃培养 60min。
6. 在 85℃培养 5min 以终止反应，然后置于冰上 5min。简单离心，收集反应产物[l]。

**注释**

i 每个反应必须有相同的 RNA 最终浓度（最大 20ng/μl），因此最低浓度的样本将决定所有反应中使用的总浓度。

j 确保咨询过特异性酶的厂商建议。

k 设置两组非 RT 对照组，在预混合液中加入 RT 酶之前先加入 14μl 预混合液和 1μl 水。将"无酶"混合物加入到步骤 2 中准备好的 RNA 中。

l 第一链 cDNA 可以在 −20℃中保存至少 6 个月。

## 实验方案 6.4　用 Oligo-dT 引发的逆转录

设备和试剂

- RNA（10~500ng）[m]
- oligo-dT（500ng/μl）
- 逆转录酶（RT）200U/μl[n]
- 10×RT 缓冲液（RT 反应匹配）
- 25mmol/L MgCl$_2$
- 100mmol/L 二硫苏糖醇（DDT）

方法

1. 简单离心 RNA 和引物，制备下述反应前混合液：
   - 1.0~9.0μl RNA
   - 1.0μl 500ng/μl Oligo-dT
   - 0~9.0μl 水（用于调整总体积至 10μl）
2. 在 65℃培养 10min，然后突然用冰块冷却 5min。
3. 为每份 RNA 样本制备 RT 预混合液：
   - 2.5μl 10×RT 缓冲液
   - 5.0μl 25mmol/L MgCl$_2$
   - 2.5μl 100mmol/L DDT
   - 1.0μl 200U/μl RT[o]
   - 4.0μl 水
4. 在 RNA/引物混合物中加入 15μl RT 预混合液，使总体积达到 25μl[n]。轻轻混匀并简单离心。
5. 在 20℃培养 10min，之后在 50℃培养 60min。
6. 在 85℃培养 5min 以终止反应，然后置于冰上 5min。简单离心，收集反应产物[p]。

注释

m 每个反应必须有相同的 RNA 最终浓度（最大 20ng/μl），因此最低浓度的样本将决定所有反应中使用的总浓度。

n 每个反应必须有相同的 RNA 最终浓度（最大 20ng/μl），因此最低浓度的样本将决定所有反应中使用的总浓度。

o 确保咨询过特异性酶的厂商建议。

p 第一链 cDNA 可以在-20℃中保存至少 6 个月。

## 实验方案6.5　用靶标特异性引物进行逆转录

设备和试剂

- RNA（1~200ng）[q]
- 靶标特异性（反义）引物（2μmol/L）
- 逆转录酶（RT）200U/μl
- 10×RT 缓冲液（RT 反应匹配）
- 25mmol/L MgCl$_2$
- 100mmol/L 二硫苏糖醇（DDT）

## 方法

1. 简单离心 RNA 和引物，制备下述反应前混合液：
   - $1.0 \sim 9.0 \mu l$ RNA
   - $1.0 \mu l$ $2 \mu mol/L$ 靶标特异性（反义）引物
   - $0 \sim 9.0 \mu l$ 水（用于调整总体积至 $10 \mu l$）
2. 在 65℃培养 10min，然后突然用冰块冷却 5min。
3. 为每份 RNA 样本制备 RT 预混合液：
   - $2.5 \mu l$ $10 \times$ RT 缓冲液
   - $5.0 \mu l$ $25mmol/L$ $MgCl_2$
   - $2.5 \mu l$ $100mmol/L$ DDT
   - $1.0 \mu l$ $200U/\mu l$ $RT^r$
   - $4.0 \mu l$ 水
4. 在 RNA/引物混合物中加入 $15 \mu l$ RT 预混合液，使总体积达到 $25 \mu l^s$。轻轻混匀并简单离心。
5. 在 50~65℃培养 5~15min。
6. 在 85℃培养 5min 以终止反应，然后置于冰上 5min。简单离心，收集反应产物$^t$。

**注释**

q 每个反应最好（但不是必须）有相同的 RNA 最终浓度（最大 $20ng/\mu l$），因此最低浓度的样本将决定所有反应中使用的总浓度。

r 确保咨询过特异性酶的厂商建议。

s 设置两组非 RT 对照组，在预混合液中加入 RT 酶之前先加入 $14 \mu l$ 预混合液和 $1 \mu l$ 水。将这种"无酶"混合物加入到步骤 2 中准备好的 RNA 中。

t 第一条 cDNA 可以在 −20℃中保存至少 6 个月。

### 6.2.5 SYBR Green I 染料检测的荧光定量 PCR

很多无探针和有探针的化学反应都有详细的描述［36］。化学检测方法是否适用依赖于应用的验证；一般而言，使用双链 DNA 结合染料（比较有代表性的如 SYBR GreenI）是对于大多数常规研究和引物优化实验而言，是最具性价比的化学方法［75］（见实验方案 6.6）。图 6.3 是使用 SYBR GreenI 染料作为报告系统的典型 qPCR 实验结果。尽管不是很妥当，遗留实验可以转换成 SYBR GreenI 实时格式，但我们推荐使用新实验且新实验很容易设计，尤其是遗留实验未达最佳标准时。实时 PCR 的引物设计很大程度上和末端 PCR 遵循相同的准则，主要区别在于扩增子的大小最好控制在 250bp 以下，理想的是在 75~150bp。重要的是选择不容易和自身形成二聚体的引物，因为引物二聚体也会产生 SYBR GreenI 的定量信号。引物应该为靶标专门设计，特别

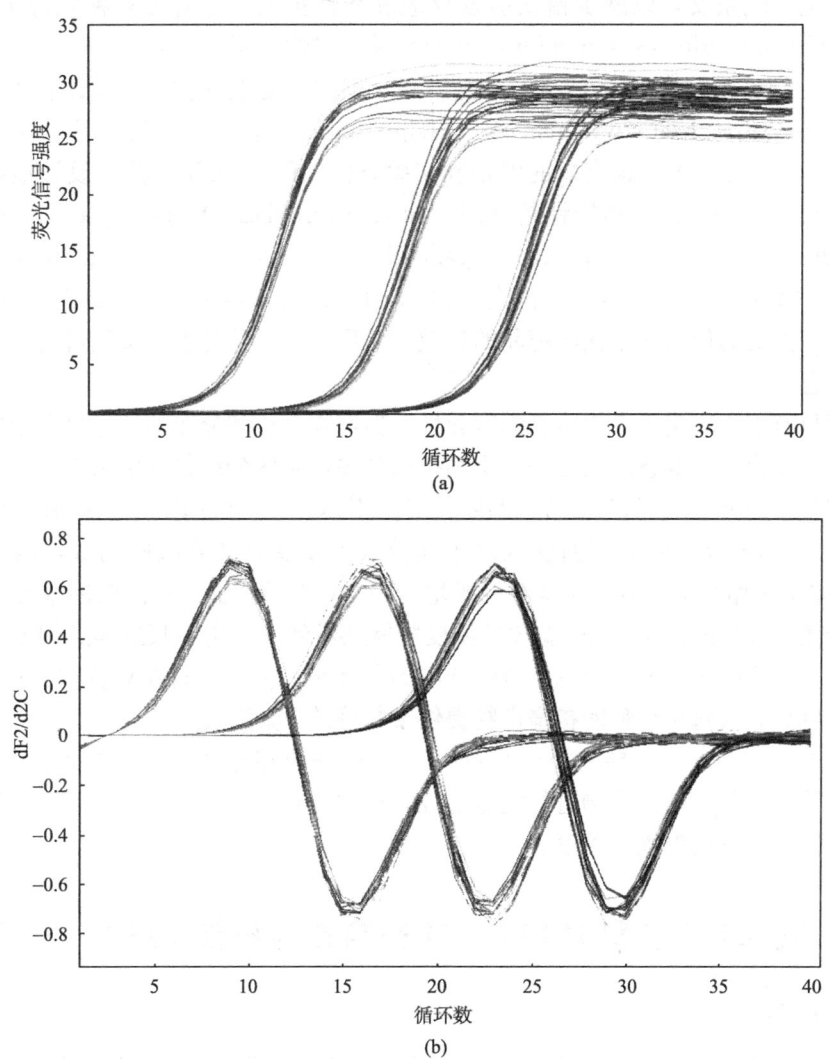

图 6.3 比较定量。这个程序提供了不同于常规稀释曲线分析的另一种方法,目的是检测相比于标准样品、感兴趣基因的倍数变化。(a) 用于优化新引物系列稀释 100 倍的 RNA 模板所产生的三条扩增曲线。要注意的是,这里没有阈值线,即在常规普通稀释曲线方法中用于确定 $C_q$ 值。(b) 图 (a) 中的扩增曲线如何得到样品相对浓度。①计算三条扩增曲线的二阶导数。峰值对应于标记为 1、2、3 的反应中荧光增量的最大值。②每条曲线的"起始"点用 4、5、6 标记。起始点定义为循环中二阶导数值等于最大值 20%的点,它表示噪声的结束及进入指数阶段。③起始点后 4 个信号循环的增量(标记为 a、b、c 三个柱状图)用来计算斜率,该斜率用于测量每条曲线的扩增效率。具有 100%效率的反应在指数阶段信号强度应该翻倍。所以,如果在 15 个循环时信号强度是 10 的话,在 16 个循环信号强度是 11,那么在 17 个循环时荧光信号强度应该是 13。④每个样品的所有扩增值都取平均值,就能得到每一个样品每组循环曲线的平均效率(这个样品中是三个)。在每个样品的扩增值变化越大,置信间距就越大。在这个例子中,净模板的平均扩增值是 1.68±0.02,两个稀释模板的平均扩增值分别是 1.76±0.01 和 1.76±0.02。⑤标准样品采用同样的程序,根据公式计算倍数变化,即倍数变化=效率$^{(标准起始点-靶标样品起始点)}$(见彩版)。

要注意避免 3′端杂交，以减少错误引发反应和线性扩增。这有很多种软件可以选择，Primer3（http://primer3.sourceforge.net/）是免费的，而如 Beacon Designer（Premier Biosoft）则更加成熟。此外，很多提供 Oligo 的公司也会提供实验设计服务（如 Sigma-Genosys 公司旗下的 www.sial.com/designmyprobe）。另外一种设计新实验的方法是使用一组以前设计的验证有效的引物和实验条件。RT-qPCR 实验的设计最好的引物和探针的来源是公共的引物探针数据库，如 RTPrimerDB（http://medgen.ugent.be/rtprimerdb/）、PrimerBank（http://pga.mgh.harvard.edu/primerbank/index.html）、Real Time PCR Primer Sets（http://www.realtimeprimers.org/）。RTPrimerDB 收录了研究者们提交的使用常用化学药品的有效 qPCR 实验，并且涵盖实验目的、实验目标等全部信息。

尽管只有引物决定了产物检测的特异性，但产物大小和分布的信息可以很容易从溶解曲线分析中得出。溶解曲线是一种识别扩增产物，是区分产物与引物二聚体以及其他小的扩增分子的方法。DNA 的溶解温度（$T_m$）定义为一半的 DNA 双螺旋结构被解开时的温度。DNA 分子的溶解温度取决于其分子大小及其核苷酸的构成，因此，富含 GC 的扩增子比那些富含 AT 碱基对的扩增子有更高的 $T_m$ 值。在溶解曲线分析中，样本从一个用户设定的低于产物 $T_m$ 值的温度缓慢加热到一个高于其溶解点的温度，在此过程中一直用实时仪器连续监控着每份样本的荧光量。荧光染料在双链 DNA 溶解（变性）时被释放，为每个单独的扩增产物提供了精确的 $T_m$ 值数据。溶解的峰值通过计算溶解曲线的微分得到（负导数，$-dF/dT$）。这些峰值和电泳凝胶上的条带是类似的，可以在一轮反应结束后对产物进行定量监控。相比于较长的目标扩增子产物，较短的引物二聚体会在更低的温度下溶解。

## 实验方案 6.6　以 SYBR GreenI 染料作为报告系统的 qPCR

设备和试剂

- 2×商用 qPCR 预混合缓冲液，包含 dNTP、热稳定的 DNA 聚合酶和 SYBR GreenI 染料[u,v]
- 25mmol/L $MgCl_2$（优化过程可能需要）
- 10μmol/L 引物
- 带溶解曲线分析功能的实时温度循环器

方法

1. 为每份 cDNA 样品制备一份预混合液，试剂列表如下：
- 6.5μl 水[w]
- 0.5μl 10μmol/L 引物[x]
- 12.5μl 2×qPCR 预混合缓冲液
- 用移液器反复上下，轻轻混匀（确保没有气泡）。

2. 在每 $5\mu l$ 模板中加入 $20\mu l$ 预混合液[y]。
3. 简单离心,确保没有气泡,置于温度循环器中。
4. 根据下面的三个步骤进行 PCR:

| 1 个循环: | 活化 | 90℃,10min |
|---|---|---|
| 40 个循环: | 变性 | 90℃,15s |
| | 退火[z] | 60℃,30s(收集数据) |
| | 延伸 | 72℃,30s(收集数据) |

5. 得到溶解谱(如下,或者根据温度循环器的出厂说明)[aa]

| 1 个循环: | 95℃,1min | |
|---|---|---|
| 40 个循环: | 55℃,30s | 收集数据 |
| | 重复,每循环一次提高 1℃ | 收集数据 |

**注释**

u 大多数商用混合物也包含 $MgCl_2$,但一些反应受益于优化的 $MgCl_2$ 浓度。

v 这个实验方案没有描述参考染料(如 ROX)的作用,但是参考染料可能包含于预混合液中。很多实时温度循环器需要一个恒定的参考染料来消除检测荧光时的视觉差异。在预混合液中包含这种染料,并且被仪器检测到。如果需要(参考仪器说明),而 2× 预混合缓冲液中没有,就要相应调整水的体积。

w 根据引物和模板的体积调整水的体积。在这个例子中,引物的最终浓度为 200nmol/L,使用了 $5\mu l$ 模板。

x 需要的引物体积是由初始的优化实验的结果决定的;测试实验使用的最终浓度为 200nmol/L。大多数实验在最优条件下进行会更高效、更灵敏,并且引物浓度会很大程度上影响实验的结果。上述实例也可以用于优化引物浓度。在这种情形下,在反应混合物中加入 cDNA,并且每个反应加入不同浓度的引物。建议选择 100~300nmol/L 的引物浓度,并且测试所有正向和反向引物的组合。选择引物浓度的条件是在不存在引物二聚体时[11]产生最小的 $C_t$ 值。

y 使用第一链 cDNA 时,中水平或高水平表达的靶标可以用 $5\mu l$ RT 反应的 1:10 稀释液来检测。

z 在大多数情况下引物的退火温度设计在 60℃。如果情况不是这样,在步骤 2 中调整退火温度。

aa 溶解曲线实验方案通常是由温度循环器软件自动选择合适的设置;或者,可以制造一系列的培养温度,让反应在逐渐上升的温度中逐级保持 30s。让 PCR 产物保持在起始温度(如 55℃),溶解就会开始。30s 后,将温度升高到 56℃ 并保持 30s,一直重复直到培养温度达到 95℃。

## 6.2.6 寡核苷酸探针标记的定量 PCR

除了使用 DNA 结合染料，采用报道寡核苷酸的基于探针的实验也可以用于扩增子的检测（见实验方案 6.7）。这些探针用指向扩增靶标的寡核苷酸标记。很低的靶标浓度（<1000 拷贝）条件下，相比于不基于探针的化学方法，非特异性扩增和引物二聚体产物问题影响更大。在这种情况下，使用探针来检测扩增子可能会更合适。最常用的格式是双重标记荧光探针，通常被称为 TaqMan，由一条与目标模板序列互补的单链寡核苷酸组成。在其 5′端有一个荧光染料分子，3′端有个荧光猝灭剂基团。双重标记的荧光探针和模板链之一杂交之后，随着 Taq DNA 聚合酶延伸扩增引物，探针被外切核酸酶切除。这使得荧光染料从接近猝灭剂这边释放出来，导致荧光信号产生不可逆增长。在双重标记探针的 3′端添加一个 DNA 小沟结合（MGB）基团可以增加其稳定性和特异性，并且可以让探针更短。这种探针的变异体之一是 MGB 隐蔽式探针，将猝灭剂和 MGB 基团安置在探针的 5′端，同时将荧光报告染料放在 3′端 [76]。当探针处于变性溶液中时，猝灭剂非常靠近报告染料而将其荧光猝灭。但是，当探针退火结合于一段靶标序列时探针会展开，而猝灭剂在空间上和报告染料分离，从而产生荧光。另一种解决方案是，通过增加探针-靶标结合体的稳定性来增加探针特异性，包括与锁核酸（LNA）合并。包含锁核酸修饰的探针比 MGB 探针更短，并且在设计时更灵活 [77]。

还有一些其他的检测化学试剂，如 Molecular Beacons，它包含一个发夹结构，由一个与模板链互补的单链环和一个约 6bp 的双链茎结构组成，茎结构的一端（通常是 5′端）有个荧光基团，另一端（通常是 3′端）有个猝灭剂基团 [78]。当探针进入发夹结构时，荧光基团和猝灭剂基团非常靠近。这种探针的设计使它们会在特定温度下与扩增子结合，因为探针-靶标结合体在热力学上比发夹结构更稳定。结合之后茎结构被破坏，荧光基团和猝灭剂基团分开，从而发出荧光。与双重标记探针不同，在每一轮扩增循环中产生的荧光是可逆的，因为探针没有被破坏，这就导致了更低的总体背景。Scorpions 探针系统在这个原理上更进一步，它使用了一个结合引物和发夹结构的探针分子。在这个系统中，探针检测 PCR 扩增后新形成的 DNA 链。Scorpion 系统的优点是探针在反应引发后开始检测靶标，因此可以在更低的温度下进行。这就促进了高灵敏度和特异性的探针向更短的方向发展。

上述实时实验的引物设计很大程度上和传统 PCR 实验的引物设计是相同的。但是，探针的设计需要考虑的更多，总体上还是通过商业软件或者设计服务来处理。在一些情况下，如当目标序列是富含 AT 或 GC 时，或者目标区域用于基因型或物种特异性检测时，设计软件无法确定合适的序列进行探针杂交。在这种情况下，一定要非常清楚影响探针杂交的因素。如果设计水解探针，探针的 5′端离正向引物的 3′端要有 5~10bp 的距离，但是要确保 5′端的碱基不是 G（G 会导致荧光淬灭）。探针杂交需要比引物杂交高 7~10℃的环境，所以探针长度通常是 25~35bp。要严格确保探针在溶液中不因其局部互补性而形成二级结构（使用折叠预测算法，如 mfold），确保探针不会和引物杂交（使用 BLASTn）。要确保没有相同的碱基串在一起（确保少于 4 个连续的相同碱基，尤其是

G)，尽量多用 C 碱基而不是 G（因为 G 的杂交更杂乱并且会在探针中产生二级结构），才能避免折叠和错误杂交。最后，必须确保探针合成时有合适的荧光-猝灭剂组合。

## 实验方案 6.7　使用荧光标记探针的 qPCR

设备和试剂

- $2\times$ 商用 qPCR 预混合缓冲液（包含 dNTP、热稳定的 DNA 聚合酶），没有 $MgCl_2$[bb]
- 25mmol/L $MgCl_2$
- 10$\mu$mol/L 引物
- 5$\mu$mol/L 探针
- 实时温度循环器

方法

1. 为每份 cDNA 样品，制备一份预混合液，试剂列表如下：
   - 水[cc]
   - 2.5$\mu$l 50mmol/L $MgCl_2$[dd]
   - 每种 10$\mu$mol/L 引物各 0.5$\mu$l[ee]
   - 1$\mu$l 5$\mu$mol/L 探针（准确体积视具体最优化情况而定[dd]）
   - 12.5$\mu$l $2\times$ qPCR 预混合缓冲液

   用移液器反复上下，轻轻混匀（确保没有气泡）。
2. 在每份 5$\mu$l 模板中加入 20$\mu$l 反应混合液[ff]。
3. 简单离心，确保没有气泡，置于温度循环器中。
4. 根据下面的两个步骤[gg]进行 PCR：

| | | |
|---|---|---|
| 1 个循环： | 活化 | 95℃，10min |
| 40 个循环： | 变性 | 95℃，15s |
| | 退火/延伸 | 62℃，1min（收集数据） |

注释

bb 这个实验方案没有提及参考染料 ROX 的作用；是否需要参考染料取决于所使用的仪器。参考仪器说明，如果需要就要相应的调整水的体积。

cc 需要的量要求将总体积调整到 20$\mu$l。

dd $MgCl_2$ 的浓度要根据不同化学试剂、不同反应进行优化。大多数使用水解探针的反应需要 $MgCl_2$ 浓度在 3.5~6mmol/L，Molecular Beacons 为 3.5mmol/L，Scorpions 为 2.5mmol/L。

ee 需要的引物体积是由初始优化实验的结果决定的；测试实验使用的最终浓度为 200nmol/L。大多数实验在最优条件下进行会更高效、更灵敏，并且引物浓度会很大程度上影响实验的结果。上述实例也可以用于优化引物浓度。在这种情形下，在反应混合物中加入 cDNA，并且每个反应加入不同浓度的引物。建议选择 100～300nmol/L 的引物浓度，并且测试所有正向和反向引物的组合。选择引物浓度的条件是在不存在引物二聚体时 [11] 产生最小的 $C_t$ 值。此外，不同的探针浓度会使信号强度和实验灵敏度有所差异。引物优化后，在 50～300nmol/L 的探针浓度下可以进行多次相同的实验 [11]。

ff 当使用当量为 0.5μl 第一链 cDNA（最好是 5μl 第一链 cDNA 的 1:10 稀释液）进行实验时，中高表达的基因会被高效检测出来。

gg 通常用两步 PCR 进行包含水解探针的实验。在反应中双链模板在 95℃溶解，退火和延伸步骤都在 62℃下培养完成。尽管用 *Taq* 聚合酶进行扩增不是最优选择，但这样会使内部探针有更多有效剪切，从而导致每轮反应产生最强的荧光信号。对于最优扩增和信号检测，要使用包含其他基于探针的化学试剂的三步方案进行实验。

## 6.2.7 定量方法

关于哪个方法最合适计算 PCR 效率，明确地说，关于如何确定单个反应的效率，有非常广泛的讨论（http://www.gene-quantification.info）。传统的方法是通过以一系列稀释浓度模板来扩增样本中感兴趣的靶标基因来构建校正曲线。模板可以是 cDNA、基因组 DNA、PCR 产物或人工合成的寡核苷酸。用模板浓度取对数后（或相对浓度）对 $C_t$ 作图得到一个斜率为负的线性图。每一轮 PCR 循环的有效加倍对应一个斜率为 −3.323 的图（即大约花费 3.3 个循环来使 PCR 产物增加 10 倍）。但是，这种方法假设使用样本作为模板时的反应效率和使用标准模板时的反应效率是一样的。为了减少这种不确定性，一种改进方法是通过分析整体扩增图来测量每一个单独的反应，并试图拟合一个可以预测效率的曲线。Corbett Research 公司在他们的数据分析软件中包含了一个算法，使其用户可以在每个单独的试管中根据每轮反应的荧光历史记录来判断其 PCR 效率。这个软件用原始扩增数据的二阶导数来确定反应的起始点，从起始点到指数扩增之间的直线斜率用来计算扩增效率。当计算样本和标准反应中靶标的相对量时会用到这个值（图 6.4）。目前，这个方法在使用 SYBR GreenI 染料作为报告分子时最有效，因为它使每轮反应的产量更高，在估计对数扩增范围时更有用。

不管如何处理样本，逆转录或者检测扩增子，RT-qPCR 实验的通用度量是 $C_q$（$C_t$ 或 $C_p$）。$C_q$ 定义为样本荧光超出背景荧光一个选定的临界值时的那轮循环。不同的系统可能用不同的术语来表示 $C_q$，如 $C_t$ 或者 $C_p$。背景荧光不是一个恒定或者绝对的值，是受反应条件的影响的。因此，如果背景荧光变化了，任一样本的 $C_q$ 值也随着变化。所以必须认识到，$C_q$ 值本身没有意义，仅凭 $C_q$ 值还不足以对 RT-qPCR 实验下任何结论。

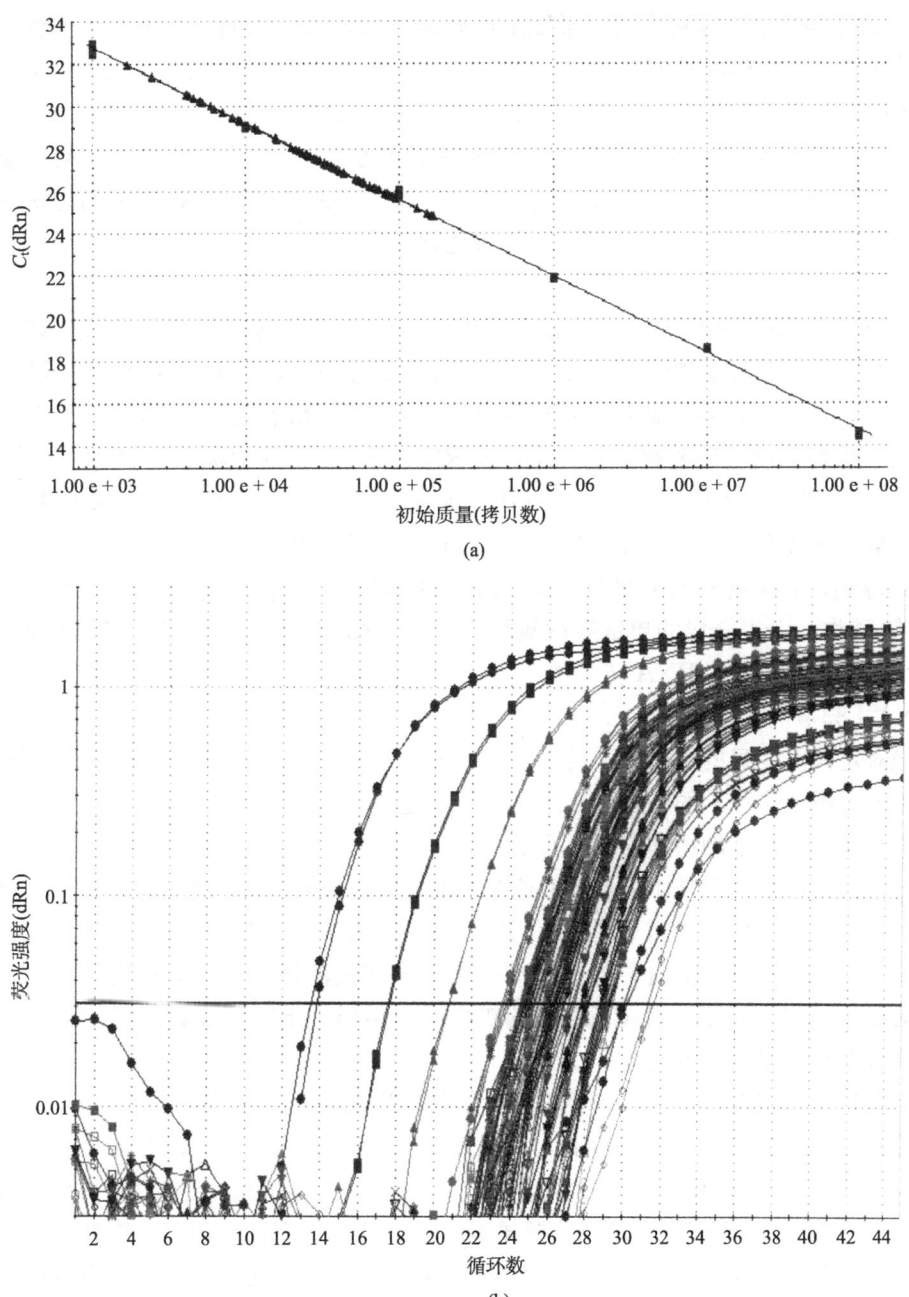

图 6.4 （a）结肠组织切片中靶标 mRNA 定量的标准曲线。所有上图中来自实验样品（蓝色三角形）的 $C_q$ 定量数据包含在标准曲线的动态范围中，标准曲线的界限是固定浓度样品的标准曲线（红色的正方形表示）最外面的两个点。由此可以对相应的 mRNA 进行精确定量。（b）由 SYBR GreenI 实验得到的扩增图。在大量实验样品和一系列以 SYBR GreenI 为报告分子的标准材料的稀释溶液中对单个转录物进行定量。三个最集中的标准样品（图左边起，依次是蓝色、红色和绿色线）说明了很好的移液标准。所有扩增图的斜率都是一样的，表明每份样品的扩增效率是一样的。高相对荧光值（$\Delta R_n$）是 SYBR GreenI 实验的典型特征（见实验方案 6.4）（见彩版）。

$C_q$ 值必须用于计算对应的定量度量，如拷贝数。这可以通过几种途径做到，最常用的做法是从一系列稀释浓度的 RNA 或 DNA 的标准溶液中得到标准曲线，从而获悉与该标准曲线相关的拷贝数（"绝对定量"）[2]；或者找到靶标 RNA 和标准样本 RNA 在 $C_q$ 值上的差别，像一个或（最好）更多内部参考 RNA 样本的比例（相对定量）一样标准化 [79]。也有其他 RNA 定量的方法，特别是基于基因表达比率的方法（计算每个 PCR 实验单个扩增效率，得到基因表达比率）[80, 81]，但这些方法至今仍然不常用。

"绝对"定量不是真的绝对，通常是相对于标准曲线的一个度量；虽然如此，这个术语在定量方法中比较常用。这是一条循环临界值（$C_q$）对应初始靶标拷贝数的标准曲线，基于一系列已知初始靶标拷贝数的标准稀释溶液产生 [82]。为使精确度最大化，稀释浓度范围要覆盖包含了实验 RNA 样本中预期靶标 mRNA 量的拷贝数的范围。$C_q$ 值和初始拷贝数的对数成反比。因此，标准曲线是通过 $C_q$ 值对应初始拷贝数的对数作图得到的。实验 RNA 的拷贝数可以在实时扩增后从标准曲线的线性回归中计算得到，$y$ 截距表示灵敏度，斜率表示扩增效率。在体外 RNA 聚合酶转录的 RNA 转录物、人工合成的单链寡脱氧核苷酸中，标准曲线的构成包括 PCR 片段、体外 RNA 聚合酶转录的 RNA 转录物、人工合成的单链寡脱氧核苷酸，或商业通用参考 RNA [83]。

绝对定量最明显的用途是测定 RNA 拷贝数，作为定量肿瘤细胞或感染性颗粒（如体液中的病毒或病菌）的替代品，但也应用于定量 mRNA 水平的改变。绝对定量的精确度完全取决于标准的精确度。一般来说，标准曲线有高度再现性，并且允许产生特异性、再现性的结果。但是，很难校准这些标准，所以才有了通用的绝对定量，其结果可能和那些针对相同标记使用不同探针/引物组合所得结果不具可比性，并且不同于使用其他技术得到的结果。而且，外部标准不能检测或抵消样本中可能存在的抑制剂。为此，有必要用内部对照（如人工合成的扩增子）给样本定标，或者使用 SPUD 实验预先检测抑制剂（见实验方案 6.2）。

尽管伴随着很多复杂因素，相对定量仍是使用最广泛的定量方法 [75]。也许最明显的因素是用于表征任一靶基因相对表达量的参考基因的选择。相对定量的"黄金标准"认为，$C_q$ 值是从靶标 RNA 到几何意义上大约三个具有最小变异性的内参基因标准化得到的 [21]，结果代表相对于参考样本的过表达或低表达的倍数。这就产生了一个可以在样本间进行比较的靶标特异性 RNA 产物的修正的相关值，并且可以估计样本中靶标 mRNA 的相关表达量。靶标和参考样本的扩增效率必须是相似的，因为这直接影响到任何计算出来的表达结果的精确度。已经发表了一些使用不同算法来校正效率的模型，这些模型能更可靠地估计真实的表达比率（见上文）。但是，由于大多数参考基因的表达是受调控的，并且其表达水平随着处理方法或个体差异而不同，所以相对定量可能有较大误差 [84]。而且，如果参考基因或靶标基因的相对表达水平在不同数量级间发生变化，那么前者可能会在靶标基因的 $C_q$ 出现时进入平台期。这很可能会干扰靶标 mRNA 的精确定量。

## 6.2.8 实时定量 PCR 的标准化

任何与使用实时定量 PCR（RT-qPCR）进行 mRNA 定量有关的文献报道都包括下列信息 [85]：
- RNA 质量数据（数量、完整性、无抑制剂）；
- 靶标基因的数据库序列号；
- 引物和探针（如果合适的话）的序列和位置；
- RT 反应的精确细节，尤其是 RNA 的量和所用引发反应策略；
- 由 RT 反应转化为 qPCR 反应的量；
- qPCR 的反应条件；
- 效率和实验对线性要求的最低限制（分子和 $C_q$）；
- 在此限制下的误差；
- 标准化步骤和参考基因选择的理由；
- 在报告相关定量数据时，应该包括 $C_q$ 值覆盖范围。

## 6.3 疑难解答

### 6.3.1 未扩增、扩增量少、扩增起步晚

未扩增表现为在背景荧光基础上荧光信号增加不明显。扩增量少表现为相对于阳性对照模板（或样品）荧光值很低（$\Delta R_n$；<0.05），或进行同一靶标扩增操作的不同样品间有明显差异。$C_q$>35 的样品得谨慎处理，因为可能会有滞后，也预示着理论上其初始浓度可能只有 10 拷贝左右。
- 检查 qPCR 的反应条件。
  ——用凝胶电泳检查扩增产物。如果无产物检出，需重复实验，确保所有试剂都已加入以及热循环器条件设置正确。如果有产物检出，那么可能是检测仪器的设置不正确，比如说使用了错误的滤波片来检测荧光信号。采用所有可能的数据收集通道或者滤波片来接收全部发射荧光的数据。用 SYBR GreenI 荧光蛋白替换探针来进行检测，以确定引物是否扩增。
  ——确保所有需要的试剂（如酶、反应缓冲液、引物、探针和模板）都加入了反应体系。
  ——检查退火温度（<60℃）、延展时间和循环数。确保使用的是 DNA 聚合酶的正确激活时间（抗体灭活的酶通常比化学灭活的酶需要的预热期更短）。
  ——检查引物和其他反应物的稀释是否正确。
  ——确保移液器已经校准。
  ——确保用于 PCR 退火和延伸过程中检测荧光的热循环器程序设置正确。
  ——考虑是否在 qPCR 的过程中 cDNA 模板的量太少。对于一个中高表达的基

因，使用大概 0.5μl 体积的第一链 cDNA 合成反应物。如果 $C_q$ 值的出现滞后，按照每 25μl 的 qPCR 加入 2.5μl cDNA 合成反应物的比例加入 cDNA 合成反应物。

——考虑在 qPCR 的过程中 cDNA 模板是否过量。如果 PCR 中 cDNA 合成反应物的最终浓度过高，PCR 反应会被抑制。因此，加入到 PCR 反应中的 cDNA 合成反应物的体积有上限，最多不能超过总体积的 10%。

——检查 RNA 是否降解。用对照 cDNA 来确认实验是否正常进行，用另一个 qPCR 实验确认对样品使用 RT-PCR 技术扩增是否可行。

——考虑扩增长度的影响。理想扩增长度应小于 120bp，特别是福尔马林固定-石蜡包埋（FFPE）的组织样品。扩增长度越长，扩增效率越低，应该尽量避免出现长度过长的情况。

——在逆转录过长中，确保 RNA 变性后，用冰保存。

——如果使用人工合成的缓冲液，确保盐和缓冲液的浓度正确。

——2×预混合液的不完全融化会使剩余缓冲液中的盐浓度发生改变。$MgCl_2$ 浓度的增加会影响引物的结合效率，可能会使引物本身形成二聚体，从而降低 PCR 的效率。确保预混合液和储备的反应物（寡核苷酸、$MgCl_2$）完全解冻，并在使用前混合均匀。

——如果反应体积或预混合液参与的反应数目发生改变，可能是在移液过程中引入了误差。改变反应混合物的体积会引起误差，这类误差随移取的体积变化而变化。导致此误差的部分原因是采用不同体积的移液器移取引物所造成的许可范围内的误差。随着这种误差量的增大，就并非呈简单的线性关系。高灵敏度的方法，如本文中的 PCR，就可以将此类误差造成的影响扩大化。如果有必要的话，最好能严格控制移液量。对常规实验室而言，一个能够自动定量的移液器将是一个完美配置，这将有益于扩增产量的增大，并减少反应混合物的变化。

• 检测试剂盒和热循环器。

——如果实验是基于探针的，而之前的反应进行得很顺利，那么很可能是探针降解了。如可能由于光照的作用而光解。为了检验探针是否正常，用 DNaseI 酶（当 DNaseI 酶接近寡核苷酸时，尤其要小心）降解小份样品（同时做一个不降解的对照实验）。得到荧光图谱，与已知的探针有效图谱进行对比。若荧光值非常低，那么必须使用一个新探针代替。为了防止降解，在 −20℃ 黑暗条件下分小份保存荧光标记的寡核苷酸。悬浮后的这些寡核苷酸可以使用至少 6 个月。

——如果探针的背景荧光值异常高，那很可能探针已被水解，比如反复融冻后就有可能出现探针水解的情况。确认探针是否水解的方法同上。

——如果实验方案是新的，很可能是人工合成的探针有问题。用 DNaseI 降解实验来检验探针质量，并和正常探针的荧光数据进行对比（如前所述）；降解后，荧光效应剂和猝灭剂分离，荧光值剧烈增加。如果荧光值还是低至可忽略不计，把探针退回生产厂商，要求其进行换货。

——SYBR GreenI 染料储藏后发出的荧光会降低。当 SYBR GreenI 被稀释后，发出的荧光值降低得更快，一般只能在冰箱中保存 2 周左右，且必须在避光条件下保存。为了得到最佳结果,每天在使用前再稀释 SYBR GreenI 染料,或者使用商用预混合液,其中含有稳定荧光的组分。

——如果用新一批的热稳定 DNA 聚合酶(或者用含有 DNA 聚合酶的 2×预混合液),注意不同批次的 DNA 聚合酶(不同厂商的 DNA 聚合酶也不一样)可能会有不同的聚合酶和外切酶活性,但是必须在制造商的说明书范围之内。可能的话,用同一批次的试剂,尽量把实验安排在尽可能短的时间周期内完成,以保证所有样品定量化结果更具有可比性。用阳性对照和标准曲线来比较不同批次的预混合液或者酶所导致的结果差异。

——不同的热循环器(特别是如果它们的特征加热温度区间不同)和不同生产厂商的热循环器会有不同的动力学结果和加热效率,因此 PCR 的效率会受到影响。加热效率的差异可能会在不同的反应井中发生,特别是在 96-孔和 384-孔类型的仪器中很容易出现这种情况。确定实验方案时,要优化给定仪器的实验方法,确保所有条件都处于最优。

• 确保 RT 引物、qPCR 引物(和探针)的设计最优和反应条件的最优。

——确保 RT 引物结合位点不在可能出现 RNA 双链结构的区域,如果出现这种情况,把实验目标位置转移到基因的另一个区域,用另外一个基因特异性引物进行实验。

——如果使用基因特异性 RT 引物,保证这些引物是反义链的。

——如果使用 oligo dT RT 引物,qPCR 实验必须从距离 polyA 尾端或者靶标序列 3′端将近 1kb 左右的位置开始,以保证 cDNA 包含代表序列。

——在无盐和无缓冲液的情况下,RNA 和引物会发生变性或退火。

——确保 RT 过程发生时温度设置正确(检查每种酶的制造商推荐温度)。

——如果 RT 引物的 $T_m$ 和逆转录酶允许的话,将 RT 过程的反应温度提升到 65℃。

——若采用两步式 RT-qPCR 过程,确保加入 qPCR 的 RT 反应混合物体积不超过 qPCR 体积的 10%。

——像十二烷基磺酸钠、EDTA、甘油、焦磷酸钠、亚精胺、甲酰胺、胍盐和二甲基亚砜这些试剂都可以抑制逆转录酶(和 $Taq$ DNA 聚合酶)的活性。按 1∶10 稀释 RNA 样品,可以稀释这些抑制剂。若稀释法不管用,可以用乙醇沉淀 RNA 来除去抑制剂。用 70%(V/V)的乙醇冲洗 RNA 沉淀物。确保所有的乙醇都除净,否则会对下游反应有抑制作用。可以加少量糖原($0.2\sim0.4\mu g/\mu l$)来帮助量小的 RNA 样品复性。

——寻找最合适的 PCR 引物浓度,这是保证实验效率的基础[11]。

——确保设计的退火温度是 qPCR 引物的适宜退火温度。大多数 qPCR 实验的退火温度设计在 60℃左右,但也有部分引物在其他温度下退火效果更好。

——考虑退火和(或)延长时间可能过短造成的影响。

——调整 $MgCl_2$ 浓度使之最佳。

——考虑探针长度是否过长。通常情况下,探针的退火温度都比引物的高 7~10℃。在 A-T 富集区,这个可能导致在 A-T 富集区超长探针出现无效率猝灭现象,并导致其生成二级结构的趋势增加。探针的长度最好保持在 35 个核苷酸左右,修饰的方法包括维持 $T_m$ 温度时合并 LNA 使探针长度减短。

——采用折叠算法分析，如 mfold，考虑探针是否可能有二级结构。
——考虑重新设计 qPCR 实验过程。当前面所说的所有可能都被排除之后，相比于对照组，实验结果仍然不可用，那最有效的解决方法可能就是重新选择靶标基因序列的另一区段来设计实验了。
• 考虑靶标 mRNA 是否可能在实验组织中根本不表达。
——在疑难解答过程中，总是使用相关对照组来保证所有实验数据的有效性。若阳性对照样品结果正常，那么实验样品结果呈阴性就是可信的。类似地，一个阴性对照样品可以保证实验样品阳性结论的可靠性。这一点，在阳性结果是很高的 $C_q$ 值（也就是低拷贝数）时显得尤为重要。

## 6.3.2 缺少模板组或阴性对照组

预混合液可能被来源于上游反应的 DNA 模板或者 PCR 产物污染了。由于 qPCR 的产物很少进行进一步分析，所以后者的可能性相对来说很小。然后，若条件允许或者 PCR 被用来绘制标准曲线定量分析时，可能用 dUTP/感热的尿嘧啶-DNA 糖基化酶的方法更好。在这种情况下，所有的 PCR 反应都由 dUTP（代替 dTTP）完成。在包含反义 DNA 或 cDNA（包含 T 残基）的扩增反应发生之前，反应在感热的尿嘧啶-DNA 糖基化酶作用下发生。这就消除了含有 U 残基的潜在污染物。
• 全部试剂都必须使用新鲜的，包括新鲜的无菌水。
• 只使用移液枪（器）、枪头、溶液（特别是水）以及管架来完成 qPCR 过程。如果可能的话，用层流净化罩进行保护。不要使用之前已经暴露于扩增子的移液器和其他物品。
• 反应开始前，用紫外线照射清洁操作表面、移液器和管架 5～10min。
• 勤换手套（最多戴 30min）和枪头。
• 移动 PCR 仪器的位置
• 采用 SYBR GreenI 检测法，检查溶解曲线。如果无模板对照组的溶解曲线和扩增子的溶解曲线不一致，你还能使用模板衍生数据。
• 探针过量会导致人为的假阳性结果。这可以通过分析真实阳性结果的原始数据和对比背景荧光来发现。如果出现背景荧光线性增大而不是应有的对数增长情况，那么很明显，这就是人为的假阳性结果。或者，可以对结果有疑问的地方，用更低探针浓度的样品（低至 50nmol/L）重复实验来检验是否受该因素影响。

## 6.3.3 无逆转录酶对照组

一个阳性的无逆转录酶对照组结果表明 RNA 样品被 DNA 所污染。
• 为了排除 gDNA 的污染，用不对 RNA 起作用、只分解 DNA 的 DNaseI 酶处理 RNA 样品。
• 如果可能的话，设计 PCR 引物时跨越内含子进行扩增，以避免对基因组 DNA 模板的检测。

## 6.3.4 形成引物二聚体

在无模板对照或者只有非常少量的靶标 RNA 的情况下，很可能会出现引物二聚体，尽管少量靶标物能抑制二聚体的形成。

- 如果在常量的靶标 RNA 情况下出现引物二聚体，那就重新设计 PCR 引物，确保互补序列不在引物 3′端（细节见 6.2.5 节）。

## 6.3.5 SYBR Green I 溶解曲线出现多峰

- 通过提高退火温度或降低 $MgCl_2$ 浓度来避免非特异性杂交，从而提高 qPCR 的选择特异性。
- 用不对 RNA 起作用、只分解 DNA 的 DNaseI 酶处理 RNA。
- 引物可能扩增出了多种基因产物（如可变剪切、拟基因），为了能够检测出特异性靶标产物，实验可能要求重新设计引物。用凝胶电泳分析反应产物的特异性和可能出现的其他片段。当靶标序列全部出现时，用 BLASTn 分析来检测潜在副产物。
- 溶解曲线出现宽峰不一定因为实验是非特异性的。扩增子可能含有 A-T 富集的亚结构域，当产物二次退火的时候，这些亚结构域之间可能没有正确地组合起来。用凝胶电泳来检测反应产物的特异性。

## 6.3.6 在样本重复实验 3 次，至少 5 倍对数稀释情况下，相关系数＜0.98，其标准曲线不可信

为了提高相关系数，稀释系列中浓度过低（或者过高）的点有时可以被移除。然后，所有的样品数据都必须按照标准被包含进来。如果某个未知样品的值超出了标准曲线的界限，那么这个定量结果就是不准确的，实验必须重做。

## 6.3.7 不稳定的扩增曲线图或大幅度的井间变化

- 用移液器移取的溶液中靶标物质含量过少时，应该更为小心谨慎。为了避免小体积操作，可以将靶标样品稀释，然后移取相对大的量。可能的话，准备大概 $5\mu l$ 的样品。
- 确保反应预混合液在加到样品之前都已经混合均匀。
- 考虑基线设置时是否使用了错误的循环数。定义基线的时候，检查原始数据，利用设备软件定义无荧光信号改变的循环数。
- 检查样品是否有可能因为盖子没盖紧或者密封不好导致其挥发。
- 考虑是否有部分试剂未混合均匀。
- 考虑反应管底部是否有气泡。

• 考虑冷冻储藏的 RNA、引物或反应缓冲剂使用之前，是否解冻不完全或未混合好。

• 检测信号出现尖峰，是否有可能是由于仪器光源、误调参数或者其他机械问题和（或）电问题造成的。

（吴佳妍　译）

## 参 考 文 献

1. Gibson, U. E., Heid, C. A. and Williams, P. M. (1996) A novel method for real time quantitative RT-PCR. *Genome Research*, **6**, 995-1001. The first description of the RT-qPCR assay.
2. Bustin, S. A. (2000) Absolute quantification of mRNA using real-time reverse transcription poly-merase chain reaction assays. *Journal of Molecular Endocrinology*, **25**, 169-193. Most cited, definitive review describing the principles and problems associated with RT-qPCR assays.
3. Ginzinger, D. G. (2002) Gene quantification using real-time quantitative PCR: an emerging tech-nology hits the mainstream. *Experimental Hematology*, **30**, 503-512.
4. Kunert, R., Gach, J. S., Vorauer-Uhl, K. et al. (2006) Validated method for quantification of genetically modified organisms in samples of maize flour. *Journal of Agricultural and Food Chemistry*, **54**, 678-681.
5. Mackay, I. M. (2004) Real-time PCR in the microbiology laboratory. *Clinical Microbiology and Infection*, **10**, 190-212.
6. Mackay, I. M., Arden, K. E. and Nitsche, A. (2002) Real-time PCR in virology. *Nucleic Acids Research*, **30**, 1292-1305.
7. Bustin, S. A. and Mueller, R. (2005) Real-time reverse transcription PCR (qRT-PCR) and its potential use in clinical diagnosis. *Clinical Science (London)*, **109**, 365-379.
8. Higuchi, R., Dollinger, G., Walsh, P. S. and Griffith, R. (1992) Simultaneous amplification and detection of specific DNA sequences. *Biotechnology (N. Y. )*, **10**, 413-417. First description of a closed-tube PCR assay.
9. Higuchi, R., Fockler, C., Dollinger, G. and Watson, R. (1993) Kinetic PCR analysis: real-time monitoring of DNA amplification reactions. *Biotechnology (N. Y. )*, **11**, 1026-1030. First description of the monitoring of multiple polymerase chain reactions simultaneously over the course of thermocycling.
10. Wong, M. L. and Medrano, J. F. (2005) Real-time PCR for mRNA quantitation. *Biotechniques*, **39**, 75-85.
11. Nolan, T., Hands, R. E. and Bustin, S. A. (2006) Quantification of mRNA using real-time RT-PCR. *Nature Protocols*, **1**, 1559-1582.
12. Fu, W. J., Hu, J., Spencer, T. et al. (2006) Statistical models in assessing fold change of gene expression in real-time RT-PCR experiments. *Computational Biology and Chemistry*, **30**, 21-26.
13. Fleige, S. and Pfaffl, M. W. (2006) RNA integrity and the effect on the real-time qRT-PCR performance. *Molecular Aspects of Medicine*, **27**, 126-139.
14. Fleige, S., Walf, V., Huch, S. et al. (2006) Comparison of relative mRNA quantification models and the impact of RNA integrity in quantitative real-time RT-PCR. *Biotechnology Letters*, **28**, 1601-1613.
15. Nolan, T., Hands, R. E., Ogunkolade, B. W. and Bustin, S, A. (2006) SPUD: a quantitative PCR assay for the detection of inhibitors in nucleic acid preparations. *Analytical Biochemistry*, **351**, 308-310.
16. Bustin, S. A. and Nolan, T. (2004) Pitfalls of quantitative real-time reverse-transcription poly-merase chain reaction. *Journal of Biomolecular Techniques*, **15**, 155-166.
17. Stahlberg, A., Hakansson, J., Xian, X. et al. (2004) Properties of the reverse transcription reaction in mRNA quantification. *Clinical Chemistry*, **50**, 509-515.
18. Stahlberg, A., Kubista, M. and Pfaffl, M. (2004) Comparison of reverse transcriptases in gene expression analysis. *Clinical Chemistry*, **50**, 1678-1680.

19. Pattyn, F., Robbrecht, P., De Paepe, A. et al. (2006) RTPrimerDB: the real-time PCR primer and probe database, major update 2006. *Nucleic Acids Research*, **34**, D684-D688.
20. Pattyn, F., Speleman, F., De Paepe, A. and Vandesompele, J. (2003) RTPrimerDB: the real-time PCR primer and probe database. *Nucleic Acids Research*, **31**, 122-123.
21. Vandesompele, J., De Preter, K., Pattyn, F. et al. (2002) Accurate normalization of real-time quantitative RT-PCR data by geometric averaging of multiple internal control genes. *Genome Biology*, **3**, 0034. 0031-0034. 0011. Seminal paper providing a practical method for normalization.
22. Pfaffl, M. W., Horgan, G. W. and Dempfle, L. (2002) Relative expression software tool (REST) for group-wise comparison and statistical analysis of relative expression results in real-time PCR. *Nucleic Acids Research*, **30**, e36.
23. Szabo, A., Boucher, K., Carroll, W. L. et al. (2002) Variable selection and pattern recognition with gene expression data generated by the microarray technology. *Mathematical Biosciences*, **176**, 71-98.
24. Pfaffl, M. W., Tichopad, A., Prgomet, C. and Neuvians, T. P. (2004) Determination of stable housekeeping genes, differentially regulated target genes and sample integrity: BestKeeper-Excel-based tool using pair-wise correlations. *Biotechnology Letters*, **26**, 509-515.
25. Akilesh, S., Shaffer, D. J. and Roopenian, D. (2003) Customized molecular phenotyping by quantitative gene expression and pattern recognition analysis. *Genome Research*, **13**, 1719-1727.
26. Andersen, C. L., Jensen, J. L. and Orntoft, T. F. (2004) Normalization of real-time quantitative reverse transcription-PCR data: a model-based variance estimation approach to identify genes suited for normalization, applied to bladder and colon cancer data sets. *Cancer Research*, **64**, 5245-5250.
27. Haller, F., Kulle, B., Schwager, S. et al. (2004) Equivalence test in quantitative reverse transcription polymerase chain reaction: confirmation of reference genes suitable for normalization. *Analytical Biochemistry*, **335**, 1-9.
28. Abruzzo, L. V., Wang, J., Kapoor, M. et al. (2005) Biological validation of differentially expressed genes in chronic lymphocytic leukemia identified by applying multiple statistical methods to oligonucleotide microarrays. *Journal of Molecular Diagnostics*, **7**, 337-345.
29. Kanno, J., Aisaki, K., Igarashi, K. et al. (2006) "Per cell" normalization method for mRNA measurement by quantitative PCR and microarrays. *BMC Genomics*, **7**, 64.
30. Bustin, S. A. (2002) Quantification of mRNA using real-time reverse transcription PCR (RT-PCR): trends and problems. *Journal of Molecular Endocrinology*, **29**, 23-39.
31. Bustin, S. A. (2005) Real-time, fluorescence-based quantitative PCR: a snapshot of current procedures and preferences. *Expert Review of Molecular Diagnostics*, **5**, 493-498.
32. Bustin, S. A., Benes, V., Nolan, T. and Pfaffl, M. W. (2005) Quantitative real-time RT-PCR-a perspective. *Journal of Molecular Endocrinology*, **34**, 597-601.
33. Bustin, S. A. and Mueller, R. (2006) Real-time reverse transcription PCR and the detection of occult disease in colorectal cancer. *Molecular Aspects of Medicine*, **27**, 192-223.
34. Valasek, M. A. and Repa, J. J. (2005) The power of real-time PCR. *Advances in Physiology Education*, **29**, 151-159.
35. Picard, C., Silvy, M. and Gabert, J. (2006) Overview of real-time RT-PCR strategies for quantification of gene rearrangements in the myeloid malignancies. *Methods in Molecular Biology*, **125**, 27-68.
36. Bustin, S. A. (2004) A-Z of *Quantitative PCR*, IUL Press, La Jolla, CA. Complete guide to all aspects of qPCR analysis.
37. Willey, J. C., Crawford, E. L., Jackson, C. M. et al. (1998) Expression measurement of many genes simultaneously by quantitative RT-PCR using standardized mixtures of competitive templates. *American Journal of Respiratory Cell and Molecular Biology*, **19**, 6-17.

38. Flagella, M., Bui, S., Zheng, Z. et al. (2006) A multiplex branched DNA assay for parallel quantitative gene expression profiling. *Analytical Biochemistry*, **352**, 50-60.
39. Freeman, W. M., Walker, S. J. and Vrana, K. E. (1999) Quantitative RT-PCR: pitfalls and potential. *Biotechniques*, **26**, 112-115.
40. Müller, M. C., Hördt, T., Paschka, P. et al. (2004) Standardization of preanalytical factors for minimal residual disease analysis in chronic myelogenous leukemia. *Acta Haematologica*, **112**, 30-33.
41. Benoy, I. H., Elst, H., Van Dam, P. et al. (2006) Detection of circulating tumour cells in blood by quantitative real-time RT-PCR: effect of pre-analytical time. *Clinical Chemistry and Laboratory Medicine*, **44**, 1082-1087.
42. Emmert-Buck, M. R., Bonner, R. F., Smith, P. D. et al. (1996) Laser capture microdissection. *Science*, **274**, 998-1001.
43. Fink, L., Kohlhoff, S., Stein, M. M. et al. (2002) cDNA array hybridization after laser-assisted microdissection from nonneoplastic tissue. *American Journal of Pathology*, **160**, 81-90.
44. Oji, Y., Yamamoto, H., Nomura, M. et al. (2003) Overexpression of the Wilms'tumor gene WT1 in colorectal adenocarcinoma. *Cancer Science*, **94**, 712-717.
45. Haupt, C., Tolner, E. A., Heinemann, U. et al. (2006) The combined use of non-radioactive *in situ* hybridization and real-time RT-PCR to assess gene expression in cryosections. *Brain Research*, **1118**, 232-238.
46. Peixoto, A., Monteiro, M., Rocha, B. and Veiga-Fernandes, H. (2004) Quantification of multiple gene expression in individual cells. *Genome Research*, **14**, 1938-1947.
47. Bengtsson, M., Ståhlberg, A., Rorsman, P. and Kubista, M. (2005) Gene expression profiling in single cells from the pancreatic islets of Langerhans reveals lognormal distilbution of mRNA levels. *Genome Research*, **15**, 1388-1392.
48. Hoadley, M. E. and Hopkins, S. J. (2006) Comparison of "real-time" and immunometric RT-PCR: RNA interference of reverse transcriptase-PCR. *Journal of Immunological Methods*, **312**, 40-44.
49. Hartshorn, C., Anshelevich, A. and Wangh, L. J. (2005) Rapid, single-tube method for quantitative preparation and analysis of RNA and DNA in samples as small as one cell. *BMC Biotechnology*, **5**, 2. Method for nucleic acid quantification without first extracting RNA.
50. Auer, H., Lyianarachchi, S., Newsom, D. et al. (2003) Chipping away at the chip bias: RNA degradation in microarray analysis. *Nature Genetics*, **35**, 292-293.
51. Rupp, G. M. and Locker, J. (1988) Purification and analysis of RNA from paraffin-embedded tissues. *Biotechniques*, **6**, 56-60.
52. Mizuno, T., Nagamura, H., Iwamoto, K. S. et al. (1998) RNA from decades-old archival tissue blocks for retrospective studies. *Diagnostic Molecular Pathology*, **7**, 202-208.
53. Klimecki, W. T., Futscher, B. W. and Dalton, W. S. (1994) Effects of ethanol and paraformaldehyde on RNA yield and quality. *Biotechniques*, **16**, 1021-1023.
54. Masuda, N., Ohnishi, T., Kawamoto, S. et al. (1999) Analysis of chemical modification of RNA from formalin-fixed samples and optimization of molecular biology applications for such samples. *Nucleic Acids Research*, **27**, 4436-4443.
55. Goldsworthy, S. M., Stockton, P. S., Trempus, C. S. et al. (1999) Effects of fixation on RNA extraction and amplification from laser capture microdissected tissue. *Molecular Carcinogenesis*, **25**, 86-91.
56. Godfrey, T. E., Kim, S. H., Chavira, M. et al. (2000) Quantitative mRNA expression analysis from formalin-fixed, paraffin-embedded tissues using 5'nuclease quantitative reverse transcription-polymerase chain reaction. *Journal of Molecular Diagnostics*, **2**, 84-91.
57. Bock, O., Kreipe, H. and Lehmann, U. (2001) One-step extraction of RNA from archival biopsies. *Analytical Biochemistry*, **295**, 116-117.

58. Specht, K., Richter, T., Muller, U. et al. (2001) Quantitative gene expression analysis in microdissected archival formalin-fixed and paraffin-embedded tumor tissue. *American Journal of Pathology*, **158**, 419-429.
59. Cohen, C. D., Gröne, H. J., Gröne, E. F. et al. (2002) Laser microdissection and gene expression analysis on formaldehyde-fixed archival tissue. *Kidney International*, **61**, 125-132.
60. Fink, L., Kinfe, T., Stein, M. M. et al. (2000) Immunostaining and laser-assisted cell picking for mRNA analysis. *Laboratory Investigation*, **80**, 327-333.
61. Ståhlberg, A., Aman, P., Ridell, B. et al. (2003) Quantitative real-time PCR method for detection of B-lymphocyte monoclonality by comparison of kappa and lambda immunoglobulin light chain expression. *Clinical Chemistry*, **49**, 51-59.
62. Tichopad, A., Dilger, M., Schwarz, G. and Pfaffl, M. W. (2003) Standardized determination of real-time PCR efficiency from a single reaction set-up. *Nucleic Acids Research*, **31**, e122.
63. Ramakers, C., Ruijter, J. M., Deprez, R. H. and Moorman, A. F. (2003) Assumption-free analysis of quantitative real-time polymerase chain reaction (PCR) data. *Neuroscience Letters*, **339**, 62-66.
64. Liu, W. and Saint, D. A. (2002) Validation of a quantitative method for real time PCR kinetics. *Biochemical and Biophysical Research Communications*, **294**, 347-353.
65. Pasloske, B. L., Walkerpeach, C. R., Obermoeller, R. D. et al. (1998) Armored RNA technology for production of ribonuclease-resistant viral RNA controls and standards. *Journal of Clinical Microbiology*, **36**, 3590-3594.
66. Cloud, J. L., Hymas, W. C., Turlak, A. et al. (2003) Description of a multiplex *Bordetella pertussis* and *Bordetella parapertussis* LightCycler PCR assay with inhibition control. *Diagnostic Microbiology and Infectious Disease*, **46**, 189-195.
67. Raengsakulrach, B., Nisalak, A. and Maneekarn, N. (2002) Comparison of four reverse transcription-polymerase chain reaction procedures for the detection of dengue virus in clinical specimens. *Journal of Virological Methods*, **105**, 219-232.
68. Tichopad, A., Didier, A. and Pfaffl, M. W. (2004) Inhibition of real-time RT-PCR quantification due to tissue-specific contaminants. *Molecular and Cellular Probes*, **18**, 45-50.
69. Yenchitsomanus, P. T., Sricharoen, P., Jaruthasana, I. et al. (1996) Rapid detection and identification of dengue viruses by polymerase chain reaction (PCR). *Southeast Asian Journal of Tropical Medicine and Public Health*, **27**, 228-236.
70. Lacey, H. A., Nolan, T., Greenwood, S. L. et al. (2005) Gestational profile of $Na^+/H^+$ exchanger and $Cl^-/HCO_3^-$ anion exchanger mRNA expression in placenta using real-time QPCR. *Placenta*, **26**, 93-98.
71. Stangegaard, M., Dufva, I. H. and Dufva, M. (2006) Reverse transcription using random pentadecamer primers increases yield and quality of resulting cDNA. *Biotechniques*, **40**, 649-657.
72. Lewis, F. and Maughan, N. J. (2004) Extraction of total RNA from formalin-fixed paraffin-embedded tissue, In: *A-Z of Quantitative PCR* (ed. S. A. Bustin), IUL, La Jolla, CA, pp. 591-603.
73. Lekanne Deprez, R. H., Fijnvandraat, A. C., Ruijter, J. M. and Moorman, A. F. (2002) Sensitivity and accuracy of quantitative real-time polymerase chain reaction using SYBR green I depends on cDNA synthesis conditions. *Analytical Biochemistry*, **307**, 63-69.
74. Stanley, K. K. and Szewczuk, E. (2005) Multiplexed tandem PCR: gene profiling from small amounts of RNA using SYBR Green detection. *Nucleic Acids Research*, **33**, e180. Protocol for multiplexing using non-probe-based chemistry.
75. Lutfalla, G. and Uze, G. (2006) Performing quantitative reverse-transcribed polymerase chain reaction experiments. *Methods in Enzymology*, **410**, 386-400.
76. Afonina, I. A., Reed, M. W., Lusby, E. et al. (2002) Minor groove binder-conjugated DNA probes for quantitative DNA detection by hybridization-triggered fluorescence. *Biotechniques*, **32**, 940-949.

77. Reynisson, E., Josefsen, M. H., Krause, M. and Hoorfar, J. (2005) Evaluation of probe chemistries and platforms to improve the detection limit of real-time PCR. *Journal of Microbiological Methods*, **66**, 206-216.
78. Tyagi, S. and Kramer, F. R. (1996) Molecular beacons: probes that fluoresce upon hybridization. *Nature Biotechnology*, **14**, 303-308. Description of molecular beacons.
79. Huggett, J., Dheda, K., Bustin, S. and Zumla, A. (2005) Real-time RT-PCR normalisation: strategies and considerations. *Genes & Immunity*, **6**, 279-284.
80. Rutledge, R. G. (2004) Sigmoidal curve-fitting redefines quantitative real-time PCR with the prospective of developing automated high-throughput applications. *Nucleic Acids Research*, **32**, e178.
81. Schefe, J. H., Lehmann, K. E., Buschmann, I. R. et al. (2006) Quantitative real-time RT-PCR data analysis: current concepts and the novel "gene expression's CT difference" formula. *Journal of Molecular Medicine*, **84**, 901-910.
82. Ke, L. D., Chen, Z. and Yung, W. K. (2000) A reliability test of standard-based quantitative PCR: exogenous vs endogenous standards. *Molecular and Cellular Probes*, **14**, 127-135.
83. Pfaffl, M. W. and Hageleit, M. (2001) Validities of mRNA quantification using recombinant RNA and recombinant DNA external calibration curves in real-time RT-PCR. *Biotechnology Letters*. **23**, 275-282.
84. Hocquette, J. F. and Brandstetter, A. M. (2002) Common practice in molecular biology may introduce statistical bias and misleading biological interpretation. *Journal of Nutritional Biochemistry*, **13**, 370-377.
85. Stephen, B., Vladimir, B., Jeremy, G. et al. (2009) The MIQE Guidelines: Minimum Information for Publication of Quantitative Real-Time PCR Experiments. *Clin Chem*, **55**, 4.

# 7 哺乳动物细胞中的基因表达

Félix Recillas-Targa, Georgina Guerrero, Martin Escamilla-del-Arenal and Héctor Rincón-Arano
*Instituto de Fisiologia Celular, Departamento de Genética Molecular, Universidad Nacional Autónoma de México, Apartado, Mexico*

## 7.1 简介

为了理解哺乳动物细胞中基因表达的复杂过程，我们必须对真核基因组进行实验操作。这样的操作虽然让我们被迫改善了多个实验策略，但在我们深入了解多细胞器官的过程中作出了重要贡献。基于结果的需要，基因转移和序列修饰的应用方法现有了新的改进策略。最近实验数据显示，为了方便、稳定地进行转移基因的表达分析，染色质的结构影响应该被严格地纳入考虑范围。目前认为经典的调控方式和染色质结构单元是利于维持基因表达的必要条件。这些染色质结构单元在基因转移中面临着一个新纪元，我们可能将会开始看到一批新基因和癌症治疗载体的诞生。在这个章节，我们首先简短地讨论和描述几种基因转移、基因组修饰的策略，然后提供两种供选择的哺乳动物细胞基因表达的研究方法。在第一种方法的设计中，我们着重注意基因转移中基因组环境的一体化；在第二种方法的设计中，我们着重在研究时维持包含基因组序列的染色体的完整性。

DNA重组技术兴起时，基因修饰领域涌现出大量方法，特别集中在把遗传信息转移到细胞系、原代培养细胞、各种器官和组织以及遗传修饰产生的器官中。毫无疑问，基因转移在我们目前已知的如基因调控、翻译后修饰事件、染色质组成、重组蛋白质产生和基因治疗等这些领域中显示出重要优势。一个需要纳入考虑的特定事实是，基因转移和基因表达研究中没有通用的研究方法。每个细胞和器官的类型都需要事先仔细分类，以确定最佳基因转移条件，才能达到最高的转移效率和可重复性。在大部分实验生物体系中，我们一直面临着两种变量，这是必须处理的矛盾。一方面是转移基因的表达水平，在以往研究中比较少见的被称为进行性转移基因表达猝灭的现象，在此类研究中逐渐显现[1,2]；另一方面，对于同一个多拷贝转移基因一旦整合入数组基因组，将产生不清晰的现象，在植物中称为共抑制，即当多拷贝的转移基因整合后随之造成的基因表达沉默[3]。

没有可进行的体内系统迫使我们变通来进行真核细胞基因表达研究。近年来，产生了大量的基因转移的应用，接连出现的新方法让科学家们研究有了更多可行和可重复的手段［4］。基因转移的一种最常用的方法是对基因表达伴侣的研究。此类研究可以利用来自不同组织和器官的原代培养细胞系，此外也可以利用经病毒转化的细胞系甚至多种类型的肿瘤细胞系。基因产物的过量表达可以作为基因功能研究的一种选择去解释和研究一种特定的信号转导通路，或测量组蛋白翻译后修饰和（或）内生肽。目前，基因转移研究基因表达的方法中很多问题还没有解决，很大程度上仍然是基于我们对所设计的参数的了解。基因调控的研究可能是用于研究真核调控元件活动中应用得最广泛的方法。此类调控元件的列表还在增长，包括经典的例子如启动子、增强子、位点控制区域（LCR）和最近新增的绝缘子［2，4～7］。所有的这些研究均基于两个主要的组成部分：①可计量报告基因的使用；②随后的短暂的或稳定的基因转移入细胞。携带不同报告基因的质粒，如氯霉素-乙酰转移酶（CAT）和最近常见的萤光素酶（LUC）、β-牛乳糖和绿色荧光蛋白（GFP），均可以通过商业途径获得，它们在对照元件的研究中可以提高效率并节省时间［4］。

瞬时转染实验中非常重要的一点需要提及，尽管这种方法非常有益，但可能给出不一致的结果，尤其是比照同一个报告基因载体整合入宿主细胞基因组中时。换句话说，就是一个整合后的报告基因染色质环境可能相比较于表型基因表达出完全不同的结果。根据我们的经验，瞬时检测的可重复性决定于沉默子的活性，这个活性与鸡 α-珠蛋白结构域的 3′端非编码序列的位置有关。当同样的序列在整合后的基因组中被检验时，沉默子对邻近的增强子元件起负作用［8］。这就清楚地提示了两种相反的活性，在研究中是否依赖调控元件取决于其是否位于染色质内容区。

因此，务必理解在一个细胞里的不同基因的表达，这一点是毫无疑问的。然而，这不是个简单易行的任务，因为存在不同的网络通路并且在自然条件下冗沉的表达伴侣在基因表达调控时达到很高的表达水平。如果我们算上复杂的细胞核特殊组分及其相关的染色质结构，很显然这就需要丰富的实验设计和发展新的方法来进行基因组操作［9，11］。

## 7.1.1 人工染色体和转基因技术

过去的 20 年里，在发展新的基因表达研究包括大的基因组序列的方法学上已经获得了显著的成就。这主要是因为越来越多的证据显示基因需要一套精密的邻近（启动子）和远程调控元件来进行正确的表达［12，13］。然而，来自酵母和细菌的人工染色体的使用已经成为一种可选择的诱人的工具，不仅可用于研究内源的基因表达伴侣，甚至更有意思的是可以利用同源重组策略的优势将其用于对大的基因组区域进行操作［14～16］。因此，人工染色体等转基因方法已经被证明有效，不单可用于表达调控变化和发育各阶段的研究，也可用于生物医学和生物技术应用的研究中［15］。两类人工染色体载体通常用于大规模的装载：酵母人工染色体（YAC）和细菌来源的细菌人工染色体（BAC）或 P1-人工染色体（PAC），YAC 和 BAC/PAC 载体允许装载的基因组插入片段的区间从 100kb 到超过 1Mb。这么大的基因组序列插入片段可以包含全部基因表达所需要的调控序列。集合了全部基因表达所需要的调控元件自然进一步地利于确保其位点的独立、拷贝数的独立和理想的转基因表达水平。此外，人工染色体最诱人和最有用的性能是明显不受限制地产生大量可变化修饰的能力，使之可以被整合进载体中，包括靶向破坏、倒位甚至插入特定的序列[17，19]。

## 7.1.2 基因转移和表达

基因转移和表达面临两大障碍：第一是转基因表达水平时常发生变异，第二是转基因表达的进行性减退或者沉默，对后者的研究目前较少。两种障碍的主要原因，目前认为是一种被称为染色质位置效应的染色质结构[1，2]。

## 7.1.3 位置效应和核染色质

目前存在两种位置效应，它们分别是由不同整合位点导致的染色质位置效应，以及由重排和随后发生的活性基因沉默导致的邻近位置效应，后者的基因失活经常是因为邻近异染色质导致的[20~22]。一般地说，邻近位置效应定义为随机的和可遗传的基因表达沉默。这种效应在转基因整合发生于邻近异染色质时尤其突出，那里的沉默压力更强大。

另外，染色质位置效应基本上被认为是一种归因于转基因在基因组不同染色质环境中随机插入的变化。因而，染色质重构机制相关的研究便特定地为理解这种基因表达变异机制而存在。这便引领了在随机整合基因时对抗染色质沉默效应实验策略的设计。

## 7.1.4 组织特异性调控元件

对于一些成功的基因转移和表达分析来说，组织或者细胞特异性需要被仔细考虑。此外，相关调控元件的力量显示为一种补充因素。某些病毒增强子-启动子复合体力量足够强大去克服位置效应，如巨细胞病毒（CMV）增强子-启动子元件（Rincón-Arano 和 Recillas-Targa，未发表的观察）。不幸的是，这些元件天生具有一个很大的细胞类型活性谱，这使转基因表达非常不特异。随着 LCR 在人 β-珠蛋白位置的发现，让人们非常兴奋是，这些序列被植入转基因载体从而使克服位置效应成为可能[13，23]。β-珠蛋白的 LCR 提供了强大的红系细胞特异性基因表达，当它不存在时，这些基因受强大的染色质位置效应控制。当被连接到一个报告基因时，红系细胞系存在一种独立于整合位点以外的拷贝数目独立型基因表达[13，23]。换言之，LCR 的存在对转基因表达有一种独立于染色质整合内容以外的正向的和占优势的效应[7，13，24]。时至今日，有大量 LCR 已经被发现，它们全部是组织特异性的[25]。基于 LCR 的特性，LCR 已经被植入逆转录病毒载体的转基因设计中，并生产出转基因小鼠[26，27]。LCR 在重组基因表达中使用上的原则性限制是它们的组织特异性。

## 7.1.5 持续表达和染色质绝缘体

近期的一种引人注意的转基因表达可选方法是绝缘体或叫边缘元件的应用[2，6]。

绝缘体最初是在果蝇的不同染色质区域中被发现。当时，最佳性能的绝缘体是鸡的β-珠蛋白绝缘体[2, 28]。绝缘体的定义是基于两个实验性质：①当它们位于增强子-启动子之间时，能依次地干扰增强子-启动子联系；②当它们位于载体两侧时能保护转基因，对抗染色质位置效应而不依赖于基因组整合位点[2, 6, 28]。绝缘子通常一般与DNase I 高敏感位点共存，它们的行为表现为中立性的，对转录活性不表现为增强或抑制。这些特性特别具防止转基因的染色质位置效应和进行性表达减退的能力，同时体现了绝缘子在转基因和基因治疗中的真正潜力。因此，染色质绝缘子和组织特异性调控元件的联合应用已经即将实现了，将直接成为一种真正防止转基因和基因治疗载体染色质位置效应的方法。

综上所述，可用于基因表达研究的方法有好几种。我们在此首先描述一种与转基因交换相关的方法，被称为Cre重组介导的盒式交换（RMCE），其目的是将转基因整合入预定的染色体位点。然后，我们描述鸡β-细胞系DT40的使用，其目的是为在后续研究中制备可维持的基因组区域重组和修饰的微细胞融合。

## 7.2 方法和途径

### 7.2.1 哺乳动物细胞的位点特异性染色体重组

由于调控元件的复杂性，对它们的研究需要对照不同部分和（或）对染色质信息点突变的分析。然而，因为染色体位置效应的存在，对大量不可控位点和转基因拷贝数进行的随机染色体整合的结果是不可预测的，也不能被精确的重复。无法控制的整合位点、整合拷贝数和转基因表达水平已经阻碍了对基因表达和转基因生理效应的研究。RMCE实验方案7.1和7.2描述通过使用序列特定性Cre重组酶，将转基因整合到细胞系预定染色体位置的两种直接的、可重复性的策略[29～31]。这种方法基于独立的、包含 *CMV-HYTK* 基因的pL-HYTK-L2载体稳定性转染单拷贝整合的建立。这些可以在后续被用于生产、可经潮霉素正向选择的、稳定的受体型细胞系。一经Southern blot验证为单拷贝整合，它们即可以被环氧鸟苷反向筛选，以筛选出盒式交换成功的细胞。这些实验方案基于两种互为反向的 *loxP* 序列的应用，该序列可以引导盒式交换的颠转并检验盒式交换[图7.1（a）]。盒式交换的效率依赖于Cre重组酶的表达效率和基因组整合位点的可行性。值得一提的是，盒式交换可以整合入一半细胞的同一侧起点，同时整合到另外一半细胞的另一侧起点。

RMCE方法的中心环节是我们可以通过决定基因组插入位点来消除染色体位置效应，并可以将多个转基因单独地整合入同一个基因组位点，以形成对照[8]。此外，独立的受体克隆可以产生可预期的随机基因组位点整合，这为丢弃或者确认结果中获得的给定整合位点提供了可能。RMCE的一种潜在的可选择性应用是能通过同源重组驱动重组盒子成为特定的和中性的（沙漠化）染色体位点，如在鸡DT40细胞系（见下）和胚胎干细胞系（ES）中。这个流程更有价值的优势是在潮霉素选择以后，交换盒不需要正向选择标记，这有利于检验转基因表达的可靠性和防止那些非期望的经常位于位点

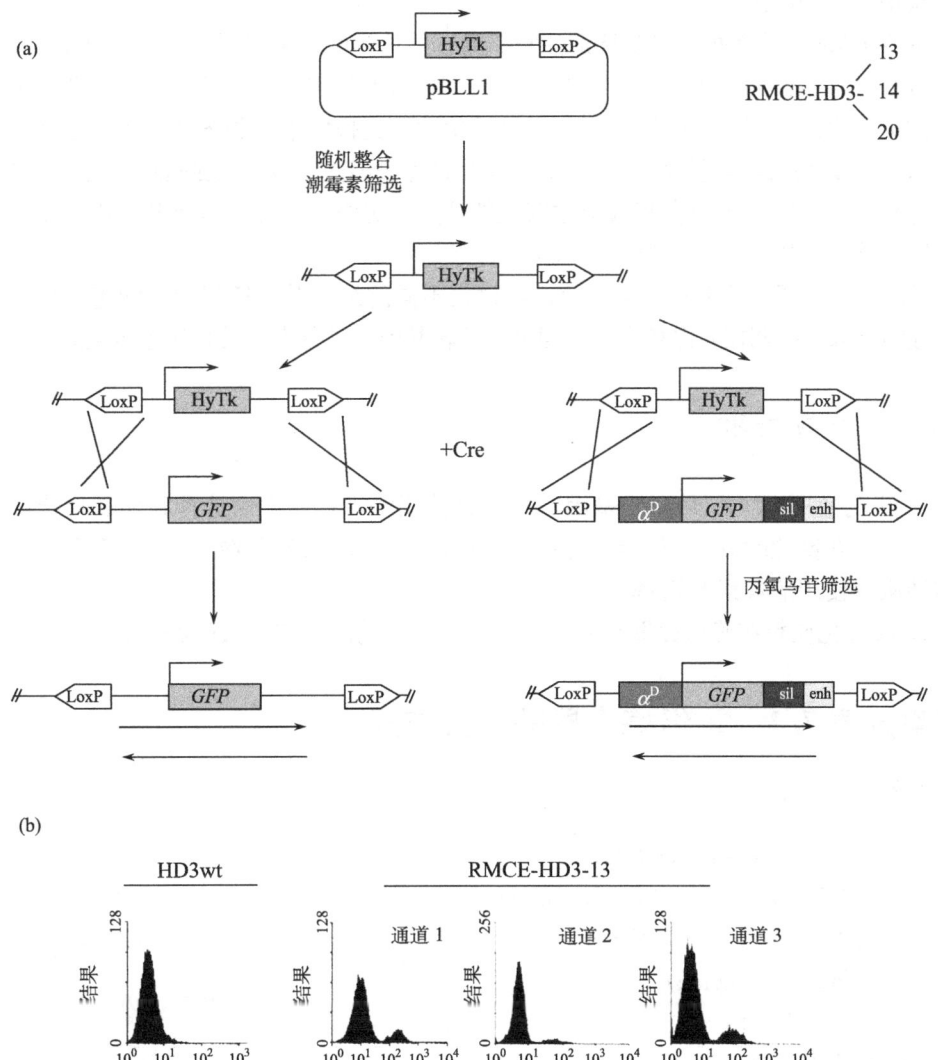

图 7.1 哺乳动物细胞位点特异性染色体整合。(a) 重组酶介导的盒式交换流程图解。稳定的单拷贝整合产生并分离自鸡有核红细胞 HD3 细胞系（RMCE-HD3-13，-14 和 20），它们在 HD3 细胞的基因组中随机整合。测试载体针对 Cre-重组酶，与表达载体共转染。细胞的融合受制于更昔洛韦和后续的每个单克隆稳定细胞系的分离。(b) 通过流式细胞分析分离单克隆。细胞依次在有更昔洛韦存在的条件下生长 3 天、没有更昔洛韦存在的条件下生长 3 天、再次在有更昔洛韦存在的条件生长 3 天。尽管有全部这些预防措施，细胞种类仍保持最合适的互补策略。图解显示了一种未转染的野生型（HD3wt）克隆的流式细胞术情况，和另外 3 个独立的作用同一个整合位点的克隆（RMCE-HD3-13）的流式细胞术情况。

附近的可选择基因调控的影响。RMCE 流程也可以用于调控元件的功能研究甚或染色质结构研究［31，32］。当一个理想的整合位点确定时，我们能以一种持续的和重复可控的方式生产多肽，以用于不同应用中［33，34］。DT40 技术被研究者很好地建立起来并获得广泛的应用。

进行 RMCE 时有两点需要特别注意。第一，Cre 重组酶需要高水平地表达。对此，Cre-GFP 融合载体的使用保证了细胞分类时 GFP 阳性细胞的分离，提高了已发生盒式交换的细胞克隆分离的可能性。第二，已发生盒式交换的细胞群需要富集。这些目标倚靠 GFP（无论何时可能发生）作为报告基因的优势经过一轮甚或两轮的细胞分选来实现。这种可行性归因于报告基因阳性表达的这类特定细胞在此环境有利，因而易于被富集。因为这个原因，推荐筛选方法（见 7.3 节）。

综上所述，RMCE 流程非常高效，可以在不同的细胞系包括胚胎干细胞系中通过可重复性的结果分析调控元件和产生不同类型的转基因来进行染色质和功能相关的研究。

### 7.2.2 质粒要求

1. 我们使用 $CMV\text{-}HYTK$ 基因，它适合使用潮霉素做阳性选择和环氧鸟苷做阴性选择。一种在倒位的 $loxP$ 位点旁连接 $CMV\text{-}HYTK$ 基因的质粒（pL1-HYTK-L1）能稳定转染并使用潮霉素 B 选择。

2. 线性化质粒在确认提取自单一拷贝整合子之前应该先做去磷酸化。

## 实验方案 7.1 重组酶介导的盒式交换

设备和试剂

- 荧光流式细胞仪（B&D）
- DMEM 培养基（DMEM；Gibco）
- 胎牛血清（FBS）（Wisent）
- 环氧鸟苷（Sigma）
- 潮霉素 B（Roche）
- 纤维素甲醚（Fluka）
- 鲑鱼精子 DNA（Sigma）
- 脂质体（Invitrogen）

方法

1. 将 pL1-HYTK-L1 质粒和脂质体按 1∶1 或 1∶2 的比例缓慢混合，总体积 $50\mu l$[a]。
2. 与细胞共同孵育 4~6h。
3. 脂质体转染 24~48h 后，更换为含 $750\mu g/ml$ 潮霉素 B 的 DMEM 培养基。
4. 在 3~5d 内进行 3 次潮霉素筛选，以便细胞复苏。
5. 使用添加 2% 纤维素甲醚的含有潮霉素的 DMEM 培养基筛选稳定共表达 $CMV\text{-}HYTK$ 基因的细胞系。

6. 在含潮霉素的介质中生长 2～3 周后，挑取独立克隆。
7. 使用 PCR 扩增和以 GFP 为探针的 Southern blot 检查基因转移是否完全。
8. 使用 Southern blot[c] 验证克隆中含有单一拷贝[b] 的 L1-HYTK-L1 盒。

**注释**

a 细胞也可以使用 Gene Pulser II 电穿孔仪进行电转化。
b 建议线性化质粒，以提高分离单拷贝重组的效率，然后进行去磷酸化后再转染。
c 也可选择 LAM-PCR（线性扩增介导聚合酶链反应）方法来验证重组位点。

## 实验方案 7.2　交换转移基因的提取

设备和试剂

- Cre 重组酶表达质粒 pBS 185（Gibco）
- DMEM（Gibco）
- FBS（Wisent）
- 荧光流式细胞仪（B&D）
- PCR 仪（MasterCycler，Eppendorf）
- 纤维素甲醚（Sigma）
- 环氧鸟苷（Sigma）
- 潮霉素 B（Roche）

方法

1. 对于红系细胞系，在无血清的 DMEM 细胞培养介质中使用脂质体进行线性化质粒（测试和 Cre 质粒）共转染［图 7.1（a）］[d]；
2. 在含 0.75mg/ml 浓度潮霉素 B 的选择介质中培养细胞克隆（含有 CMV HYTK 基因）[e]；
3. 转染后 3 天，使用含 50ng/ml 环氧鸟苷进行超过 10 天的阴性选择[f]；
4. 为了提高细胞生存率且不丢失阴性选择的效果，进行 3 轮交替的 3 天阴性选择——3 天细胞复苏［图 7.1（b）］[f]；
5. 使用荧光流式细胞仪（激发荧光细胞分类，FACS）［图 7.1（b）］把细胞单个分入 96 孔平板，在没有任何选择[g] 和 RMCE 阳性测试物质存在的条件下增殖[h]。为了降低任何对抗阳性表达克隆的选择偏倚，进行 Southern blotting 来对抗 *GFP* 报告基因[i]。

**注释**

d 植入的 *loxP* 序列（Cre 重组酶的靶点）被安置在要被相同的基因组插入位点；
e 在电转染和脂质体转染前，细胞应该在选择培养基中培养 10 天；
f 经过对 Cre 表达质粒 pBS185 使用剂量的多次测试，我们发现目标基因：测试转移基因为 3 能提高重组效率，此外也便于环丙鸟苷筛选；

  g Cre-RMCE 流程看起来存在浮动的效率。我们建议已经成功转染的和 Cre 介导的盒式交换已经完成的细胞可以用两次或更多次数的 FACS 来富集，特别当 GFP 表达基因已被转入交换质粒时。

  h 我们发现阳性 RMCE 阳性克隆的比率在 10% 左右。

  i 重要的一点需要标明，这个系统允许我们评估选择基因标记。

## 7.2.3 染色体转移

  鉴于染色质结构在基因表达调控中扮演核心角色，遗传学研究需要在完整的染色质环境中进行 [7~10]。同源重组和转基因已经作为强有力的工具用于哺乳动物基因位点修饰和操作。大多数此类研究通过把替代基因微注射入小鼠受精卵或胚胎干细胞的核内进行，经过同源重组产生特定的突变和缺失。两种方案我们都要面临两个主要问题。第一，两种方式都受低成功率和需要大规模的筛选步骤限制。第二，两种方式都受所选择的哺乳动物物种限制，特别是选择小鼠时，将限制人的基因组不能在更天然的染色质环境中进行操作。为了避免这些问题，我们可以通过将天然染色体从一种细胞转移入另一种细胞中来维持遗传 [36~38]。在红系细胞系分析中，我们可以在 DT40 鸡 B 细胞系操作染色体转移来进行补充。DT40 细胞系是一种经禽类白血病病毒（ALV）转化的细胞系。此细胞系可以在同源重组时帮助我们获得非常高的转化效率，将转化率从 10% 提高到 80%（以我们的经验可以获得 40% 的重复性）[39]。但很遗憾的是，在这个细胞系中这么常见的高转化率的分子机制我们还了解得很少。使用 DT40 细胞系的临界点时间使其他物种的染色体可以转移入这个细胞系的细胞内，使用这个细胞系目标转化效率通常明显高出使用其他脊椎动物细胞。因此，可以在合适的选择标记存在时使用 DT40 细胞系进行遗传操作，然后修饰过的染色体可以再次转入其他的有合适的或利于操作的遗传背景细胞系内，进行基因表达研究的操作（图 7.2）。

  因此，典型的染色体转移实验分为两个步骤，包括先把我们确定的选择性标记基因克隆入携带我们感兴趣基因区域的人染色体，之后微融合入细胞。然而，需要强调的是，每次细胞微融合实验中，验证要转移的染色体的完整性这一步非常重要，因为在这些实验步骤中，会有一定的频率出现整个染色体区域的丢失 [38, 40]。为此，有必要使用预先定义好的标记进行系统的 PCR 分析并以荧光原位杂交（FISH）作为补充来确认染色体的完整。微细胞融合结合同源重组技术已成功应用于染色质研究，特别用于人和小鼠 β-珠蛋白基因的位点研究 [38, 40]。总之，微细胞融合配合 DT40 细胞系同源重组的性能为基因敲除小鼠研究和更广泛的细胞类型分析研究提供了一种明确的选择。

  微细胞融合流程利用了供体细胞（DT40 鸡淋巴细胞系）成为微核的优势。实验方案 7.3、7.4 和 7.5 是针对 K562 细胞系（人白血病细胞系）微细胞染色体转移的通用流程，融合率为 30%~40%。当 DT40× 人细胞微细胞融合的效率相对低下时，需要使用大数量供体微细胞来达到成功的染色体转移 [36, 37]。

# 7 哺乳动物细胞中的基因表达

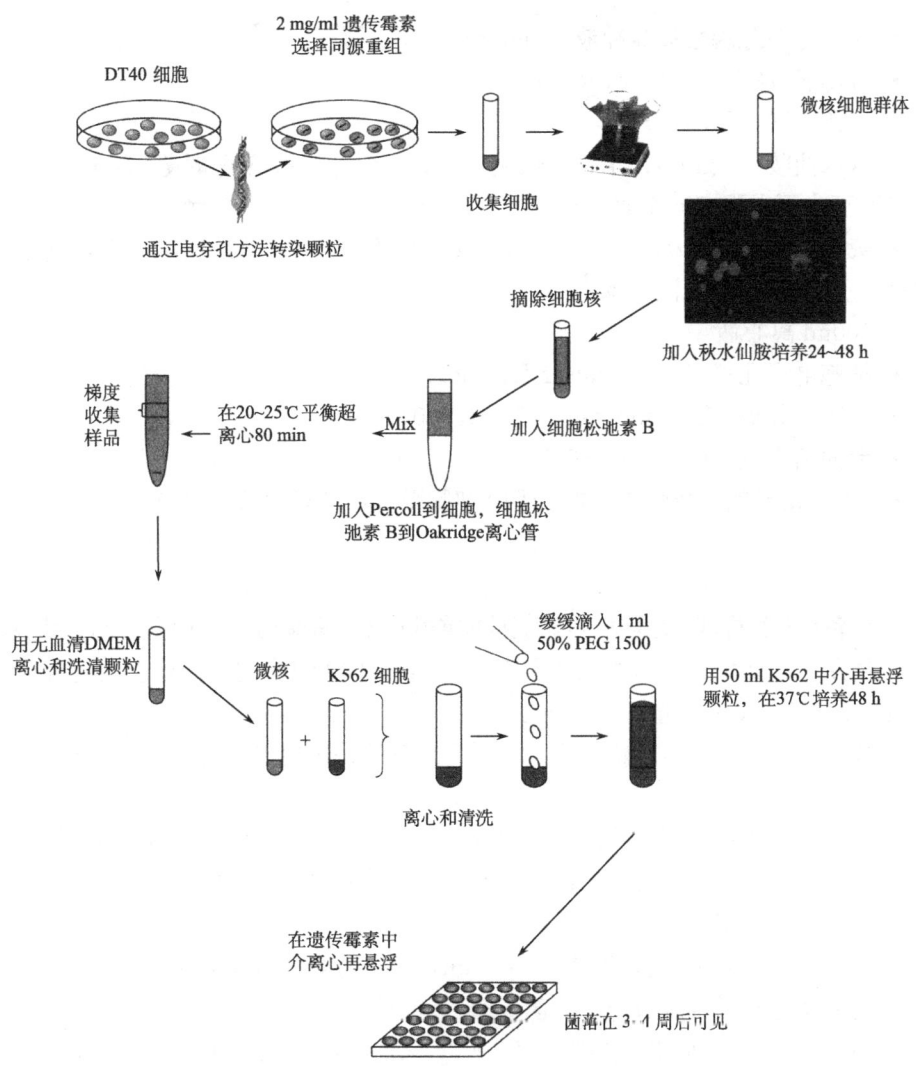

图 7.2 图解描述产生微细胞杂交实验流程和鸡前-B 细胞系 DT40 的染色体 DNA 同源重组实验流程。同源重组结果经选择和转移进入哺乳动物细胞（K562 细胞）。细胞供体可以获得于哺乳动物细胞货直接获得于鸡 DT40 细胞。例如，最早的供体细胞可以来源于人，通过在 DT40 细胞中的同源重组过程转染和修饰，最终，经过修饰的人染色体再次被转染到合适的鼠细胞系中进行分析（见彩版）。

## 实验方案 7.3　微细胞融合：供体细胞微核

设备和试剂

- DMEM（Gibco）
- FBS（Wisent）
- 鸡血清（Gibco）

- 10%蛋白胨磷酸盐缓冲液（Sigma）
- 青霉素/链霉素（Invitrogen）
- 遗传霉素（Invitrogen）
- 秋水仙胺（Sigma），干粉干燥避光－20℃保存；盐溶液储液浓度 1mg/ml，避光－20℃至少可以保存 6 个月
- 荧光染料 Hoechost 33285（cat. B-2883，Sigma），干粉室温保存，盐溶液储液浓度 50mg/ml 室温无限期保存
- 500ml 离心瓶
- 细胞电穿孔仪（Gene Pulser II，BioRad）
- 细胞培养板（Thermolyne，型号 45600）
- 台面离心机（Labofuge 400R，Heraeus）
- ALV-诱导的鸡囊性淋巴瘤 DT40 细胞系（ATCC CRL-2111）

方法

1. 制备带有目标基因组区域同源序列的重组质粒，每端均有一个可选择的标记基因[j]。
2. 使用电穿孔仪将重组质粒转入 $1\times10^7$ 个 DT40 细胞内，产生稳定克隆，并使用 $2\mu g/ml$ 的遗传霉素筛选[k]。
3. 稳定的 DT40 细胞系获得后，检查重组事件并运用 PCR 和 Southern blot 验证重组载体。
4. 对 DT40 进行微核重组，将 250ml 含有 10%FBS 的 DMEM 培养基和 50ml DT40（$1\times10^7\sim3\times10^7$ 个细胞/ml）细胞移入 500ml 的离心瓶中。
5. 37℃孵育 24h。
6. 加入秋水仙胺[l]至终浓度为 $0.5\mu g/ml$，37℃孵育 24h 诱导微核融合。
7. 将微核融合后细胞收集至无菌 50ml 离心管中[m]。
8. 使用桌面离心机将微核细胞以 1000g 离心，将团块中加入 50ml 含 10%FBS 的 DMEM 培养基。

注释

j 新霉素抗性基因应该位于 *loxP* 位点特异性重组基序两侧，同源重组序列应该至少 1.5kb 长，并避免重复序列。

k $25\mu g$ 线性化质粒可以在 DT40 细胞系中获得满意的转染效率 [37]。

l 使用秋水酰胺可降低微管信息带来的微核化干扰。因此，染色体在细胞里散开形成一条或几条染色体的核外套形成微核。带有我们感兴趣的染色体的微核用遗传霉素选择分离出来。

m 在目视下将细胞收集成团块并以至少 3∶1（V/V）的甲醛∶乙酸比例混合。滴一滴悬浊液在清洁干燥的显微玻片上，风干。在上面加滴 Hoechst 溶液（约 $0.5\mu g/ml$），染色 1~3min。以水冲洗并覆盖盖玻片和封闭液。微核细胞在紫外线下可见（激发波长 365nm，散发波长 480nm）；它们很容易与单核细胞分辨开（图 7.2）。

## 实验方案 7.4 微核细胞分离方法

设备和试剂

- Percoll (GE,灭菌悬浊液状态)
- 细胞松弛素 B (Sigma) 储液,$2\mu g/ml$ 溶于 DMSO
- Oakridge,30ml 聚碳酸酯管 (Oakridge Tubes Bechman)
- 高速冷冻离心机 (Bechman XL-90 超速离心)
- 50ml 一次性无菌聚碳酸酯离心管 (Corning Tubes)
- FBS (Wisent)

方法

1. 制备 100ml 的 Percoll:取 92ml Percoll,3ml 5mol/L 的 NaCl,5ml 1mol/L pH1.0 的 Hepes,将 15ml 已平衡 Percoll 加入两个 30ml 的 Oakridge 管中。
2. 制备 DMEM,含 10%FBS,加细胞松弛素 B 至终浓度 $20\mu g/ml$。
3. 10 000g 离心将供体细胞收集成团,使用 30ml DMEM 培养基重悬,10%胎牛血清+细胞松弛素 B 至细胞浓度 $<3\times 10^7/ml$。
4. 将细胞悬液分至几个装有 Percoll (约 15ml) 的离心管中,颠倒离心管,混合均匀。
5. 20℃,31 000g 超速离心 80min,使用 45Ti 转头[n]。
6. 离心后可见 2 条或 2 条以上条带。将离心管[o]顶端下 2cm 开始至 Percoll 团块上方的样品收集到 50ml 聚丙烯离心管中。
7. 再次离心,2000g,10min,弃上清。
8. 用无血清的 DMEM 重悬离心团块,调整至能整除的体积以便计量。
9. 2000g 离心,10min,弃上清,用无血清 DMEM 重悬,重复至少 3 次,以去除 Percoll。

注释

n 建议在低温下 (约 20℃) 超速离心,以避免过热导致大量细胞死亡。
o 分离工序全靠基础细胞核或微核,核外包绕少量胞质和质膜 [36,37]。

## 实验方案 7.5 K562 细胞系的微细胞融合

设备和试剂

- 聚乙二酯 (PEG 1500,ICN):晶体保存于室温
- 50ml 聚丙烯无菌一次性离心管 (Corning Tubes)
- DMEM (Gibco)

- FBS (Wisent)
- 青霉素/链霉素 (Invitrogen)
- 红细胞计数器 (Marienfeld)
- 人红白血病转化细胞系 K562 (ATCC CCL-243)
- 高速冷冻离心机 (Beckman XL-90 超速离心)
- 细胞培养板 (150mm, 96孔) (Corning)

方法

1. 在细胞融合前一天，将 100ml K562 细胞（按 $2\times10^5$ 个/ml 接种）铺到 100mm 培养板中，使用含有 10%FBS 的 DMEM 培养基，青霉素/链霉素浓度为 1%。

2. 准备 1ml 含 50% ($m/m$) PEG 的无血清 DMEM 培养基，37℃溶解，过滤除菌。

3. 计数能整除的细胞数，以便可以离心收集细胞团块得到 $2\times10^6$ 个细胞。

4. 在 50ml 离心管中使用 10ml DMEM 培养基重悬细胞。

5. 冲洗细胞团块一次，使用 10ml 无血清培养基重悬细胞。

6. 使用 10ml 无血清 DMEM 培养基重悬微细胞团块（至少 $2\times10^7$ 个微细胞），使用移液器反复抽吸来小心混匀上清重悬细胞团块。

7. 将重悬好的微细胞加于受体 K562 细胞[p] 重悬混合均匀。将细胞/微细胞混合液放置室温 10min 后 2000$g$ 离心 10min。

8. 吸取培养基，缓慢滴入 1ml 含 50%PEG ($m/m$) 的培养基，轻柔吹打细胞团块 1min。立即逐滴加入无血清 DMEM 培养基 1ml，同时轻轻涡旋混匀 1min。重复此步骤一次。

9. 逐滴加入无血清 DMEM 培养基 7ml，同时轻轻涡旋混匀 2min。

10. 1000$g$ 离心融合混合物 10min，使用无血清 DMEM 培养基轻柔冲洗细胞团块三次。每次都离心收集融合混合物。

11. 使用 50ml 无选择性 K562 培养基重悬细胞团块，转入 150mm 细胞培养板中，37℃孵育 48h。

12. 使用 K562 选择性贴壁培养基重悬融合细胞，平分入 8 个 96 孔板中，大约每孔 0.2ml。3~4 周后可见杂交克隆[q,r]。

**注释**

p 对于微细胞融合入受体细胞，有一点非常重要，微细胞核核数量要至少比受体细胞多 5 倍，这是因为微细胞核不稳定。

q 杂交细胞从平均的经验来看效率约为 10%。杂交细胞混于 10%DMSO 或 10%FBS 中可以在次步骤保存于液氮中。

r 转移染色体的重组应该认真地由 PCR 扩增监测，使用多个针对目的染色体设计的引物。同时推荐使用 Southern blot 杂交验证目的条带 [36, 37]。

## 7.3 疑难解答

- RMCE 流程的要点是重组事件的筛选。这一步骤高度依赖 Cre 重组酶基因的高水平表达。
- 要建立细致的环氧鸟苷孵育条件，避免大量细胞死亡或差质量的筛选。
- 另外有一方面需要予以考虑，对于基因表达研究的特殊性，即使对于同一个基因组位点，我们可以比较不同的转基因重组方法的效果，进行性基因表达减退仍在整个阶段发生 [1, 2]。
- 为了避免任何 FACS 选择的偏倚，建议在环氧鸟苷筛选后立即使用 DNA 印迹分析。
- 混合细胞应该使用特殊的细胞培养混合板，因为保证微核细胞信息的完整性严格要求低速混合。
- 开始微细胞融合步骤之前必须确定优化的秋水酰胺浓度，因为对于不同类型细胞要求的浓度不同。
- 建议在实验步骤之前通过荧光显微镜对微细胞的信息进行验证（图 7.2）。

## 感谢

感谢 Mayra Furlan-Magaril 认真审阅书稿。本工作由墨西哥国立自治大学、Asuntos 私人总公司支持（IN209403，IX230104 和 In09403）和墨西哥图家科学与技术委员会支持（42653-Q 和 58767）。

（孟庆姝 译）

### 参 考 文 献

1. Pikaart, M. J., Recillas-Targa, F. and Felsenfeld, G. (1998) Loss of transcriptional activity of a transgene is accompanied by DNA methylation and histone deacetylation and is prevented by insulators. *Genes & Development*, **12**, 2852-2862.
2. Recillas-Targa, F., Valadez-Graham, V. and Farrell, C. M. (2004) Prospects and implications of using chromatin insulators in gene therapy and transgenesis. *BioEssays*, **26**, 796-807.
3. Garrick, D., Fiering, S., Martin, D. I. and Whitelaw, E. (1998) Repeat-induced gene silencing in mammals. *Nature Genetics*, **18**, 56-59.
4. Recillas-Targa, F. (2006) Multiple strategies for gene transfer, expression, knockdown, and chromatin influence in mammalian cell lines and transgenic animals. *Molecular Biotechnology*, **34**, 337-354.
5. Blackwood, E. M. and Kadonaga, J. T. (1998) Going the distance: a current view of enhancer action. *Science*, **281**, 60-63.
6. Valenzuela, L. and Kamakaka, R. T. (2006) Chromatin insulators. *Annual Review of Genetics*, **40**, 107-138.
7. Bulger, M. and Groudine, M. (1999) Looping versus linking: toward a model for long-distance gene activation. *Genes & Development*, **13**, 2465-2477.

8. Escamilla-Del-Arenal, M. and Recillas-Targa, F. (2008) GATA-1 modulates the chromatin structure and activity of the chicken alpha-globin 3' enhancer. *Molecular and Cellular Biology*, **28**, 575-586. This is an example of the RMCE protocol used from the chromatin and transcriptional perspective. In this work, endogenous chromatin configuration is restored in an independent chromatin integration site, and different point mutations can then be compared in the same chromatin environment.
9. Recillas-Targa, F. and Razin, S. V. (2001) Chromatin domains and regulation of gene expression: familiar and enigmatic clusters of chicken globin genes. *Critical Reviews in Eukaryotic Gene Expression*, **11**, 227-242.
10. Chakalova, L., Debrand, E., Mitchell, J. A. *et al*. (2005) Replication and transcription: shaping the landscape of the genome. *Nature Reviews Genetics*, **6**, 669-677.
11. Schneider, R. and Grosschedl, R. (2007) Dynamics and interplay of nuclear architecture, genome organization, and gene expression. *Genes & Development*, **21**, 3027-3043.
12. Kosak, S. T. and Groudine, M. (2004) Form follows function: the genomic organization of cellular differentiation. *Genes & Development*, **18**, 1371-1384.
13. Dean, A. (2006) On a chromosome far, far away: LCRs and gene expression. *Trends in Genetics*, **22**, 38-45.
14. Giraldo, P. and Montoliu, L. (2001) Size matters: use of YACs, BACs and PACs in transgenic animals. *Transgenic Research*, **10**, 83-103.
15. Copeland, N. G., Jenkins, N. A. and Court, D. L. (2001) Recombineering: a powerful new tool for mouse functional genomics. *Nature Reviews Genetics*, **2**, 769-779.
16. Ristevski, S. (2005) Making better transgenic models: conditional, temporal, and spatial approaches. *Molecular Biotechnology*, **29**, 153-163.
17. Peterson, K. R., Navas, P. A., Li, Q. and Stamatoyannopoulos, G. (1998) LCR-dependent gene expression in beta-globin YAC transgenics: detailed structural studies validate functional analysis even in the presence of fragmented YACs. *Human Molecular Genetics*, **7**, 2079-2088.
18. Calzolari, R., McMorrow, T., Yannoutsos, N. *et al*. (1999) Deletion of a region that is a candidate for the difference between the deletion forms of hereditary persistence of fetal hemoglobin and δ β-thalassemia affects β-but not bold γ-globin gene expression. *EMBO Journal*, **18**, 949-958.
19. Tanimoto, K., Liu, Q., Bungert, J. and Engel, J. D. (1999) Effects of altered gene order or orientation of the locus control region on human bold β-globin gene expression in mice. *Nature*, **398**, 344-348.
20. Robertson, G., Garrick, D., Wu, W. *et al*. (1995) Position-dependent variegation of globin transgene expression in mice. *Proceedings of the National Academy of Sciences of the United States of America*, **92**, 5371-5375.
21. Henikoff, S. (1996) Dosage-dependent modification of position-effect variegation in *Drosophila*. *BioEssays*, **18**, 401-409.
22. Wakimoto, B. T. (1998) Beyond the nucleosome: epigenetic aspects of position-effect variegation in *Drosophila*. *Cell*, **93**, 321-324.
23. Grosveld, F., van Assendelf, G. B., Greaves, D. R. and Kollias, B. (1987) Position-independent, high-level expression of the human beta-globin gene in transgenic mice. *Cell*, **51**, 975-985.
24. Festenstein, R. and Kioussis, D. (2000) Locus control regions and epigenetic chromatin modifiers. *Current Opinion in Genetics & Development*, **10**, 199-203.
25. Bonifer, C. (2000) Developmental regulation of eukaryotic gene loci: which cis-regulatory information is required? *Trends in Genetics*, **16**, 310-315.
26. Pannell, D. and Ellis, J. (2001) Silencing of gene expression: implications for design of retrovirus vectors. *Reviews in Medical Virology*, **11**, 205-217.
27. Neff, T., Shotkoski, F. and Stamatoyannopoulos, G. (1997) Stem cell gene therapy, position effects and chromatin insulators. *Stem Cells*, **15**, 265-271.

28. Burgess-Beusse, B., Farrell, C., Gaszner, M. et al. (2002) The insulation of genes from external enhancers and silencing chromatin. *Proceedings of the National Academy of Sciences of the United States of America*, **99** (Suppl. 4), 16433-16437. This is a short manuscript that describes the properties of chromatin insulators with particular reference to chicken cHS4 β-globin insulator.
29. Capecchi, M. R. (1989) Altering the genome by homologous recombination. *Science*, **244**, 1288-1292.
30. Feng, Y. -Q., Seibler, J., Alani, R. et al. (1999) Site-specific chromosomal integration in mammalian cells: highly efficient CRE recombinase-mediated cassette exchange. *Journal of Molecular Biology*, **292**, 779-785. This is the original publication describing the theoretical and practical aspects of RMCE assay. There is a clear description of the recombination procedure, the recombinant plasmids and the reagents required.
31. Baer, A. and Bode, J. (2001) Coping with kinetic and thermodynamic barriers: RMCE, an efficient strategy for the targeted integration of transgenes. *Current Opinion in Biotechnology*, **12**, 473-480.
32. Goetze, S., Baer, A., Winkelmann, S. et al. (2005) Performance of genomic bordering elements at predefined genomic loci. *Molecular and Cellular Biology*, **25**, 2260-2272.
33. Wong, E. T., Kolman, J. L., Li, Y. -C. et al. (2005) Reproducible doxycycline-inducible transgene expression at specific loci generated by Cre-recombinase mediated cassette exchange. *Nucleic Acids Research*, **33**, e147.
34. Toledo, F., Liu, C. -W., Lee, C. J. and Wahl, G. M. (2006) RMCE-ASAP: a gene targeting method for ES and somatic cells to accelerate phenotype analyses. *Nucleic Acids Research*, **13**, e92.
35. Schmidt, M., Schwarzwaelder, K., Bartholomae, C. et al. (2007) High-resolution insertion-site analysis by linear amplification-mediated PCR (LAM-PCR). *Nature Methods*, **4**, 1051-1057.
36. Killary, A. M. and Lott, S. T. (1996) Production of microcell hybrids. *Methods*, **9**, 3-11.
37. Dieken, E. S. and Fournier, R. E. K. (1996) Homologous modification of human chromosomal genes in chicken B-cell x human microcell hybrids. *Methods*, **9**, 56-63. This is a reference manuscript in which we can find a detailed protocol for the microcell fusion.
38. Dieken, E. S., Epner, E. M., Fiering, S. et al. (1996) Efficient modification of human chromosomal alleles using recombination-proficient chicken/human microcell hybrids. *Nature Genetics*, **12**, 174-182. This manuscript represents one of the most appealing examples of chromosome transfer and describes a targeted modification of the human β-globin locus by homologous recombination using chicken pre-B cell lines, DT40.
39. Buerstedde, J. M. and Takeda, S. (1991) Increased ratio of targeted to random integration after transfection of chicken B cell lines. *Cell*, **67**, 179-188.
40. Epner, E., Reik, A., Cimbora, D. et al. (1998) The beta-globin LCR is not necessary for an open chromatin structure or developmentally regulated transcription of the native mouse beta-globin locus. *Molecular Cell*, **2**, 447-455.

# 8 酵母双杂交在分析大量蛋白质相互作用中的应用

**Panagoula Charalabous, Jonathan Woodsmith and Christopher M. Sanderson**
*Department of Physiology, School of Biomedical Sciences, University of Liverpool, Liverpool, UK*

## 8.1 概述

酵母双杂交系统（Y2H）是一种鉴定蛋白质之间相互作用的完善体系。从1989年建立至今[1]，传统的酵母双杂交检测已经历了一系列的改善以提高精确度并降低假阳性杂交的发生[2~5]。近年来，科学家们又建立了便于高通量蛋白质相互作用分析的新方法[6~10]。虽然普遍的蛋白质互作研究通常会使用自动化技术，然而价格相对低廉的手动化酵母双杂交技术也同样可行。在后基因组时代中，对现有技术的要求越来越高，需对生物学与病理学过程的系统性和复杂性具有更为广泛的洞察力。在这一章中，我们将针对人工酵母双杂交技术中所用到的试剂和方法进行详细介绍。

传统的酵母双杂交系统[1]利用的是转录因子GAL4本身的特性。GAL4包括两个功能分离的结构域：DNA结合结构域（BD）和转录激活结构域（AD）。BD能够识别特定的靶基因，并与其启动子当中的GAL4特异性序列相结合，而AD则启动相邻下游基因的转录。传统酵母双杂交检测中，GAL4的两个结构域被相互分离。通常情况下，将BD结构域与一个蛋白质的N端或感兴趣的结构域相融合，从而形成一个"诱饵蛋白"，而AD结构域则与"猎物蛋白"的N端相融合（图8.1）。一旦GAL4的两个结构域彼此分离，GAL4效应基因的转录就不能启动。然而，如果与BD和AD结构域相融合的两个蛋白质之间存在相互作用，就可使得BD和AD结构域的距离拉近，从而启动其下游报告基因的转录。大多数现行的酵母双杂交系统通常运用生物合成或酶相关的报告基因，以减少启动子特异性所造成的假阳性结果[5]。本章对酵母双杂交系统的介绍中提到了三种报告基因，包括两个生物合成基因（*ADE2*和*HIS3*）及一种酶基因（*lacZ*），每个报告基因分别对应一种Gal4诱导的启动子（Gal2p、Gal1p及Gal7p）。

虽然所有的酵母双杂交基本原理相似，但是目前还是有几种不同的酵母双杂交系统。因此，必须强调的一点是，不同的酵母双杂交系统所用的载体和宿主菌株可能不兼容，检查宿主菌株的基因型，以及诱饵和猎物表达载体的性质时需要格外注意，诱饵和猎物蛋白在不同GAL4酵母双杂交系统中的表达量会有很大差别。在同等条件下，不同酵母双杂交系统的这些差别会对检测到的相互作用的强度和数量产生巨大的影响。例

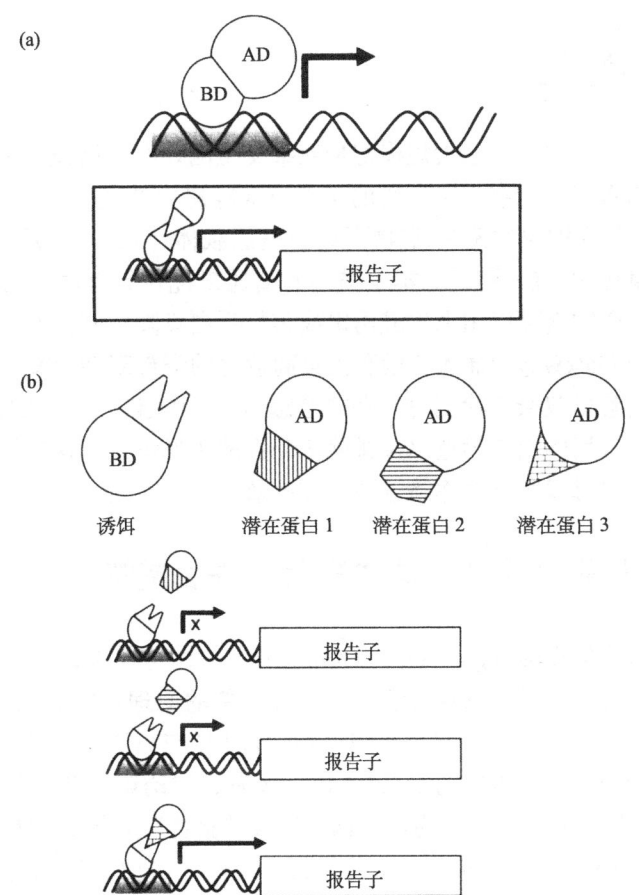

图 8.1 经典酵母双杂交（Y2H）系统。(a) Gal4 转录因子有两个功能上相互分离的结构域组成：DNA 结合结构域（BD）识别特定的 GAL4 依赖基因启动子区域序列；转录激活结构域（AD）驱动相邻下游基因的转录。在 Y2H 系统中，Gal4 蛋白被分为两个部分。DB 结构域与一个目的蛋白融合，AD 结构域与其潜在作用蛋白融合。如果这两个蛋白质相互作用，那么 DB 和 AD 结构域会在距离上接近并能够启动下游基因的转录。(b) 当一个目的蛋白的潜在作用蛋白未知时，"诱饵"构建可用来筛选潜在作用蛋白文库。在此方法中，含有特定"诱饵"蛋白的酵母与大量含有不同"猎物"蛋白的酵母进行融合，只有当"诱饵"与"猎物"蛋白相互作用时，生物合成的报告基因才会启动。这使得含有相互作用蛋白的酵母可在选择性培养基中生长。将"猎物"载体中编码的 DNA 进行测序，即可发现新的潜在互作蛋白。

如，pGAD 载体的启动子比 pACT 载体的启动子效率低，因此使用 pGAD 载体检测到的相互作用就会比较少。然而 pGAD 系统的高度严格性意味着其检测到的相互作用是比较强的。有时低严格性的系统可以用来检测非常弱的或者短暂的相互作用，这样 pACT 载体在选择适当参照的情况下就能成为一个不错的载体。因此，正确选择酵母双杂交系统的关键在于全面掌握其本身的特性。

## 8.2 方法和途径

本章中所介绍的方法适用于大规模酵母双杂交检测，在严格设定参照的情况下，可以生成大量的可信数据。这些方法运用的是 James 等建立的 PJ69-4A 型酵母菌株［5］、Semple 与 Markie 共同构建的诱饵-猎物再结合表达载体［11］，以及 Walhout 和 Vidal 两人提出的高通量优化方法［12］。本章描述的高通量优化具有明显的优势：一个聚合酶链反应（PCR）产物就可以用来生成诱饵或猎物蛋白克隆，并且不需要用昂贵的克隆酶，同时载体也与 Gateway™ 插入片段和大量商业化的酵母双杂交文库兼容。

在进行大规模酵母双杂交检测时，必须考虑到三个因素，即大规模构建诱饵和猎物蛋白的产量、相互作用的快速筛选以及排除假阳性的正确参照。这些标准在矩阵型酵母双杂交试验和复杂酵母双杂交文库筛选中同样有效。

### 8.2.1 建立大量"诱饵"或"猎物"蛋白克隆

利用体内缺口修复克隆（gap repair cloning）的方法可以快速建立大量"诱饵"或"猎物"载体克隆［13，14］。这种方法基于一种简单的原理，即同源重组。在"诱饵"和"猎物"载体中，将 $5'$ 及 $3'$ 特异性重组序列引入 BD 与 AD 结构域的下游，这样就可以生产一个可直接与之同源重组的 PCR 产物，来完成"诱饵"及"猎物"载体的阅读框内（in-frame）构建（图 8.2）。通常"诱饵"及"猎物"载体分别在 PJ69-4A MATa［11］和 PJ69-4α MATα［5］宿主菌株中组装。这种方法便于后续研究中"诱饵"及"猎物"克隆的匹配。

本章还介绍了含有 attB1 和 attB2 重组位点的"诱饵"和"猎物"载体的应用，以及其在 GATEWAY™ 克隆中的应用。因此，标准 Gateway™ 反应（Invitrogen）生成的 PCR 产物同样可以用于体内缺口修复法生产"诱饵"和"猎物"克隆，并与 pGBAD-B/pACTBD-B 或 pGBAE-B/pACTBE-B 载体共转染［11］。这一系列载体可使克隆中正确插入片段的检测更加方便。

不同于传统的 Y2H 载体只能编码 DB 或 AD 结构域之一，pGBAD-B/pACTBD-B 与 pGBAE-B/pACTBE-B 载体能同时编码 DB 和 AD 结构域，其中间由包含 A1、A2 重组序列的阅读框内连接子隔开（图 8.2）。在完整的空载体中，DB 和 AD 结构域表达为一个阅读框内融合蛋白。因而 Y2H 报告基因有组织性地启动，使得酵母能有效生长，在低腺嘌呤选择性培养基上产生白色克隆。含有阅读框内插入片段的载体则相反，由于插入片段含有终止密码子，此载体则只能表达 $5'$ Gal4 结构域。这类载体中表达的融合蛋白不会单独驱动报告基因的转录，因此含有终止密码子的插入片段若按照阅读框内插入，则在低腺嘌呤的培养基上会产生特殊的粉/红色克隆［11］。

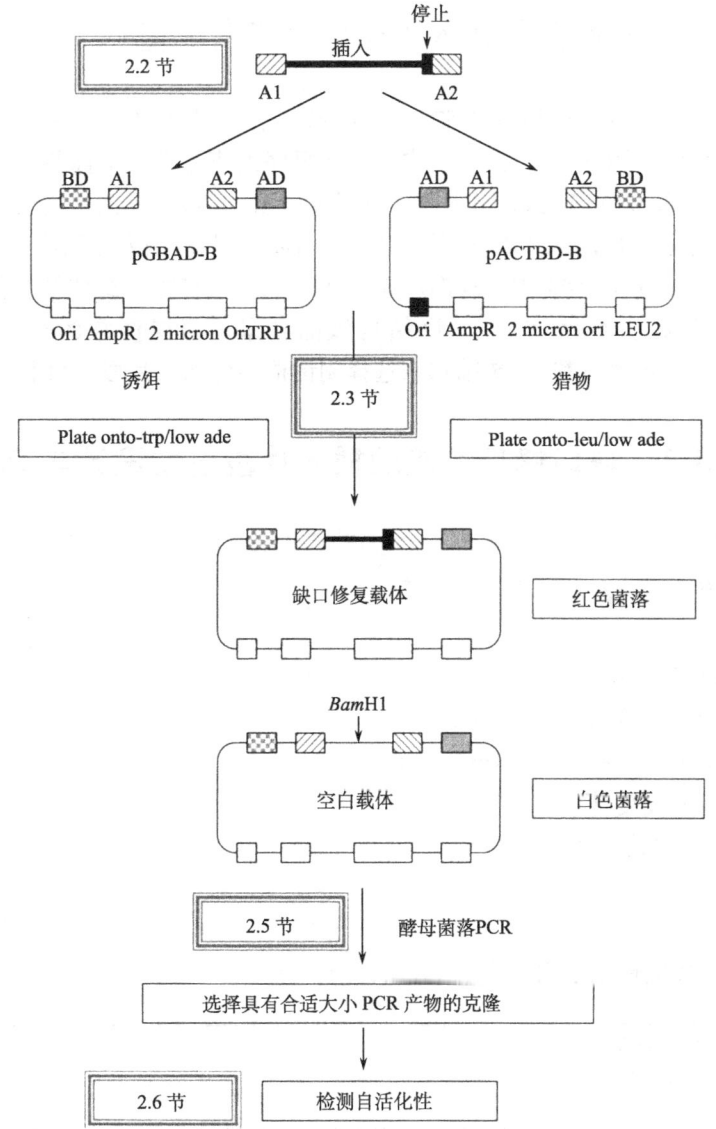

图 8.2 体内缺口修复克隆法构建"诱饵"或"猎物"载体克隆。缺口修复克隆的第一步是对插入片段进行 PCR 扩增,得到的产物中间为目的蛋白的编码序列或结构域,两端为 5′、3′ 重组序列,然后将这段 PCR 产物与适当的酵母菌株及线性"诱饵"或"猎物"载体混合,进行共转染。随着体内转染的进行,同源重组产生,并形成了包含阅读框内融合目标蛋白的"诱饵"或"猎物"载体。当目标蛋白编码可读框内的终止密码子时,下游的 Gal4 结构域就不能表达,这样携带阅读框内插入片段载体的酵母会在含有腺嘌呤的选择性培养基上形成粉/红色菌落。这种方法便于快速检测所构建的"诱饵"或"猎物"载体是否含有正确的插入片段。接下来的步骤是验证插入片段的长度和序列及其自激活的可能性,这些都将在正式的蛋白质互作研究之前进行。

## 8.2.2 生成兼容性重组插入用于缺口修复克隆

缺口修复克隆中用到的PCR产物由三部分组成：5′上游重组序列、蛋白质编码区以及3′下游重组区（图8.2）。在本章中，5′重组序列表示为A1标签，其中包含上游BD或AD结构域阅读框内的 *att*B1 序列（见实验方案8.1）。反向引物设计的时候要包含阅读框内终止密码子下游的A2标签（含有 *att*B2 序列）。插入序列或结构域若缺少终止密码子，则必须与pGBAE-B（诱饵）或pACTBE-B（猎物）载体结合使用，运用阅读框转换策略来阻止下游BD或AD结构域的转录。值得注意的是，pGBAE-B和pACTBE-B载体也可通过粉/白斑筛选来选择阅读框内的插入片段[11]。

### 实验方案8.1 缺口修复反应的插入片段引物设计与PCR扩增

设备与试剂

- PCR管
- PCR仪
- DNA电泳凝胶
- 电泳仪与电泳槽
- 热启动KOD聚合酶（Novagen）
- 紫外分光光度计
- 移液器（2μl、10μl及200μl）

方法

1. 按如下反应体系依次加入：

| | |
|---|---|
| 正向引物（10μmol/L储液）[a] | 1.5μl |
| 反向引物（10μmol/L储液）[a] | 1.5μl |
| 10×KOD缓冲液 | 2.5μl |
| dNTP（与KOD一起加入） | 2.5μl |
| MgSO$_4$（与KOD一起加入） | 1.5μl |
| 热启动KOD | 0.3μl |
| 约100ng of PCR产物[b] | 1.0μl |
| dH$_2$O | 14.2μl |

PCR反应条件如下：

i. 98℃，变性30s；
ii. 55~68℃退火30s（根据引物的退火温度而定）；
iii. 70℃延伸1min；

iv. （如插入片段大于 3kb 延伸阶段应适当延长）；
v. 重复步骤 i～iii，共 30 个循环；
vi. 保持 15℃。

PCR 反应结束后，取 5μl 进行 1%琼脂糖凝胶电泳，检测插入片段大小及 PCR 反应的特异性<sup>c</sup>。

**注释**

a 缺口修复反应插入片段的引物是由一个与载体 5′端重组序列相同的标准重组标签（A1 或 A2）和一段约 20 个核苷酸的 3′基因特异性序列组成的。上游引物可以编码目标蛋白的起始密码子 ATG，但也不是必须的，因为插入片段会在与 DB 或 AD 结构域阅读框内融合时表达。然而重要的是在使用 pGBAD-B 或 pACTBD-B 载体时，终止密码子在基因特异性序列的末端是必须的，以便进行阳性克隆的颜色筛选。下面是一组上下游重组引物的例子，目标蛋白或结构域上所加的标签如下：

A1：5′ GAA TTC ACA AGT TTG TAC AAA AAA GCA GGC TGG *ATG XXX XXX XXX* 3′
A2：5′ GTC GAC CAC TTT GTA CAA GAA AGC TGG GTG *CTA XXX XXX XXX* 3′

粗斜体序列代表插入片段特异性序列（X）。其他终止密码子需要时也可以使用；18～21 个基因特异性核苷酸序列必须按阅读框加至上下游标签序列上。当使用 pDONR223 载体时，可使用如下引物来进行 PCR 扩增：

上游引物：5′ GAATTCACAAGTTTGTACAAAAAAGCTGGCATG 3′
下游引物：5′ GTCGACCACTTTGTACAAGAAAGCTGGG 3′

b DNA 含量可通过两种方法来估测：使用紫外分光光度计测量 $A^{260}$ 的光吸收值或在电泳时与 Marker 条带的亮度进行比较

c 如 PCR 扩增得到正确长度的单一条带，则 PCR 产物可直接用于缺口修复反应，不需进一步纯化。然而如果得到的是多个条带或条带很弱，则建议对 PCR 产物进行纯化和浓缩。另外，如将多条带 PCR 扩增直接用于缺口修复反应，则后续需要进行酵母克隆（YC）PCR 反应来检验正确长度的插入片段（见 8.2.4 节与 8.2.5 节）。每个模板的退火温度与延伸时间需按照热启动 KOD 聚合酶的说明书来进行优化。

### 8.2.3 缺口修复反应

缺口修复反应需用线性载体和可与其互补重组 PCR 产物的混合物去转染宿主细胞（见实验方案 8.2）。

## 实验方案 8.2 缺口修复反应

**仪器与试剂**

- PCR 管

- PCR 仪
- 适当的选择性平板（低腺嘌呤）
- 1mol/L LiOAc
- QIAquick PCR 纯化试剂盒
- 过滤灭菌的、质量百分比 ($m/V$) 为 50% 的聚乙二醇（PEG 3350）
- 灭菌水
- 鲑鱼睾丸运输载体 DNA（使用前于 99℃ 热变性 5min）[d]
- DNA 纯化试剂盒
- 摇床
- 微量恒温仪（heat block）
- 酵母宿主菌株：PJ69-4A（MATa）（"诱饵"载体）、PJ69-4α MATα（"猎物"载体）[e]
- YPAD 培养基含有：10g/L 酵母提取物，100μg/ml 硫酸腺嘌呤，20g/L 蛋白胨，20g/L 葡萄糖。此种培养基只适用于无需筛选的实验。
- SD 培养基：6.7g/L 不含氨基酸的酵母氮源、20g/L 葡萄糖及 20g/L 琼脂。此培养基提供了酵母生长的最低营养，可根据所需的筛选条件对其进行补充。当使用 PJ69-4α MATα 型菌株与 pGBAD-B、pACTBD-B、pGBAE-B 或 pACTBE-B 载体结合时，就需要低腺嘌呤环境。因此 SD 培养基应补充：精氨酸、甲硫氨酸（20μg/ml），异亮氨酸、赖氨酸（30μg/ml），苯丙氨酸（50μg/ml），缬氨酸（150μg/ml）以及 20μg/ml 硫酸腺嘌呤（不同于无选择性培养基所需的 100μg/ml）。这种低浓度的腺嘌呤对于形成粉/红色菌落是必须的，而粉/红色菌落正是代表了带有阅读框内插入片段载体的存在。另外，当对"诱饵"或"猎物"质粒进行筛选时，需要加入 100μg/ml 亮氨酸，或 20μg/ml 的尿嘧啶、色氨酸[f]和组氨酸。"诱饵"载体（pGBAD-B 或 pGBAE-B）含有 *TRP1* 基因，因而携带有它们的酵母菌可在缺乏色氨酸的培养基上生长；而"猎物"载体（pACTBD-B 或 pACTBE-B）含有 *LEU2* 基因，其宿主酵母菌可在缺乏亮氨酸的培养基上生长。
- 准备 *Bam*HI 线性质粒 DNA：将 2μg 质粒 DNA 与 20U *Bam*HI 在 1× 消化液（含有 100μg/ml BSA 的 NEB buffer）中于 37℃ 消化 1h。消化后，使用 QIAquick PCR 纯化试剂盒对 DNA 进行纯化并将终浓度调至 20ng/μl。

## 方法

1. 用 2ml YPAD 液体培养基在 30℃ 分别培养 PJ69-4A（MATa）（"诱饵"载体）及 PJ69-4α MATα（"猎物"载体）酵母菌株过夜（约 220r/min）。
2. 之后加入 8ml 新鲜的 YPAD 液体培养基，继续 30℃ 下摇菌 5h。
3. 收集酵母菌，2300r/min（约 700g）离心 5min[g]。
4. 弃掉上清，用 5ml 100mmol/L 的 LiOAc 溶液重新悬浮，取 1.5ml 转移至离心管中沉淀细胞。

5. 再次在 100mmol/L 的 LiOAc 中洗涤细胞，并在 2300r/min（约 700g）离心收集细胞。

6. 洗涤后弃掉上清，加入 320μl 以下混合物：2.3ml 50%（m/V）PEG 3350、350μl 1mol/L LiOAc、450μl 灭菌水、90μl 10.5mg/ml 的热变性鲑鱼睾丸 DNA 作为运输载体，以及 10μl 20ng/μl BamHI 线性质粒 DNA。这些为 10 个反应的用量。

7. 混匀后转移 32μl 至每个 PCR 管中。

8. 每管中加入 4μl PCR 产物并混匀，其中一个加入 4μl 水作为对照去除背景（背景应为 0）。

9. 至于 PCR 仪中，反应程序为：30℃，30min；42℃，25min；30℃，1min。

10. 向每管中加入 100μl 灭菌水并混匀，之后涂在选择性平板上。使用 SD 低腺嘌呤培养基，"诱饵"载体为（-trp），"猎物"载体为（-leu）。

**注释**

d 运输载体 DNA（鲑鱼睾丸 DNA）无需超声，但必须热变性（95℃变性 5min）并放在冰上备用。

e PJ69-4A 型宿主菌株的基因型：MATa trp1-901 leu2-3、112 ura3-52 his3-200 gal4Δgal80ΔLYS2∷GAL1-HIS3、GAL2-ADE2 met2∷GAL7-lacZ。

f 色氨酸溶液需要进行过滤灭菌（不能高压灭菌）并避光保存。

g 这些步骤中细胞不能冷却。

### 8.2.4 阳性转化株鉴定

克隆在 30℃下培养 3~5 天后会在转化平板上显现，粉/红色克隆表示带有阅读框内插入片段，即含有终止子的宿主细胞；而白色克隆可能有两种情况，一是自激活的宿主细胞，二是带有没被切断的载体的宿主细胞。每个构建应挑选 6 个左右的红色克隆，每个克隆应进一步检测其插入片段大小以及产生自激活（假阳性）的可能性。

### 8.2.5 酵母菌落 PCR

实验方案 8.3 中描述的缺口修复克隆方法是定向的，因此插入片段在引入时应注意其方向和阅读框是否正确。而确认插入片段大小与预期是否相符也同样重要，可以在重组位点两侧设计引物，从而简单地检测出来。

**实验方案 8.3 应用酵母菌落 PCR 检测插入片段大小**

仪器与试剂

- PCR 管
- PCR 仪

- 每个构建 6 个阳性克隆
- 灭菌木质牙签
- 酵母克隆 PCR 反应：以下引物对于"诱饵"载体（pGBAD-B 或 pGBAE-B）和"猎物"载体（pACTBD-B 或 pACTBE-B）插入片段检测均适用，因其包含普通的 5′ 及 3′ 重组序列[h]。

正向引物：5′GAATTCACAAGTTTGTACAAAAAAGCAGGC 3′
反向引物：5′GTCGACCACTTTGTACAAGAAAGCTGGGTG 3′

- 为避免缺口修复反应之后残留 PCR 产物的扩增，建议用上面的正向引物与一个载体特异性反向引物重组，这对于在缺口修复平板上直接筛选克隆尤其重要。

正向引物：5′GAATTCACAAGTTTGTACAAAAAAGCAGGC 3′
pGBAD-B 或 pGBAE-B 反向引物：5′GCCAAGATTGAAACTTAGAGGAG 3′
pACTBD-B 或 pACTBE-B 反向引物：5′GTCGGCAAATATCGCATGCTTGTTC 3′

方法

1. 用干净的灭菌牙签挑取少量克隆，每个克隆挑取 5～10 个。
2. 用牙签蘸取 3μl 2.20mol/L NaOH，不要弃掉全部酵母，将剩余酵母重悬于 20μl 灭菌水中。这些溶液可用于自激活与酵母克隆 PCR（见下面）。
3. 为保存克隆，取 4μl 酵母悬浮液涂于筛选平板上培养 3～5 天。
4. 向每个步骤 1 里准备的酵母 NaOH 悬浮液中加入 12μl 如下混合物，以下用量足够 10 个反应。

| | |
|---|---|
| 正向引物（10μmol/L 储液） | 7.5μl |
| 反向引物（10μmol/L 储液） | 7.5μl |
| dNTP（10μmol/L 储液） | 4.5μl |
| $NH_4$ 缓冲液（10×） | 15μl |
| $MgCl_2$（10mmol/L 储液） | 7.5μl |
| DMSO | 3μl |
| $dH_2O$ | 73.5μl |
| *Taq* 聚合酶 | 1.5μl |

5. PCR 反应条件如下：
   i. 95℃，5min；
   ii. 95℃，1min；
   iii. 55～68℃ 1min（根据引物的退火温度而定）；
   iv. 72℃，1～3min（每 kb 1min）；
   v. 重复步骤 ii～iv，共 35～40 个循环；
   vi. 保持 15℃。
6. PCR 反应结束后，取 5～10μl PCR 产物进行 1% 琼脂糖凝胶电泳检测每个 PCR 产物的大小。

**注释**

h 如需对插入片段进行进一步验证，PCR 产物可以直接测序从而得到序列标签或全长序列，视插入片段大小而定。

### 8.2.6 "诱饵"与"猎物"克隆自激活检测

对"诱饵"与"猎物"克隆进行检测来确认其不是独立激活 Y2H 报告基因这一点是非常重要的（见实验方案 8.4）。菌体自激活的原因有很多，通常包括：宿主菌株的自然突变使得细胞在没有"诱饵"或"猎物"载体的情况下便可在选择性培养基上生长；"诱饵"蛋白自身具有转录活性或可与其他转录因子作用，从而使得转录激活；另外，与 DNA 结合的"猎物"蛋白可能非特异地驱动两个混合报告基因的转录。

## 实验方案 8.4 "诱饵"与"猎物"克隆自激活检测

**仪器与试剂**

- 牙签
- SD（-trp-his+2.5mmol/L 3AT）平板及 SD（-trp-ade）选择性平板（检测"诱饵"构建）
- SD（-trp-his+2.5mmol/L 3AT）平板及 SD（-leu-ade）选择性平板（检测"猎物"构建）
- 包含正确插入片段载体的"诱饵"及"猎物"克隆

**方法**

1. 蘸取 3μl 酵母重悬液（实验方案 8.3 步骤 2）至缺少色氨酸（"诱饵"克隆）或亮氨酸（"猎物"克隆）的 SD 平板上，同时蘸取等体积的酵母重悬液分别涂于"诱饵"自激活平板——SD（-trp-his+2.5mmol/L 3AT）平板及 SD（-trp-ade）选择性平板，或 SD（-trp-his+2.5mmol/L 3AT）平板及 SD（-leu-ade）选择性平板（"猎物"克隆）上[i]。

2. 30℃培养，与检测相互作用的时间相同（7~14 天范围内）。

3. 理想情况下，可观察到酵母在缺色氨酸或亮氨酸的平板上有显著生长，而在自激活平板上没有生长[j]。

4. 一旦确认没有自激活的"诱饵"及"猎物"克隆，克隆就可以接种到含有 25% 灭菌甘油的 SD 液体培养基（-leu 或 -trp）中，并保存在 -80℃ 备用，建议每个构建保存多个克隆[k]。

**注释**

i 通常情况下，在（−his）培养基中加入组氨酸抗代谢物 3-氨基三唑（2.5mmol/L）来降低背景生长。3-AT 溶液的量可适当提高来抑制（−his）平板上较弱的自激活。

j 若发现自激活的情况，有两种典型的表型。如果是"诱饵"或"猎物"构建诱导的自激活，则通常整个涂菌区域都会呈现显著生长。而如果是菌株自身变异导致的，则只会形成个别克隆的生长，如图 8.3（c）所示。若发现这类背景，单个克隆可从载体选择性平板上分离出来，并重新进行自激活测试；或者用新培养的宿主菌株重新做转化。

一些构建可诱导（−his）平板上的自激活，但在更加严格的（−ade）平板上则不能。若出现这种情况，也仍然可以在（−ade）选择性平板上进行筛选，然而在这种情况下，应同时进行 β-Gal 测试，以确认另一个独立的报告基因也被激活。

若 PJ69-4A 或 AH109（MATα）单倍体"诱饵"菌株与 Y187（MATα）单倍体"猎物"菌株杂交，则 *lacZ* 和 *HIS3* 报告基因就不能独立表达，因为它们有共同的启动子（GAL1）。

k 克隆应在选择性平板上长期保存，避免自激活突变体的积累。

## 8.2.7 靶向矩阵法 Y2H 筛选

矩阵法 Y2H 试验（见实验方案 8.5、8.6）的目的是为了检验预定的"诱饵"或"猎物"蛋白之间的双重相互作用。这种方法可使用 12 道或 8 道移液器在 96 孔板上进行。

## 实验方案 8.5  矩阵法 Y2H 杂交试验

### 仪器与试剂

- 96 孔板（孔的底部为圆形或"V"形为宜）
- 20μl 及 1000μl 吸头
- 多道移液器（20μl 及 200μl）
- 灭菌牙签
- YPAD 全营养培养基平板
- SD 平板（−trp−leu）（双重选择平板）
- SD 平板（−trp−leu−his）（+2.5mmol/L 3-AT）（*HIS3* 报告基因选择平板）
- SD 平板（−trp−leu−ade）（*ADE2* 报告基因选择平板）
- 灭菌的滤纸
- 转膜板

方法

1. 吸取适当体积的灭菌水（每个杂交反应加 4μl）加入 96 孔板中
2. 用灭菌的牙签挑取一个"诱饵"克隆，溶于 96 孔板内的灭菌水中。最好在挑完全部克隆前将牙签留在孔内，以免引起交叉污染。
3. 当"诱饵"克隆全部挑完时，用多孔移液器吹打混合，之后吸取 3μl 加至一干燥的 YPAD 平板上（标准 96 孔板需要 150mm 口径的平板）。
4. 将每个克隆涂开并晾干。
5. 在"诱饵"克隆晾干的过程中，将"猎物"克隆用同样方法溶于灭菌水中。
6. 吸取 3μl "猎物"克隆直接加在 YPAD 平板中适当的"诱饵"克隆点上。
7. 晾干，将平板倒置并移至 30℃培养箱中。
8. 30℃杂交 12~16h。
9. 将 SD（−trp−leu）双重选择平板置于超净工作台中晾干备用。
10. 将灭菌的滤纸铺于转膜板上，并将 YPAD 平板倒置于滤纸上。
11. 用手指轻柔按压平板底部。
12. 将 YPAD 杂交平板转移至干燥好的 SD（−trp−leu）双重选择平板上，然后轻柔按压平板底部。移去平板并盖上盖子。
13. 将 SD（−trp−leu）平板置于 30℃培养 2 天，直至能看到稳定、均匀的菌斑。
14. 将 SD（−trp−leu）平板倒置于一灭菌的滤纸上并轻柔按压。克隆转移至滤纸上后，其颜色会轻微改变。若按压过重则会导致转移的酵母过多，会导致结果不清晰。
15. 将一厚的 SD（−trp−leu）双重选择平板（每 150mm 平板 75ml 培养基）放在滤纸上并轻柔按压。移去平板并盖上盖子。
16. 不移动滤纸，将 SD 平板（−trp−leu−ade）平板置于滤纸上并再次轻柔、均匀地按压。移去平板并盖上盖子[1]。

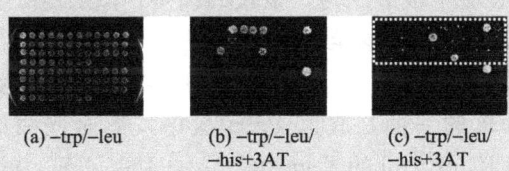

(a) −trp/−leu    (b) −trp/−leu/−his+3AT    (c) −trp/−leu/−his+3AT

图 8.3 靶向矩阵法酵母双杂交实例。本研究中，含有人 E3-RING 蛋白的"诱饵"克隆与一系列人 E2 Ubiqutin 融合酶杂交。(a)"诱饵"与"猎物"克隆杂交后在（−trp−leu）双重选择平板上的生长。(b) 同一克隆在转移到选择性报告平板（−trp−leu−his+2.5mmol/L 3-AT）上的生长。(c) 上面的部分显示的是选择性报告平板出现背景生长的例子，这是一种酵母宿主自然突变的典型情况。值得注意的是，由于这些筛选运用的是菌落杂交法，从背景中挑选出阳性克隆还是有可能的。如果克隆转到非选择性平板上，菌落的生长速度会更加一致，这样就会阻碍真阳性相互作用的挑选。

17. 将 SD（-trp-leu-his+2.5mmol/L 3-AT 平板置于同一滤纸上并再次轻柔、均匀地按压。移去平板并盖上盖子。

18. 将平板置于 30℃培养 10 天。通常 3~5 天即可观察到选择性生长。然而，较弱的相互作用可能需要时间略长（图 8.3）。

19. 通过拍照定时记录生长状况。

**注释**

l 将克隆菌落复制到（-ade）选择性平板必须在复制到（-his）平板之前。若先用（-his）平板，可能会转移过多的酵母，造成大量背景生长，会使得阳性相互作用难以分辨。

## 实验方案 8.6　β-Gal 报告基因检测

仪器与试剂

- 干净的 150mm Petri 盘
- （-trp-his）双重选择性平板
- 圆形滤纸（大小要适合选择性平板）
- 液氮（放于小的保温桶中）
- 镊子
- 封闭容器
- Z Buffer：60mmol/L $Na_2HPO_4$（8.5g/L），40mmol/L $NaH_2PO_4$（4.8g/L），10mmol/L KCl（0.75g/L），1mmol/L $MgSO_4$（0.12g/L）

方法

1. 取出实验方案 8.5（步骤 15）中准备好的（-trp-leu）双重选择性平板。
2. 将平板置于 30℃培养 4~5 天。
3. 培养完成后，检验平板形成均一生长的菌落，然后将一干燥的圆形滤纸放在平板表面，轻柔按压使得细胞转移至滤纸上。
4. 用镊子慢慢将滤纸夹出，然后浸于液氮中（约 10s）。重复浸泡两次[m,n]。
5. 将滤纸（有菌落的一面）放入 Petri 盘中，下面垫两层浸透 β-Gal 混合液（6ml Z Buffer，100μl 100mg/ml 的 X-gal 及 11μl β-巯基乙醇）的滤纸。6ml 反应混合液对于 150mm Petri 盘足够。
6. 37℃培养 3~5h 直至蓝色出现[o,p]。

**注释**

m 在滤纸结冰后会变脆，此时要格外注意。

n 液氮处理时也应小心。虽然此处只需用到少量液氮，也应进行适当培训并准备好必要的安全措施。

o β-Gal 混合液具有光敏性，应保存在暗处。

p 由于 β-Gal 混合液含有 β-巯基乙醇，建议在通风的环境下配制。Petri 盘应放在密封完好的容器中。

### 8.2.7.1 简化的酵母双杂交交筛选

在很多情况下我们并不知道目标蛋白的功能。同时，大部分研究者也无法获得大量独立的"猎物"克隆。因此，为了寻找到一个新的互作蛋白，唯一的方法就是筛选高度复杂的"猎物"克隆文库。虽然这也是一个很有意义的尝试，但文库筛选可能成为一个让人望而却步的工作。然而，只需要稍作改动，这个过程就能被大大的简化。

历史上，文库筛选的主要"瓶颈"是确定互作的"猎物"克隆插入，以及重复验证我们观察到的这个互作关系。从前，这个过程需要从阳性倍数克隆中分离"猎物"载体。一旦被分离，"猎物"载体立即被导入新的酵母中。然后，需要利用最初的诱饵（bait）或者一个不相关的参照物检测这一（受体）酵母。另外，将被分离的"猎物"载体质粒测序，从而确定互作蛋白的编码序列。其实我们可以通过运用间隙修复克隆以及 YC PCR 手段大大简化上述过程（参见 8.2.3 节~8.2.5 节），简化后的步骤主要有 4 个连续的部分。

• 将诱饵克隆构建到 PJ69-4A（MTAa）（参见 8.2.2 节和 8.2.3 节）。

• 将诱饵克隆和一个高复杂度的"猎物"文库杂交。现在已经有了很多优质的商业化 Matα 酵母文库，如 Matchmaker 文库（Clontech）。可是，如果正在使用预转库，需要注意的是，在 Y187 宿主品系中使用文库可能造成一些麻烦。

• 剔除假阳性互作。这一过程包括在新的酵母中检测若干个报告基因的活性以及重复验证诱饵的特异性。通过在新的酵母中重复这一过程，可能消除从宿主自发突变中产生的假阳性结果。

• 确定真阳性"猎物"蛋白。这一过程需要对"猎物"载体中插入的 cDNA 进行测序。

因为已知"猎物"文库中插入位点的侧翼序列，我们可以在若干个克隆位点的每一侧设计大约 30 个核苷酸的 PCR 引物。当我们使用这些引物对阳性的倍数克隆进行 YC PCR 反应时，得到的 PCR 产物将包括一段"猎物"蛋白的编码序列，编码序列两侧分别是 5′和 3′的载体特异序列。然后，通过共转一个适合的线性空"猎物"载体，这一 PCR 产物可以用来进行间隙修复反应。利用上述手段可以在新的酵母中快速再生"猎物"载体（方法参见 8.2.1 节~8.2.6 节）。一旦利用缝隙修复法再生了"猎物"载体，我们可以用它们与最初的诱饵克隆杂交，从而重复验证互作情况；或者与一个非特异性诱饵杂交，从而验证互作蛋白的特异性（方法参见 8.2.7 节）。

这个方法的另一个好处是可以直接对"猎物"特异的 PCR 产物测序，从而建立互作"猎物"蛋白的特异性。引入上述这些改动之后，一个人可以同时进行 5~10 个文库筛选的工作，这就为很多生物学重点研究项目提供了适合的生产力。

## 8.3 疑难解答

- 任何优秀的酵母双杂交筛选，其关键步骤都是采用一个全谱的参照。在靶向矩阵酵母双杂交实验中，被检测的不同互作范围通常为背景自激活以及互作特异性提供了一个很好的内参。但是这并不适用于文库筛选。在文库筛选过程中，所有阳性互作必须在新的酵母中利用最初的诱饵和不相关对照进行重新检验。

- 我们注意到，在我们的例子里，YC PCR 反应随着酵母克隆年龄的增长会出现更多问题。另外，我们还发现当酵母在皿中培养若干天以后，在 YC PCR 反应中可以观察到若干条条带。因此，尽可能利用新鲜克隆进行 YC PCR（2~3 日龄）

- 为了减少自体激活突变的概率，建议在生产诱饵和"猎物"克隆的时候使用新鲜的宿主酵母。同时，建议将每一种验证过的诱饵和"猎物"克隆制备成若干管在甘油中储备。另外，避免使用筛选平板上在文库筛选前没有经过自激活验证的永久克隆。

- 当同时使用 PJ69-4A 与基于 pGBAD-B/pACTBD-B-、pGBAE-B/pACTBE-B-、或者 pACT-这三种克隆中的任一种一同使用时，我们通常观察到强烈激活 *ADE2* 报告基因的互作，而 *HIS3* 或者 *lacZ* 报告基因并没有（这种反应）。这种互作似乎是假阳性，这一现象证明在评价酵母双杂交数据时，我们需要使用若干个报告基因。

- 最初描述 PJ69-4A 酵母品系的原稿显示，在进行 β-Gal 分析时使用液氮冷冻可能造成问题，它会导致 *lacZ* 报告基因的自激活。在我们的试验中使用了 pGBAD-B 或者 pACTBD-B 系列载体，我们并没有发现这一现象。

（孟庆姝 译）

### 参 考 文 献

1. Fields, S. and Song, O. (1989) A novel genetic system to detect protein-protein interactions. *Nature*, **340**, 245-246. The first description of the classical Y2H method.

2. Bartel, P., Chien, C. T., Sternglanz, R. *et al.* (1993) Elimination of false positives that arise in using the two-hybrid system. *Biotechniques*, **14**, 920-924.

3. Vidalain, P. -O., Boxem, M., Ge, H. *et al.* (2003) *Methods*, **32**, 363-370.

4. Koegl, M. and Uetz, P. (2007) Improving yeast two-hybrid screening systems. *Briefings in Func-tional Genomics & Proteomics*, **6**, 302-312.

5. James, P., Halladay, J. and Craig, E. A. (1996) Genomic libraries and a host strain designed for highly efficient two-hybrid selection in yeast. *Genetics*, **144**, 1425-1436.

6. Uetz, P., Giot, L., Cagney, G. *et al.* (2000) A comprehensive analysis of protein-protein interac-tions in *Saccharomyces cerevisiae*. *Nature*, **403**, 623-627.

7. Ito, T., Chiba, T., Ozawa, R. *et al.* (2001) A comprehensive two-hybrid analysis to explore the yeast protein interactome. *Proceedings of the National Academy of Sciences of the United States of America*, **98**, 4569-4574.

8. Rual, J. F., Venkatesan, K., Hao, T. *et al.* (2005) Towards a proteome-scale map of the human protein-protein interaction network. *Nature*, **437**, 1173-1178.

9. Stelzl, U., Worm, U., Lalowski, M. et al. (2005) A human protein-protein interaction network: a resource for annotating the proteome. *Cell*, **122**, 957-968.
10. Goit, L., Bader, J. S., Brouwer, C. et al. (2003) A protein interaction map of *Drosophila melanogaster*. *Science*, **302**, 1727-1736.
11. Semple, J., Prime, G., Wallis, L. et al. (2005) Two-hybrid reporter vectors for gap repair cloning. *Biotechniques*, **38**, 927-934.
12. Walhout, A. J. M. and Vidal, M. (2001) High-throughput yeast two-hybrid assays for large-scale protein interaction mapping. *Methods*, **24**, 297-306.
13. Ma, H., Kunes, S., Schatz, P. J. et al. (1987) Plasmid construction by homologous recombination in yeast. *Gene*, **58**, 201-216. Plasmid construction by homologous recombination in yeast.
14. Petermann, R., Mossier, B. M., Aryee, D. N. et al. (1998) A recombination based method to rapidly assess specificity of two-hybrid clones in yeast. *Nucleic Acids Res.*, **26**, 2252-2253.

# 9 蛋白质功能预测

**Hon Nian Chua**

*Data Mining Department*，*Institute for Infocomm Research*，*Singapore*

## 9.1 引言

过去十年，基因组数据的增长推动了蛋白质功能自动预测（PFP）的发展。然而，相对于基因数据迅猛的增长速度，对基因和其蛋白质产物功能机制的理解尚为欠缺。这一现状促使计算科学家和生物学家去引导基因功能发现的研究：基于计算方法，利用模式生物和其他可获取的生物信息，构建功能预测模型和进行关联性分析。目前，基于海量的基因组信息和试验数据，已经开发出一些预测基因或蛋白质功能的计算方法。这一章，我们将对这些蛋白质功能预测方法作一个简要的概述，对其中部分方法的应用进行详细介绍。

## 9.2 方法和途径

蛋白质功能的自动预测一直以来都是生物信息学和计算生物学中研究较多的重要领域，探索开发出了许多基于不同计算技术和生物学数据的方法。选择什么样的预测方法基于具有什么样的数据来源，因此我们根据需要输入的生物学数据对蛋白质功能预测方法进行分类。

本章的重点在于蛋白质功能预测方法的实际应用性，因此，我们集中于介绍那些利用序列同源性[1-3]、系统发生关系[4，5]、序列衍生出的化学和功能性质[6]，以及蛋白质-蛋白质相互作用谱的预测方法[7~15]。这些方法不可能涵盖所有的蛋白质功能预测方法，因此本章所介绍方法的选取原则是能够利用可以广泛获取的数据，并能稳定产生好的预测结果。

除此之外，还存在其他预测方法，主要运用蛋白质结构[16~18]、基因环境[19]、基因表达[20，21]、文本挖掘[22，23]和多来源数据的整合[24~28]。Hawkins和Kihara对所有蛋白质预测方法进行了综合性综述[29]，Sharan等[30]在技术角度综述了利用蛋白质之间相互作用网络进行蛋白质功能预测的方法。最近的文章大规模比较了各种基因功能预测方法在 *Mus musculus* 基因预测上的应用[31]。

## 9.2.1 注释策略

只有分配功能注释结果的系统方法存在时,自动化功能预测才具可行性[32]。基因或蛋白质功能注释线路中最早的标准线路是 EC 系统命名法[33],它是在 20 世纪 50 年代由生物化学和分子生物学国际联盟的酶委员会开发的,用于基于酶的化学性质的酶分类。蛋白质结构分类(SCOP)[34]在 1995 年开发,根据蛋白质结构和系统发生对蛋白质进行分类。第一个通用的蛋白质功能分类的路线在 1993 年引入,对 *Escherichia coli* 的蛋白质做了分类[35]。这些蛋白质分类线路倾向于注释一组蛋白质、特定基因组,或者蛋白质的特定方面。

### 9.2.1.1 功能分类法

功能分类法(FunCat)[32]是一种全面的功能分类线路,由慕尼黑蛋白质序列信息中心(MIPS)开发[36]。FunCat 由许多主要的功能分类组成(Version2.1 有 28 种,截至写稿,仍然是最通用的蛋白质分类方法),描述了多种多样的基因功能。每一个分类有许多不同的基因功能类型,这些类型层层向下构成在计算科学中称之为"树"的树形分支层级结构。在每一个分支结构的最顶端(即"树"的根部)的注释术语是这一分类中最概括的类型,下面的分支是描述更为特异性的不同类型。这样的分支结构可以分为 6 个层次。FunCat 最早用于 *Saccharomyces cerevisiae* 基因的注释,也可适用于其他物种的注释。FunCat 注释线路的子集见图 9.1。

```
#     Functional   Classification Catalogue   Version 2.1       09.01.2007
01     METABOLISM
01.01     amino acid metabolism
01.01.03     assimilation of ammonia,metabolism of the glutamate group
01.01.03.01     metabolism of glutamine
01.01.03.01.01     biosynthesis of glutamine
01.01.03.01.02     degradation of glutamine
01.01.03.02     metabolism of glutamate
01.01.03.02.01     biosynthesis of glutamate
01.01.03.02.02     degradation of glutamate
01.01.03.03     metabolism of proline
01.01.03.03.01     biosynthesis of proline
01.01.03.03.02     degradation of proline
```

图 9.1 FunCat 功能分类的子集(ftp://ftpmips.gsf.de/catalogue/funcat-2.1_scheme)

FunCat 注释线路可以从 ftp://ftpmips.gsf.de/catalogue 下载,有文本和 XML 两种格式。包括 *S. cerevisiae*、*Fusarium graminearum* 和 *Arabidopsis thaliana* 在内的基因组注释结果可以从 ftp://ftpmips.gsf.de/catalogue/annotation_data/下载。

### 9.2.1.2 基因本体

除了由 MIPS 维护的数据库外,FunCat 注释线路很少被其他数据库采用。GO 是一个更为广泛应用的基因和蛋白质功能注释方案[37],于 1998 年创立。GO 作为一个综合数据库用于解决不同数据库基因产物注释的不一致性，最初只收纳 FlyBase [38]，酵母菌基因组数据库（SGD）[39] 和小鼠基因组数据库（MGD）[40] 的注释信息，现在囊括了更多的来源，如 WormBase [41]、TIGR（现在的 J. Craig Venter 研究所）数据库和斑马鱼信息网络（ZFIN）[42]。最近几年，GO 获得广泛应用，被用于功能预测许多方面的研究。

## 实验方案 9.1　获取基因本体进行功能预测

**要求**

- 能下载数据和软件的互联网。
- 编程或脚本语言，如 C、C++、Perl 或 Matlab。

**方法**

1. 从 http://geneontology.org/GO.downloads.ontology.shtml 下载 GO 注释线路。有多种文件格式，包括标准的 OBO 格式、SQL 数据库转储、RDF 和 OWL。

2. 登录下载需要的基因组的 GO 注释信息，可下载的有 *Mus musculus*、*Caenorhabditis elegans* 和 *Homo sapiens*，参见网址 http://geneontology.org/GO.current.annotations.shml[a]。

3. 注释文件里的每条记录包含基因识别、GO 术语识别和参考信息，参考信息记录注释信息来源的数据库或出版物。完整的文件格式说明参见 http://geneontology.org/GO.format.annotation.shtml。

4. "Qualifier" 区域会包含一个或多个 "NOT"、"colocalizes_with" 和 "contributes_to"。需要注意的是，"NOT" 否定了这一条注释结果。

5. "Evidence Code" 区域记录注释结果来源的实验或者分析方法的类型。"Evidence code" 的类型列表见 http://geneontology.org/GO.evidence.shtml。Evidene 的类型可用于评判注释的可信度。其中 "Inferred from Electronic Annotation（IEA）" 指定那些仅基于自动方法而没有文献判定的注释。这种类型的注释是不被推荐的。

**注释**

a 一个蛋白质的功能注释可能出现在不止一个注释文件里，可能来源于 PDB、UniProt，还有可能是生物的特定数据库。

GO 由三个结构字汇或本体组成，用于描述分子功能、生物过程和细胞组成。每一个本体包含一个称为无循环导向性图形（DAG）的层级结构中的所有功能术语。DAG 与树形结构不同之处在于，DAG 的亚层次可以有多个上级层次。层次和其亚层次之间的关系也进一步由两个不同的关系指定：*is_a* 和 *part_of*。与 FunCat 类似，GO 中的每一个子术语都描述比上级层次更为特异的类型。目前，GO 的版本包含 26 384 个术语。图 9.2 展示了在生物过程本体中的 "nucleobase, nucleoside, nucleotide nucleic acid metabolic process"的祖先术语。

```
□ all : all [251314 gene products]
    □ ■ GO:0008150 : biological_process [165537 gene products]
        □ ■ GO:0009987 : cellular process [78797 gene products]
            □ ■ GO:0044237 : cellular metabolic process [53712 gene products]
                □ ■ GO:0006139 : nucleobase, nucleoside, nucleotide and nucleic acid metabolic process
        □ ■ GO:0008152 : metabolic process [60205 gene products]
            □ ■ GO:0044237 : cellular metabolic process [53712 gene products]
                □ ■ GO:0006139 : nucleobase, nucleoside, nucleotide and nucleic acid metabolic process
            □ ■ GO:0044238 : primary metabolic process [48828 gene products]
                □ ■ GO:0006139 : nucleobase, nucleoside, nucleotide and nucleic acid metabolic process
```

图 9.2　GO 功能分类的亚层次（http://amigo.geneontology.org/cgi-bin/amigo/term-details.cgi? term=GO：0006139）。术语"nucleobase, nucleoside, nucleotide nucleic acid metabolic process"有两个上级术语"细胞代谢过程"和"初级代谢过程"。

参照实验方案 9.1，获取 GO 注释线路和注释文件。如果你想用已有的功能预测结果来预测，就不需要下载。许多应用系统可通过在线网络服务获取，并已经通过了已有注释数据的训练。对于这样的应用系统，功能预测仅仅需要蛋白质的特征信息，如结构序列。一些能被下载和使用的应用系统可能需要独立提供注释数据。如果想要实现基于 GO 的你自己的功能预测，仍然需要获取 GO 注释线路和注释文件。

## 9.2.2　多个蛋白质识别系统的应用

为了预测蛋白质功能，我们常常需要利用不止一个数据库来源的信息。例如，为了预测 S. cerevisiae 基因组的蛋白质功能，我们可能需要 GO 的功能注释信息，整合酵母基因组数据库（CYGD）或 SGD［39］的蛋白质序列，还有 BIND［43］或 BioGRID［44］的蛋白质相互作用信息。这些数据库可能用不同的识别符号指向相同的基因或蛋白质。

由于历史习惯或者参考数据本身（如序列对基因）等原因，目前的定名惯例多种多样。当我们需要组合不同来源的数据时，蛋白质功能预测就出现了问题。一些数据库会提供交叉引用表格，但是通常信息都不够完整，更新也不及时。为了表述交叉应用基因和蛋白质的不完整及冗余问题，信息资源如国际蛋白质索引 IPI［45］和 UniProt 通用蛋白质资源［46］被开发出来。UniProt 为每个不同的蛋白质序列提供一个独一无二的标识符号，而 IPI 为每个不同的蛋白质注释提供一个独一无二的标识符号。同时，还有一些不同数据库之间基因和蛋白质的交叉引用的服务开发。这里，我们对其中的一部分做简要介绍。

MatchMiner［47］提供了一组能实现基因不同识别符号相互转换的工具，包括：基因的交互式查询，多个基因的批量查询，在不同识别系统下的两组基因中鉴别哪些识别指向同一个基因。web 服务见 http://discover.nci.nih.gov/matchminer/index.jsp，基于 java 的命令行式应用可以从 http://discover.nci.nih.gov/matchminer/command.jsp 下载。MatchMiner 仅仅覆盖人类（H. sapiens）和小鼠（Mus musculus）

基因组来源的基因信息。

AliasServer [48] 提供不同识别系统下蛋白质的信息转换服务。在线服务见 http://cbi.labri.fr/outils/alias/，同时可以经由 SOAP 网络界面获取。在线服务使用方法详见 http://cbi.labri.fr/outils/alias/API_SOAP.html（附有利用 perl 的样本）。截至写稿，AliasServer 覆盖来源于 29 个基因组的基因。

蛋白质识别交叉引用 PICR 服务 [49] 是另一个蛋白质不同识别相互转换的服务系统。PICR 最大的特点是除了蛋白质的识别符号，蛋白质的序列信息也可以作为输入信息。PICR 同样也不需要用户指定识别系统的类型，但是当不同系统的不同蛋白质使用同一个识别时就会有歧义。PICR 服务可以通过 http://www.ebi.ac.uk/Tools/picr 获取，同样 PICR 也提供了经由 SOAP 的网络服务。PICR 网络服务使用详情参见 http://www.ebi.ac.uk/Tools/picr/WSDLDocumentation.do，附带有利用 javaAPI 做 XML 网络服务 (JAX-WS) 的样本。截至写稿时，PICR 已经覆盖了来源于 47 个基因组的基因。

Synergizer [50] 维护的数据库能转换同一个生物单元的不同识别符号。转化服务可以在 http://llama.med.harvard.edu/synergizer/translate/ 交互式获取，或者经由 HTTP 由远程呼叫 web 服务。web 服务返回一个 JSON 编码的对象（JavaScript Object Notaion），可以很容易解码做进一步处理。JSON 格式的详细介绍见 http://www.json.org/web，服务的使用详情见 http://llama.med.harvard.edu/synergizer/doc（内有利用 perl 的样本）。截至写稿，Synergizer 覆盖了来源于 50 个基因组的基因。

### 9.2.3 序列同源性

早期基因或蛋白质预测方法中，序列同源性就是功能推断的基础，并一直被广泛应用。氨基酸是蛋白质的基本构件，同时在新测序基因组中，肽序列通常是一个新蛋白质的唯一可获取的生物学信息。因此，利用一个未知蛋白质的肽段序列去推断其功能不仅直观，而且非常必要。

#### 9.2.3.1 同源性探索

基于蛋白质序列的最通用的、快速的蛋白质功能预测方法是搜索与其序列相似度最高的注释蛋白。序列非常相似的蛋白质最有可能是同源蛋白，这意味着这样的蛋白质来源于一个祖先的相同基因，并保守进化。蛋白质是维持生物生存的多种生物功能中的关键角色，在物种分化过程中，其序列经选择压力作用保守进化，所以每个物种中的同源蛋白都保留了其有效行使功能的能力。旁系同源蛋白是由于基因复制事件在同一物种中产生的同源序列。因为只有一个旁系同源基因需要保守执行祖先基因的功能，旁系同源蛋白更可能分化。尽管如此，旁系同源基因也倾向于在进化过程中保留相似的序列和功能。因此，具有高度序列相似性的蛋白质也未必是保守的同源序列，也有可能是由进化过程中的偶然事件导致。相对于长序列，短序列蛋白更可能发生偶然性同源。因此，搜索同源序列时必须考虑到这种情况。

BLAST [51] 是一种快速有效的同源比对工具，因此成为实验和计算生物学家常用的一种非精选型的比对方法。利用扩展性启发组合的精确匹配，BLAST 能够在数据库序列和查询序列之间进行非常快速的局部序列比对，允许不精确匹配如插入、缺失和错配的存在。BLAST 还具有高度可配置参数，如空位启动和空位拓展罚分，以及替换模型的选择 [52]。另外 BLAST 还有几个计分度量（包括序列一致性和比对分值）和一个非常有用并被广泛应用的统计分值——期望值（$E$ 值）。期望值反映了数据库中查询序列可能找到的相似比对分值的序列的期望数量，低的期望值显示比对结果更可能是由同源序列这样的进化的保守性得来的。基于蛋白质序列的最简便的蛋白质功能推断方法可能就是利用 BLAST 搜索可能的同源序列，然后审查这些同源蛋白的注释信息。基于这一原则，在不同方向和不同程度上开发出了大量工具来延伸这一概念，以增强利用序列同源性的功能预测。

### 9.2.3.2 基于同源序列的自动功能预测

GoFigure [2] 是最早一批利用序列同源性进行基因功能预测的工具。基于蛋白质的序列信息，GoFigure 首先用 BLAST 搜索同源序列找到有相似序列并有 GO 注释的蛋白质。层级结构中从根部有最多层级的 GO DAG 亚图包含分配到这些蛋白质的所有 GO 术语，这样的图定义为最小覆盖图（MCG）。MCG 中的每一个术语被分配由这一术语比对到蛋白质所产生的一个加权分值，一个比对对加权分值的贡献量与比对的 $E$ 值逆相关。通过用其根术语分值除以术语的分值来实现每个术语的归一化，归一化分值大于或等于 0.2 的术语记为查询蛋白的推断性注释结果。基于同源搜索，GoFigure 是一个分配加权 GO 术语到查询蛋白质的系统方法。在结果中，注释蛋白多的 GO 术语获得更多的加权，同样具有更多显著比对结果的 GO 术语也获得更多加权。最初 GoFigure 可在 http://udgenome.ags.udel.edu/frm_go.html/使用，但至写稿时已不能获取。

Goblet [1] 是另一个用 BLAST 搜索进行自动化 GO 术语推断的工具。Goblet 最新版本包括与发现蛋白相关联的术语的统计分析。GO 术语中一部分术语相比而言更具优势，而这种优势分布在不同物种之间也有差异。如果物种中随意选取的 $n$ 条序列中同样术语观察到的概率也非常高，那么一条序列中 $n$ 个同源序列中那个高优势术语的出现次数可能就不是很显著。相反，一个相对弱势很多的 GO 术语的观察次数则可能较为显著。考虑到每个 GO 术语已有的优势度，要定量一个蛋白质中同源序列的 GO 术语丰度，Goblet 运用带有 Bonferroni 校正的 Fisher 精确检测来获取 $P$ 值。这一新版本的 Goblet 也包括来源于 MetaCyc [53] 的通路注释。Goblet 可经由 http://goblet.molgen.mpg.de web 服务获取。

Gotcha [54] 是与 GoFigure 类似的方法。对于一个蛋白质序列，每一个比对有一个 $R$，$R=\max[\log 10(E), 0]$ 分值，其中 $E$ 是比对结果的 $E$ 值。BLAST 结果中，注释到至少一个蛋白质的 GO 术语和其祖先术语下的每个术语都会分配一个分值，分值等于与这一术语相关的每一个比对的 $R$ 值的总和。然后，通过所有有分值的 GO 术语的祖先术语的分值（或者根术语）除以每一个术语的分值，实现每一个术语分值的归一化。这个归一化的分值定义为内分值（I-score），反映了每一个术语在搜索结果中的相对显著性。另一个分值定义为 C-score，由根节点的 $\log_e$ 计算得到，反映搜索结果整体的置信度。为了获得每个预测的直观、有意义的分值，Gotcha 利用从 SwissProt 来的注释序列对每个 GO 术语离散化的 $I$ 值和 $C$ 值的各种组合的精确度进行评价。根据基于 $I$ 值和 $C$ 值的最相近评价的精确度，每个预测结果被分配一个分值。Gotcha 考虑了基于搜索结果的一些特性的评价精确度，因此能提供比 GoFigure 更为有意义的分值。因为每个 GO 术语的评价精确度独立作出，因此这一方法也能解释每个术语的背景频度的差异。GOtcha 作为一个 web 服务，在 http://www.compbio.dundee.ac.uk/gotcha/gotcha.php 可获取。

GOAnno [55] 在利用序列同源性做功能推断方面采用了不同的方法。基于一个查询蛋白质序列，运用 PipeAlign [56] 搜索同源序列，构建一个由同源序列簇组成的完整序列的多比对结果，每一个序列代表一个潜在的功能亚组，然后根据三组注释分配 GO 术语。第一组是启动蛋白质基因本体（IPO），是查询基因的已知注释结果。第二组邻近蛋白质基因本体（PPO），GO 术语注释给至少与查询蛋白质序列一致性 98% 的蛋白质。最后一组为平均亚组基因本体（MSO），GO 术语注释给履行 NorMD [57] 多序列比对且 NorMD 分值大于 0.3、由 PipeAlign 监测到的亚组中的序列。每个术语由术语或子术语注释到的同源蛋白的数量来打分。此外，一些阈值被设定以去除只与很少量蛋白质相关联的 GO 分支。最后的预测 GO 术语由这三组注释结果组合而成。GOAnno 作为一个 web 服务在 http://bips.u-strasbg.fr/GOAnno/GOAnno.html 可获取。

GOPET [3] 是一个基于序列同源性进行功能预测的机器学习方法。大量的序列在 GO 注释序列的数据库搜索。对于每一个查询序列，注释到每一个同源序列的 GO 术语作为训练集。如果一个术语注释到查询序列被认为是阳性结果；反之，则为阴性结果。每个术语被分配许多特征，如 $E$ 值、比对 bit 分值、比对序列一致性，还有术语的频度背景，以及用于这些术语注释的 evidence codes 等。训练集随意分成小的亚集，然后用支持向量机（SVM）构建多分类机。为了预测特定查询蛋白质序列的功能，同源蛋白由 BLAST 获取，注释到这些蛋白质的每一个 GO 术语通过为其建立相似特征来给定分值，然后用分类机来判定是阳性还是阴性结果，最后综合分类机的结果得到最终分值。GOPET 和 Gotcha 的比较结果显示两种方法表现相当。GOPET 作为一个 web 服务在 http://genius.embnet.dkfz-heidelberg.de/menu/biounit/open-husar 可获取。

### 9.2.3.3 远系同源性

PFP [6]（http://dragon.bio.purdue.edu/pfp/）位点特异性的重复 BLAST（PSI-BLAST）序列比对工具，通过搜索高度相似序列之外的信息，拓展序列同源性搜索，增强了已有的仅基于序列的比对方法。这里，PSI-BLAST [58] 替代了 BLAST。PSI-BLAST 以查询序列为模板，先用查询序列做初始 BLAST，然后再对找到的同源序列做多序列比对。在比对结果中加入氨基酸在特定位点的变化这一因素，建立一个"谱"，这个谱反映了 BLAST 找到的同源序列的一个模型，然后，用一个略作修改的 BLAST 算法利用这个谱在数据库中搜索同源序列。找到的同源序列再被用于修改谱，从而得到一个更有代表性的谱。同源搜索和谱的构建重复交替进行,这样获得的谱就更通用,从而查询序列的序列相似度低的远系同源序列就能被搜索出来。最后,GO 术语注释 PSI-BLAST 找到的同源序列,以与 GOFigure 和 GOtcha 类似的方式给每一个术语分配一个分值,但是同时要考虑到 GO 术语的已有关联性:

$$s(f_a) = \sum_{i \in R} \left\{ [-\log(E(i)) + b] \sum_{j \in F_i} P\left(\frac{f_a}{f_j}\right) \right\}$$

$R$ 是 PSI-BLAST 找到的高于设定阈值的序列组,$F_i$ 是注释到序列 $i$ 的 GO 术语组,$E(i)$ 是与序列 $i$ 关联的比对结果的 $E$ 值,$P(f_a/f_j)$ 是注释了术语 $f_j$ 的蛋白质用术语 $f_a$ 注释的条件概率。

条件概率的计算基于大量注释蛋白质的注释信息,每一对 GO 注释术语之间的所有条件概率的集合定义为功能关联矩阵(FAM)。FAM 和评分功能的结合允许没有注释到 PSI-BLAST 同源序列的 GO 术语分配到一个查询序列。PSI-BLAST 和 FAM 的使用使得 PFP 能够产生比上面其他预测方法显著要好的结果,同时与标准 PSI-BLAST 搜索相比有更好的精确度。

## 9.2.4 系统发生关系

除直接利用序列进行功能推断外,还有一些预测方法利用系统发生关系做功能推断。在物种分化过程中,参与相似生物学功能的基因倾向于保守进化。这是很直观的结论,因为蛋白质不可能独立工作,必须与其他蛋白质复合作用,或者在生物通路中相互作用来完成功能的执行。这样,就可以凭借系统发生关系对具有相似功能的蛋白质进行识别,进一步做功能预测。

### 9.2.4.1 系统发生谱

Pellefrini 等 [4] 提出了最简单也可能是最简便的利用系统发生来预测基因功能的方法。首先为每个基因设立一个称为系统发生谱的 $n$ 位二进制向量,每一个向量的索引代表一个生物。如果对应的生物有一个这个基因的同源序列,那么索引赋值为 1;如果没有则为 0。两个基因之间的距离简单通过它们的生物数量差异来记,或称之为 hamming 距离,差异少于三位的两个基因定义为"邻居"。利用 16 个生物的系统发生谱(即一个 16 位的向量),Pellegrini 等证实具有相似谱的基因倾向于参与相似的生物功能。尽管局限于 16 位向量有限的分辨率,一些功能多样的基因同样有相似的谱。但是,因为一个 $n$ 位系统发生谱的可能谱的数量是 $2^n$,每一个新加入的生物都能使系统发生谱的分辨率有效地翻番。随后,包括超几何分布 [5] 和交互信息 [59] 的更多的比较系统发生谱的复杂的矩阵模型被探索开发出来。如何运用 BLAST [60] 建立一个系统发生谱参照实验方案 9.1,其中涉及构建有效的系统发生谱怎样选择合适的参照生物,参照生物应该:①进化距离足够远;②要覆盖细菌、古菌和真细菌域 [61];③均匀分布在进化树的第 5 层次。如何构建系统发生谱请参照实验方案 9.2。

### 9.2.4.2 系统发生树

虽然系统发生谱是一个鉴定具有相似功能基因的简便方法，但是忽视了生物的进化历史。而生物的进化史对功能系的鉴定中谱的有效性具有实质性的影响。例如，在远系生物中具有相似谱的基因倾向于是进化压力产生的基因保守性的体现，而在较近系生物中具有相似谱的基因则可能仅仅是因为还没有足够时间积累突变才表现出保守性。为了能进行基因之间更全面的系统发生关系比较，Vert[62]提出，用基因进化树的比较替代系统发生谱，因为系统发生谱仅仅能体现与树分支相关联的信息。图9.3展示一个假设的系统发生树和相应的系统发生谱。一个基因的同源序列在一个物种中是否存在一目了然，但是在祖先物种中却不很明了。为了把这一信息模型化，Vert用贝叶斯树基于已有的系统发生树对每个基因在祖先物种中存在的概率做了模型[62]。定义树的核心以有效计算能够体现每对基因贝叶斯树的特征的内在产物，然后这个核心用于以核心为基础的方法如SVM。一个SVM能建立两个分类机，一个用基于系统发生谱Euclidean距离的本地核心，另一个用树的核心。比较发现，用树的核心的分类机有更好的表现。此外，最近还有一些研究进一步探索了功能推断的进化模型[63，64]。

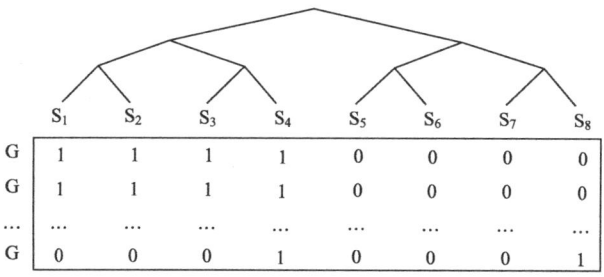

图9.3　8个物种和$n$个基因的相应谱的假设系统发生树

## 实验方案9.2　计算基因的系统发生谱[b]

要求

- 能下载数据和软件的互联网。
- 编程或脚本语言，如C、C++、Perl或Matlab。

方法

1. 选取建立谱的基因组。查看Sun等[60]的指导准则，选取合适的基因组。
2. 构建向量，每一列代表一个基因组，初始值设为0。
3. 选取基因的蛋白质序列，运用BLAST或PSI-BLAST[58]在选取的所有基因组中做序列相似性比对。蛋白质序列可以从SwissProt的网址http://www.ebi.ac.uk/swissprot/中获取。

4. 设定所有 $E$ 值低于阈值的比对同源序列作为匹配蛋白。

5. 根据 Pellegrini 等 [4]，$P$ 值阈值由 $1/nm$ 计算，其中 $n$ 是序列来源基因组的蛋白质数量，$m$ 是其他基因组的蛋白质数量。$P$ 值定义为 $1-e^{-E}$，其中 $E$ 是 BLAST 比对的 $E$ 值[c]。

6. 如果在一个基因组中找到一个同源序列，向量中的相应列赋值为 1。

**注释**

b 这是 Pelegrini 等 [4] 提出的最早的方法。用 COG 数据库构建系统发生谱的更为简易的方法见 Natale 等 [65]。

c 关于 $P$ 值和 $E$ 值，还有其他 BLAST 中用到的统计度量的详细说明见 http://www.ncbi.nlm.nih.gov/BLAST/tutorial/Altschul-1.html。

基于进化树比较基因能更好地体现基因的进化相似性，但是概念上更复杂，计算成本也更高一些。由一些研究者提出的启发探索式的方法是一个既能避免这类方法的复杂性，又能得到相似敏感性的好方法 [66]。这一方法首先通过进化距离给参考生物排序。真正共进化的基因最可能是在远系生物中仍然保守的基因，因此，匹配过的生物就在后面再出现的概率很低。与一个基因对的实际运行次数相比较，用来计算随意基因组概率的超几何方法得到了相等或者更少的匹配运行次数。运行次数越多，基因之间共进化的概率越大，因此更可能具有相同功能。

### 9.2.4.3 进化基因组学

利用系统发生关系做功能推断，重建和深入分析进化历史的方法，通常被定义为进化基因组学 [67~69]。直系同源的重采样推理 [69] 是使用步进重采样的系统进化树来增强直系同源序列搜索发现的方法，这样可以降低功能推断的错误。通过进化关系的功能统计推断（SIFTER）[68]，从查询序列的同源序列构建系统发生树，并在发生树中注释物种分化和复制事件，然后将系统发生树内一致的功能注释用贝叶斯方法来分配功能注释的后验概率到每个节点。SIFTER 的源代码由 Java 编写，可以从 http://sifter.berkeley.edu/下载。

## 9.2.5 序列衍生的功能和化学性质

在查询序列的注释同源序列存在时，基于同源性的方法可以很好地预测基因和蛋白质的功能。由此同源性预测方法也受到了严重的制约。当找不到注释同源序列或找到很少时，从序列仍然有可能推断出蛋白质的功能。蛋白质的序列包含了主导其结构和功能的关键信息。例如，参与信号转导的蛋白质很可能有多个磷酸化位点，而参与 DNA 结合的蛋白质则可能定位在核中 [70]。磷酸化位点和亚细胞定位，还有其他物理和化学特征，都能从蛋白质序列中衍生或者推测出来用于功能推断。

ProFun [71] 运用 17 个从氨基酸组成中计算出来的序列衍生的蛋白质特征，包括预测的翻译后修饰（PTM）、蛋白质排序信号和次级结构的物理或化学特征，描述每个蛋白质的性质。运用人工神经网络，这些性质可以用特征进行功能预测的督导性学习。那么，通过标记了的样本（即注释蛋白）的学习，每个功能的模型得以构建。随后，每个模型中相似的特征被衍生和分类，如果模型中有蛋白质功能的体现，则可以进行预测。当没有注释的同源序列存在或依赖于同源性的方法不能工作时，这一方法仍然可以预测蛋白质功能。ProtFun 作为 web 服务可以在线获取 http://www.cbs.dtu.dk/services/ProtFun/。另一个类似方法是 ProtSVM [72]，利用序列衍生的性质训练支持向量机，把一个蛋白质的序列分配到 47 个酶家族。ProtSVM 目前已升级包含范围广泛的功能家族，如脂质转运和免疫响应蛋白。ProtSVM 可在线获取服务 http://jing.cz3.nus.edu.sg/cgi-bin/svmprot.cgi。

Lobley 等 [73] 通过引入由 DISOPRED 服务器 [74] 预测，编码无序区域新特征在 ProtFun 基础上提出延伸模型。这里，无序区域指那些没有稳定、明确的三级结构的蛋白质区域 [75]。研究发现，不同功能注释的蛋白在长度和无序区域位置分布方面展现出明显偏好 [73]。利用这些特征可以为每一个 GO 术语建立一个支持向量机分类机。基于这个方法的在线功能预测服务器 FFPred [70] 见 http://bioinf.cs.ucl.ac.uk/ffpred/，可以为一个输入蛋白质序列自动预测 300 个以上的 GO 注释。

## 9.2.6 蛋白质-蛋白质相互作用图谱

基于蛋白质序列，我们可以编码蛋白质性能的有用信息，但是关于蛋白质之间的相互作用的信息很少。蛋白质不是独立工作，而是与 DNA、RNA 和其他蛋白质以复合物及通路形式相互作用。因此，能够表明蛋白质作用的生物过程类型的信息来源就是蛋白质-蛋白质相互作用图谱。

蛋白质-蛋白质相互作用数据可以从很多数据库获得。分子相互作用数据库 MINT [76] 收录了同行评议过的蛋白质 100 000 多个物理相互作用（http://www.thebiogrid.org/）。BioGRID [44] 是最大的蛋白质-蛋白质相互作用数据库之一，收录了来自文献中的多于 200 000 个物理和遗传相互作用，而且根据 S. cerevisae 和 Schizosaccharomyces pombe 的文献信息，建立了完整的蛋白质相互作用组。其他可以获得蛋白质相互作用信息的数据库有相互作用的蛋白质数据库 DIP（http://dip.doembi.ucla.edu/）和人类蛋白质参考数据库 HPRD（http://www.hprd.org/）。实验方案 9.3 详细介绍了如何从 BioGRID 获取蛋白质相互作用数据。

尽管蛋白质-蛋白质相互作用是二进制的关系（即相互作用或者不相互作用），数据库中的蛋白质-蛋白质相互作用数据在可靠性上仍然有很大差别。蛋白质-蛋白质相互作用可以从其他类型的实验中观察到，如双杂交 [77]、免疫共沉降和串联亲和纯化。双杂交试验似乎更容易产生噪声，而且结果假阳性比例高 [13，78]。另外，共纯化分析方法则更可靠。Chua 和 Wong [79] 对于怎样降低蛋白质-蛋白质相互作用数据的噪声的一些计算方法作了分析讨论。

### 9.2.6.1 蛋白质相互作用伴侣

用蛋白质相互作用来推断蛋白质功能的最简便也是最有效的方法是，计算与其相互作用的伴侣中每一个功能的出现频率[80]，这一频率通常被定义为邻居计数。那么，有最高频率的功能就被认为是蛋白质的注释功能。

注释到大量蛋白质的功能术语倾向于在蛋白质周围大量出现。因此，邻居计数方法可能把那些有显著高的背景频率的功能优先分配给蛋白质。Hishigaki 等[81]发现了这一问题，提出用卡方统计方法作为评分值功能。对于每一个注释到蛋白质周围的功能，期望的出现次数和观察到的出现次数的偏差作为一个分值分配给这个蛋白质功能。那么，对于蛋白质 $u$，功能 $x$ 利用下面的公式分配到 $u$：

$$S_x(u) = \frac{(f_x(u) - e_x(u))^2}{e_x(u)}$$

这里，$f_x(u)$ 是蛋白质 $x$ 在蛋白质 $u$ 的周围观察到的频率，$e_x(u)$ 是基于背景频率的期望频率。

---

**实验方案 9.3　从 BioGRID 获取蛋白质-蛋白质相互作用数据做功能预测**

**要求**

- 能下载数据和软件的互联网。
- 编程或脚本语言，如 C、C++、Perl 或 Matlab。

**方法**

1. 从 http://www.thebiogrid.org/downloads.php 下载蛋白质-蛋白质相互作用数据。

2. 在所有相互作用数据和生物特异性数据中选择其一。三种文件格式可选：excel（tab 键分隔）、PSI-MI XML 版本 1 和版本 2.5。

3. 每个记录包括两个相互作用蛋白质的名字、数据来源的实验类型（如双杂交）和数据出版信息 PubMed 标识[d]。

4. 把蛋白质名字转化成想要的标识，如 RefSeq 记录号、SGD 或 Ensembl 标识。如果想要适用于其他数据统一的标识系统（如 GO 注释），可以用 Synergizer（http://llama.med.harvard.edu/synergizer/translate/）工具完成。

**注释**

d 用于检测蛋白质相互作用的实验系统反映了信息的性质和可信度。例如，综合性摧毁效能检测遗传相互作用，双杂交检测物理相互作用，而亲和性纯化检测到的相互作用信息比双杂交信息更可靠。

### 9.2.6.2 常见的蛋白质-蛋白质相互作用伴侣

上面介绍的方法把相互作用信息和蛋白质关联起来，其中一些方法基于蛋白质之间共同的相互作用伴侣。Samanta 和 Liang[15] 基于每一个蛋白质的相互作用邻居，用超几何分值计算了蛋白质 $u$ 和 $v$ 的距离：

$$P(N,u,v,m) = \frac{\binom{N}{m}\binom{N-m}{n_1-m}\binom{N-n_1}{n_2-m}}{\binom{N}{n_1}\binom{N}{n_2}}$$

这里 $N$ 指在相互作用网络中的所有蛋白质，$N_u$ 指蛋白质的邻居 $u$，$m = |N_u \cap N_v|$，$n_1 = |N_u|$，$n_2 = |N_v|$。

这一分值反映了蛋白质 $u$ 和 $v$ 有共同邻居 $m$ 的可能性 $N$、$n_1$ 和 $n_2$。$P$-值较小，显示蛋白质 $u$ 和 $v$ 更可能是在生物学相关联，反之亦然。用 $P$ 值小于或等于 $10^{-8}$ 的蛋白质对，基于最大得分，功能被分配给未注释的蛋白质，方法与邻居计数类似。基于常见相互作用伴侣，Brun 等[7] 和 Chua 等[10] 开发了利用蛋白质对之间的关联加权的计算进行功能预测的其他方法。

### 9.2.6.3 机器学习方法

模拟退火[82]、Markov 随意域[11] 和 SVM 图形核心[26] 等机器学习技术也被开发用于功能预测。另外，最近也有研究能检测保守网络模式的计算方法[8，12]。这些方法更复杂，对于计算要求更高，但通常预测精确度都比较高。

## 9.3 故障排查

FunCat 和 GO 等层级注释体系通常都遵循真实路径规则。这意味着用一个术语注释的一个基因或蛋白质也明确被这个术语的祖先术语注释。但是，这些祖先术语通常不包含在注释文本中。这个问题可能引起相关术语之间的不一致预测。

因为不同蛋白质功能的性质不同，某些功能可能很少有子术语，而另一些功能有大量的子术语。确定蛋白质功能的实验，不同功能的生物学机制所在的层次都可能是影响因素。因为相关 GO 术语之间有一定水平的重叠，一个预测方法的所有评价会产生导致注释偏好于完全了解的功能，这样的功能也往往有更多的特异术语，因此能更好地预测完全了解的功能的方法要优先评价。通常，用两种通用方法来产出更均衡的评价结果。第一种方法是用层级结构中固定层次中的术语做评价，如 GO 中的第三层次[11，26，28，83，84]；另一种方法则用信息术语进行评价[10，21]。如果有不少于 30 个蛋白质用这个术语注释，而且子术语注释没有多于 30 个蛋白质的，这个术语就被定义为信息术语。利用信息术语评价确保没有冗余发生（信息术语的祖先术语和子术语都不能是信息术语），同时保证用来评价的术语有足够多的注释蛋白支持。

（孟庆姝 译）

## 参 考 文 献

1. Hennig, S., Groth, D. and Lehrach, H. (2003) Automated Gene Ontology annotation for anonymous sequence data. *Nucleic Acids Research*, **31**, 3712-3715.
2. Khan, S., Situ, G., Decker, K. and Schmidt, C. J. (2003) GoFigure: automated Gene Ontology annotation. *Bioinformatics*, **19**, 2484-2485.
3. Vinayagam, A., del Val, C., Schubert, F. et al. (2006) GOPET: a tool for automated predictions of Gene Ontology terms. *BMC Bioinformatics*, **7**, 161.
4. Pellegrini, M., Marcotte, E. M., Thompson, M. J. et al. (1999) Assigning protein functions by comparative genome analysis: Protein phylogenetic profiles. *Proceedings of the National Academy of Sciences of the United States of America*, **96**, 4285-4288. This is the pioneering work which reported that proteins with similar phylogenetic profiles tend to exhibit conserved function.
5. Wu, J., Kasif, S. and DeLisi, C. (2003) Identification of functional links between genes using phylogenetic profiles. *Bioinformatics*, **19**, 1524-1530.
6. Hawkins, T., Luban, S. and Kihara, D. (2006) Enhanced automated function prediction using distantly related sequences and contextual association by PFP. *Protein Science*, **15**, 1550-1556.
7. Brun, C., Chevenet, F., Martin, D. et al. (2003) Functional classification of proteins for the prediction of cellular function from a protein-protein interaction network. *Genome Biology*, **5**, R6.
8. Chen, J., Hsu, W., Lee, M., and Ng, S.-K. (2007) Labeling network motifs in protein interactomes for protein function prediction. Proceedings of the IEEE 23rd International Conference on Data Engineering, pp. 546-555.
9. Chen, Y. and Xu, D. (2004) Global protein function annotation through mining genome-scale data in yeast *Saccharomyces cerevisiae*. *Nucleic Acids Research*, **32**, 6414-6424.
10. Chua, H. N., Sung, W. K. and Wong, L. (2006) Exploiting indirect neighbours and topological weight to predict protein function from protein-protein interactions. *Bioinformatics*, **22**, 1623-1630.
11. Deng, M., Zhang, K., Mehta, S. et al. (2003) Prediction of protein function using protein-protein interaction data. *Journal of Computational Biology*, **10**, 947-960.
12. Kirac, M. and Ozsoyoglu, G. (2008) Protein function prediction based on patterns in biological networks. Proceedings of 12th International Conference on Research in Computational Molecular Biology, pp. 197-213.
13. Legrain, P., Wojcik, J. and Gauthier, J. M. (2001) Protein-protein interaction maps: a lead towards cellular functions. *Trends in Genetics*, **17**, 346-352.
14. Letovsky, S. and Kasif, S. (2003) Predicting protein function from protein/protein interaction data: a probabilistic approach. *Bioinformatics*, **19** (Suppl. 1), i197-i204.
15. Samanta, M. P. and Liang, S. (2003) Predicting protein functions from redundancies in large-scale protein interaction networks. *Proceedings of the National Academy of Sciences of the United States of America*, **100**, 12579-12583.
16. Ferre, S. and King, R. D. (2006) Finding motifs in protein secondary structure for use in function prediction. *Journal of Computational Biology*, **13**, 719-731.
17. Laskowski, R. A., Watson, J. D. and Thornton, J. M. (2005) ProFunc: a server for predicting protein function from 3D structure. *Nucleic Acids Research*, **33**, W89-W93.
18. Pazos, F. and Sternberg, M. J. (2004) Automated prediction of protein function and detection of functional sites from structure. *Proceedings of the National Academy of Sciences of the United States of America*, **101**, 14754-14759.
19. Huynen, M., Snel, B., Lathe, W. III and Bork, P. (2000) Predicting protein function by genomic context: quantitative evaluation and qualitative inferences. *Genome Research*, **10**, 1204-1210.

20. Hughes, T. R., Marton, M. J., Jones, A. R. et al. (2000) Functional discovery via a compendium of expression profiles. *Cell*, **102**, 109-126.
21. Zhou, X., Kao, M. C. and Wong, W. H. (2002) Transitive functional annotation by shortest-path analysis of gene expression data. *Proceedings of the National Academy of Sciences of the United States of America*, **99**, 12783-12788.
22. Hirschman, L., Yeh, A., Blaschke, C. and Valencia, A. (2005) Overview of BioCreAtIvE: critical assessment of information extraction for biology. *BMC Bioinformatics*, **6** (Suppl. 1), S1.
23. Ray, S. and Craven, M. (2005) Learning statistical models for annotating proteins with function information using biomedical text. *BMC Bioinformatics*, **6** (Suppl. 1), S18.
24. Chua, H. N., Sung, W.-K. and Wong, L. (2007) An efficient strategy for extensive integration of diverse biological data for protein function prediction. *Bioinformatics*, **23**, 3364-3373.
25. Deng, M., Chen, T. and Sun, F. (2004) An integrated probabilistic model for functional prediction of proteins. *Journal of Computational Biology*, **11**, 463-475.
26. Lanckriet, G. R., Deng, M., Cristianini, N. et al. (2004) Kernel-based data fusion and its application to protein function prediction in yeast. Pacific Symposium on Biocomputing 2004 (eds R. B. Altman, A. K. Dunker, L. Hunter et al.), World Scientific, pp. 300-311.
27. Troyanskaya, O. G., Dolinski, K., Owen, A. B. et al. (2003) A Bayesian framework for combining heterogeneous data sources for gene function prediction (in *Saccharomyces cerevisiae*). *Proceedings of the National Academy of Sciences of the United States of America*, **100**, 8348-8353.
28. Tsuda, K., Shin, H. and Schölkopf, B. (2005) Fast protein classification with multiple networks. *Bioinformatics*, **21** (Suppl. 2), ii59-ii65.
29. Hawkins, T. and Kihara, D. (2007) Function prediction of uncharacterized proteins. *Journal of Bioinformatics and Computational Biology*, **5**, 1-30.
30. Sharan, R., Ulitsky, I. and Shamir, R. (2007) Network-based prediction of protein function. *Molecular Systems Biology*, **3**, 88.
31. Pena-Castillo, L., Tasan, M., Myers, C. L. et al. (2008) A critical assessment of *Mus musculus* gene function prediction using integrated genomic evidence. *Genome Biology*, **9** (Suppl. 1), S2. This publication provides a comparison between several state-of-the-art computational function prediction methods on the task of predicting functions for *Mus musculus* proteins.
32. Ruepp, A., Zollner, A., Maier, D. et al. (2004) The FunCat, a functional annotation scheme for systematic classification of proteins from whole genomes. *Nucleic Acids Research*, **32**, 5539-5545.
33. Barrett, A. J. (1997) Nomenclature Committee of the International Union of Biochemistry and Molecular Biology (NC-IUB MB). Enzyme nomenclature. Recommendations 1992. Supplement 4: corrections and additions (1997). *European Journal of Biochemistry*, **250**, 1-6.
34. Murzin, A. G., Brenner, S. E., Hubbard, T. and Chothia, C. (1995) SCOP: a structural classification of proteins database for the investigation of sequences and structures. *Journal of Molecular Biology*, **247**, 536-540.
35. Riley, M. (1993) Functions of the gene products of *Escherichia coli*. *Microbiological Reviews*, **57**, 862-952.
36. Mewes, H. W., Heumann, K., Kaps, A. et al. (1999) MIPS: a database for genomes and protein sequences. *Nucleic Acids Research*, **27**, 44-48.
37. Ashburner, M., Ball, C. A., Blake, J. A. et al. (2000) Gene Ontology: tool for the unification of biology. *Nature Genetics*, **25**, 25-29. GO is currently the most widely adopted annotation scheme for protein function.
38. Powell, J. R. (1996) *Progress and Prospects in Evolutionary Biology: The Drosophila Model*, Oxford University Press, New York.
39. Cherry, J. M., Adler, C., Ball, C. et al. (1998) SGD: *Saccharomyces* Genome Database. *Nucleic Acids*

Research, **26**, 73-79. The SGD database provides comprehensive resources for the model organism S. cerevisiae.

40. Bult, C. J., Blake, J. A., Richardson, J. E. et al. (2004) The Mouse Genome Database (MGD): integrating biology with the genome. *Nucleic Acids Research*, **32**, D476-D481.

41. Stein, L., Sternberg, P., Durbin, R. et al. (2001) WormBase: network access to the genome and biology of Caenorhabditis elegans. *Nucleic Acids Research*, **29**, 82-86.

42. Sprague, J., Clements, D., Conlin, T. et al. (2003) The Zebrafish Information Network (ZFIN): the zebrafish model organism database. *Nucleic Acids Research*, **31**, 241-243.

43. Bader, G. D. and Hogue, C. W. (2000) BIND-a data specification for storing and describing biomolecular interactions, molecular complexes and pathways. *Bioinformatics*, **16**, 465-477.

44. Breitkreutz, B. J., Stark, C., Reguly, T. et al. (2008) The BioGRID Interaction Database: 2008 update. *Nucleic Acids Research*, **36**, D637-D640. BioGRID is an up-to-date repository of protein-protein interactions for a variety of species.

45. Kersey, P. J., Duarte, J., Williams, A. et al. (2004) The International Protein Index: an integrated database for proteomics experiments. *Proteomics*, **4**, 1985-1988.

46. Bairoch, A., Apweiler, R., Wu, C. H. et al. (2005) The Universal Protein Resource (UniProt). *Nucleic Acids Research*, **33**, D154-D159.

47. Bussey, K. J., Kane, D., Sunshine, M. et al. (2003) MatchMiner: a tool for batch navigation among gene and gene product identifiers. *Genome Biology*, 4, R27.

48. Iragne, F., Barre, A., Goffard, N. and De Daruvar, A. (2004) AliasServer: a web server to handle multiple aliases used to refer to proteins. *Bioinformatics*, **20**, 2331-2332.

49. Côté, R. G., Jones, P., Martens, L. et al. (2007) The Protein Identifier Cross-Referencing (PICR) service: reconciling protein identifiers across multiple source databases. *BMC Bioinformatics*, **8**, 401.

50. Berriz, G. F. and Roth, F. P. (2008) The Synergizer service for translating gene, protein and other biological identifiers. *Bioinformatics*, **24**, 2272-2273.

51. Altschul, S. F., Gish, W., Miller, W. et al. (1990) Basic local alignment search tool. *Journal of Molecular Biology*, **215**, 403-410. BLAST is an important sequence analysis tool for both experimental and computational biologists.

52. Henikoff, S. and Henikoff, J. G. (1992) Amino acid substitution matrices from protein blocks. *Proceedings of the National Academy of Sciences of the United States of America*, **89**, 10915-10919.

53. Caspi, R., Foerster, H., Fulcher, C. A. et al. (2008) The MetaCyc database of metabolic pathways and enzymes and the BioCyc collection of pathway/genome databases. *Nucleic Acids Research*, **36**, D623-D631.

54. Martin, D. M., Berriman, M. and Barton, G. J. (2004) GOtcha: a new method for prediction of protein function assessed by the annotation of seven genomes. *BMC Bioinformatics*, **5**, 178.

55. Chalmel, F., Lardenois, A., Thompson, J. D. et al. (2005) GOAnno: GO annotation based on multiple alignment. *Bioinformatics*, **21**, 2095-2096.

56. Plewniak, F., Bianchetti, L., Brelivet, Y. et al. (2003) PipeAlign: a new toolkit for protein family analysis. *Nucleic Acids Research*, **31**, 3829-3832.

57. Thompson, J. D., Plewniak, F., Ripp, R. et al. (2001) Towards a reliable objective function for multiple sequence alignments. *Journal of Molecular Biology*, **314**, 937-951.

58. Altschul, S. F., Madden, T. L., Schaffer, A. A. et al. (1997) Gapped BLAST and PSI-BLAST: a new generation of protein database search programs. *Nucleic Acids Research*, **25**, 3389-3402. PSI-BLAST extends conventional BLAST to retrieve the homologues of a protein with much lower sequence similarity.

59. Date, S. V. and Marcotte, E. M. (2003) Discovery of uncharacterized cellular systems by genome-wide analysis of functional linkages. *Nature Biotechnology*, **21**, 1055-1062.

60. Sun, J., Li, Y. and Zhao, Z. (2007) Phylogenetic profiles for the prediction of protein-protein interactions:

how to select reference organisms? *Biochemical and Biophysical Research*, **353**, 985-991.
61. Woese, C. R., Kandler, O. and Wheelis, M. L. (1990) Towards a natural system of organisms: proposal for the domains Archaea, Bacteria, and Eucarya. *Proceedings of the National Academy of Sciences of the United States of America*, **87**, 4576-4579.
62. Vert, J. P. (2002) A tree kernel to analyse phylogenetic profiles. *Bioinformatics*, **18** (Suppl. 1), S276-S284.
63. Barker, D., Meade, A. and Pagel, M. (2007) Constrained models of evolution lead to improved prediction of functional linkage from correlated gain and loss of genes. *Bioinformatics*, **23**, 14-20.
64. Barker, D. and Pagel, M. (2005) Predicting functional gene links from phylogenetic-statistical analyses of whole genomes. *PLoS Computational Biology*, **1**, e3.
65. Natale, D. A., Galperin, M. Y., Tatusov, R. L. and Koonin, E. V. (2000) Using the COG database to improve gene recognition in complete genomes. *Genetica*, **108**, 9-17.
66. Cokus, S., Mizutani, S. and Pellegrini, M. (2007) An improved method for identifying functionally linked proteins using phylogenetic profiles. *BMC Bioinformatics*, **8** (Suppl. 4), S7.
67. Eisen, J. A. (1998) Phylogenomics: improving functional predictions for uncharacterized genes by evolutionary analysis. *Genome Research*, **8**, 163-167.
68. Engelhardt, B. E., Jordan, M. I., Muratore, K. E. and Brenner, S. E. (2005) Protein molecular function, prediction by Bayesian phylogenomics. *PLoS Computational Biology*, **1**, e45.
69. Zmasek, C. M. and Eddy, S. R. (2002) RIO: analyzing proteomes by automated phylogenomics using resampled inference of orthologs. *BMC Bioinformatics*, **3**, 14.
70. Lobley, A. E., Nugent, T., Orengo, C. A. and Jones, D. T. (2008) FFPred: an integrated feature-based function prediction server for vertebrate proteomes. *Nucleic Acids Research*, **36**, W297-W302.
71. Jensen, L. J., Gupta, R., Staerfeldt, H. H. and Brunak, S. (2003) Prediction of human protein function according to Gene Ontology categories. *Bioinformatics*, **19**, 635-642.
72. Cai, C. Z., Han, L. Y., Ji, Z. L. et al. (2003) SVM-Prot: web-based support vector machine software for functional classification of a protein from its primary sequence. *Nucleic Acids Research*, **31**, 3692-3697.
73. Lobley, A., Swindells, M. B., Orengo, C. A. and Jones, D. T. (2007) Inferring function using patterns of native disorder in proteins. *PLoS Computational Biology*, **3**, e162. This publication describes the use of a large variety of sequence-derived biochemical properties of proteins with SVMs for function inference.
74. Ward, J. J., McGuffin, L. J., Bryson, K. et al. (2004) The DISOPRED server for the prediction of protein disorder. *Bioinformatics*, **20**, 2138-2139.
75. Dunker, A. K., Garner, E., Guilliot, S. et al. (1998) Protein disorder and the evolution of molecular recognition: theory, predictions, and observations. *Pacific Symposium on Biocomputing'98* (eds R. B. Altman, A. K. Dunker and T. E. Klein), World Scientific, pp. 473-484.
76. Chatr-aryamontri, A., Ceol, A., Palazzi, L. M. et al. (2007) MINT: the Molecular INTeraction database. *Nucleic Acids Research*, **35**, D572-D574.
77. Gietz, R. D., Triggs-Raine, B., Robbins, A. et al. (1997) Identification of proteins that interact with a protein of interest: applications of the yeast two-hybrid system. *Molecular and Cellular Biochemistry*, **172**, 67-79.
78. Sprinzak, E., Sattath, S. and Margalit, H. (2003) How reliable are experimental protein-protein interaction data? *Journal of Molecular Biology*, **327**, 919-923.
79. Chua, H. N. and Wong, L. (2008) Increasing the reliability of protein interactomes. *Drug Discovery Today*, **13**, 652-658.
80. Schwikowski, B., Uetz, P. and Fields, S. (2000) A network of protein-protein interactions in yeast. *Nature Biotechnology*, **18**, 1257-1261. This is the publication that first explored the use of high-throughput protein-protein interactions for protein function prediction.
81. Hishigaki, H., Nakai, K., Ono, T. et al. (2001) Assessment of prediction accuracy of protein function from

protein-protein interaction data. *Yeast*, **18**, 523-531.
82. Vazquez, A., Flammini, A., Maritan, A. and Vespignani, A. (2003) Global protein function prediction from protein-protein interaction networks. *Nature Biotechnology*, **21**, 697-700.
83. Chua, H. N., Sung, W. K. and Wong, L. (2007) Using indirect protein interactions for the prediction of Gene Ontology functions. *BMC Bioinformatics*, **8** (Suppl. 4), S8. This is a recent review on computational techniques to improve the reliability of experimentally derived protein-protein interactions.
84. Gabow, A., Leach, S., Baumgartner, W. *et al.* (2008) Improving protein function prediction methods with integrated literature data. *BMC Bioinformatics*, **9**, 198.

# 10 通过基因工程小鼠阐释基因功能

Mary P. Heyer, Cátia Feliciano, João Peça and Guoping Feng
*Department of Neurobiology, Duke University Medical Center, Durham, North Carolina, USA*

## 10.1 引言

直接操纵小鼠基因组的分子遗传技术的发展给生物科学和生物医药研究带来了革命性的契机。近年来，随着更多复杂的遗传操纵成为可能，这项技术也得到了越来越多的应用。在所有哺乳动物中，小鼠基因组是最容易操作的，所以遗传工程改造小鼠有助于更细化基因功能在体内的分析研究，为人类多样的疾病提供模型。小鼠基因功能的剔除和获得有很多种手段，包括基因的过量表达、删除、定点突变、报告基因的表达，以及在时间和空间上对上述操作进行调控的技术。这些可遗传的基因改变引起的表型结果变化可以通过在复杂的活体小鼠身上检测观察到，这样更有助于我们研究和探索生物体在不同生理及病理状态下的基因功能。

目前，转基因技术已经被广泛地用于基因在某物种体内的过量表达。通过对小鼠卵母细胞的原核显微注射和外源载体 DNA 序列的随机插入来实现外源基因在该物种体内的表达。这种方法适宜做报告基因下游的表达，相应的基因功能同时会因显性失活突变体的过量表达而被抑制。转基因技术相对更直接，并能够在相对较短的时间内简易高效地产生转基因后的"祖先动物"（原种转殖基因的动物）。在一些情况下，由于随机的载体整合，转基因表达的模式和水平可能会受到邻近序列的影响。DNA 通常以环状多拷贝的形式插入，产生不同的表达水平。微注射的 DNA 必须包含内源基因表达、复制所需的所有调控元件，有的时候会定位在离编码区很远的位置。细菌人工染色体（BAC）转基因技术被越来越多地运用来解决这些问题[1]。即使这样，转基因的插入还是可能产生我们不需要的邻近的、内源基因的表达。不同的转基因方法在其他文献和报道中有详细的介绍和描述[2,3]。

小鼠基因功能的缺失可以通过基因堵塞的方法来实现[4,5]。基因堵塞利用一个设计好随机插入基因组的报告基因，来干扰一个位于插入位点或插入位点附近的基因的表达。突变的基因和它的表达模式可以根据插入的报告基因鉴别出来。基因堵塞能够产生很多不同缺损基因的小鼠品系，它们可以经由特殊的表型或者表达模式被筛选出来。最近，DNA 转座子 *piggyBAC* 和 *Sleeping Beauty* 通过随机插入造成基因突变已经成功实现鼠科动物基因的失活[6,8]。基因堵塞也可以通过同样的方式将报告基因插入到转座子中来实现。基因堵塞和基于转座子方法的一个优势在于不需要事先知道可能影响的基因序列和结构。因为突变事件发生的频率很低，研究者也没有控制发生突变的位置，所以基因堵塞更易于偶然发现一些基因功能。

基因打靶技术克服了其他遗传工程方法的很多局限，这是因为基因打靶突变是有针对性的，使感兴趣的内源基因失活或者对其进行修饰。这种准确的控制来源于整合位点的同源重组，结合了阴性选择，而不是随机插入载体拷贝，克服了基因随机整合的盲目性和危险性。通常，靶向突变（targeted mutation）的设计是用来剔除基因功能，这样可以产生"基因敲除"小鼠。随着在时间和空间上对基因的操控手段越来越多，还有其他更好的方法来实现基因的过量表达、突变以及剔除，这些方法已经成功用于人和小鼠的基因组序列。基因打靶技术不仅限于改变编码区，还可以改变基因调控的区域、非翻译的 mRNA 区域和各种非编码 RNA，如微小 RNA 的功能都可以通过特异性打靶来研究。

由于遗传工程应用的多样化和兴趣点不同，本章主要介绍已有目标基因的打靶方法和策略。实验方案旨在提供打靶载体的设计、小鼠胚胎干细胞同源重组以及将突变转移到小鼠生殖细胞系中的简介；更深入的理论知识、遗传工程的方法及在小鼠中的基因打靶详见 Nagy [9] 和 Tymms [10] 的文章。

## 10.2 方法和途径

### 10.2.1 小鼠目标基因剔除原理

"基因打靶"技术的定义是通过同源重组对基因组的特异性位点进行修饰，改变某一特定基因，从而在生物活体内研究此基因的功能。它是分子生物学技术上继转基因技术之后的又一革命，它的发展为发育生物学、分子遗传学、免疫学及医学等学科提供了一个全新的研究手段。超过 10 000 个基因在活体内的功能都是通过基因打靶技术分析研究出来的，也是通过对特定基因进行研究，创建了人类疾病的 500 多种不同的小鼠模型。小鼠基因打靶技术的发展基于两个主要突破性技术的结合。英国科学家马丁·埃文斯在小鼠的胚胎中发现了具有生殖能力的胚胎干细胞并且可以用于培养 [11，12]，美国科学家马里奥·卡佩基和奥利弗·史密斯在培养的小鼠胚胎干细胞中通过同源重组对一个选定基因进行特异突变 [13，14]。1989 年，人类用胚胎干细胞培育出第一只基因打靶小鼠，即基因被特定修饰的小鼠 [15～18]。这是生命科学领域一篇划时代的论文，基因打靶立即成为一项强有力的技术，浸透到生物医学几乎所有领域。马里奥·卡佩基、奥利弗·史密斯和马丁·埃文斯也因此分享了 2007 年诺贝尔生理学或医学奖。

小鼠的基因打靶依赖于小鼠干细胞的特性，因为小鼠干细胞来源于胚胎植入前胚泡内细胞群的多潜能、未决定分化方向的细胞，这些细胞能够在培养的时候被操控，引入到一个胚胎植入前的胚泡中，重新植入胚泡后发育成熟形成成体或者胚胎组织。这些细胞的多潜能性还高度依赖于培养条件，需要将胚胎干细胞处于一个未定型且没有分化的状态下。分化的抑制信号由小鼠胚胎成纤维细胞（MEF）滋养细胞提供，它同样也扮演着胚胎干细胞黏附基质的角色,培养基中加入的白血病抑制因子(LIF)同样也可以抑制细胞分化[19]。本章实验中用的 R1 胚胎干细胞依赖滋养层细胞,还有其他一些胚胎干细胞对滋养层细胞没有要求,这类胚胎干细胞的培养敏感性就会低一些。

靶向突变通过一个合适的目标载体的同源重组导入胚胎干细胞(图 10.1)。在哺乳动物细胞中,同源重组发生的频率非常低,因此,使用阳性选择和阴性选择来富集出现同源重组的细胞[20]。在含有 G418/遗传霉素的选择性培养基中,如果目标载体整合到基因组,那么带有强启动子控制的新霉素抗性基因就会被转录,使细胞获得抗性而能在含有 G418 的选择性培养基中生长,所以可以进行阳性筛选获得转染成功的细胞。阴

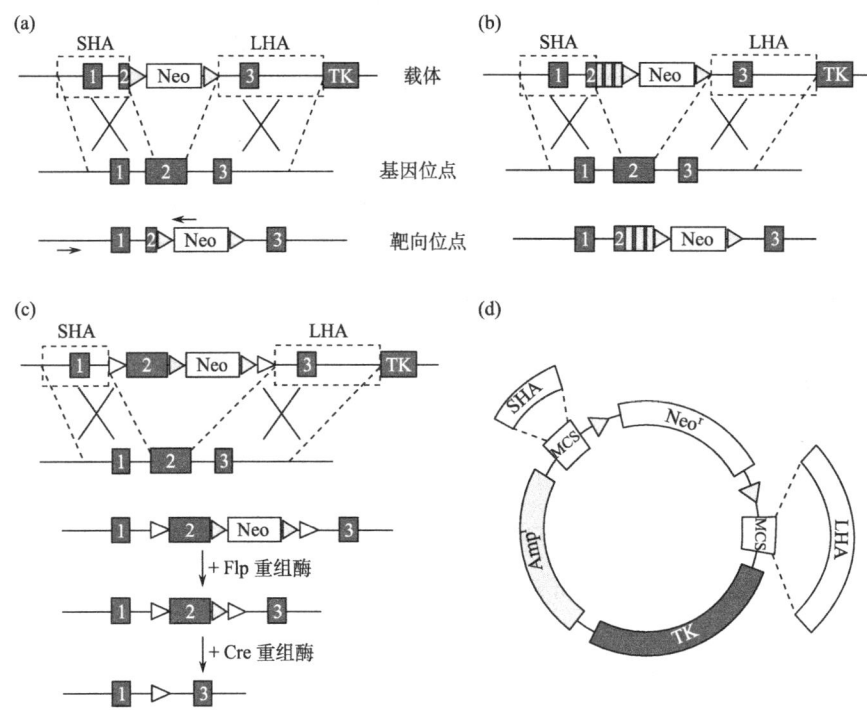

图 10.1 基因打靶策略。(a) 通过打靶载体的替代进行基因敲除。目标基因与线性的打靶载体同源重组之后,它的第二个外显子被新霉素抗性盒打断,单纯疱疹病毒胸苷激酶(TK)基因在同源重组后被切除。图中外显子用有数字的黑框表示,短的和长的同源臂用灰色虚线表示。PCR 引物 P1 和 P2 用来筛选同源重组子。FRT 位点(灰色三角)位于新霉素抗性基因盒的两侧。如果需要,打靶后的小鼠同表达 FLP 重组酶的小鼠杂交可以介导新霉素抗性基因盒的删除。(b) 通过打靶载体的替代进行基因敲入。除了新霉素抗性基因之外,目标基因第二个外显子的一部分还被一个包含有点突变或者报告基因的序列替代(灰色框黑条纹)。(c) 条件基因删除。通过同源重组,在将要被删除的外显子和新霉素抗性基因盒的两个侧翼都插入 loxP 位点。打靶后的小鼠同表达 FLP 重组酶的小鼠杂交可以介导新霉素抗性基因盒的删除。条件删除可以通过同表达组织特异或者发育阶段特异 Cre 重组酶的小鼠杂交来实现。(d) 打靶载体设计。需要的元件包括 TK 基因——一个抗生素抗性基因(图示为氨比西林抗性,Amp$^r$),侧翼有 FRT 位点的新霉素抗性基因盒(Neo$^r$)和多克隆位点。短的(约 1kb)和长的(6~10kb)同源臂克隆进多克隆位点。

性选择通常选用单纯疱疹病毒胸苷激酶（TK）基因，位于载体的 3′端，细胞同源重组之后 TK 基因会被切除而丢失，而随机插入的载体因为携带 TK 基因，使无毒的核苷类似物 FIAU［1-（2-deoxy-2-fluoro-β-D-arabino-furanosyl）-5-iodouracil］变为毒性核苷酸而杀死细胞，因而可用核苷类似物筛选排除随机整合的细胞株。白喉毒素 A（DT-A）也成功被用于阴性选择的标记［21］。

影响打靶频率的因素有以下几个方面。

1. 重组率会随着载体序列和它目标座位序列同源的长度增加而提高，目前同源长度已经达到了大概 10kb。在本试验中，在新霉素抗性的盒侧翼，最大使用了 6~10kb 长同源臂（LHA）和约 1kb 的短同源臂（SHA）（图 10.1）。长同源臂可以通过从 BAC 中 DNA 回收克隆得到，详见 10.1 节~10.4 节，短同源臂则可以使用标准的聚合酶链反应来进行克隆。

2. 如果目标基因的同源区域有相同的遗传背景，如使用的胚胎干细胞，那么打靶频率将会提高［23］。本章实验中使用的 R1 胚胎干细胞来源于 129 品系遗传背景［24］。当然，来源于其他小鼠品系的细胞株如 C57BL/6 和 BLAB/c 同样可以使用［25，26］。

3. 打靶频率的高低有位置依赖性。不同位点发生同源重组的效率不同，还有一些影响因素，如染色质的结构，这样对于一个给定的基因，很难预测它的打靶频率。这里描述的方法已经最大限度地提高了同源重组率。

很多方法可以用来对目标重组后的胚胎干细胞克隆进行筛选，包括 PCR 和优化的迷你 Southern 杂交。在我们介绍的实验中使用的是 PCR 筛选的方法，PCR 的一个引物来自新介绍的新霉素抗性盒，是另一个杂交到 SHA 外的基因组序列。SHA 的长度需要限制在 1kb，以便在筛选胚胎干细胞 DNA 时进行有效的 PCR 扩增。

通过在小鼠中的基因打靶来进行精确的遗传控制还是比较昂贵，且实验复杂，耗时耗力，费用相对高昂，实验流程冗长。

在胚胎干细胞中自动的基因打靶和基因打靶小鼠的产物可能满足实验室的需要［27，28］。

## 10.2.2 小鼠基因打靶策略

由于基因打靶的序列操控和突变的多样性，本章主要介绍一种最通用的基因打靶策略。无论何种基因打靶，打靶载体必须设计为染色体的序列可以通过同源区域的侧翼重组由载体序列取代。一种修饰过的 pBluescipt（pBSK）质粒可以被用作合适的打靶载体［图 10.1（d）］。

1. **敲除**。产生无义突变子的打靶载体的构建通常由靶基因序列插入一个改造后功能已经丢失的突变构成［图 10.1（a）］。可以通过初始密码子（ATG）和（或）带有新霉素抗性基因盒的外显子（编码蛋白的功能性区域）取代来实现。为了有效地消除基因功能，避免产生移码突变，阻止选择性剪切，这种取代同样也应该加入翻译的终止密码子。值得注意的是，强启动子驱动的新霉素抗性基因转录可能干扰邻近基因的表达，这样可能会混淆表型的分析［29，30］。所以，新霉素抗性基因盒的侧翼应该有两个 FLP

重组酶靶标位点[31]，可以通过与表达 FLP 重组酶的小鼠杂交而将其切除[32]。无义突变会使胚胎致死，所以限制了发育早期基因功能的研究。还有，组成基因删除的补偿可能产生表型而低估了基因的功能。这些问题都可以通过下面的条件或者诱导突变来避免。

2. **敲入**。敲入突变通过在特定基因座位的序列取代或者插入来产生[图10.1(b)]。可以应用在特异的点突变或者是报告基因[如绿色荧光蛋白（GFP）或者β-半乳糖苷酶]的融合等方面。报告基因的融合有助于内源基因表达模式的精确分析，而像点突变的控制则能够对基因功能进行更细微的剖析。除此之外，通过在 ROSA26 品系小鼠座位上某个感兴趣的座位进行基因敲入，使其过量表达，这个座位上的蛋白质都是广泛适度表达的[33]。

3. **条件性剔除**。为了克服一些与组成性剔除相关的潜在问题，也为了更好地在一个特定的细胞、组织或者发育阶段分析基因的功能，基因打靶结合了有力的 Cre/loxP 系统（详见综述参考文献[34，35]）。Cre 重组酶能够有效地催化两个同一个方向 loxP 位点之间的互补 DNA 重组，这样一条两侧翼带有 loxP 位点（floxed）的序列在 Cre 重组酶催化下经过位点特异性重组后将会被切除[图10.1(c)]。通过基因打靶产生的侧翼带有 loxP 位点等位基因的小鼠和在组织特异性启动子控制下表达 Cre 的转基因小鼠杂交，等位基因会在该组织中被特异性删除。还有另外一种可选用的方法，即点突变的条件敲入，这种方法也已经被报道[36]。在不同的内源性、组织、发育阶段特异的启动子下，小鼠表达 Cre 重组酶的报道也在不断增多。如果没有 Cre 品系小鼠可用，可以通过病毒载体携带 Cre 转入特殊组织。值得注意的是，内源基因在同 Cre 重组之前，功能都正常行使。因此，目标修饰不能有编码、剪切或者调控区域的干扰。与无义突变产生相似，loxP 位点插入、重组将会使基因失活，要避免选择性剪切的补偿效应。为了达到同正常表达更加接近，好的做法是通过设计跨选择盒子两翼的 FRT 位点来把药物选择的标记移除。有 FLP 表达载体的胚胎干细胞转染或者在生殖细胞中表达 FLP 的转基因小鼠嵌合体杂交可能会影响到盒子的切割。在一些情况下，我们需要删除的是整个基因，尤其是一些可能有复杂可变剪切形式的大基因。只需要将两个 loxP 位点定位于较大的距离之间，Cre 重组酶同样能够介导较大区域的基因组的删除。两个分开的带有不同阳性选择标记的打靶载体，可以通过目标基因邻近的 5′端和 3′端同源重组插入两个 loxP 位点。在一个打靶构建中同样至少要引入一个 *TK* 基因。正确打靶的克隆载体用表达 Cre 的质粒转染后，克隆载体被切除，*TK* 基因也一起被切除，可以通过 FIAU 来筛选。打靶载体被设计为携带同一个阳性选择标记、两个互补的非功能性片段。Cre 介导切割之后，两个片段被连在一起，药物的抗性也恢复了。使用这样的方法，可以实现上万个碱基对的删除。更多有关条件性和诱导性的技术参见文献[37，38]。

4. **诱导性删除**。使用四环素或者激素受体类似物的诱导性突变策略已经成功地在发育的特异阶段完成了遗传控制，并可以获得组织特异性[38]。有四环素或者没有四环素的系统通过依赖于四环素的活化因子，如四环素类似物——强力霉素来激活或抑制基因表达的开或关。Tc 依赖的反式作用因子结合到四环素耐药操纵子序列，位于最小启动子的上游。这对一些表达改变可逆的基因来说是一个很合适的策略，但是还会有一些表达模式不一样的基因。Cre-ER-tamoxifen 系统被推荐用于这些可诱导的、不可逆的基因删除操作[39,40]。当融合到一个通过他莫昔芬激活而不是雌激素激活的突变雌激素受体配体结合域,Cre 仍然在胞质,不能够催化重组事件的发生。除了他莫昔芬,雌激素特殊的配体——Cre-ER$^{T2}$ 融合蛋白定位到核上,在核上可以介导 floxed 等位基因的删除。这样的话,删除时间上可以通过他莫西芬药物、空间上可以通过组织特异性的 Cre-ER$^{T2}$ 表达来控制。他莫西芬的有效性是有限的,所以这样的删除不可能百分之百有效,会导致目标基因的镶嵌表达。尽管如此,表型仍然能够给我们提供很多信息,尤其是细胞自主性基因的删除。

## 10.2.3　通过重组工程从 BAC 中获得 DNA

重组工程代表的是重组介导的遗传工程,它是对细菌 DNA 较大的序列进行有效、直接操作的一种技术。值得一提的是,它包含了在修饰过的大肠杆菌品系中的目标同源

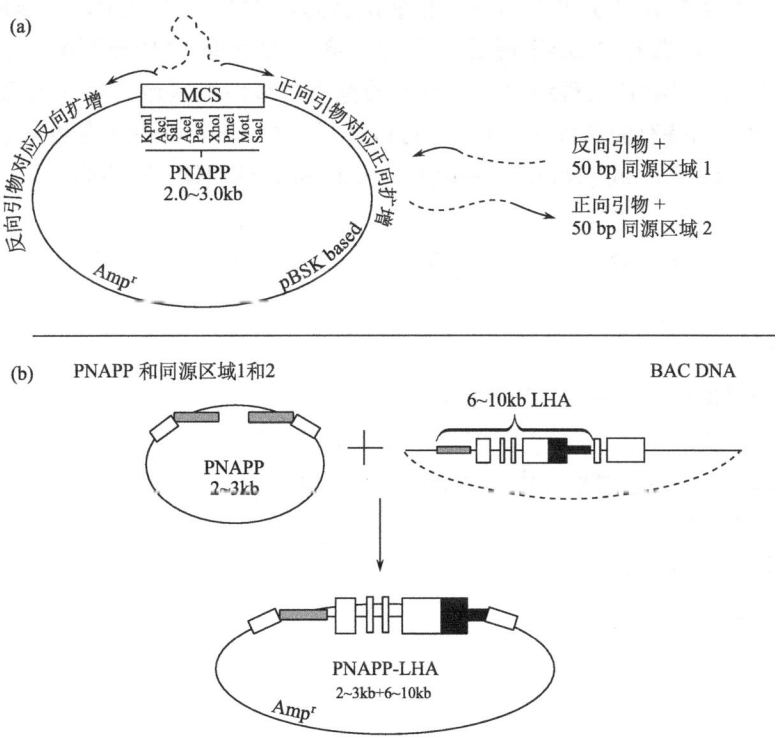

图 10.2　BAC 重组工程的 DNA 回收。(a) 一个 pBluescript (pBSK) 来源的回收载体 (pNAPP) 的 PCR 扩增。标准的 PCR 引物需要设计为与 pNAPP 和 MCS 重叠区域互补 (深灰色和浅灰色的实线表示);引物还必须在 3′ 端含有额外的 50bp 序列,与被回收的序列一端同源 (灰色和浅灰色的虚线表示)。引物还要设计成为在回收的序列两侧有稀有的限制性切割酶位点,以便让克隆进入最终的打靶载体 (见图 10.1)。(b) 在细菌中的重组工程。包含有 BAC DNA 的重组细菌同 pNAPP PCR 产物一起转染。同源重组后产生包含有回收序列的 pNAPP 载体。通过细菌克隆的 PCR 筛选鉴定出阳性细胞。

重组。这些品系（包括在我们的实验中使用的 DY380 品系）已经通过同源重组引入了外源基因，包括有缺陷的 λ 噬菌体。感兴趣的噬菌体基因——*exo*、*bet* 和 *gam* 都从 λPL 启动子转录而来。这个启动子是温度敏感型的，在 32℃ 的时候被抑制，在 42℃ 的时候解除抑制。当细菌在 32℃ 中生长的时候，没有重组蛋白产生。但是，将细菌在 42℃ 中进行短暂的培养之后，就可以诱导所有的重组蛋白的表达，从而可以很容易地促进目标 DNA 序列的修饰。

实验流程包括对包含小鼠大片段 DNA 的 BAC 的回收。这些修复序列在胚胎干细胞重组中作为 LHA（图 10.1 和图 10.2）。重组工程病毒的菌株可以从美国弗雷德里克国家癌症研究所获得（NCI-Ferderick）。

在 Ensemble 里，从 129 小鼠品系中选择包含有 DNA 的期望 BAC 能够从小鼠基因组浏览器轻松鉴别。这里的 129 个 BAC 用来最大化的提高胚胎干细胞 R1 品系的重组率，有 129 个遗传背景。第一步包括寻找感兴趣的基因或者区域，选择绘图模式的窗口。感兴趣的区域提供多层可见信息。在默认状态，BAC 图不显示，这样便于浏览器在绘图窗口分层，选择"DAS 资源"菜单，高亮显示的"129S7/AB2.2 克隆"和"BAC 图"选项可以看到比对到每个文库上的范围和基因组区域。每一个 BAC 都能够很容易地通过它们特有的文库 ID 找到，可以通过剑桥 Geneservice 在线订购（http://www.geneservice.co.um/products/sanger/order.jsp）（bMQ 129 克隆）。

## 实验方案 10.1　BAC 纯化流程

设备和试剂

- 有合适浓度抗生素的 LB 培养基
- 37℃ 培养箱
- 质粒 DNA 纯化迷你盒中（Qiagen）的试剂
- 2ml 离心管
- 异丙醇（Sigma）
- 70% 乙醇
- 4℃ 微型离心机
- 15ml 管

方法

1. 含有目标 BAC 的活细菌在 6ml 的有合适浓度抗生素的 LB 肉汤中 37℃ 振荡过夜（220r/min）。
2. 把菌液分装到 3 个管子中，最大转速（16 000g）离心 1min 得到沉淀。
3. 将每一个沉淀重悬于 250μl P1 缓冲液中。
4. 每一个管子都加入 250μl P2 缓冲液，混匀。
5. 每一个管子中再都加入 350μl P3 缓冲液，混匀。

6. 最大转速离心 4min。
7. 将上清转移到一个新管子。
8. 再次用最大转速离心 4min，纯化出上清。
9. 把上清转移到另一个新管子。
10. 加 750μl 异丙醇，室温放置 10min。
11. 最大转速离心 10min 后收集 DNA。
12. 用 1ml 70%的乙醇洗涤 DNA 沉淀，空气中风干。
13. 将三个管子中的沉淀重悬于总体积为 50μl 的水中。
14. 用 1μl 的 BAC DNA 进行电穿孔。

## 实验方案 10.2　BAC 到重组细菌株（DY380）的转化

设备和试剂

- Decay-wave ECM 630 电转化仪（BTX-Genetronics）
- DY380 细胞（美国国家癌症研究所）
- 有合适浓度抗生素的 LB 培养基
- 15ml 管
- 分光光度计
- 4℃微型离心机
- 电极间距为 0.1cm 的电击杯
- 1.5ml 离心管
- 有合适抗生素浓度选择的 LB 琼脂固体培养基
- 32℃培养箱
- PCR 仪

方法

1. 生长中的 DY380 细胞在 5ml 的 LB 肉汤中 32℃振荡过夜[a]。
2. 第二天，通过分光光度计观察细胞的生长情况（$OD_{600}=1.2$）。
3. 2000g 4℃离心 5min 收集细胞。
4. 将细胞沉淀重悬于 1ml 冰水中，然后转移到 1.5ml 的离心管中，该操作需要置于冰上操作。
5. 4℃ 微型离心机最大转速 15~20s。
6. 将管子置于冰上，吸出上清液。
7. 重复步骤 3~5 两次以上。
8. 将细胞沉淀重悬于 50μl 混有 1μl BAC DNA（来自实验方案 10.1）的冰水。
9. 然后将上述液体转移到冷藏处理的电击杯进行电转化。

10. 电转化条件为 1.75kV、25μF 和 200Ω。时间常数约 5~6ms。

11. 加 1ml LB 培养基到电击杯中，轻轻吹打后转移到离心管中，32℃培养箱中培养 1h。

12. 将培养后的细胞倒入含有合适抗生素浓度选择的 LB 固体培养基板中，32℃培养过夜[b]。

**注释**

a  很重要的一点是，一定要让重组株生长在 30~32℃的范围内。

b  通过 PCR 筛选 DY380 克隆确保它们包含 BAC DNA 的两端，如果它们包含来自于从 BAC 回收得到的序列两端更好。

## 实验方案 10.3  准备 PCR 产物

设备和试剂

- PCR 仪
- *Dpn* I 限制酶（New England Biolabs）
- 高保真 *Taq* 或者是 *Pfu* 酶以及酶的缓冲液（如 Stratagene）
- 37℃水浴锅
- Zymoclean 凝胶纯化试剂盒
- 70%乙醇
- 分光光度计

方法

1. 设计有 50bp 与 BAC 序列同源的引物，还有在目标克隆载体上大约 20bp 的启动位点（pNAPP 或者 pBSK，见图 10.2）。

2. 用水将克隆载体 DNA 稀释到 0.1ng/μl（按大约 1:10 000 稀释 DNA），使用 1μl 作为 PCR 扩增模板。

3. 通过高保真 PCR 在 50μl 反应体系中扩增载体，40 个循环反应（见 DNA 聚合酶制造商的说明书）。

4. 直接在 PCR 反应终产物里加 1μl *Dpn* I 限制酶，37℃水浴 1h，消化模板 DNA。

5. 使用 Zymoclean 凝胶纯化试剂盒纯化 PCR 产物，再使用 70%的乙醇洗涤，移除所有的盐离子。

6. 用 20μl 水溶解 DNA，分光光度计检测 260nm 处的吸收峰以计算 DNA 的浓度。

## 实验方案 10.4　BAC DNA 目的序列的回收

### 设备和试剂

- 有合适抗生素浓度选择的 LB 培养基
- 32℃培养箱
- 分光光度计
- 42℃水浴锅
- 高压灭菌的 250ml 细胞培养瓶
- 15ml 管子
- 4℃离心机
- 有合适抗生素浓度选择的 LB 固体平板
- 电极间距为 0.1cm 的电击杯
- Decay-wave ECM 630 电转化仪（BTX-Genetronics）

### 方法

1. 含有目标 BAC 的 DY380 细胞在 5ml 的有合适浓度抗生素的 LB 肉汤中 32℃振荡过夜（220r/min）。
2. 第二天，将 1ml 过夜培养液（$OD_{600}=1.2$）转移到一个装有 20ml 培养基（带有抗生素）的 250ml 细胞培养瓶中，32℃培养箱振荡培养 2h（$OD_{600}=0.5$）。
3. 将 10ml 细胞转移到一个新的 250ml 细胞培养瓶中，42℃水浴振荡 15min。
4. 把两个细胞培养瓶（42℃处理过的和对照组）置于冰上，轻轻晃动使之尽快迅速冷却并置于冰上 5min。
5. 将细胞转移到冷冻处理过的 15ml 离心管中，2000g 4℃离心 5min。
6. 用 1ml 冰水重悬细胞，转移到 1.5ml 离心管中，注意在冰上操作。
7. 按照实验方案 10.2 中步骤 3～5，用冰水洗涤三次。
8. 将细胞沉淀重悬在 50μl 冰水中。
9. 加入 300ng 从实验方案 10.3 中得到的 PCR 产物，根据实验方案 10.2 的步骤进行电转化。
10. 把电转化的菌液涂到有抗生素选择的 LB 固体培养基平板上，32℃培养过夜。
11. 通过标准 *Taq* PCR 筛选克隆，回收 DNA 序列。

### 10.2.4　胚胎干细胞和胚胎成纤维细胞培养

胚胎干细胞的 R1 品系是一个建立得很完善的细胞系。这个品系对于靶基因的生殖细胞传递非常好。R1 细胞系来源于 129/*Sv* 和 129/*SvJ* 品系的杂交。大多数可用的胚胎干细胞系来自 129 亚株，因为这个株系产生的干细胞在培养操控后能够效地进入到小鼠的生殖系中。这个种系可以从西奈山医院的 Andras Nagy 实验室获得，我们这里有已经验证过基因敲除的小鼠后代资源。下面的实验方案是专门为这个 R1 胚胎干细胞设计的，其他胚胎细胞系在其他实验室也是成熟的实验方案。

#### 10.2.4.1 MEF 细胞培养流程

在整个基因打靶的过程中，胚胎干细胞必须维持在未分化、健康的状态。使用 R1 胚胎干细胞时，很关键的一点是尽量把它们培养在滋养细胞的最上层。尽管滋养细胞对 R1 细胞的培养不是必须的，但是如果条件允许，还是推荐使用 MEF 细胞。实验方案 10.5～10.10 描述了怎样从携带有新霉素抗性盒的转基因小鼠中产生 MEF 细胞。这个盒子提供对 G418 的抗性，G418 对选择阳性胚胎干细胞克隆来说是必须的。当 MEF 细胞分离、扩增之后，用 γ 辐射处理，防止 MEF 细胞分裂，另一个表达新霉素抗性盒的转基因小鼠品系——C57BL/6J-Tg（pPGKneobpA）3Ems/J，可以通过 Jackson 实验室购买获得。

## 实验方案 10.5　分离 MEF 细胞（从 8 胚胎到 12 胚胎）

设备和试剂

- 含 5%$CO_2$ 的 37℃培养箱
- 37℃水浴锅
- 从 G418 抗性小鼠中得到的 E13-15 胚胎
- 异氟烷
- 无菌解剖工具
- 1×杜尔贝科磷酸盐缓冲液（PBS）
- 0.25%胰蛋白酶-EDTA 消化液
- 10ml 玻璃移液管
- 50ml 圆锥管
- 带空气过滤盖子的 600ml 细胞培养瓶，0.1%的凝胶
- 1000×盘尼西林/庆大霉素 [0.59% 盘尼西林（$m/V$）/8%庆大霉素（$m/V$）]
- DMEM（含高糖、高碳酸氢盐、L-谷氨酸和无丙酮酸盐）
- 胎牛血清（FBS，热灭活，Hyclone）
- MEF 培养基：DMEM 1×盘尼西林/庆大霉素，10%的 FBS
- 10cm 直径的皮氏培养皿

方法

1. 异氟烷诱导麻醉孕鼠后处死。
2. 解剖出子宫，置于一个大的、装有 PBS 的皮氏培养皿中。

3. 用无菌手术镊将胚胎从子宫中取出，置于另外一个装有 PBS 的皮氏培养皿中。
4. 用两把无菌手术镊把每个胚胎胸部和腹部的红色器官都移除。
5. 解剖完每个胚胎之后，置于干净的、装有 PBS 的皮氏培养皿中。
6. 当所有的胚胎都解剖好之后，在 PBS 中轻轻洗净。
7. 将胚胎转移到含有 5ml 0.25% 胰蛋白酶-EDTA 消化液的 10cm 的皮氏培养皿中。
8. 使用干净，无菌剪将胚胎剪成小碎片c。
9. 加入 5ml 的 0.25% 的胰蛋白酶，37℃ 培养 15min。
10. 用 10ml 的玻璃移液管上下吹打将细胞分离，吸打约 20 次。当移液管往下伸的时候，其顶端尽量靠近皮氏培养皿的底部进行吹打，这样更有助于组织细胞分离。
11. 重复步骤 9 和 10 至少三次，但是要减少培养时间到 10min（37℃/5% $CO_2$）。
12. 将混合物分装到两个 50ml 的圆锥管中，加入等体积的 MEF 培养基。
13. 静置组织碎片沉淀 3~4min。
14. 将包含有 MEF 细胞的上清转移到一个新的 50ml 圆锥管中。
15. 600g 离心 5min，将细胞沉淀下来，吸出上清。
16. 用 25ml MEF 培养基重悬沉淀。
17. 将每个 25ml MEF 培养基分别转移到一个 600ml 细胞培养瓶。
18. 轻轻涡旋细胞培养瓶，使之混匀。
19. 将细胞培养瓶置于培养箱中（37℃/5% $CO_2$），我们认为这些细胞是原代细胞。
20. 24h 后换培养基，之后每两天换一次，直到它们汇合成片。
21. 监控细胞生长 2~4d。细胞都 100% 汇成一片时，即为它们准备传代的时候。实验方案 10.6 描述了 MEF 细胞以 1∶3 稀释后扩增。

**注释**

c 这个过程很枯燥，也很耗时，但是对于得到一个好的结果是非常重要的。

## 实验方案 10.6　MEF 细胞的扩增和传代

设备和试剂

- 含 5% $CO_2$ 的 37℃ 培养箱
- 37℃ 水浴锅
- 1× 杜尔贝科磷酸盐缓冲液（PBS）
- 0.25% 胰蛋白酶-EDTA 消化液
- 10ml 玻璃移液管
- 50ml 圆锥管
- 带空气过滤盖子的 600ml 细胞培养瓶，涂上 0.1% 的凝胶

- 1000×盘尼西林/庆大霉素 [0.59% 盘尼西林（$m/V$）/8%庆大霉素（$m/V$）]
- DMEM（含高糖、高碳酸氢盐、L-谷氨酸和无丙酮酸盐）
- 胎牛血清（FBS，热灭活，Hyclone）
- MEF 培养基：DMEM 1×盘尼西林/庆大霉素，10%的 FBS
- 0.1%胶包被的 10cm 直径的皮氏培养皿

方法

1. 在 37℃水浴锅中预热 MEF 培养基。
2. 从 600ml 细胞培养瓶中吸出培养基，用 10ml PBS 轻轻冲洗每一个细胞培养瓶。
3. 吸出 PBS，每个细胞培养瓶中加入 3ml 0.25%胰蛋白酶-EDTA 消化液，晃动细胞培养瓶，使液体覆盖到整个底部表面。
4. 37℃培养 5min，培养过程中晃动细胞培养瓶两次[d]。
5. 每个细胞培养瓶中加入 15ml MEF 培养基，晃动均匀抑制胰蛋白酶的反应。
6. 用 10ml 玻璃移液管上下吸打细胞 10 次，当移液管往下伸的时候，其顶端尽量靠近皮氏培养皿的底部进行吹打，这样更有助于组织细胞分离。
7. 将细胞悬液转移到一个 50ml 圆锥管中。
8. 600g 离心 3min。
9. 离心的这个时间段，加 25ml MEF 培养基到新的 600ml 的细胞培养瓶中。
10. 离心后，每一个细胞培养瓶用 15ml MEF 培养基重悬 MEF 细胞沉淀。
11. 加 5ml 到每一个新的含有 25ml MEF 培养基的 600ml 的细胞培养瓶中（为了 1∶3 稀释传代）。这些是第一代 MEF 细胞，37℃/5% $CO_2$ 的条件下培养。
12. 监控第一代细胞的生长，每两天换一次培养基直到它们 100%的汇成一片。

注释

d 细胞的分离从细胞培养瓶的底部开始。

## 实验方案 10.7　第二代 MEF 细胞的富集和低温储藏

设备和试剂

- 含 5%$CO_2$ 的 37℃培养箱
- 37℃水浴锅
- 1×杜尔贝科磷酸盐缓冲液（PBS）
- 0.25%胰蛋白酶-EDTA 消化液
- 10ml 玻璃移液管
- 50ml 圆锥管
- 15ml 圆锥管

- 带空气过滤盖子的 600ml 细胞培养瓶，用 0.1%的胶涂层
- 1000×盘尼西林/庆大霉素 [0.59% 盘尼西林（m/V）/8%庆大霉素（m/V）]
- DMEM（含高糖、高碳酸氢盐、L-谷氨酸和无丙酮酸盐）
- 胎牛血清（FBS，热灭活，Hyclone）
- MEF 培养基：DMEM 1×盘尼西林/庆大霉素，10%的 FBS
- 二甲基亚砜（DMSO，Sigma）
- 2ml 低温管小瓶

**方法**

1. 从 600ml 细胞培养瓶中吸出培养基，用 10ml PBS 轻轻冲洗每一个细胞培养瓶。
2. 吸出 PBS，每个细胞培养瓶中加入 3ml 0.25%胰蛋白酶-EDTA，晃动细胞培养瓶，使液体覆盖到整个底部表面。
3. 37℃培养 5min，培养过程中晃动细胞培养瓶两次。
4. 在每一个细胞培养瓶中加入 8ml 的 MEF 培养基。
5. 用 10ml 玻璃移液管上下吸打细胞 10 次，当移液管往下伸的时候，其顶端尽量靠近皮氏培养皿的底部进行吹打，这样更有助于组织细胞分离。
6. 把细胞培养瓶中的细胞转移到一个 50ml 的圆锥管中。
7. $600g$ 离心 5min。
8. 在离心的这段时间内，准备含有 20%DMSO 的 MEF 培养基。
9. 每个培养瓶中加入 1ml 培养基重悬细胞。
10. 在每个细胞培养瓶中都加入等体积的 20%DMSO-MEF 培养基，混匀。
11. 尽快将细胞等分到低温小瓶（每瓶 1ml），放入聚苯乙烯盒−80℃过夜。这些细胞就是第二代 MEF 细胞。
12. 第二天，将这些管子放入液氮中长期保存。
13. 为了避免 MEF 细胞传代，可以进行下面的操作：

    (a) 在 37℃水浴锅中融化两瓶第二代 MEF 细胞。
    (b) 将细胞加入有 7ml MEF 培养基的 15ml 管子中。
    (c) $600g$ 离心 3min。
    (d) 去上清。
    (e) 用 10ml MEF 培养基重悬沉淀。
    (f) 分别加 5ml 细胞到两个有 0.1%胶包被的 600ml 细胞培养瓶底部，再加入 20ml MEF 培养基到细胞培养瓶底部，一共是 25ml，轻轻转动培养瓶混匀。
    (g) 把培养瓶放入 37℃培养箱。这些 MEF 细胞可以通过实验方案 10.6 MEF 细胞的扩增和传代，按照 1:3 的比例传代细胞，直到第 5 代（共 54 个培养瓶）。

## 实验方案 10.8 MEF 细胞的富集

*设备和试剂*

- 含 5%$CO_2$ 的 37℃培养箱
- 37℃水浴锅
- 1×杜尔贝科磷酸盐缓冲液（PBS）
- 0.25%胰蛋白酶-EDTA 消化液
- 10ml 玻璃移液管
- 50ml 圆锥管
- 带空气过滤盖子的 600ml 细胞培养瓶，用 0.1%的胶涂层
- 1000×盘尼西林/庆大霉素 [0.59% 盘尼西林 ($m/V$)/8%庆大霉素 ($m/V$)]
- DMEM（含高糖、高碳酸氢盐、L-谷氨酸和无丙酮酸盐）
- 胎牛血清（FBS，热灭活，Hyclone）
- MEF 培养基：DMEM 1×盘尼西林/庆大霉素，10%的 FBS

*方法*

一次使用 4 或 5 个扩增的 MEF 细胞培养瓶的细胞进行接下来的步骤：

1. 从包含有 MEF 细胞的 600ml 细胞培养瓶中吸出培养基。
2. 用 10ml PBS 冲洗细胞。
3. 吸出 PBS，加入 3ml 胰蛋白酶-EDTA，将细胞培养瓶置于 37℃培养箱培养 5min，培养过程中振荡一次[e]。
4. 加 6ml MEF 培养基到培养瓶，用移液管在底部上下吹打 5 次以冲洗细胞。
5. 将细胞转移到一个 50ml 的圆锥管里（将 4 或 5 个培养瓶中的细胞都转移到一个圆锥管里）。
6. 600$g$ 离心 3min 将细胞沉淀下来，每个富集的培养瓶中用 0.75ml 的 MEF 培养基重悬细胞[f]。

**注释**

e 细胞的分离从细胞培养瓶的底部开始。
f 含有细胞的圆锥管需置于冰上。

## 实验方案 10.9 MEF 细胞的 γ 辐射

*设备和试剂*

- 50ml 圆锥管
- 1000×盘尼西林/庆大霉素 [0.59% 盘尼西林 ($m/V$)/8%庆大霉素 ($m/V$)]

- DMEM（含高糖、高碳酸氢盐、L-谷氨酸和无丙酮酸盐）
- 胎牛血清（FBS，热灭活，Hyclone）
- MEF 培养基：DMEM 1×盘尼西林/庆大霉素，10%的 FBS
- 二甲基亚砜（DMSO，Sigma）
- 2ml 低温管小瓶

方法

1. 将实验方案 10.8 富集的 MEF 细胞暴露在 γ 射线剂量为 3000rad[g] 的辐射下。
2. 等分细胞用于储存，准备 50ml 包含有 20%DMSO 的 MEF 培养基在 50ml 圆锥管中。
3. 将辐射后的细胞同等体积的、含有 20%DMSO 的 MEF 培养基混匀。
4. 混匀后，立即将其等分，每个低温管分装 1ml。在等分的过程中，注意将细胞晃动混匀。
5. 留出一等分量来计算细胞数[h]。
6. 把低温管放入聚苯乙烯盒—80℃过夜。
7. 第二天，把管子转移到液氮中保存。

注释

g 辐射细胞精确的程序依赖于辐照器和培养细胞的流程。
h 计算 1ml 中有多少细胞。

## 实验方案 10.10　γMEF 细胞培养胚胎干细胞

设备和试剂

- 含 5%$CO_2$ 的 37℃培养箱
- 37℃水浴锅
- 1×杜尔贝科磷酸盐缓冲液（PBS）
- 10ml 玻璃移液管
- 15ml 圆锥管
- 1000×盘尼西林/庆大霉素 [0.59% 盘尼西林（$m/V$）/8%庆大霉素（$m/V$）]
- DMEM（含高糖、高碳酸氢盐、L-谷氨酸和无丙酮酸盐）
- 胎牛血清（FBS，热灭活，Hyclone）
- MEF 培养基：DMEM 1×盘尼西林/庆大霉素，10%的 FBS
- 0.1%胶包被的 10cm 直径的皮氏培养皿

方法

1. 将放在液氮中的一个 γ 射线处理过的 MEF 细胞低温管在 37℃水浴预热。

2. 将细胞转移到有 7ml MEF 培养基的 15ml 圆锥管中。
3. 600g 离心 5min 收集细胞。
4. 用 9ml MEF 培养基重悬细胞[i]。
5. 将细胞涂到多个直径为 10cm 胶包被皮氏培养皿。
6. 加 MEF 培养基到培养皿中，使得总体积为每 10cm 皮氏培养皿有 10ml[j,k]。
7. 24~48h 后，每个培养皿将准备接受胚胎干细胞。

**注释**

i 通常来讲，$1.5 \times 10^6$ 细胞对一个直径 10cm 的培养皿来说是足够的。

j MEF 细胞可以迅速的黏附，所以最好准备一些有培养基的培养皿备用。

k 确保 MEF 细胞完全铺在培养皿上，没有大面积的空白是很重要的。这样才能确保胚胎干细胞有足够的黏附基底。

#### 10.2.4.2 胚胎干细胞培养实验流程

构建好目标载体、准备好 MEF 滋养细胞之后，就可以对培养的胚胎干细胞进行遗传操作。胚胎干细胞成功实现基因打靶的概要步骤见图 10.3。步骤包括：胚胎干细胞的生长，通过电转化转染带有目标载体的胚胎干细胞，阳性阴性选择后挑选克隆，克隆的富集和经过 PCR 对胚胎干细胞 DNA 进行筛选（见实验方案 10.11~10.19）。不过在进行胚胎干细胞的涂板、传代和挑选之前，都必须要提前至少 48h 准备涂好板的滋养细胞。

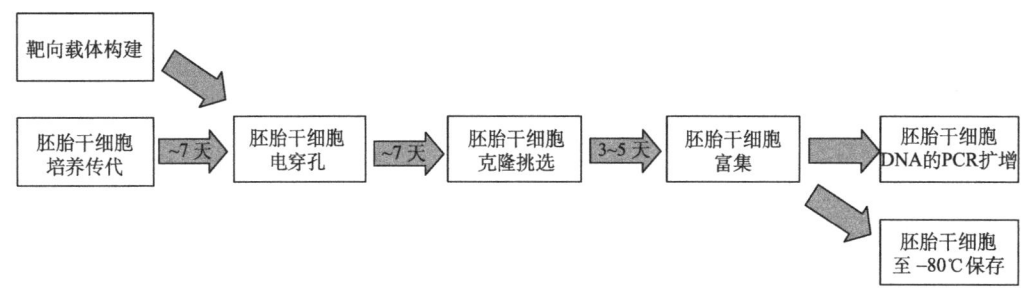

图 10.3 基因打靶胚胎干细胞操控概要。在胚胎干细胞涂板和传代之前 2 天把 MEF 滋养细胞涂板。箭头描述了从第一步到最后一步大致的时间。胚胎干细胞克隆的挑选通常持续 5 天，从单菌落挑选的时间来算，富集大概需要 3~5 天。富集后的克隆经过 PCR 扩增同源重组片段来进行筛选。

## 实验方案 10.11 胚胎细胞涂板

设备和试剂

- 含 $5\%CO_2$ 的 37℃ 培养箱
- 37℃ 水浴锅
- 10ml 玻璃移液管
- 15ml 圆锥管

- 1000×盘尼西林/庆大霉素 [0.59% 盘尼西林（$m/V$）/8%庆大霉素（$m/V$）]
- 胎牛血清（FBS，热灭活，Hyclone）
- DMEM（含高糖、高碳酸氢盐、L-谷氨酸和无丙酮酸盐）
- β-巯基乙醇
- ESGRO 白血病抑制因子（LIF；$10^7$U/ml，Chemicon，cat. no. ESG107）
- 胚胎干细胞培养基：DMEM、20%FBS、1∶1000 稀释盘尼西林/庆大霉素、1∶100 稀释 BME、1∶10 000 稀释 LIF
- γ 辐射后的 MEF 细胞涂板后 48h 待用

方法

1. 在 37℃水浴锅预热胚胎干细胞培养基。
2. 从一个 γ 辐射处理后的 MEF 细胞培养皿中吸出 MEF 培养基，加入 7ml 胚胎干细胞培养基到 MEF 细胞中。
3. 从液氮中取出一管胚胎干细胞，立即在 37℃水浴锅里融化。
4. 把融化的细胞加到装有 5ml 预热好的胚胎干细胞培养基的 15ml 管中，600$g$ 离心 3min 收集细胞。

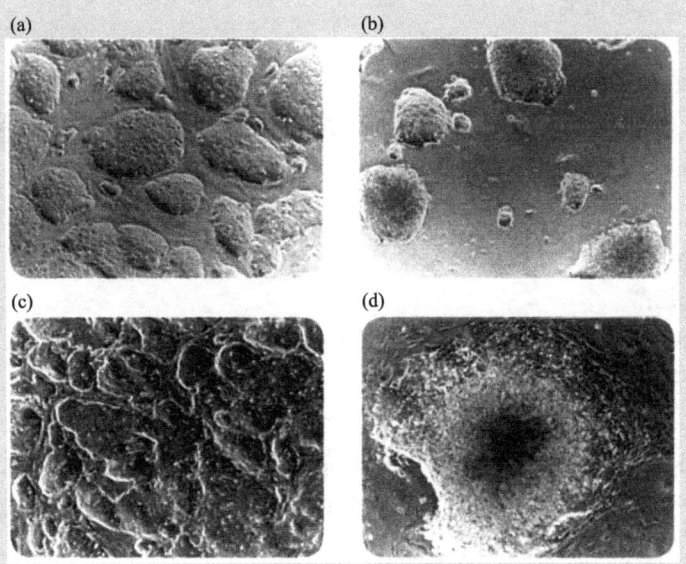

图 10.4 胚胎干细胞形态学以及生长情况。(a) 健康 R1 胚胎干细胞培养 4 天后，这样的密度适合传代（10×放大倍数）。(b) 胚胎干细胞低密度的生长状况；这得需要提高克隆数才可以传代（10×放大倍数）。(c) 过度生长的胚胎干细胞（10×放大倍数）。(d) 高度分化的胚胎干细胞；细胞克隆的光滑边缘消失，鹅卵石样细胞形成，胚胎干细胞分化成向外扩张的纤维细胞（25×放大倍数）。a、b、c 和 d 来源于资料 *from the marine Embrgomic Stem Cell Culture instruction manual*，millipore，Billerila，MA，35-36 页中的图 17C、17B、17D 和 17F。

5. 吸出上清，用 5ml 胚胎干细胞培养基重悬细胞。

6. 将重悬后的细胞涂板到含有胚胎干细胞培养基的 MEF 细胞板上（总体积为 12ml）。轻轻振荡板子混匀，然后放入 37℃培养箱[1]。

**注释**

1 每天更换胚胎干细胞培养基。吸出旧培养基，沿着培养皿的边加入 12ml 新鲜的培养基，尽量不要扰动到细胞。涂板后 2~3 天，胚胎干细胞克隆已经生长到足够大，达到 60%~70%融合，在这个阶段就可以传代了。需要每天观察胚胎干细胞克隆的生长情况，如果一个贴着一个，说明铺得太满，可能要开始分化了（图 10.4）。

## 实验方案 10.12　胚胎干细胞传代

### 设备和试剂

- 含 5%$CO_2$ 的 37℃培养箱
- 37℃水浴锅
- 10ml 玻璃移液管
- 50ml 圆锥管
- 15ml 圆锥管
- 1000×盘尼西林/庆大霉素 [0.59% 盘尼西林（$m/V$）/8%庆大霉素（$m/V$）]
- 胎牛血清（FBS，热灭活，Hyclone）
- 0.25%胰蛋白酶-EDTA 消化液
- DMEM（含高糖、高碳酸氢盐、L-谷氨酸和无丙酮酸盐）
- β-巯基乙醇
- ESGRO 白血病抑制因子（LIF；$10^7$ U/ml，Chemicon，cat. no. ESG107）
- G418/遗传霉素选择抗生素（50mg/ml）
- FIAU（1mg/ml，溶于 1∶1 乙醇/水）
- MEF 培养基：DMEM，1∶1000 盘尼西林/庆大霉素，10%FBS
- 胚胎干细胞培养基：DMEM、20%FBS、1∶1000 稀释盘尼西林/庆大霉素、1∶100 稀释 BME、1∶10 000 稀释 LIF
- 胚胎干细胞培养基＋选择培养基：
  —胚胎干细胞培养基加上
  —1∶10 000FIAU
  —1∶167 稀释 G418（如 500ml 培养基加入 3ml G418）或者按照 1∶83.5 的比例（第一天选择）
- γ 辐射后的 MEF 细胞涂板后 48h 待用
- 1×杜尔贝科磷酸盐缓冲液（PBS）

- 二甲基亚砜（DMSO）
- 低温管

方法

1. 吸出胚胎干细胞培养基，然后用 5ml PBS 冲洗培养皿。
2. 吸出 PBS，加入 2.5ml 预热的 0.25％胰蛋白酶-EDTA 消化液。轻轻振荡直到铺满整个培养皿底部。
3. 将培养皿放在培养箱 5min。在消化过程中来回摇晃培养皿，使细胞从培养皿中分离下来。
4. 取出培养皿，加入 10ml 胚胎干细胞培养基，轻轻晃动。
5. 用 10ml 玻璃移液枪上下吹打细胞 15 次，注意在吹打过程中移液枪头对准培养皿底部。
6. 600g 离心 3min 收集细胞，吸出培养基。
7. 这个阶段要么继续培养细胞，要么将细胞冻存。继续培养细胞见步骤 8，冻存细胞见步骤 11。
8. 吸出一个新的含有 γ-MEF 细胞的培养基，再加入 10ml 胚胎干细胞培养基。
9. 将步骤 6 得到的细胞用 1ml 胚胎干细胞培养基重悬，用移液枪吹打至少 10 次，确保完全重悬。
10. 将 1ml 胚胎干细胞涂在含有 γ-MEF 细胞的板子上。将板子置于培养箱，每天更换培养基[m]。
11. 准备好松开盖子的低温管，以便加入 DMSO 后迅速加入液氮。
12. 在胚胎干细胞的培养基中加入 20％DMSO。
13. 将胚胎干细胞重悬在 3ml 含有 20％DMSO 的胚胎干细胞培养基中。
14. 混匀之后，用枪上下吹打数次，等分后，每个低温管分装 1ml，放入聚苯乙烯盒－80℃过夜。
15. 第二天，将小瓶放入液氮中长期保存，转移过程中将细胞放在干冰上。

注释

m 如上所述，通常一个 10cm 培养皿中的胰蛋白酶处理后的胚胎干细胞可以重新涂 6 个 10cm γ-MEF 细胞的板子。

## 实验方案 10.13 为电转化准备目标载体 DNA

设备和试剂

- 无内毒素质粒试剂盒
- 含有目标载体 DNA 的质粒
- 37℃水浴锅

- 合适的限制性酶和缓冲液
- 1%琼脂糖胶
- 酚/氯仿
- 氯仿
- 70%乙醇
- 微型离心机
- 分光光度计

方法

1. 使用 Qiagen 无内毒素质粒试剂盒纯化目标载体质粒 DNA，以便得到更高浓度和纯度的 DNA。

2. 用合适的限制性酶（该酶在同源臂的一端有一个唯一的切割位点），在 37℃水浴锅里水浴 6~8h，将 80μg 目标载体线性化。如在 TK 盒子和同源臂之间，用 25μl 酶和合适的缓冲液，总体积是 400μl。

3. 纯化前，跑 1%琼脂糖胶，上样 2μl 消化后的 DNA 来验证消化的效率。如果消化不完全，则需要加入更多的酶（酶量可以加至 40μl）。

4. 加入等体积酚氯仿，涡旋，最大转速离心 3min。

5. 转移水相（含 DNA），加入等体积的氯仿（以去除酚），涡旋，最大转速离心 3min。

6. 转移水相（含 DNA），加入 1/10 体积的 3mol/L 乙酸钠，再加上两倍体积的 100%乙醇。涡旋，−80℃放置 15min。

7. 4℃最大转速离心 10min，沉淀 DNA。

8. 倒出无水乙醇，用 150μl 70%乙醇洗涤沉淀。

9. 最大转速离心 3min。

10. 控干乙醇，在空气中干燥沉淀约 15min。

11. 用 50μl 去离子水溶解 DNA。

12. 通过 260nm 处的吸收峰来检测 DNA 浓度。

## 实验方案 10.14　携有目标载体的胚胎干细胞的电转化

设备和试剂

- 含 5%$CO_2$ 的 37℃培养箱
- 37℃水浴锅
- 10ml 玻璃移液管
- 50ml 圆锥管
- 15ml 圆锥管
- 1000×盘尼西林/庆大霉素 [0.59% 盘尼西林 ($m/V$)/8%庆大霉素 ($m/V$)]

- 胎牛血清（FBS，热灭活，Hyclone）
- 0.25%胰蛋白酶-EDTA 消化液
- DMEM（含高糖、高碳酸氢盐、L-谷氨酸和无丙酮酸盐）
- β-巯基乙醇
- ESGRO 白血病抑制因子（LIF；$10^7$U/ml，Chemicon，cat. no. ESG107）
- G418/遗传霉素选择抗生素（50mg/ml）
- FIAU（1mg/ml，溶于 1∶1 乙醇/水，相当于 2.7mmol/L 浓度对应 10 000 原料，Moravek 生物化学公司）
- MEF 培养基：DMEM、1∶1000 盘尼西林/庆大霉素、10%FBS
- 胚胎干细胞培养基：DMEM、20%FBS、1∶1000 稀释盘尼西林/庆大霉素、1∶100 稀释 BME、1∶10 000 稀释 LIF
- 胚胎干细胞培养基＋选择培养基
  —胚胎干细胞培养基加上
  —1∶10 000FIAU
  —1∶167 稀释 G418（如 500ml 培养基加入 3ml G418）或者按照 1∶83.5 的比例（第一天选择）
- γ 辐射后的 MEF 细胞涂板后 48h 待用
- 1×杜尔贝科磷酸盐缓冲液（PBS）
- ECM630 电穿孔仪
- 1×Hank's 平衡盐溶液
- 红细胞计数器
- 台盼蓝
- 胰蛋白酶/EDTA 消化液

**方法**

1. 吸出胚胎干细胞培养基，用 5ml PBS 冲洗培养皿[n]。
2. 吸出 PBS，加入 3ml 0.25%胰蛋白酶-EDTA 消化液，轻轻摇晃直到整个盘被覆盖。
3. 将培养瓶置于培养箱中 5min，在培养过程中，摇晃细胞以促进细胞从培养皿中分离下来。
4. 加入 9ml 胚胎干细胞培养基，轻轻振荡。
5. 用移液枪上下吹打 15 次分离细胞，在吹打过程中，注意移液枪的头尽量到培养皿底部。
6. 把吹打散开的细胞转移到一个 50ml 圆锥管中，600g 离心 3min。
7. 吸出上清，将细胞完全重悬于 10ml PBS。
8. 稀释 5μl 细胞悬液到 20μl 台盼蓝中（按 1∶5 稀释）。加入到红细胞计数器，计算每毫升细胞的数目。

9. 每一次电转化，需要大约 $20×10^6$ 个细胞，重悬在 PBS 中，约含有 $25\mu g$ 的线性化目标载体 DNA，总体系为 $800\mu l$。

10. 把重悬的细胞加入到 4mm 的无菌、一次性带盖的电击杯中（电击杯容量是 $800\mu l$）。

11. 盖上电击杯，室温下放置 5min。

12. 每一个电击杯运用单电压 225V，$500\mu F$ 脉冲（ECM 630 低电压模式，阻力＝0）进行电转化。电转化前，将电击杯置于冰上 10min。

13. 将细胞转移到一个含有 9.2ml 胚胎干细胞培养基的 15ml 圆锥管中。用培养基冲洗电击杯，最大限度地回收细胞。

14. 取 $100\mu l$ 电转化后的细胞（转化后的细胞共计 10ml），计算存活率，用 $100\mu l$ 台盼蓝同 $100\mu l$ 电转化后细胞混合，静置 5min，计算活细胞的数量。存活率＝电转化后活细胞除以 $20×10^6$。一般电转化的成活率大概有 30%～50%。

15. 用胚胎干细胞培养基替换 MEF 培养基，准备 γ 射线处理过的 MEF 细胞培养皿。一般来讲，每一个电转化细胞要接种 5 个培养皿。

16. 每个培养皿接种约 2ml 的细胞，接种的时候注意分散开克隆。

17. 24h 后，把原先的培养基换成胚胎干细胞培养基＋$2×G418$（1：83.5 稀释 G418）[p]。

18. 电转化 48h 后，把培养基换成胚胎干细胞培养基＋$1×G418$＋FIAU[q]。

19. 以后每天换一次培养基，胚胎干细胞培养基＋$1×G418$＋FIAU。

**注释**

[n] 大约传代后 4 天，细胞就可以准备进行电转化。每个培养皿大概能产生 $10×10^6$～$20×10^6$ 个细胞。

[o] 细胞的完全分离很关键，这样才能进行有效的电转化以及后续的涂板。

[p] 电转化后，胚胎干细胞生长 2～6 天，大部分细胞会相继死亡，因为瞬时转染的细胞会随着新霉素抗性盒的丢失而被淘汰。大概 7～9 天的时间，单克隆在 MEF 细胞上肉眼可见，此时可以挑选。

[q] 为了检验阴性选择的效率，用标签标记一个培养皿，其中不加入 FIAU，观察是否比其他添加 FIAU 的盘产生更多的克隆，当然这个盘的克隆是不能用于后续实验的。

## 实验方案 10.15 挑选胚胎干细胞克隆

设备和试剂

- 含 5%$CO_2$ 的 37℃培养箱
- 37℃水浴锅
- 96 孔板

- 10ml 玻璃移液管
- 50ml 圆锥管
- 15ml 圆锥管
- 1000×盘尼西林/庆大霉素 [0.59% 盘尼西林 ($m/V$)/8%庆大霉素 ($m/V$)]
- 胎牛血清（FBS，热灭活，Hyclone）
- 0.25%胰蛋白酶-EDTA 消化液
- DMEM（含高糖、高碳酸氢盐、L-谷氨酸和无丙酮酸盐）
- β-巯基乙醇
- ESGRO 白血病抑制因子（LIF；$10^7$U/ml, Chemicon, cat. no. ESG107）
- G418/遗传霉素选择抗生素（50mg/ml）
- FIAU（1mg/ml，溶于 1：1 乙醇/水，相当于 2.7mmol 浓度对应 10 000 原料，Moravek 生物化学公司）
- MEF 培养基：DMEM、1：1000 盘尼西林/庆大霉素、10%FBS。
- 胚胎干细胞培养基：DMEM、20%FBS，1：1000 稀释盘尼西林/庆大霉素、1：100 稀释 BME、1：10 000 稀释 LIF
- 胚胎干细胞培养基+选择培养基：
  —胚胎干细胞培养基加上：
  —1：10 000FIAU
  —1：167 稀释 G418（如 500ml 培养基加入 3ml G418）
- γ 射线辐射后的 MEF 细胞涂板后 48h 待用

方法

1. 在开始挑选克隆之前，将 MEF 细胞放在 0.1%胶包被的 24 孔板中 48h。
2. 37℃预热胚胎干细胞+G418 培养基和 0.25%胰蛋白酶-EDTA。用 70%乙醇彻底消毒显微镜、200μl 移液枪、枪头盒以及实验台[r]。
3. 把 24 孔板中的 MEF 细胞培养基换成胚胎干细胞+1×G418 培养基。
4. 在 96 孔板中每个孔中加入 100μl 胰蛋白酶-EDTA 消化液。如有需要，在挑选过程中可重复此步骤。
5. 把胚胎干细胞克隆培养皿从培养箱中取出，在培养皿底部画圈标记所有肉眼可见的克隆[s,t]。
6. 把 20μl 的移液枪调到 8μl。把一个画圈之后的培养皿放到显微镜下的视野里。挑出一个克隆，一只手打开 10cm 培养皿的盖子，同时枪头迅速接触一个单克隆。在挑克隆的时候，轻轻推挤克隆的边，使它从 MEF 细胞处脱落下来，然后迅速吸出克隆，并带有 8μl 培养基。
7. 把克隆加入含有胰蛋白酶-EDTA 消化液 96 孔板的一个孔，上下吹打数次，帮助破碎克隆，用计时器定时 10min。
8. 在 10min 里，重复步骤 6 和 7[u]。

9. 10min 后，用 200μl 移液枪使劲上下吹打每个克隆 10 次，然后迅速将胰蛋白酶处理过的克隆转移到 24 孔板中有 MEF 细胞的孔（含有胚胎干细胞培养基），上下吹打数次[v]。

10. 等完全挑完 10cm 板子克隆，用新鲜的胚胎干细胞培养基＋G418＋1×FIAU 替换培养基。

11. 挑克隆 48h 后，在 24 孔板中用胚胎干细胞培养基＋1×G418 替换，每天都更换培养基，直到富集[w]。

**注释**

r 如果可能的话，最好选择在培养罩中使用显微镜，这样可以尽量减少培养污染的可能。

s 每天的挑选克隆可以使用不同的颜色标记，避免在同一个菌落重复挑克隆。克隆在生长 4～5 天间挑取。

t 不要挑选表现出分化状态的克隆（没有完整的边缘、铺展得非常开、细胞形态不大圆）

u 即使每次挑取只挑出很少一部分克隆，最少也要消化 3min，胰蛋白酶化才能达到很好的消化效果。

v 为了跟踪挑出克隆的数目，每个孔都最好编号。

w 挑选出来的胚胎干细胞克隆通常在 3～5 天后富集，但需要注意的是，必须每天观察以得到精确的富集时间，仔细监控细胞在 24 孔板汇成情况，根据经验来决定。

## 实验方案 10.16　胚胎干细胞克隆富集

设备和试剂

- 含 5%$CO_2$ 的 37℃ 培养箱
- 37℃ 水浴锅
- 胎牛血清（FBS，热灭活，Hyclone）
- 0.25% 胰蛋白酶-EDTA 消化液
- 1×杜尔贝科磷酸盐缓冲液（PBS）
- 二甲基亚砜（DMSO）
- 低温冷冻管

方法

1. 在 37℃ 中溶解热灭火的 FBS，预热 0.25% 胰蛋白酶-EDTA。
2. 选择含有胚胎干细胞的 24 孔板准备富集[x]。
3. 从 15 个准备富集的孔中完全吸出培养基，加入 350μl 0.25% 胰蛋白酶-EDTA 消化液到每个孔中，把板子放入 37℃ 培养箱 5min[y]。

4. 在培养的这 5min 内，分别给两组 15 个管子做标签，第一组从 1~15，第二组从 16~30。

5. 5min 培养之后，每一个胰蛋白酶处理的孔加入 400μl FBS，上下吹打 15 次以分离细胞。

6. 将 400μl 细胞放入到低温管-80℃冷冻起来，剩余的 350μl 放入到另外一个管子进行 PCR 筛选。

7. 要进行冻存的细胞，加入 44μl DMSO 立即完全混合[z, aa]。

8. 进行 PCR 筛选的细胞台式离心机最大转速离心 2min，吸出培养基。沉淀放入-80℃储存。

9. 重复步骤 3~8 直到所有克隆都冷冻起来准备富集。

注释

x 一个孔通常会含有 20~100 个中到大尺寸的克隆。

y 我们会保留一半的细胞（第一组细胞）用于注射，另一半的细胞（第二组细胞）消化后通过 PCR 进行阳性克隆鉴别。

z 处理之后都需要立即放入-80℃，后续进行 PCR 的管子可以暂时存放在-4℃。

aa 在实验过程中，最好在开始第二轮之前记下富集的最后一个数字，以便正确地按顺序标记管子的号。

## 实验方案 10.17 通过目标载体同源重组筛选胚胎干细胞克隆

设备和试剂

- 55℃水浴锅
- PCR 试剂和引物
- 消化液（50mmol/L Tris-HCl，pH 8.0；1mmol/L $CaCl_2$；用蒸馏水配制的 1% Tween-20；10mg/ml 蛋白酶 K）

方法

1. 用 50μl 消化液重悬富集的胚胎干细胞克隆沉淀（用于 PCR 筛选）。

2. 在 55℃水浴锅中消化 6h。

3. 把管子放入到沸水中 10min，使蛋白酶变性。

4. 短暂离心消化后的细胞，收集蒸发在管壁上的水滴，冷却到室温。

5. 一个 PCR 反应用 2μl 消化后的克隆[bb]。

注释

bb 精确的 PCR 筛选策略依赖于目标载体、引物设计和实验条件（见图 10.1）。通常推荐对一个克隆进行多次筛选，包括对引物检验以下几个方面。

1. DNA 的质量，通过筛选内源区域。
2. 筛选正确的同源重组来看引物的效率。
3. 目标构建的随机插入。
4. 在目标座位的目标构建同源重组。

## 实验方案 10.18　目标胚胎干细胞的扩增

设备和试剂

- 含 5%$CO_2$ 的 37℃ 培养箱
- 37℃ 水浴锅
- 10ml 玻璃移液管
- 15ml 圆锥管
- 1000× 盘尼西林/庆大霉素 [0.59% 盘尼西林 ($m/V$)/8% 庆大霉素 ($m/V$)]
- 胎牛血清（FBS，热灭活，Hyclone）
- DMEM（含高糖、高碳酸氢盐、L-谷氨酸和无丙酮酸盐）
- β-巯基乙醇
- ESGRO 白血病抑制因子（LIF；$10^7$ U/ml，Chemicon，cat. no. ESG107）
- G418/遗传霉素选择抗生素（50mg/ml）
- FIAU（1mg/ml，溶于 1∶1 乙醇/水，相当于 2.7mmol 浓度对应 10000 原料，Moravek 生物化学公司）
- MEF 培养基：DMEM、1∶1000 盘尼西林/庆大霉素、10%FBS
- 胚胎干细胞培养基：DMEM、20%FBS、1∶1000 稀释盘尼西林/庆大霉素、1∶100 稀释 BME、1∶10 000 稀释 LIF
- 胚胎干细胞培养基+选择培养基
  —胚胎干细胞培养基加上：
  —1∶10 000FIAU
  —1∶167 稀释 G418（如 500ml 培养基加入 3ml G418）
- γ 射线辐射后的 MEF 细胞涂板后 48h 待用
- 1× 杜尔贝科磷酸盐缓冲液（PBS）
- 0.25% 胰蛋白酶-EDTA
- 二甲基亚砜（DMSO）
- 低温管

方法

1. 提前 24～48h 将 MEF 细胞涂在 0.1% 胶包被的 6 孔板$^{cc}$。
2. 在 37℃ 水浴锅中预热胚胎干细胞培养基。
3. 在 15ml 圆锥管中加入 9ml 胚胎干细胞培养基+1×G418。

4. 迅速在37℃水浴锅中融解阳性细胞。

5. 融解后，把每个克隆转移到有9ml培养基的圆锥管，600g离心3min。

6. 离心过程中，用2ml胚胎干细胞培养基+1×G418替换6孔板中的MEF培养基。

7. 用1ml胚胎干细胞培养基+1×G418重悬收沉淀后的细胞，然后放入6孔板，每天更换培养基[dd]。

8. 只要克隆清晰可见，用胰蛋白酶处理，然后把一半细胞放入新的含有5ml胚胎干细胞培养基和MEF细胞的6孔板中，另一半细胞在胚胎干细胞培养基（不含G418）+10%DMSO中冻存[ee]。

9. 第一次胰蛋白酶处理之后，细胞会长得非常快。当细胞在6cm的培养皿中准备传代时，用胰蛋白酶再次处理，将一半的细胞放入有MEF细胞的10cm培养皿中，另一半冻存起来，如上。

10. 当克隆出现在10cm的培养皿上，传代到另一个10cm的板子，根据克隆的密度冻存大概5瓶。

11. 可能的话，再传代一个10cm的板子用于细胞扩增[ff]。

**注释**

cc 一个阳性克隆通过PCR筛选出来后，冻存在-80℃有合适标签的细胞应该就可以扩增了。为了最大化地利用胚胎干细胞，PCR筛选应该在1~2周内完成。

dd 稀疏的克隆需要一些时间生长。

ee 对每一轮的冻存，低温管都应该清晰地标注传代的数字。

ff 除此之外，细胞可以传代到一个无涂层的板子，使细胞扩增，提取基因组DNA，以及接下来用Southern杂交分析来检查目标载体的单一整合和不需要的重排。

## 实验方案10.19 准备阳性胚胎干细胞的胚泡注射

设备和试剂

- 含5%$CO_2$的37℃培养箱
- 37℃水浴锅
- 10ml玻璃移液管
- 50ml圆锥管
- 15ml圆锥管
- 1000×盘尼西林/庆大霉素 [0.59% 盘尼西林 ($m/V$)/8%庆大霉素 ($m/V$)]
- 胎牛血清（FBS，热灭活，Hyclone）
- 0.25%胰蛋白酶-EDTA消化液
- DMEM（含高糖、高碳酸氢盐、L-谷氨酸和无丙酮酸盐）

- β-巯基乙醇
- ESGRO 白血病抑制因子（LIF；$10^7$ U/ml，Chemicon，cat. no. ESG107）
- G418/遗传霉素选择抗生素（50mg/ml）
- FIAU（1mg/ml，溶于 1∶1 乙醇/水，相当于 2.7mmol 浓度对应 10 000 原料，Moravek 生物化学公司）
- MEF 培养基：DMEM、1∶1000 盘尼西林/庆大霉素、10%FBS
- 胚胎干细胞培养基：DMEM、20%FBS、1∶1000 稀释盘尼西林/庆大霉素、1∶100 稀释 BME、1∶10 000 稀释 LIF
- γ射线辐射后的 MEF 细胞涂板后 48h 待用
- 1×杜尔贝科磷酸盐缓冲液（PBS）
- 注射缓冲液
  —用 DMEM 粉末配制 8.3g/L 的溶液，不含碳酸氢钠，无酚红。
  —4.5g/L D 葡萄糖
  —25mmol/L HEPES 缓冲液
  —584mg/L L-谷氨酸

方法

1. 提前准备一个有 MEF 细胞 0.1%胶包被的 10cm 板子。
2. 准备胚胎干细胞注射缓冲液。
3. 使用新传代的或者冻存的 PCR 阳性胚胎干细胞涂板，注意培养基为没有选择的胚胎干细胞培养基[gg,hh,ii]。
4. 让细胞生长直到克隆变大。这个过程必须精确定时，以便注射能在计划的那天实施。通常在胚泡注射前大概有 5～7 天的时间，在涂板和注射之间有一次传代[jj]。
5. 选择形态学和密度最好的 10cm 板的细胞进行注射。
6. 用 5ml PBS 冲洗板子。
7. 吸出 PBS，加入 3ml 0.25%胰蛋白酶-EDTA 消化液。
8. 再加入 9ml 胚胎干细胞培养基，上下吹打细胞 15 次，吹打的时候尽量使枪头接近板子底部[kk]。
9. 600g 离心 3min，然后将细胞重悬于 2ml 5%FBS 注射缓冲液中。
10. 将细胞置于冰上直到开始胚泡注射。

**注释**

gg 使用新鲜传代的细胞是最优的，但不是必须的，也可以选择冻存的细胞。

hh 如果使用了冻存细胞，通常建议使用更早期的传代细胞，因为这些细胞仍然有合适的浓度。一般使用-80℃中冻存的第三代细胞。

ii 记住使用的培养基是不添加选择的。

jj 在最后一次传代的时候使用不同的稀释浓度，确保至少有一板有最优的克隆密度。

kk 确保细胞完全分离，保证单个细胞的注射。

## 10.2.5 嵌合体配对和下游的应用

使用本章中描述的实验方法获得的胚胎干细胞，将其微注射到在 3～5 天胚胎的胚泡阶段充满液体的胚泡腔中。注射后的胚胎移植到一只假孕母鼠的子宫内［图 10.5 (a)］。这些技术的细节描述超越了本章的范围，可以从其他资料中获得。代孕母鼠怀孕 17 天后产下一部分来源于注射的胚胎干细胞，一部分来源于受体母鼠胚胎的嵌合体小鼠。

通过生殖细胞系传递重组胚胎干细胞基因组的嵌合体小鼠预计是雄鼠。它们来源于雄性 R1 胚胎干细胞，由 C57BL/6 雌鼠养育，为了监控生殖细胞系转移产生的后代（即 $F_1$ 代）［图 10.5 (b)］。毛色是生殖细胞系转移的一个表型观察指标。$F_1$ 代鼠中的鼠灰色毛色表明了生殖细胞系的转移，因为来源于 129 的细胞有鼠灰色表型，而来源于 C57 细胞是炭黑色的毛色表型。$F_1$ 代鼠灰色小鼠纯化的 DNA 经过 PCR 和 Southern 杂交筛选可以决定哪一只 $F_1$ 代小鼠携带突变的等位基因。杂合的 $F_1$ 代动物杂交后产生纯合的突变和野生型对照后代。在一些情况下，遗传背景能够提供可以观察的表型。在这

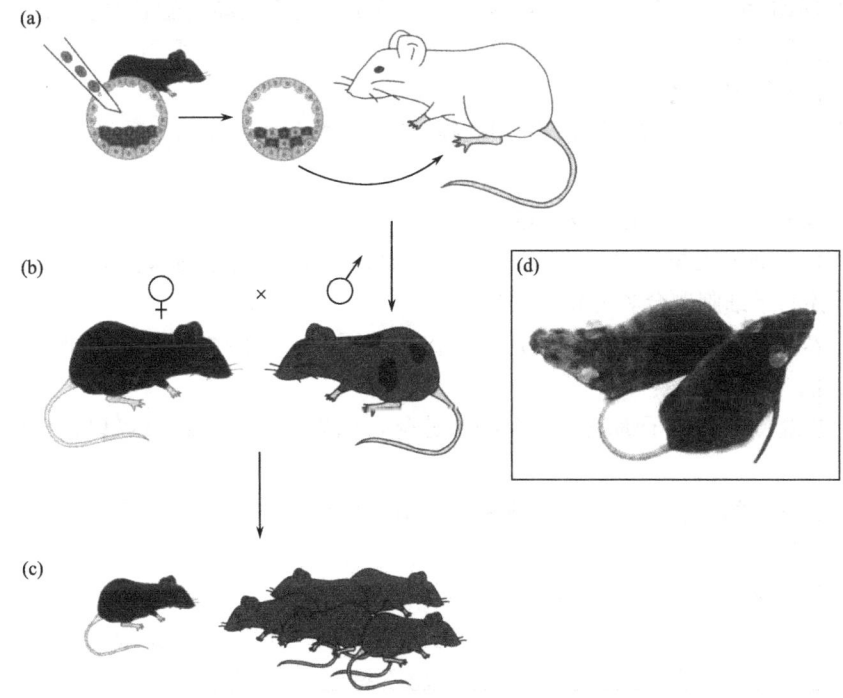

图 10.5　胚胎干细胞和嵌合体培养。(a) 胚泡来自 C57BL/6 小鼠（炭黑毛色），用目标 R1 胚胎干细胞（129 遗传背景，鼠灰色毛色）进行微注射。注射后的胚泡被移植到假孕的母鼠中（白色小鼠）。(b) 得到的黑色和棕色雄性嵌合体小鼠同 C57 黑色雌性小鼠配对，得到黑色和棕色的 $F_1$ 代后代。(c) 棕色的后代通过 PCR 或者 Southern 杂交来筛选看是否有目标基因的生殖细胞系转移。(d) 通过胚胎干细胞的基因打靶，将其注射到 C57BL/6 胚泡中，产生两只成体小鼠嵌合体。左边的小鼠表现出更多的鼠灰色，目标基因生殖细胞转移到后代的可能性比右边的那只要高（见彩图）。

个例子中，动物应该同预期的品系（C57BL/6）回交得到 8 只以上的后代，使突变得以维持，研究纯的遗传背景。

## 10.3　疑难解答

1. BAC DNA 回收不好
- 使用三组 PCR 引物对验证回收的序列两端和中间部分在 BAC 中是否存在。
- 长引物的方向是扩增 pNAPP 载体的关键。图 10.2 有简要说明。
- 反复多次冻融可能会影响到重组细菌接受 BAC DNA 的能力，所以尽量使用新鲜的细菌冻存管。
- 在极少情况下，BAC DNA 可能包含突变，干扰 BAC 的回收，可能是由于在细菌中较低的 DNA 复制保真度引起的。因此，我们推荐在实施 BAC 回收的过程中至少用两种不同的 BAC 克隆。

2. MEF 细胞产率太低或者形态不佳
- 在 MEF 细胞扩增的过程中，传代之前确保细胞有很高的融合性。在 100% 融合后，传代前还需等待 1~2 天。

3. 胚胎干细胞分化
- 确保 MEF 滋养层细胞在胚胎干细胞培养之前提前 48h 涂板，在板上形成单细胞层。
- 确保 Lif 的浓度合适，没有过期。
- 胚胎干细胞大概每 3 天传代一次。只有未分化的细胞能够频繁的传代，如图 10.4 所示胚胎干细胞融合和分化的图像。
- 培养基应该是新鲜配制的，是 4 周内的，因为谷氨酰胺副产物可能对胚胎干细胞产生毒性。
- 生长缓慢的胚胎干细胞可能在经历分化，如果细胞生长缓慢可以适当增加血清浓度。
- 胚胎细胞的生长存在一个最适密度，应在胚胎干细胞密度高于最适密度时通过涂板或者传代来增加克隆数。

4. 嵌合体缺乏
- 在目标胚胎干细胞克隆鉴定后，最大限度地减少培养时间是很重要的。我们推荐在胚泡注射之前，胚胎干细胞所经历的冻融不超过 1 或 2 次。
- 嵌合体更容易从低传代数的胚胎干细胞中获得。最好一开始就对低传代数的胚胎干细胞进行操作。
- 胚胎干细胞应该在从培养基中收集后迅速注射，越快越好，不要在冰块上放置过久。
- 由于未检测到的分化或者第一个克隆的缺陷而导致实验失败，可以准备第二个目标胚胎干细胞克隆进行胚泡注射。

（李欣刚　译）

## 参 考 文 献

1. Heintz, N. (2001) BAC to the future: the use of bac transgenic mice for neuroscience research. *Nature Reviews Neuroscience*, **2**, 861-870.
2. Feng, G., Lu, J. and Gross, J. (2004) Generation of transgenic mice. *Methods in Molecular Medicine*, **99**, 255-267.
3. Hofker M. H. (2003) Introduction: the use of transgenic mice in biomedical research. *Methods in Molecular Biology*, **209**, 1-8.
4. Evans, M. J., Carlton, M. B. and Russ, A. P. (1997) Gene trapping and functional genomics. *Trends in Genetics*, **13**, 370-374.
5. Stanford, W. L., Cohn, J. B. and Cordes, S. P. (2001) Gene-trap mutagenesis: past, present and beyond. *Nature Reviews Genetics*, **2**, 756-768.
6. Ding, S., Wu, X., Li, G. *et al.* (2005) Efficient transposition of the *piggyBac* (PB) transposon in mammalian cells and mice. *Cell*, **122**, 473-483.
7. Dupuy, A. J., Akagi, K., Largaespada, D. A. *et al.* (2005) Mammalian mutagenesis using a highly mobile somatic *Sleeping Beauty* transposon system. *Nature*, **436**, 221-226.
8. Wu, S., Ying, G., Wu, Q. and Capecchi, M. R. (2007) Toward simpler and faster genome-wide mutagenesis in mice. *Nature Genetics*, **39**, 922-930.
9. Nagy, A. (2003) *Manipulating the Mouse Embryo: A Laboratory Manual*, Cold Spring Harbor Laboratory Press, Cold Spring Harbor, NY. A comprehensive guide to transgenics, gene targeting and other manipulations of the mouse embryo.
10. Tymms, M. J. and Kola, I. (eds) (2001) *Gene Knockout Protocols*, Methods in Molecular Biology, vol. **158**, Humana Press, Totowa, NJ.
11. Bradley, A., Evans, M., Kaufman, M. H. and Robertson, E. (1984) Formation of germ-line chimaeras from embryo-derived teratocarcinoma cell lines. *Nature*, **309**, 255-256. Generation of the first ES cell-derived mouse.
12. Robertson, E., Bradley, A., Kuehn, M. and Evans, M. (1986) Germ-line transmission of genes introduced into cultured pluripotential cells by retroviral vector. *Nature*, **323**, 445-448. Generation of the first mutant line of mice derived from ES cells.
13. Thomas, K. R. and Capecchi, M. R. (1987) Site-directed mutagenesis by gene targeting in mouse embryo-derived stem cells. *Cell*, **51**, 503-512. Demonstration of homologous recombination in ES cells by inserting a mutation into the *Hprt* wild-type locus.
14. Doetschman, T., Gregg, R. G., Maeda, N. *et al.* (1987) Targetted correction of a mutant HPRT gene in mouse embryonic stem cells. *Nature*, **330**, 576-578. Demonstration of homologous recombination in ES cells by repairing the spontaneous *Hprt* mutation.
15. Thompson, S., Clarke, A. R., Pow, A. M. *et al.* (1989) Germ line transmission and expression of a corrected HPRT gene produced by gene targeting in embryonic stem cells. *Cell*, **56**, 313-321.
16. Koller, B. H., Hagemann, L. J., Doetschman, T. *et al.* (1989) Germ-line transmission of a planned alteration made in a hypoxanthine phosphoribosyltransferase gene by homologous recombination in embryonic stem cells. *Proceedings of the National Academy of Sciences of the United States of America*, **86**, 8927-8931.
17. Zijlstra, M., Li, E., Sajjadi, F. *et al.* (1989) Germ-line transmission of a disrupted $\beta_2$-microglobulin gene produced by homologous recombination in embryonic stem cells. *Nature*, **342**, 435-438.
18. Thomas, K. R. and Capecchi, M. R. (1990) Targeted disruption of the murine int-1 proto-oncogene resulting in severe abnormalities in midbrain and cerebellar development. *Nature*, **346**, 847-850.
19. Pease, S. and Williams, R. L. (1990) Formation of germ-line chimeras from embryonic stem cells maintained with recombinant leukemia inhibitory factor. *Experimental Cell Research*, **190**, 209-211.

20. Mansour, S. L., Thomas, K. R. and Capecchi, M. R. (1988) Disruption of the proto-oncogene int-2 in mouse embryo-derived stem cells: a general strategy for targeting mutations to non-selectable genes. *Nature*, **336**, 348-352. Application of a general positive-negative selection strategy to enrich for cells in which homologous recombination has occurred.
21. Yagi, T., Ikawa, Y., Yoshida, K. et al. (1990) Homologous recombination at c-fyn locus of mouse embryonic stem cells with use of diphtheria toxin A-fragment gene in negative selection. *Proceedings of the National Academy of Sciences of the United States of America*, **87**, 9918-9922.
22. Deng, C. and Capecchi, M. R. (1992) Reexamination of gene targeting frequency as a function of the extent of homology between the targeting vector and the target locus. *Molecular and Cellular Biology*, **12**, 3365-3371.
23. Te Riele, H., Maandag, E. R. and Berns, A. (1992) Highly efficient gene targeting in embryonic stem cells through homologous recombination with isogenic DNA constructs. *Proceedings of the National Academy of Sciences of the United States of America*, **89**, 5128-5132.
24. Nagy, A., Rossant, J., Nagy, R. et al. (1993) Derivation of completely cell culture-derived mice from early-passage embryonic stem cells. *Proceedings of the National Academy of Sciences of the United States of America*, **90**, 8424-8428. First description of the R1 line of ES cells.
25. Ledermann, B. and Bürki, K. (1991) Establishment of a germ-line competent C57BL/6 embryonic stem cell line. *Experimental Cell Research*, **197**, 254-258.
26. Noben-Trauth, N., Kohler, G., Burki, K. and Ledermann, B. (1996) Efficient targeting of the IL-4 gene in a BALB/c embryonic stem cell line. *Transgenic Research*, **5**, 487-491.
27. Valenzuela, D. M., Murphy, A. J., Frendewey, D. et al. (2003) High-throughput engineering of the mouse genome coupled with high-resolution expression analysis. *Nature Biotechnology*, **21**, 652-659.
28. Poueymirou, W. T., Auerbach, W., Frendewey, D. et al. (2007) F0 generation mice fully derived from gene-targeted embryonic stem cells allowing immediate phenotypic analyses. *Nature Biotechnology*, **25**, 91-99.
29. Fiering, S., Epner, E., Robinson, K. et al. (1995) Targeted deletion of 5-HS2 of the murine β-globin LCR reveals that it is not essential for proper regulation of the β-globin locus. *Genes & Development*, **9**, 2203-2213.
30. Pham, C. T., MacIvor, D. M., Hug, B. A. et al. (1996) Long-range disruption of gene expression by a selectable marker cassette. *Proceedings of the National Academy of Sciences of the United States of America*, **93**, 13090-13095.
31. Dymecki, S. M. (1996) Flp recombinase promotes site-specific DNA recombination in embryonic stem cells and transgenic mice. *Proceedings of the National Academy of Sciences of the United States of America*, **93**, 6191-6196.
32. Rodriguez, C. I., Buchholz, F., Galloway, J. et al. (2000) High-efficiency deleter mice show that FLPe is an alternative to Cre-*loxP*. *Nature Genetics*, **25**, 139-140.
33. Zambrowicz, B. P., Imamoto, A., Fiering, S. et al. (1997) Disruption of overlapping transcripts in the ROSA βgeo 26 gene trap strain leads to widespread expression of β-galactosidase in mouse embryos and hematopoietic cells. *Proceedings of the National Academy of Sciences of the United States of America*, **94**, 3789-3794.
34. Kuhn, R. and Torres, R. M. (2002) Cre/*loxP* recombination system and gene targeting. *Methods in Molecular Biology*, **180**, 175-204. Detailed overview of the use of Cre/*loxP* recombination for conditional gene targeting in mice.
35. Sauer, B. (1998) Inducible gene targeting in mice using the Cre/*lox* system. *Methods*, **14**, 381-392.
36. Skvorak, K., Vissel, B. and Homanics, G. E. (2006) Production of conditional point mutant knockin mice. *Genesis*, **44**, 345-353.
37. Wirth, D., Gama-Norton, L., Riemer, P. et al. (2007) Road to precision: recombinase-based targeting technologies for genome engineering. *Current Opinion in Biotechnology*, **18**, 411-419.

38. Lewandoski, M. (2001) Conditional control of gene expression in the mouse. *Nature Reviews Genetetics*, **2**, 743-755.
39. Wunderlich, F. T., Wildner, H., Rajewsky, K. and Edenhofer, F. (2001) New variants of inducible Cre recombinase: a novel mutant of Cre-PR fusion protein exhibits enhanced sensitivity and an expanded range of inducibility. *Nucleic Acids Research*, **29**, E47.
40. Li, M., Indra, A. K., Warot, X. *et al.* (2000) Skin abnormalities generated by temporally controlled RXRα mutations in mouse epidermis. *Nature*, **407**, 633-636.

# 11 基因转移的载体系统

**Charlotte Lawson[1] and Louise Collins[2]**

1*Veterinary Basic Sciences, Royal Veterinary College, London, UK*

2*Department of Clinical Sciences, Kings's College London School of Medicine, James Black Centre, London, UK*

## 11.1 引言

目前,随着一些成功临床试验的公布,基因物质插入个体细胞以治疗疾病或者纠正遗传状况,已经从分子学家的遥远梦想变成了一种可行的治疗方式。从历史上看,基因治疗领域的前进需要分子生物学和其他领域的发展。早在重组 DNA 技术用于分离和克隆转移基因之前,人们就认识到由于病毒可以将自身的 DNA 整合入哺乳动物细胞,病毒的这种能力可能具有治疗潜能[1]。从导入基因材料或者基因产物的毒性,导致传播病毒产生的重组事件发生的可能性和插入突变方面来看,当设计基因治疗的"病毒载体"时,安全性一直是一个重大的、需要考虑考虑的因素。鉴于此,有大量关于基因治疗应用的"非病毒"载体的发展和使用的文献发表。自从 20 世纪 90 年代第一例治疗严重免疫缺陷综合征(SCID)患者的临床试验试行以来,人们一直对于病毒和非病毒的基因转移有激烈的争论。在这里,我们给出一个简单的综述,包括一些比较常用的基因转移策略,以及病毒和非病毒基因转入哺乳动物细胞的实验流程。

## 11.2 方法和途径

### 11.2.1 理想的基因治疗载体

裸露 DNA 有效导入细胞和组织有时是可以实现的(见后面);但是,遗传物质进入大多数位点需要利用载体将 DNA 有效地导入细胞。目前发展基因治疗载体的策略分为病毒和非病毒介导的基因传递,最终目的是发展符合以下条件的、理想的基因治疗载体。

1. **传递的有效性**。因为裸露 DNA 不能有效地被细胞吸收,所以许多策略针对用于提高基因传送。有两种方法已经被采用,即改良病毒的使用(病毒载体)和具有带电聚合物的非病毒传递载体。

**2. 安全性**。安全的载体对患者一定不能是致病性的或者有毒的。虽然非病毒传递系统一般相对安全,但是病毒载体使用时有大量安全问题要考虑(表 11.1)。

(a) 内源性病毒元件和导入病毒载体间的重组事件可能发生,从而导致有复制能力的致病性病毒产生。

(b) 介导的遗传物质整合入宿主细胞基因组,一方面它导致导入基因的相对长时间的表达,这是令人满意的;但另一方面,它也承载插入突变激活致癌基因的危险。

(c) 质粒 DNA(裸露的或者包装好的)会被脂多糖(LPS)污染,不能在质粒制备中完全除去,因此会引起 LPS 介导的毒性。

**表 11.1 病毒和非病毒载体的优点和缺点**

| | 优点 | 缺点 |
| --- | --- | --- |
| 病毒载体 | 效率高<br>通过整合(逆转录病毒)表达<br>时间长<br>完整的细胞内运输特性 | 致癌基因的激活<br>有能力复制病毒的产生<br>免疫原性和病毒蛋白的过量<br>辅助病毒的带入(AAV)<br>有限的定向性细胞<br>分批的变异 |
| 非病毒载体 | 无病毒蛋白<br>低或无免疫原性<br>插入的 DNA 大小不限<br>对特异细胞的靶向性<br>均一、标准和稳定的试剂 | 效率低<br>基因瞬时表达<br>一些细胞毒性(PEI、脂质体)<br>由于未甲基化 CpG DNA 序列引起的炎症<br>附加试剂需要克服细胞内的阻碍 |

(d) 如果为体外增殖选择的标记合并入载体,进入造血细胞系,可能会成为抗原。如果这些蛋白质被表达,会引起体液免疫反应,这对患者是有害的 [3]。

**3. 特异性**。因为临床应用需求的不断延伸,理想的载体需要能够靶向进入特定的细胞类型或者组织。通过增加靶向配体或者利用组织特异性启动子是可以做到的,这将在随后讨论。在正常组织中,由于转基因的异位表达产生不可预知的副作用,应该不惜一切代价避免。

**4. 可调控性**。可调控性这一点是非常需要的,因为它考虑到以下几个方面。

(a) 当需要时转基因的激活。

(b) 在治疗窗口期转基因表达的保持。

(c) 有可能需要使基因沉默的可能性;在体外实验,如动物模型利用抗生素响应的启动子(如 TetON [4])或者利用组织缺氧开关控制中,已经取得一定成功 [5]。

**5. 任何大小或功能的基因的传递**。依赖于野生型病毒基因组的大小,以及为保留感染性所去除病毒基因的数目,插入病毒载体的外源 DNA 数量经常是有限的。

**6. 长时间的高表达**。DNA 的病毒转移比非病毒转移效率高,而且病毒已经形成了在宿主细胞中避免降解的策略。但是,由于病毒蛋白的免疫原性,转基因表达的持续时间可能是有限的。尽管现在有许多不同的克服方法(见下面),利用非病毒方法传递

DNA 有时还是被溶酶体降解而很快被移出细胞。

7. **产物的成本效益**。大量生产载体应该便宜。由于在使用前不需要太严格的质量分析，非病毒的 DNA 转移载体可以快速准备，而且载体在效能方面具有较少的批次差异。另外，为了基因治疗应用，在产生足够数量病毒过程中，复合体纯化步骤和质量控制方法是必需的。在设计和传送 DNA 进入细胞方面，病毒和非病毒载体有很大不同。两个系统均有优缺点，已在表 11.1 中作了总结。

## 11.2.2 质粒设计

### 11.2.2.1 启动子

当优化基因治疗的载体时，治疗基因在合适的时间和正确的细胞中最高效地表达是必要的；因此，已经通过大量的研究找到了最好的启动子。许多策略中已使用病毒启动子。内源性的病毒启动子［如逆转录病毒载体的长末端重复序列（LTR）启动子 pB-ABE 系列］已经在使用［6］。许多早期质粒载体使用 SV40 启动子；但是近年来，劳斯肉瘤病毒（RSV）启动子和巨细胞病毒（CMV）立早启动子可启动较高水平的组织表达，尽管有不同的时间特性，它们已经被经常使用［7］。当需要组织特异性表达时，一些组织特异性启动子也已成功开发。例如，在鼠和狗模型的血友病中，利用肝脏特异性的高容量腺病毒载体［8］进行基因治疗后，凝血因子 VIII 已达到治疗水平；同时，在大量其他组织中，包括内皮、心脏、骨骼、平滑肌、上皮和皮肤，许多细胞特异性启动子具有不同的使用结果均已被描述（Sadeghi 和 Hitt 综述［9］）。使用组织特异性启动子的一个缺点是，它们不如病毒启动子的作用强，因此，病毒增强子元件的使用已经被开发出来［10］。

基因表达的可调控通常是必要的，四环素（Tet）调控的表达系统在体外和体内已被广泛应用［11，12］。这些元件已经被整合入许多基因治疗载体中（如［11，12］）。

### 11.2.2.2 其他元件

病毒载体质粒通常缺少部分的或者全部的增殖所需的基因，但是包装信号连同其他必要的病毒编码调控序列都存在，这在下面做比较详细的论述。

根据基因治疗策略，选择的标记和（或）第二个治疗基因的表达是必要的。这些基因可能由分离的启动子控制［15］，或者为了多个顺反了的转录内部核糖体进入位点（IRES）被利用［16］。对于其他应用设计的质粒，与用于基因治疗而发展的质粒一样，需要含有质粒在大肠杆菌中有效增殖的必要序列和克隆插入 DNA 的多克隆位点（MCS）。对于病毒载体质粒，这些基因可能由不止一个分开的质粒编码，以尽量减少可复制病毒产生的可能性。

## 11.2.3 病毒载体

普通病毒的生活周期包括病毒的吸附，这种吸附通过特异的宿主细胞表面受体，随后病毒进入细胞。然后病毒变得裸露以将遗传物质释放入宿主细胞（感染），接着病毒蛋白表达和新的病毒颗粒组装（复制）。治疗性的基因表达盒代替大量的病毒基因组，通过利用改良的基因组，基因治疗载体已经被发展来利用病毒的生活周期。这有时被称作"转导"，也被定义为无复制性的或者无效的感染，从而将表达的功能性遗传信息从重组载体导入目的细胞［17，图11.1］。

在病毒基因组中，复制和感染的基因以及顺式调控序列都是必需的。大多数病毒基因和调控序列的去除是有利的，因为它使重组事件导致的有效病毒颗粒的重建危险降到最低，提高了安全性，并且它增加了整合的插入DNA大小。但是，至少一些删除的基因对于载体增殖是必需的。利用工程"辅助"或"包装"细胞以表达必需的病毒蛋白，这些基因在单独的质粒上反式表达，降低重组，保证稳定性［18］。包装细胞株通常被编码病毒蛋白的质粒稳定转染。通常情况下，包装细胞株表达载体包装所需的病毒蛋白，但是缺少包装信号。相反地，病毒质粒包含包装信号、其他必需的病毒编码调控序列、强的组成型（或者诱导型）启动子（可能是病毒启动子）和加尾信号。基因可被不止一个单独的质粒编码以尽量降低可复制病毒的产生。辅助病毒不能使用的原因是经过高频重组，有可能产生有复制能力的病毒［19］。

利用病毒感染的有效性和细胞嗜性的优势，几个不同的病毒家族被开发出来用于基因治疗。在下面讨论Lawson［17］的报道中，扼要地叙述一些比较常用的病毒载体系统。

### 11.2.3.1 逆转录病毒

逆转录病毒是RNA病毒，它们通过完整的DNA媒介复制（看Coffin等的综述［20］）。逆转录病毒颗粒用外壳包裹两个拷贝的全长病毒RNA，每个拷贝包含病毒复制需要的所有遗传信息，包括基因 *gag*（种群特异抗原）、基因 *pro*（蛋白酶）、基因 *pol*（聚合酶）和基因 *env*（外壳）。逆转录病毒被分为简单和复杂病毒。复杂病毒除有必要的病毒编码基因外，还有一些附加基因。逆转录病毒的完全分类为致癌病毒［大部分是简单病毒，如鼠白血病毒（MLV）］、慢病毒［复杂病毒，如人免疫缺陷病毒-1（HIV-1）］和泡沫病毒［复杂病毒，如人泡沫病毒（FV）］。现在这三类均被开发作为基因治疗工具。

### 11.2.3.2 致癌逆转录病毒

早期利用逆转录病毒的转移基因治疗试验使用基于MLV的载体，MLV是一种兼嗜性（能够感染人细胞）致癌逆转录病毒。致癌逆转录病毒相对简单，并且容易被重排产生复制缺陷的重组病毒载体。一般情况下，逆转录病毒的LTR序列、最小包装信号和重要基因被保留。致癌逆转录病毒载体（如pMFG［21］、pBAbe系列［6］）转染合适的真核包装细胞株（如Omega E；GP+E；GP EnvAm12［6，22］），产生重组性的复制缺陷颗粒。即使对于直接增殖，利用这种载体只有分裂细胞能吸收病毒颗粒的缺点，整合DNA到宿主细胞基因组，以长时间表达转移的转基因。因此，它们在临床上的使用是有限的，因为许多基因治疗的靶标是非分裂细胞［23］。

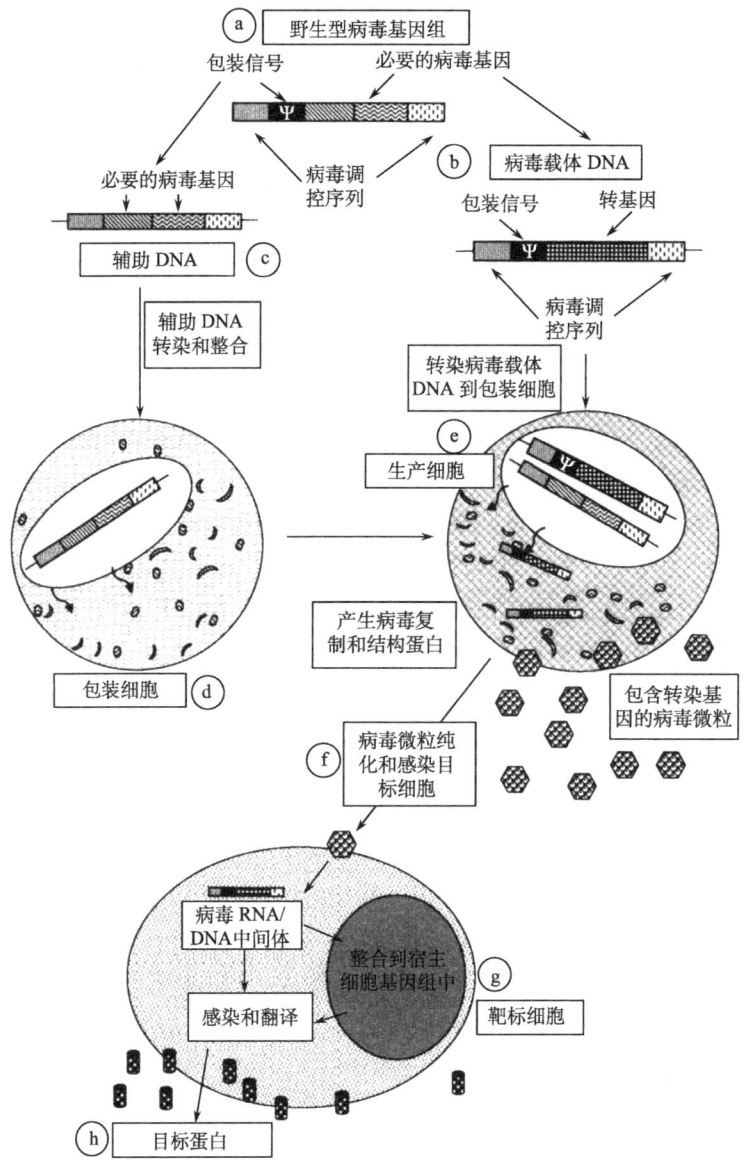

图 11.1 病毒载体生产的策略（根据 Lawson 文章修改 [17]）。(a) 典型的病毒基因组具有必要的病毒基因、调控序列和包装信号。为了产生复制缺陷型病毒载体，遗传物质被分离到 (b) 编码病毒包装信号和最小病毒调控序列的质粒，以及 (c) 编码病毒复制和包装的必要基因。(d) 辅助质粒转染后，包装细胞株产生。(e) 病毒质粒载体转染包装细胞株后，生产细胞株产生。(f) 从生产细胞培养上清（如逆转录病毒载体）或溶解产物（如 Ad5 载体）中，分离和纯化病毒颗粒。(g) 病毒载体感染目标细胞和 (h) 在目标细胞中表达目标蛋白（可以是分泌到细胞表面或细胞内蛋白，或是 siRNA 以抑制内源蛋白表达）。

### 11.2.3.3 慢病毒

近期基于慢病毒的载体发展有了一些进步,特别是 HIV-1。慢病毒具有比致癌病毒复杂的复制周期,因此含有更加复杂的基因组。在基因治疗应用时,使用基于慢病毒的载体,主要的优势是它们能够感染非分裂和分化末端的细胞类型,这相对致癌病毒是重大的进步 [23]。慢病毒载体和包装细胞株的发展一直难于致癌病毒载体转移系统。最早基于 HIV-1 的载体是几乎完整的病毒基因组,只有 env 被删除而反式替代,使病毒载体有效地靶向表达 CD4 的细胞。但是,靶向其他细胞是有限的,并且病毒的滴度低。通过假型化(不同来源基因组的外壳糖蛋白/衣壳蛋白的使用和病毒的复制元件被兼嗜性 MLV 外壳糖蛋白代替),同时,包含疱疹性口炎病毒-G-蛋白(VSV-G)也能提高载体滴度和病毒颗粒的稳定性(见 Sanders [24] 的综述)。

VSV-G 假型化的 HIV-1 载体能在体外和体内感染细胞周期被阻止的细胞,几个月来已经报道了稳定的表达 [25]。最新一代的包装系统被设计为需要 4 个单独的质粒,或者只需要慢病毒表达载体的转染,含有所有包装构件的包装细胞株就可被稳定转染 [26]。称为自我失活(SIN)的载体也被开发,一旦整合入靶细胞,LTR 的转录能力就丢失。这些载体被报道在体内表现了良好的性能 [26]。

由于比较关注来源于 HIV-1 载体的安全性,其他较低致病性的慢病毒载体也被开发,包括 HIV-2、猴免疫缺陷病毒(SIV)和猫科慢病毒(猫科免疫缺陷病毒,FIV)。嵌合慢病毒载体系统也已开发,并且利用 VSV-G 假型化,结合强启动子提高了细胞嗜性和转基因的表达 [27]。

### 11.2.3.4 泡沫病毒

泡沫病毒也被称为 FV,因为培养时它们可导致细胞病变的泡沫效应。它们是复杂病毒,即使存在直接靶向 FV 蛋白的抗体,它们仍能够坚持留在宿主中 [27]。对自然灵长类宿主,它们是无害的,并且人类可能缺少这种病毒。意外的感染人类似乎是非致病的,而且没有关于水平传播的报道。培养时,它们能感染非分裂细胞,呈现广泛的细胞嗜性 [28]。

FV 载体被开发,仅含有有效基因转移所必需的最小病毒序列。利用 4 个质粒的包装系统,这种载体体外可转导人造血 $CD34^+$ 细胞和人间充质干细胞 [29]。最近,一个 FV 载体被成功用于治疗犬白细胞黏附缺陷 [30]。对于人和兽医的基因治疗应用,FV 都有好的前景。

### 11.2.3.5 腺相关病毒

腺相关病毒(AAV)是一类微小无包膜、单链 DNA 病毒,属于微小病毒科(见 Berns 和 Giraud [31] 综述)。AAV 复制、包装和整合必需的所有顺式作用元件位于基因组两端的反向末端重复(ITR)序列,并且两个可读框(ORF)能被删除。硫酸乙酰肝素蛋白多糖(HSPG)、成纤维细胞生长因子受体 1(EGF-R1)和 $\alpha v \beta 5$ 被认为是 AAV 主要的共受体 [32]。

由于 AAV 载体的最大包装容量达到 4.9kb [33]，而且不会引起明显的细胞免疫反应 [34]，使用它们作为基因治疗的载体是有优势的。但是，在动物模型中，已经检测到 AAV 所引起的体液反应，并且中和载体的存在大大降低了载体的成功应用 [35，36]。因为达到 90% 的人群对 AAV 是血清反应阳性的，而且占很大比例的人可能具有 AAV-2 的中和抗体 [37]，这将会限制 AAV 在基因治疗方面的应用 [32]。

AAV 的增殖需要辅助病毒的存在，通常是腺病毒（Ad）或者疱疹病毒。缺乏辅助病毒，AAV 将整合入人 19 号染色体的特殊位点 q13.3qter，以潜伏状态存在。虽然这一过程需要 AAV rep 蛋白，而 AAV 载体已经删除了 rep 蛋白，但是在一些体内模型的文献报道中，几个月甚至几年后转基因才表达，这可能由于存在长时间有效的双链附加型 rAAV 基因组或者随机整合入宿主细胞基因组。关于 AAV 载体发展的最新综述，见 Buning 等 [38]。

### 11.2.3.6 腺病毒

Ad 是无包膜病毒，具有线性双链 DNA 基因组。人类有 50 种不同的血清型，它们可引起普通感冒，也导致人的呼吸道、肠道和眼睛的感染 [32, 39]。由于腺病毒宿主范围广，能感染分裂和非分裂的细胞，它们被广泛用于基因转移。但是，腺病毒基因组不能整合入宿主基因组，所以 Ad 载体的转染只能产生基因的瞬时表达。

根据感染后每个基因转录的时间不同，腺病毒基因组被分为早期（E）和晚期区域，并在每个末端有一个 ITR [40]。腺病毒通过特殊的细胞表面受体进入宿主细胞；在体外，这些受体包括柯萨奇病毒和腺病毒受体（CAR [41]）。体内受体的使用仍然具有争议 [42, 43]。通过受体介导的内吞作用，腺病毒很快内化，整合素 αvβ3 和 αvβ5 受体使细胞具有易感性 [44]。

许多腺病毒载体被开发，包括可复制和复制缺陷型载体，大多数以血清型 2（Ad2）或血清型 5（Ad5）为基础。第一代复制缺陷型腺病毒载体删除了 E1 和 E3。第二代载体以 Ad5 为基础，包括 E1、E3 和 E4 或 E3 去除的载体。反式提供 E1，E1 去除的 Ad5 载体能在特殊的细胞系生长，如腺病毒 E1 改造的人胚胎肾细胞 293 系 [45]。对 293 细胞的复制，左侧 ITR 和基因组左侧 300bp 的包装信号是必需的 [46]。

第一代腺病毒载体具有较强的免疫原性，需要免疫药物延长转基因的表达 [47, 48]。但是，通过在 E2a 基因引入突变 [49] 或者去除 E4 [50]，第二代腺病毒载体在某种程度上已克服了免疫原性，取得了一定的成功 [51]。

为降低免疫原性，空壳（或者无病毒）腺病毒载体被开发，只包含转录必需的 ITR 和包装必需的 5′ 顺式作用腺病毒包装信号 [52]。但是，这种载体很难产生，需要使用辅助病毒以提供所有的病毒反式作用蛋白 [32]。

下面简述的是 Ad5 穿梭载体 pDC516 和 pBHGfrt 基因组质粒共转染 FG293 细胞的操作规程（见实验方案 11.1），然后是利用终点稀释法纯化这些 Ad5 噬斑的操作规程（见实验方案 11.2）。紧接着是高滴度 Ad5 原液粗裂解液的批量制备（见实验方案 11.3）和 $CsCl_2$ 纯化重组 Ad5 的制备操作规程（见实验方案 11.4）。

## 实验方案 11.1　Ad5 穿梭载体 pDC516 和 pBHGfrt 基因组质粒共转染 FG293 细胞

设备和试剂

- FG293 人胚胎肾细胞（Microbix Systems Inc.，http：//microbix.com）
- 细胞培养基 I：最少必需培养基、谷氨酰胺、10%胎牛血清（FCS）（均是 Sigma）
- 细胞培养基 II：最少必需培养基、谷氨酰胺、青霉素/链霉素、10%新生小牛血清（NCS）（均是 Sigma）
- T25 组织培养瓶（Falcon；Beckton Dickinson）
- pBHGfrt 基因组腺病毒质粒（Microbix Systems Inc.）
- 插入目标 cDNA 的 pDC516（Microbix Systems Inc.）
- HEPES 缓冲液（HeBS）[5g 4-(2-羟乙基-1-哌嗪基)乙磺酸（HEPES）、8g NaCl、0.37 KCl、1g 葡萄糖，定容至 1L，调 pH7.1]（见注释 a）
- 2.5 mol/L $CaCl_2^a$
- 磷酸盐缓冲液（PBS）++（PBS 含有 0.01% $CaCl_2$ 和 0.01% $MgCl_2$）
- 高压灭菌的 100%甘油。

方法

1. 实验前一天，将生长良好的 FG293 细胞传代到 6 个 T25 培养瓶。
2. 第一天，将培养基换为培养基 I，37℃培养 4h。
3. 准备 5 倍的 DNA 沉淀。

    1 倍：5μg pBHGfrt（基因组腺病毒质粒）

    　　　3μg 插入质粒（如 pDC516-ICAM-1 [53]）

    　　　500μl HeBS

    　　　50μl 2.5mol/L $CaCl_2$（逐滴加入）

    室温放置 20~30min。
4. 5 个培养瓶中每瓶加入 500μl DNA 沉淀（不要去掉培养基），37℃放置 24h（或者 48h）。一个培养瓶的细胞不转染，作为对照。
5. 第二天，去掉培养基，加入新鲜细胞培养基 I。
6. 然后每周两次换细胞培养基 II，每两天观察细胞。
7. 当观察到细胞病理效应（例如，在许多聚集细胞单层上有大的"洞"，这可持续 3 周[b]，与对照瓶中的过度生长细胞单层不同；见图 11.2）。不要去除培养基，收获前再培养 48h。
8. 去掉转染培养瓶中的培养基，收获细胞，倒入 50ml Falcon 管中，每瓶加入 5ml 1×PBS++，刮掉瓶中剩余细胞。
9. 收集所有的培养基，1000g，离心 15min。

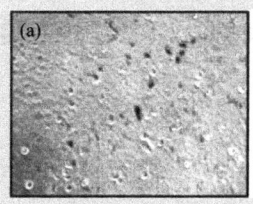 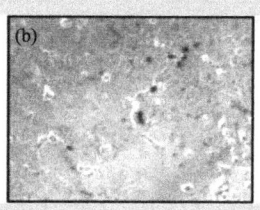 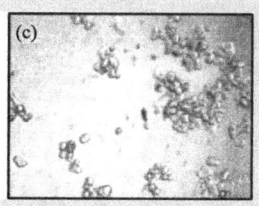

图 11.2 观察 Ad5 载体感染的 293 细胞。Ad5 载体感染半汇合的 293 细胞，36h 后观察。(a) 没有感染的 293 细胞。(b) 低滴度的 Ad5 感染 293 细胞。(c) 高滴度的 Ad5 感染 293 细胞。注意感染细胞上像"一串葡萄"的单层，是病毒裂解周期对哺乳细胞的细胞病理效应。

10. 丢掉上清，每个 T25 收获瓶中加入 10% 葡萄糖的 150~200μl PBS++，重悬细胞沉淀。

11. －70℃冷冻，三次滴定前 37℃解冻。

12. 分装，－70℃保存。

**注释**

a 高压或者过滤除菌；4℃保存。

b 如果很快观察到细胞病理效应（所有细胞几天内死亡），收集上清和碎片。按照上述步骤 9~11，利用步骤 11 准备的粗细胞裂解液逐步增加滴度（如 10μl 细胞裂解液；5μl 细胞裂解液；1μl 细胞裂解液），重新感染新的 T25 培养瓶中的 FG293 细胞。

## 实验方案 11.2　终点稀释纯化噬斑和粗病毒原液的滴定

设备和试剂

- FG293 人胚胎肾细胞（Microbix Systems Inc.，http://microbix.com）
- 细胞培养基 I：最少必需培养基、谷氨酰胺、10%胎牛血清（FCS）（均是 Sigma）
- 96 孔细胞培养板
- 相差显微镜
- 80℃冰箱

方法

1. 实验前一天，将生长良好的 FG293 细胞接种到 96 孔细胞板，第二天达到约 50%~60% 的融合（每孔大约 $2\times10^4$ 细胞）。

2. 第一天，在细胞培养基 I 中，准备腺病毒细胞裂解粗产物的连续稀释溶液（表 11.2）。

表 11.2　重组腺病毒滴定的稀释曲线

| 行号 | 最终病毒稀释度 | 病毒体积/μl | 培养基体积/μl |
|---|---|---|---|
| — | $10^{-2}$ | 50 原液 | 4950 |
| A | $10^{-4}$ | $10^{-2}$ 稀释度的 50 | 4950 |
| B | $10^{-6}$ | $10^{-4}$ 稀释度的 50 | 4950 |
| C | $10^{-7}$ | $10^{-6}$ 稀释度的 500 | 4500 |
| D | $10^{-8}$ | $10^{-7}$ 稀释度的 500 | 4500 |
| E | $10^{-9}$ | $10^{-8}$ 稀释度的 500 | 4500 |
| F | $10^{-10}$ | $10^{-9}$ 稀释度的 500 | 4500 |
| G | $10^{-11}$ | $10^{-10}$ 稀释度的 500 | 4500 |
| H | 0 | 0 | 5000 |

3. 去掉每孔中的培养基，加入稀释的病毒原液（200μl/孔）。只加入培养基的孔作为对照。

4. 37℃培养过夜。

5. 第二天，去掉培养基，每孔加入 200μl 的新鲜细胞培养基 I。

6. 8天内每 2~3 天换一次培养基$^c$。去掉培养基前，观察每孔；一旦某一孔的细胞病理效应明显，作标记，停止更换这一空的培养基。

7. 第 7 天，准备新的含有 FG293 细胞的 96 孔板，进行新一轮的噬菌斑纯化。

8. 第 8 天，在细胞病理效应明显时，最高滴度（最低的细胞裂解开始浓度）下，收集三孔的细胞和培养基。

9. 在单独的灭菌 Eppendorf 管中保存。这些噬菌斑来源于一个腺病毒粒子，取两管进行冷冻处理，提取另一个通过冷冻-解冻循环。

10. 按照上述步骤 9 的冷冻-解冻分离和溶解噬菌斑，使用在第 7 天准备的培养板，重复进行噬菌斑纯化分析。

11. 再一次重复滴定（如总共三次）。

12. 在细胞病理效应明显时，最高滴度的噬菌斑被认为是"完全的噬菌斑"。

**注释**

c 我们预期最高浓度细胞溶解产物感染的孔在第三天观察到细胞病理效应，但是最高稀释浓度的孔将不会观察到这种效应。如果三天后最高稀释浓度感染的孔观察到细胞病理效应，按照步骤 8 收集培养基和细胞碎片，并且从较高的稀释度（如以细胞溶解物稀释 $10^{-11}$）为开始的稀释度（重复滴定）。

## 实验方案 11.3　大批培养的 FG293 细胞获得的高滴度腺病毒原液粗裂解液的制备

设备和试剂

- 滴定的腺病毒原液感染的 293 细胞（感染 5 × T75 培养瓶到 15 × T175 培养瓶）

- 1× PBS (Sigma)
- 合适的 T75 或 T175 细胞刮 (Falcon, Becton Dickinson)
- 50ml 圆锥管 (Falcon)
- 含 10%甘油的 PBS++
- 5%脱氧胆酸钠溶液
- DNase I (Sigma)：将 10mmol/L Tris-HCl 稀释到 1mg/ml，pH 7.4；50mmol/L NaCl；0.1 mg/ml 牛血清白蛋白；1mmol/L 二硫苏糖醇；50% 甘油（见注释 d）
- 1mol/L $MgCl_2$
- 0.45μm 低蛋白针头式过滤器 (Sartorius)
- 20ml 注射器

*方法*

1. 移除培养瓶中的培养基和碎片，聚集到 50ml Falcon 试管，从而收获 Ad5 转染的 293 细胞。
2. 每管加入 1× PBS，刮掉瓶中剩余的细胞，收集多余的培养基。
3. 1000g，15min，离心收集的培养基和细胞。
4. 去掉上清，每个收获的 T175 瓶中加入 2ml 含 10%甘油的 PBS++重悬细胞沉淀。
5. −70℃冻存直到需要裂解。
6. 解冻细胞物质，用 5%脱氧胆酸钠溶液裂解（加入 1.5ml 溶液/15ml 裂解液）。
7. 每 15ml 裂解液加入 75μl 1mg/ml DNase I 和 300μl 1mol/L $MgCl_2$，37℃孵育 1h[d]。
8. 1000g，离心 15min。
9. 丢掉沉淀，用 0.45μm 低蛋白针头式过滤器除菌。
10. 通过 293 细胞噬菌斑分析（见实验方案 11.2）法确定在粗裂解液中有腺病毒，使用合适的功能分析以检查目标蛋白的表达。
11. 分装，−70℃保存。

**注释**

d 每 15ml 裂解液中需要 75μl DNase I 溶液。

## 实验方案 11.4 　$CsCl_2$ 纯化重组 Ad5 的制备

*设备和试剂*

- II 级安全柜
- 超速离心机和固定角度转子
- 超速离心机管和密封装置

- 70%乙醇
- 灭菌蒸馏 $H_2O$
- 玻璃巴斯德移液器
- PBS++（含 0.01% $CaCl_2$ 和 0.01% $MgCl_2$ 的 PBS）
- $CsCl_2$ 溶液，$\rho = 1.34$：51.2 g $CsCl_2$ 溶解于 100ml 溶液 DG（750mmol/L NaCl；50mmol/LKCl；250mmol/L Tris-HCl，pH 7.4）
- $CsCl_2$ 溶液，$\rho = 1.40$：100 ml DG 溶解 62g $CsCl_2$
- 灭菌 21 号针
- 灭菌 2ml 注射器
- 单一滑动溶解透析盒（Pierce；Perbio Science UK Ltd.）
- 2L 透析缓冲液（10mmol/L Tris-HCl，pH 8.0；135mmol/L NaCl；1mmol/L $MgCl_2$）
- 100%甘油
- 磁力搅拌器和无菌搅拌棒
- 分装纯化重组腺病毒的冷冻管

## 方法

1. 两个超速离心管中，每管加入 3ml 低密度 $CsCl_2$ 溶液（$\rho=1.34$）[e]。
2. 用玻璃巴斯德移液器将 1.6ml 高密度 $CsCl_2$（$\rho=1.4$）铺在管底。
3. 在密度梯度上层，小心加入粗腺病毒裂解液。
4. 如果需要，用 PBS++覆盖填充管子上部，以避免病毒层上面产生气泡。
5. 确保管子是平衡的（相同重量），然后适当密封管子。
6. 使用超高速离心机的定角转子，18℃，9000g 离心 2h[f,g]。
7. 用 21 号针刺穿管子的上部，然后用第二个 21 号针和注射器刺穿管子下面的病毒，小心移出白色的病毒层。避免吸出环绕的 $CsCl_2$，移动时避免扰动病毒层。
8. 准备第二套 $CsCl_2$ 梯度离心管。
9. 用 PBS 1:2 稀释纯化的病毒，覆盖新的 $CsCl_2$ 梯度。
10. 如步骤 5 平衡和密封管子。
11. 18℃，100 000g，持续离心 18h。
12. 像上面最小体积的移出腺病毒的不连续带。
13. 在单层安全柜中，使用 1L 透析缓冲液，室温透析 2h。
14. 使用新的含 10%甘油的 1L 透析缓冲液，继续透析病毒 18h。
15. 分装病毒原液，-80℃保存。
16. 按照实验方案 11.2 进行原液的滴定。

**注释**

e 准备超高速离心管（每 15ml 粗裂解液需要两个管），在安全柜中 70%乙醇浸泡 10min，然后用大量灭菌水清洗。在安全柜中干燥。

f 确保制动是关闭的。

g 病毒应该在两层 $CsCl_2$ 形成一个不连续的白色单层。

## 11.2.4 非病毒 DNA 载体

随着关于使用病毒载体的顾虑越来越多,近年来研究替代的非病毒基因传递方法已经加快了步伐。尽管病毒载体具有高效性,但是可能的致癌基因插入激活或有害的免疫反应造成了病毒基因组治疗方式的真正威胁。病毒载体治疗后,发生了几起严重疾病和死亡事件,这些事件包括:一位青少年肝酶缺乏症进行腺病毒治疗后,由于严重免疫学反应而死亡[54];据报道,在法国 11 个男孩中的 4 个,利用逆转录病毒治疗 SCID,出现了白血病[55]。非病毒载体比病毒载体具有许多安全性优势(见表 11.1),但是直到现在,仍然具有较低的效率。

非病毒载体传递方法被广泛地分为两大类别:物理方法和化学方法。

**1. 物理方法**。物理方法是不包含任何质粒,简单地直接将质粒 DNA 注射,在许多组织中有显著的成功应用,包括肌肉、肝脏、皮肤和实体瘤(见 Herweijer and Wolff [56] 的综述)。虽然基因治疗应用正在发展,但是直接注射入骨骼肌表现了基于 DNA 免疫过程的最大希望。

无靶向性的质粒 DNA 经血管导入动物体内,不管是全身还是局部都导致了低水平的广泛瞬时转基因表达[57]。但是,越来越多的使用通过加压进行的大剂量 DNA 快速导入提高了效率[58],从而使 DNA 大部分集中在肝脏。通过集中的加压导入至特殊的器官,包括肝脏[59]和肾脏[60],转基因的表达能被进一步提高。

暂时破坏细胞膜而增强 DNA 转移的附加物理方法已被开发,包括基因枪的粒子攻击[61]、超声波[62]和电穿孔[63]。虽然所有的这些方法表现了成功的基因转移,但是它们仍略显粗糙,并且大多一直达不到生理性的本质导致了不必要的细胞毒性。因此,临床应用实际上有很大的局限性。

**2. 化学方法**。化学方法差不多无一例外地含有聚阳离子成分,使 DNA 能够结合和聚集,以及与细胞表面分子有静电作用。

### 11.2.4.1 阳离子脂质体

脂质体基因传递在 1987 年首次被 Felgner 及其同事倡导。该法利用容易结合 DNA 带负电的磷酸骨架的阳离子脂质,自发地冷凝 DNA 成小颗粒,阻止了它们在细胞内的降解[65]。DNA 内在化的发生被认为通过衣被小窝和无衣被的内吞作用途径,这依赖于脂质体复合体的电荷和大小。

一个阳离子脂质体基本上由 4 个功能域组成:一个正电荷的头部(通常是一个或者多个胺衍生的部分)、一个可变长度的间隔、一个连接头和一个疏水的固定部分(图 11.3)。结构和效率之间的关系是个竞争激烈的研究领域[66]。虽然一些阳离子脂质体单独对于 DNA 传递是有效的,但是它们被证实需要无电荷的"辅助体"磷脂或胆固醇以提高稳定性和转染效率［67］。中性脂质体被认为帮助形成内体膜的破坏，使 DNA 能更好地进入细胞核。

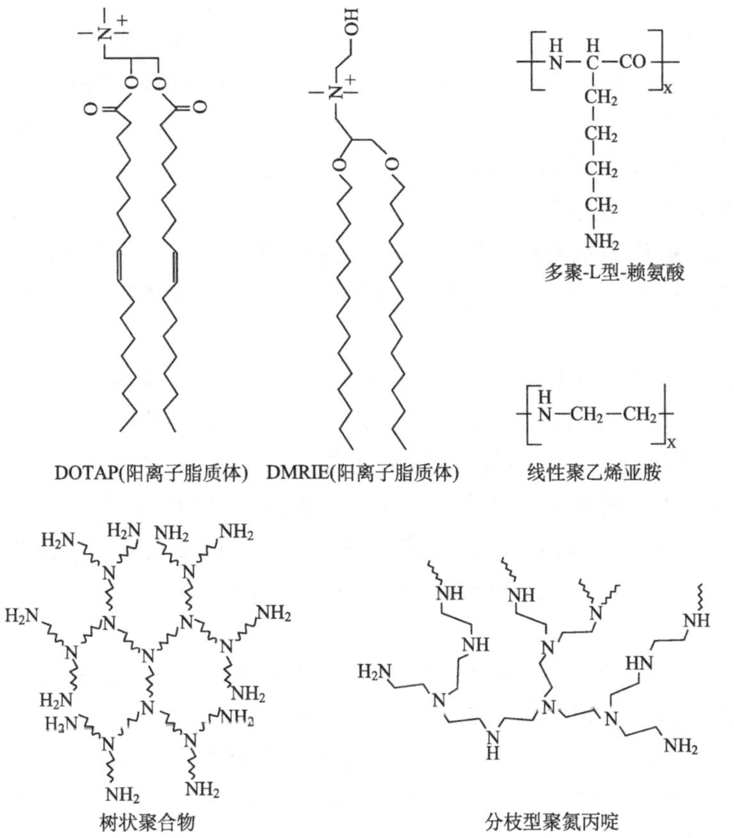

图 11.3　常用的化学非病毒载体的结构。DMRIE：1，2-二肉豆蔻酰氧丙基-3-二甲基-羟乙基溴化铵；DOTAP：1，2-二油酰氧丙基-$N,N,N$-三甲基溴化铵。

高效率脂质体介导的 DNA 和 RNA 传递在体外和体内均可达到，为许多动物物种广泛的组织和器官提供了瞬时和稳定的转染［68］。但是在体内，由于带正电的脂质/DNA 与带负电的血液成分（如血清）相互作用形成了大的聚集体，而它们不能到达细胞内的制定目标，从而导致转染效率降低。通过结合一个疏水的聚合体聚乙二醇（PEG），能保护阳离子的电荷，这样可提高稳定性和转染效率［69］。此外，天然靶向配体，如转铁蛋白［70］、叶酸［71］和各种抗体［72］，可加入以提高组织特异性。通过增加多聚赖氨酸［73］和膜透剂［74］，脂质介导的传递系统的附加增强方法被开发。脂质体本身已被联合使用，与其他非病毒载体一起，如包含精氨酸、甘氨酸、天冬氨酸的多肽［75~77］，以及一些病毒（包括腺病毒［78］和日本红细胞凝集性病毒［79］），这样可提高 DNA 的传递效率。

在细胞和动物模型［80］以及后续的临床试验［81］中，一些细胞毒性和急性炎症反应被报道，这为临床上脂质介导的基因治疗的成功带来了局限性。

### 11.2.4.2 阳离子聚合体

基因传递的阳离子聚合体可以是人工合成的也可是天然存在的。最有效并被广泛研究的是可生物降解的多肽多聚（L-赖氨酸），在1998年被Wu和Wu首次报道[82]用作有效的基因传递试剂。随着它的成功，有许多多聚赖氨酸的改造和处理，以及大量的不同阳离子聚合体以线性或者分支结构被开发用作DNA传递工具，包括阳离子蛋白（如组蛋白、鱼精蛋白、精胺）和多肽、聚乙烯亚胺（PEI）、树状大分子、聚酰胺酯类、阳离子葡聚糖和壳聚糖。

多聚赖氨酸被认为不光是好的DNA凝结剂，能防护DNA降解，而且有研究提出其具有一些细胞核转运性能。带正电荷的氨基酸链的长度和类型影响载体/DNA粒子的稳定性及效率。

多聚赖氨酸单独能够进行基因传递；但是，当与靶向配体连接，形成受体介导的基因传递方式，多聚赖氨酸链的长度变化是最有效的。一系列范围广泛的多肽载体已经开发出来[84]。配体充分利用细胞表面受体的能力以结合和内化已知分子，增加了DNA传递系统的特异性。靶向配体包括天然存在的蛋白质（如转铁蛋[85]、胰岛素[86]或非唾液血清类黏蛋白[82,87]），天然受体结合配体的结构域（如糖基[88]或者合成的多肽[89~91]）或作用于受体胞外部分的抗原决定表位的抗体（如聚合免疫球蛋白受体[92]）。

在体内水平直接实施后，一些现象表明多聚赖氨酸可引起炎症反应[93]；但是，这种现象没有在DNA-配体-多聚赖氨酸复合体中出现[94]。

基于多聚赖氨酸的载体一个缺点是需要胞内体裂解作用的帮助。这些传递系统缺少任何缓冲能力，因此在内体-溶酶体途径中，随着pH下降，DNA容易降解。有机溶酶体溶解剂氯喹的简单加入减少了酶对DNA的降解，并且容许DNA的脱离[95]。但是，广泛报道的体外毒性限制了它的临床应用。

一些用于阻止内体性溶酶体降解的高级方法被通过应用新发现的病毒内的不稳定蛋白质得到改进。研究最好的是来源于流感病毒的红细胞凝集素蛋白的20氨基酸多肽[96]。此多肽一旦进入溶酶体的酸性环境就具有膜融合活性，导致细胞膜的破坏，释放DNA。这已成功结合于受体介导的基因传递系统[97]。

PEI在制造行业中被广泛用作聚合体，最近被开发出来用作基因传递的工具[98]。以线性和分支形式，各种分子质量的PEI都是有效且经济的基因传递试剂（见图11.3，Kircheis等[99]的综述）。它的高正电荷使有效的DNA凝结形成核酸酶保护的稳定粒子，让静电结合细胞表面，接着发生内吞的内化作用。一旦进入细胞，大量的质子化氮群形成高的缓冲能力，被称为"质子海绵"假说。这个作用缓冲了内体的间隔，导致了细胞膜的破裂，使DNA释放进入细胞核而不需加入任何细胞膜破坏试剂。在许多体外和体内模型中，PEI介导的基因转移均已经成功[100]。

不能生物降解的性质是使用PEI作为转染试剂的一个缺点。毒性与聚合体过多的正电荷相关[98]。PEG防护PEI/DNA复合体，与脂质体类似，能显著降低毒性[101]。有或无PEG的防护增加配体，系统的进一步靶向性能够实现[102,103]。

聚酰胺级联聚合物或者星散式树状分子，是其他高正电荷的聚合体。它们是球形的和高分枝的（见图11.3），具有不同程度的分枝，从而形成商用的不同代的树状分子。像PEI，它们的高胺密度能够中和内体小泡的酸性pH，使DNA脱离降解。它们被表明和转染试剂一样有效，并且不需要额外溶内体试剂的帮助[104]。

## 11.2.5 鉴定非病毒载体的物理性质

在非病毒基因传递系统的发展中，了解非病毒载体的物理特性是重要的第一步。载体/DNA粒子的大小和表面电荷均是关键的参数，影响DNA从进入细胞到最终表达的过程。为了增强进一步的理解和帮助优化传递系统，开发这些特性的最初实验是相对容易且非常值得的。

多聚阳离子传递试剂和DNA的简单混合导致了DNA的静电结合，凝结和电荷中和以形成粒子（见实验方案11.5和11.6）。通过DNA阻止实验显示电荷中和[图11.4（a）]。电泳迁移率的阻止表明当足够的载体加入DNA可中和电荷。利用叫做动态光散射的技术（DLS），也称为光子相关光谱，粒子的构成及随后的大小和电荷能被比较容易分析。这项技术测量通过粒子群的激光的散射，形成平均粒子直径值（Z-均值）和粒子的平均净表面电荷（zeta电位）。它也可确定粒子群的均一性水平（多分散性）。但是，对于在某一均一群体的粒子数量或者相对数量，它不是定量的。图11.4（b）表明了多肽-DNA复合体的大小图谱，给出了平均半径（Z-均值）和指出在粒子样品中的均质性水平（多分散性，0~1）。

复合体中阳离子和阴离子的比例（也以N∶P比例来计算，如胺和磷酸盐）是一个重要的考虑因素，因在体外对于传递入细胞内，较少的正净电荷是理想的。DLS可以测量复合体的净表面电荷，这无疑对于最初结合到细胞表面是重要的。zeta电位读数是毫伏的评价，描述了粒子在导电区域的运动，根据其速度和运动方向给出了肯定或否定的鉴定。图11.4（c）表明了在不同溶液中准备的相同多肽-DNA复合体的净表面电荷。表面电荷发现被缓冲液中存在的盐离子高度影响。

影响载体-DNA复合体的大小和电荷有许多因素，这些因素包括缓冲液的成分（盐离子的存在）、阳离子载体的性质、DNA浓度和时间。利用DLS技术，这些因素容易被测定[77，97，105]。

迄今为止，目前最可视化的信息数据来自透射电子显微镜的转染细胞内的粒子（Collins and Fabre，未发表）[106，107]。金体珠子预覆盖形成的粒子，通过生物素-链霉亲和素连接，可确保进入细胞后容易和准确的辨认。图11.4（d）表明通过巨胞饮作用两个多肽-DNA粒子进入细胞；里面的粒子被封闭在一个小泡内。利用金体珠子的晕环，粒子可以明显标记。电子显微镜不但给出了关于复合体形态和大小的信息，而且展现了粒子通过细胞运动的重要信息。

其他超微技术，如原子力显微镜和扫描电子显微镜，已经证明载体-DNA复合体的许多不同形态[83，108]。但是，必须注意这些发现的准确性，因为这些程序的样品准备是很不符合生理规律的，包括烘干和（或）高盐浓度，所有这些都在很大

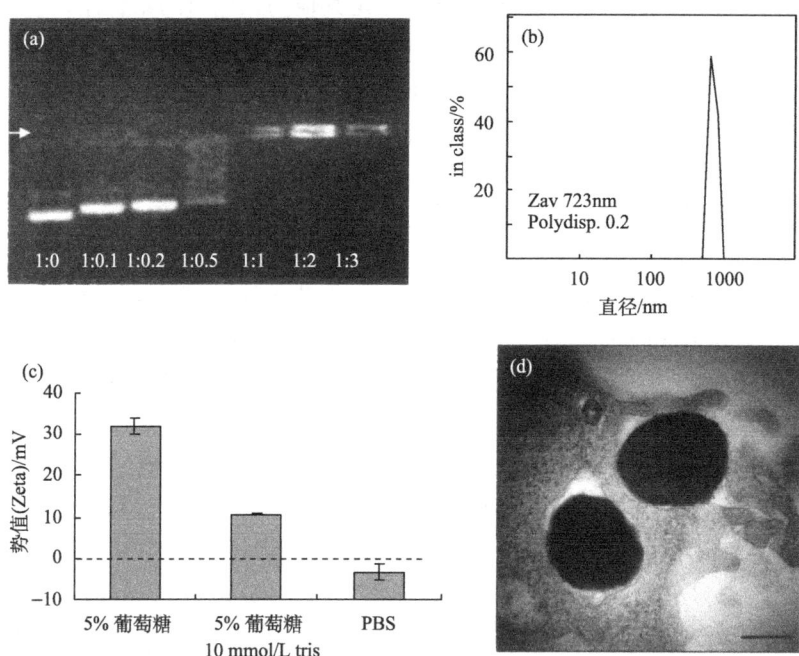

图 11.4 载体-DNA 复合体的物理性质。(a) DNA 的阻滞实验。$(Lys)_{16}$-molossin 多肽[91] 加入 pGL3 质粒 DNA 中,质粒带有荧光素酶报告基因,30min 后,在 PBS 中以不同的质量比上样并显示于 0.8% 琼脂糖凝胶(箭头所指为上样处)。随着载体浓度的增加,电泳迁移率降低。电荷中和发生在多肽/DNA 质量比约为 1∶1。(b) 利用 DLS 的多肽-DNA 粒子粒度分析。$(Lys)_{16}$-molossin 以 3∶1 ($w/w$) 的比例与 pGL3 质粒 DNA 混合,DNA 为 10 $\mu$g/ml,在 PBS 中,30min 使用 zetasizer 3000HS (Malvern Instruments, Malvern, UK) 分析。粒子的平均直径是在 723nm,分散度为 0.2 (0~1 的范围),说明了粒子是相对均一的群体。(c) 利用 DLS 的多肽-DNA 粒子的 Zeta 电位分析。多肽-DNA 复合体如(b)一样准备,但是在 PBS 中,5% 葡萄糖或者 5% 葡萄糖 10mmol/LTris 溶液。30min 在 zetasizer 3000HS 进行净表面电荷分析。在盐离子存在下,电荷大幅减少。(d) 利用透射电子显微镜观察多肽-DNA 复合体的巨胞饮用作用。$(Lys)_{16}$-molossin-DNA 粒子如(b)一样准备,但是是有生物素标记的多肽并偶联 10nm 的链霉亲和素金体,转染 HUH7 肝癌细胞。孵育 4h 后,细胞被固定处理。两个粒子被呈现,均有金体珠子的光晕。一边细胞被小泡围绕,另一边通过细胞膜进入。标尺=500nm。

程度上影响了粒子的结构。

## 11.2.6 优化体外基因传递

一个新的非病毒载体系统的物理性质研究之前,必须开始确定体外传递 DNA 能力的工作。选择熟悉的、容易生长和操作的细胞株,如果可能,细胞与你计划的最终靶向组织有关。

下面略述操作规程，包括 DNA/脂质复合体的准备（见实验方案 11.5）、DNA/多肽复合体的准备（见实验方案 11.6）、"典型的"转染操作规程（见实验方案 11.7）。载体/DNA 的准备方法和建议的孵育时间在不同的化学载体间通常变化不大，而且如所说明的，进行一些优化以确保质粒在其最大潜力时使用，这是十分重要的。可是对于商业购买的非病毒质粒，开始时按照操作说明是最好的，但是为了达到使用的最高效率，优化仍然是重要的。

## 实验方案 11.5  脂质-DNA 复合体的准备

设备和试剂

- 脂质体 2000，1mg/ml（Invitrogen）
- 水中溶解的无内毒素的 1mg/ml 质粒 DNA[h]
- 无添加因子的培养基[i]

方法

1. 135μl 培养基（无添加因子）稀释 15μl DNA[j]。
2. 在第二个管中，用 120μl 培养基（无添加因子）稀释 30μl 脂质体 2000。
3. 轻轻混合稀释的 DNA 和脂质，室温孵育 5min[k]。
4. 在加 1.2ml 培养基（无添加因子）前，继续室温孵育 20min。复合体准备用作鉴定（如在 11.2.5 节所描述）或加入细胞。

注释

[h] 脂质体 2000 可被用于传递任何 DNA 表达质粒。开始时使用带有报告基因的质粒（见 11.2.8 节）。

[i] 准备复合体使用靶细胞生长的相同培养基，但是没有任何额外的添加因子（如无血清）。

[j] 准备样品的复合体体积为三倍（如总计 1.5ml，每孔 0.5ml）。DNA 以 10μg/ml 使用质量比为 2∶1 形成脂质-DNA 复合体。

[k] 不要涡旋。

## 实验方案 11.6  多肽-DNA 复合体的准备

设备和试剂

- 1mg/ml，多肽溶于灭菌 PBS[l]
- 水中溶解的无内毒素的 1mg/ml 质粒 DNA[m]
- 无添加因子的培养基[n]

- 涡旋混合器

*方法*

1. 用 1455µl 培养基（无添加因子）稀释 15µl DNA°。
2. 当涡旋稀释 DNA 溶液时，逐滴加入 30µl 多肽。
3. 继续涡旋溶液 10s。
4. 作鉴定（如在 11.2.5 节所描述）或加入细胞前，孵育复合体 30min。

**注释**

l 这种方法适合于任何测试作为非病毒载体的合成多肽。

m 任何 DNA 表达质粒可被使用。开始时使用带有报告基因的质粒（见 11.2.8 节）。

n 准备复合体使用靶细胞生长的相同培养基，但是没有任何额外的添加因子（如无血清）。

o 准备样品的复合体体积为三倍（如总计 1.5ml、每孔 0.5ml）。DNA 以 10µg/ml 使用质量比为 2∶1 形成多肽-DNA 复合体。

## 实验方案 11.7　转染

设备和试剂

- 转染用的细胞[p]
- 完全培养基[q]
- 无添加因子的培养基[r]
- 含有双倍浓度添加因子的培养基[s]
- 转基因检测分析[t]

*方法*

### 第一天

1. 使用不含抗生素的完全培养基，24 孔板中每孔接种 $2 \times 10^5$ 细胞[u]。37℃，95% 空气/5% $CO_2$ 条件下，培养过夜。

### 第二天

2. 如实验方案 11.5 和 11.6 所描述准备复合体。
3. 去掉培养基，每孔加入 1ml 培养基（不含添加因子），洗涤细胞。
4. 去掉培养基，每孔加入 0.5ml 载体-DNA 复合体。
5. 37℃，95% 空气/5% $CO_2$ 条件下，培养 4h。

6. 每孔加入 0.5ml 含双倍浓度添加因子的培养基,将细胞放回培养箱ᵛ。

**第三天**

7. 根据检测分析,收获转基因表达的细胞。

**注释**

p 当开始转染实验时,选择容易生长的相关靶向细胞株。细胞和 DNA 和载体原液应该在无支原体条件下准备和培养。支原体的存在会降低转染水平。

q 对于靶向细胞的特定培养基含有所有必需的生长因子,包括血清、L-谷氨酰胺等。添加因子的浓度依赖于细胞类型。

r 与注释 q 一样的培养基,但是不含添加因子。

s 完全培养基,如注释 q,含有双倍浓度的添加因子

t 分析测定转基因表达水平。报告基因分析的讨论在 11.2.8 节。

u 在转染当天细胞需要达到 80%~90% 的覆盖密度。

v 如果收获时大于 48h,在 24h 时培养基必须用完全培养基替代。

## 11.2.7 优化方案

理想的基因传递条件视每种新的载体和细胞类型而不同。因此,推荐按照上面所描述的基本转染的实验方案开始进行实验,包括所有适当的对照(见 11.3 节)。随后的实验围绕产生最好结果的条件为中心,考虑下面所列的可变因素以试图提高基因表达。

1. **载体-DNA 比例**。对于脂质介导和多肽介导的传递,需要稍微过剩的阳离子基团,形成净正电荷的载体-DNA 粒子。这被认为可帮助静电结合在细胞表面。DNA 阻滞实验和 zeta 电位值可以支持转染试剂。

2. **DNA 浓度**。体外低浓度的 DNA 通常被用来使所需的载体浓度最小化(通常 5~10$\mu$g/ml DNA)。尝试增加 DNA 浓度以找到最高稳定表达水平的点是可取的。但是,在体内较高的浓度可能是必需的。注意在高浓度时,载体在缓冲液中的溶解度可变成一个问题。

3. **时间过程**。考虑载体-DNA 复合体与细胞的孵育长度和收获的时间点。一些细胞对血清的存在是特别敏感的,而且如果孵育时间太长,将危及细胞生存能力。这可以通过转染时的平行毒性分析(见 11.2.9 节)被确定。同样地,载体-DNA 复合体孵育过夜对细胞是有害的,在这种情况下,它们应该在最初 4h 的孵育时间被移除而替换完全培养基。标准的转染方法在第一天收集细胞,复合体加入后的 24h,关注几天内的表达水平是有意义的。

4. **血清的影响**。体内血清的存在是不可避免的问题,因此,确定基因传递是否受血清影响是重要的。如果可能,在整个过程中在培养基中保留血清对细胞是很有利的。

5. **缓冲液**。尝试在不同缓冲液中准备复合体。盐离子的存在很大程度增加了多种载体-DNA 粒子的大小。其他溶液可被使用,包括 PBS、5% 葡萄糖、5% 葡萄糖+

10mmol/L Tris, pH7.4。无缓冲能力的溶液可增加细胞毒性；因此，应该进行毒性分析（见11.2.9节）。

6. **载体系统的成分**。一些非病毒载体系统，如 PEI，具有内在的内体破坏能力。其他系统，像多肽载体，需要额外的细胞膜破坏试剂，如氯喹、膜融合肽或者脂质体（见前面）。浓度和上述的不同组合可改变以确定最佳的条件。一些成分，如氯喹，在高浓度时可造成对细胞的大量毒性。

### 11.2.8 报告基因和分析

使用新的非病毒载体的初步优化实验最好要携带报告基因，同时有检测基因表达的简单分析。许多商业载体包含报告基因，包括下面的几种。

| 报告基因 | 检测分析 |
| --- | --- |
| 绿色荧光蛋白（GFP）<br>如 phGFP-S65T（Clontech） | 荧光观测和流式细胞仪 |
| LacZ（β-半乳糖苷酶）<br>如 pCMV-β（Clontech） | 色度和发光检测，抗体定位 |
| 荧光素酶<br>如 pGL3-control（Promega） | 发光检测，抗体定位 |
| 胎盘分泌碱性磷酸酶（SEAP）（Clontech） | 发光和色度检测 |

定量分析经常与进一步的分析以测定样品中的蛋白质浓度一起进行，如 Bradford assay [109]。这使每个样品值标准化，以给出每毫克蛋白质的单位。

### 11.2.9 细胞毒性分析

检测转染试剂对细胞的毒性是重要的。考虑每孔蛋白质水平给出了细胞死亡的一些指示，但是只检测剩余细胞的浓度并假定细胞丢失的发生是由于死亡而不是过度生长。更加准确的毒性检测是可取的。有许多细胞毒性分析，包括传统的台盼蓝排斥试验[110]及利用溴化乙锭和吖啶橙染色的荧光生存能力[111]；3-(4,5-二甲基-2-基)-2,5二苯基四氮唑溴分析和 3-(4,5-二甲基-2-基)-5-(3-羧基甲氧基苯基)-2(4-磺酸)-2H-四氮唑、内盐检测均可测定线粒体活性[112,113]；或者用乳酸脱氢酶释放检测[114]。

### 11.2.10 非病毒载体的未来发展

对于细胞株，下一阶段是考虑原代细胞，如肝细胞、神经细胞或内皮细胞。实验室体外培养一些组织也是可行的，包括角膜[97]和大动脉[115]，并且这些被非病毒载体系统和报告基因转染。

体内测试系统当然是计划和需要的下一步。根据最终靶组织和器官,有许多不同可能执行路线。但应注意体外证明成功的条件可能在体内不会有最佳结果,因为体内条件更加不被控制,并且有大量可能的障碍,每个载体必须克服障碍传递 DNA 至细胞核。

## 11.3 疑难解答

### 11.3.1 一般问题

#### 11.3.1.1 低转染或转导效率

- 确保质粒 DNA 质量好并且是所需要的浓度。特别地,确保去除了所有可能的污染物。如果溴化乙锭/氯化铯(EtBr/CsCl)超速离心用于纯化 DNA(但是这种方法不被广泛应用),确保所有的 EtBr 和 CsCl 被去除。如果是有树脂/柱子,确保没有滤过的基质进入最后的准备物。
- 确保细胞具有合适的密度,并在进行任何转染过程中形态学上如预期。密度太高的细胞吸收 DNA 的效率常常低于预期。同样地,如果它们没有充分附着和在培养皿铺开,它们吸收 DNA 的效率会比较低。

#### 11.3.1.2 病毒载体

- 未观察到病毒噬菌斑。这可能由于低转染效率。
——确保 FG293 没有传代过多,因为根据实验室研究,大约传 40 代后,这些细胞第一次被转化,它们较低效率地吸收 DNA/产生感染的病毒粒子(参考 http://www.microbix.com/Public/Default.aspx? I=64&n=FAQ)。
——确保 FG293 细胞铺板后 18~30h 开始转染,否则它们对于有效摄取 DNA 将变得密度太高。
——确保 DNA 是质量充分的,如通过紫外分光光度测定法。
——酶切消化后的凝胶电泳结果在凝胶上无弥散,这证明没有基因组 DNA 或 RNA 的污染。
——确保 DNA 具有期望的浓度-使用紫外分光光度测定法。
- 使用合适的空白对照读取质粒 DNA 在 $A_{260}$ 和 $A_{320}$ 的吸光值,利用方程式计算浓度:

$$浓度(\mu g/ml) = (A_{260}读数 - A_{320}读数) \times 50 (比尔定律)$$

——确保 $CaCl_2$ 和 HeBS 储存液没有被污染,并且无盐离子析出溶液。这些溶液保存时避免自然光,保质期大约 6 个月。
- 转染后细胞死亡很快发生(在 24h 内)。
——确保 DNA、$CaCl_2$ 和 HeBS 储存液没有被污染并且浓度是准确的。
- 含有细胞裂解物的病毒感染后细胞死亡很快发生。
早在加入细胞时稀释病毒原液;它必须具有很高的滴度(见实验方案 11.2 的注释 c)。

——确保病毒没有被真菌或细菌污染。可能要使用 $45\mu m$ 注射器过滤器以过滤除菌最初的细胞裂解溶液；但是，滴度可能会显著降低。

### 11.3.1.3 非病毒载体

- 低转染效率。尝试11.2.7节建议的优化方案以提高转染效率。关注细胞毒性（11.2.9节）。

使用聚阳离子载体，存在血清和其他蛋白质时，转染效率经常会降低。因此，这些在培养基中应该消除，同样去除其他聚阴离子或阳离子如 HEPES，它们被显示能破坏基因传递。

同样地，在所有细胞培养基中应该避免抗生素。抗生素掩盖了在细胞培养基中由污染产生的问题，这可影响转染效率。它也被发现干扰某些非病毒载体系统（如脂质体，Invitrogen）。

- 可变或者不可重复的结果。标准化传递系统所有的成分。准备大批量的无内毒素 DNA（如使用 Qiagen 的 Gigaprep 分析），用灭菌的过滤水溶解最后沉淀，小份分装储存在 $-35$℃。一旦解冻就不要冻存。

可能的情况下，在合适的灭菌过滤缓冲液中准备相似浓度的非病毒载体，并小份分装储存于 $-35$℃。对于多肽和 PEI，这是容易实现的。但是，脂质体产物通常必须保存在 $-4$℃；保质期根据操作说明。

不同的实验之间通常有变化。在每个实验中包括对照是必需的，因为两个单独的实验间是不能有效比较准确的转染水平。这是由于一些报告基因的分析敏感性，特别是荧光素酶分析，对温度和光照是高度敏感的。对照应该包括单独的细胞、单独 DNA、一个阳性对照和可能的对照质粒。对于一些分析，内部标准被包括在内，这是通过分装和储存每个分析可包含的已知阳性样品实现的。

- 毒性。如果观测到毒性，尝试不同的最优化方案（见11.2.7节），包括减少细胞接触转染试剂的时间、降低载体/DNA 复合体的浓度和培养基中加入血清。

（李欣刚 译）

## 参 考 文 献

1. Neschadim, A., McCart, J. A., Keating, A. and Medin, J. A. (2007) A roadmap to safe, efficient, and stable lentivirus-mediated gene therapy with hematopoietic cell transplantation. *Biology of Blood and Marrow Transplantation*, **13** (12), 1407-1416.
2. Gordillo, G. M., Xia, D., Mullins, A. N. et al. (1999) Gene therapy in transplantation: patho logical consequences of unavoidable plasmid contamination with lipopolysaccharide. *Transplant Immunology*, **7** (2), 83-94.
3. Riddell, S. R., Elliott, M., Lewinsohn, D. A. et al. (1996) T-cell mediated rejection of gene-modified HIV-specific cytotoxic T lymphocytes in HIV-infected patients. *Nature Medicine*, **2** (2), 216-223.
4. Apparailly, F., Millet, V., Noel, D. et al. (2002) Tetracycline-inducible interleukin-10 gene transfer mediated by an adeno-associated virus: application to experimental arthritis. *Human Gene Therapy*, **13** (10), 1179-1188.
5. Modlich, U., Pugh, C. W. and Bicknell, R. (2000) Increasing endothelial cell specific expression by the use of heterologous hypoxic and cytokine-inducible enhancers. *Gene Therapy*, **7** (10), 896-902.

6. Morgenstern, J. P. and Land, H. (1990) Advanced mammalian gene transfer: high titre retroviral vectors with multiple drug selection markers and a complementary helper-free packaging cell line. *Nucleic Acids Research*, **18** (12), 3587-3596. Describes the pBABE retroviral vectors and eukaryotic packaging cell lines.
7. Chen, P., Tian, J., Kovesdi, I. and Bruder, J. T. (2007) Promoters influence the kinetics of transgene expression following adenovector gene delivery. *Journal of Gene Medicine*, **10** (2), 123-131.
8. Chuah, M. K., Schiedner, G., Thorrez, L. et al. (2003) Therapeutic factor VIII levels and negligible toxicity in mouse and dog models of hemophilia A following gene therapy with high-capacity adenoviral vectors. *Blood*, **101** (5), 1734-1743.
9. Sadeghi, H. and Hitt, M. M. (2005) Transcriptionally targeted adenovirus vectors. *Current Gene Therapy*, **5** (4), 411-427.
10. Gruh, I., Wunderlich, S., Winkler, M. et al. (2008) Human CMV immediate-early enhancer: a useful tool to enhance cell-type-specific expression from lentiviral vectors. *Journal of Gene Medicine*, **10** (1), 21-32.
11. Lewandoski, M. (2001) Conditional control of gene expression in the mouse. *Nature Reviews Genetics*, **2** (10), 743-755.
12. Gossen, M. and Bujard, H. (1992) Tight control of gene expression in mammalian cells by tetracycline-responsive promoters. *Proceedings of the National Academy of Sciences of the United States of America*, **89** (12), 5547-5551.
13. Miyazaki, S., Miyazaki, T., Tashiro, F. et al. (2005) Development of a single-cassette system for spatiotemporal gene regulation in mice. *Biochemical and Biophysical Research Communications*, **338** (2), 1083-1088.
14. Pluta, K., Diehl, W., Zhang, X. Y., et al. (2007) Lentiviral vectors encoding tetracycline-dependent repressors and transactivators for reversible knockdown of gene expression: a comparative study. *BMC Biotechnology*, **7**, 41.
15. Semple-Rowland, S. L., Eccles, K. S. and Humberstone, E. J. (2007) Targeted expression of two proteins in neural retina using self-inactivating, insulated lentiviral vectors carrying two internal independent promoters. *Molecular Vision*, **13**, 2001-2011.
16. Gonzalez-Nicolini, V., Sanchez-Bustamante, C. D., Hartenbach, S. and Fussenegger, M. (2006) Adenoviral vector platform for transduction of constitutive and regulated tricistronic or triple-transcript transgene expression in mammalian cells and microtissues. *Journal of Gene Medicine*, **8** (10), 1208-1222. Describes the use of IRES to drive transcription of more than one gene from a viral promoter.
17. Lawson, C. (2006) Strategies for gene transfer to solid organs: viral vectors. *Methods in Molecular Biology* **333**, 175-200.
18. Kay, M. A., Glorioso, J. C. and Naldini, L. (2001) Viral vectors for gene therapy: the art of turning infectious agents into vehicles of therapeutics. *Nature Medicine*, **7** (1), 33-40.
19. Hu, W. S. and Pathak, V. K. (2000) Design of retroviral vectors and helper cells for gene therapy. *Pharmacological Reviews*, **52** (4), 493-511.
20. Coffin, J. M., Hughes, S. H. and Varmus, H. E. (1997) *Retroviruses*, Cold Spring Harbor Laboratory Press, New York.
21. Rivière, I., Brose, K. and Mulligan, R. C. (1995) Effects of retroviral vector design on expression of human adenosine deaminase in murine bone marrow transplant recipients engrafted with genetically modified cells. *Proceedings of the National Academy of Sciences of the United States of America*, **92** (15), 6733-6737. Describes the pMFG retroviral vector.
22. Markowitz, D., Goff, S. and Bank, A. (1988) A safe packaging line for gene transfer: separating viral genes on two different plasmids. *Journal of Virology*, **62** (4), 1120-1124.
23. Lewis, P. F. and Emerman, M. (1994) Passage through mitosis is required for oncoretroviruses but not for the human immunodeficiency virus. *Journal of Virology*, **68** (1), 510-516.

24. Sanders, D. A. (2002) No false start for novel pseudotyped vectors. *Current Opinion in Biotechnology*, **13** (5), 437-442.
25. Kafri, T., van Praag, H., Ouyang, L. et al. (1999) A packaging cell line for lentivirus vectors. *Journal of Virology*, **73** (1), 576-584.
26. Mitta, B., Rimann, M., Ehrengruber, M. U. et al. (2002) Advanced modular self-inactivating lentiviral expression vectors for multigene interventions in mammalian cells and *in vivo* transduction. *Nucleic Acids Research*, **30** (21), e113.
27. Buchschacher, G. L. Jr. and Wong-Staal, F. (2001) Approaches to gene therapy for human immunodeficiency virus infection. *Human Gene Therapy*, **12** (9), 1013-1019.
28. Linial, M. (2000) Why aren't foamy viruses pathogenic? *Trends in Microbiology*, **8** (6), 284-289.
29. Trobridge, G., Josephson, N., Vassilopoulos, G. et al. (2002) Improved foamy virus vectors with minimal viral sequences. *Molecular Therapy*, **6** (3), 321-328.
30. Bauer, T. R. Jr., Allen, J. M., Hai, M. et al. (2008) Successful treatment of canine leukocyte adhesion deficiency by foamy virus vectors. *Nature Medicine*, **14** (1), 93-97.
31. Berns, K. I. and Giraud, C. (1996) Biology of adeno-associated virus, in Adeno-Associated Virus (AAV) Vectors in Gene Therapy (eds K. I. Berns and C. Giraud), Springer-Verlag, Berlin, pp. 1-24. An overview of the biology of AAV.
32. Lai, C. M., Lai, Y. K. and Rakoczy, P. E. (2002) Adenovirus and adeno-associated virus vectors. *DNA and Cell Biology*, **21** (12), 895-913.
33. Dong, J. Y., Fan, P. D. and Frizzell, R. A. (1996) Quantitative analysis of the packaging capacity of recombinant adeno-associated virus. *Human Gene Therapy*, **7** (17), 2101-2112.
34. Zaiss, A. K., Liu, Q., Bowen, G. P. et al. (2002) Differential activation of innate immune responses by adenovirus and adeno-associated virus vectors. *Journal of Virology*, **76** (9), 4580-4590.
35. Xiao, W., Chirmule, N., Berta, S. C. et al. (1999) Gene therapy vectors based on adeno-associated virus type 1. *Journal of Virology*, **73** (5), 3994-4003.
36. Chirmule, N., Xiao, W., Truneh, A. et al. (2000) Humoral immunity to adeno-associated virus type 2 vectors following administration to murine and nonhuman primate muscle. *Journal of Virology*, **74** (5), 2420-2425.
37. Chirmule, N., Propert, K., Magosin, S. et al. (1999) Immune responses to adenovirus and adeno-associated virus in humans. *Gene Therapy*, **6** (9), 1574-1583.
38. Büning, H., Perabo, L., Coutelle, O. et al. (2008) Recent developments in adeno-associated virus vector technology. *Journal of Gene Medicine*, **10** (7), 717-733.
39. Rowe, W. P., Huebner, R. J., Gilmore, L. K. et al. (1953) Isolation of a cytopathogenic agent from human adenoids undergoing spontaneous degeneration in tissue culture. *Proceedings of the Society for Experimental Biology and Medicine*, **84** (3), 570-573.
40. Ginsberg, H. S. (1984) The Adenoviruses, Plenum Press, New York.
41. Bergelson, J. M., Cunningham, J. A., Droguett, G. et al. (1997) Isolation of a common receptor for coxsackie B viruses and adenoviruses 2 and 5. *Science*, **275** (5304), 1320-1323.
42. Parker, A. L., Waddington, S. N., Nicol, C. G. et al. (2006) Multiple vitamin K-dependent coagulation zymogens promote adenovirus-mediated gene delivery to hepatocytes. *Blood*, **108** (8), 2554-2561.
43. Waddington, S. N., Parker, A. L., Havenga, M. et al. (2007) Targeting of adenovirus serotype 5 (Ad5) and 5/47 pseudotyped vectors *in vivo*: fundamental involvement of coagulation factors and redundancy of CAR binding by Ad5. *Journal of Virology*, **81** (17), 9568-9571.
44. Wickham, T. J., Mathias, P., Cheresh, D. A. and Nemerow, G. R. (1993) Integrins $\alpha v\beta 3$ and $\alpha v\beta 5$ promote adenovirus internalization but not virus attachment. *Cell*, **73** (2), 309-319.
45. Graham, F. L., Smiley, J., Russell, W. C. and Nairn, R. (1977) Characteristics of a human cell line trans-

formed by DNA from human adenovirus type 5. *Journal of General Virology*, **36** (1), 59-74. Ad5 vectors and suitable packaging cells.

46. Hearing, P., Samulski, R. J., Wishart, W. L. and Shenk, T. (1987) Identification of a repeated sequence element required for efficient encapsidation of the adenovirus type 5 chromosome. *Journal of Virology*, **61** (8), 2555-2558.

47. Shen, W. Y., Lai, M. C., Beilby, J. et al. (2001) Combined effect of cyclosporine and sirolimus on improving the longevity of recombinant adenovirus-mediated transgene expression in the retina. *Archives of Ophthalmology*, **119** (7), 1033-1043.

48. Yap, J., O'Brien, T., Tazelaar, H. D. and McGregor, C. G. (1997) Immunosuppression prolongs adenoviral mediated transgene expression in cardiac allograft transplantation. *Cardiovascular Research*, **35** (3), 529-535.

49. Engelhardt, J. F., Ye, X., Doranz, B. and Wilson, J. M. (1994) Ablation of E2A in recombinant adenoviruses improves transgene persistence and decreases inflammatory response in mouse liver. *Proceedings of the National Academy of Sciences of the United States of America*, **91** (13), 6196-6200.

50. Qian, H. S., Channon, K., Neplioueva, V. et al. (2001) Improved adenoviral vector for vascular gene therapy: beneficial effects on vascular function and inflammation. *Circulation Research*, **88** (9), 911-917.

51. Wen, S., Schneider, D. B., Driscoll, R. M. et al. (2000) Second-generation adenoviral vectors do not prevent rapid loss of transgene expression and vector DNA from the arterial wall. *Arteriosclerosis, Thrombosis, and Vascular Biology*, **20** (6), 1452-1458.

52. Kumar-Singh, R., Yamashita, C. K., Tran, K. and Farber, D. B. (2000) Construction of encapsidated (gutted) adenovirus minichromosomes and their application to rescue of photoreceptor degeneration. *Methods in Enzymology*, **316**, 724-743.

53. Lawson, C., Holder, A. L., Stanford, R. E. et al. (2005) Anti-intercellular adhesion molecule-1 antibodies in sera of heart transplant recipients: a role in endothelial cell activation. *Transplantation*, **80** (2), 264-271.

54. Marshall, E. (1999) Gene therapy death prompts review of adenovirus vector. *Science*, **286** (5448), 2244-2245.

55. Cavazzana-Calvo, M. and Fischer, A. (2007) Gene therapy for severe combined immunodeficiency: are we there yet? *Journal of Clinical Investigation*, **117** (6), 1456-1465.

56. Herweijer, H. and Wolff, J. A. (2003) Progress and prospects: naked DNA gene transfer and therapy. *Gene Therapy*, **10** (6), 453-458. Review of physical DNA vectors.

57. Kawabata, K., Takakura, Y. and Hashida, M. (1995) The fate of plasmid DNA after intravenous injection in mice: involvement of scavenger receptors in its hepatic uptake. *Pharmaceutical Research*, **12** (6), 825-830.

58. Liu, F., Song, Y. and Liu, D. (1999) Hydrodynamics-based transfection in animals by systemic administration of plasmid DNA. *Gene Therapy*, **6** (7), 1258-1266.

59. Zhang, X., Dong, X., Sawyer, G. J. et al. (2004) Regional hydrodynamic gene delivery to the rat liver with physiological volumes of DNA solution. *Journal of Gene Medicine*, **6** (6), 693-703.

60. Maruyama, H., Higuchi, N., Nishikawa, Y. et al. (2002) Kidney-targeted naked DNA transfer by retrograde renal vein injection in rats. *Human Gene Therapy*, **13** (3), 455-468.

61. Yang, N. S., Burkholder, J., Roberts, B. et al. (1990) In vivo and in vitro gene transfer to mammalian somatic cells by particle bombardment. *Proceedings of the National Academy of Sciences of the United States of America*, **87** (24), 9568-9572.

62. Taniyama, Y., Tachibana, K., Hiraoka, K. et al. (2002) Development of safe and efficient novel nonviral gene transfer using ultrasound: enhancement of transfection efficiency of naked plasmid DNA in skeletal muscle. *Gene Therapy*, **9** (6), 372-380.

63. Weaver, J. C. (1993) Electroporation: a general phenomenon for manipulating cells and tissues. *Journal of Cellular Biochemistry*, **51** (4), 426-435.

64. Felgner, P. L., Gadek, T. R., Holm, M. et al. (1987) Lipofection: a highly efficient, lipid-mediated DNA-

transfection procedure. *Proceedings of the National Academy of Sciences of the United States of America*, **84** (21), 7413-7417. First use of liposomes as a transfection agent.

65. Felgner, P. L. and Ringold, G. M. (1989) Cationic liposome-mediated transfection. *Nature*, **337** (6205), 387-388.

66. Niculescu-Duvaz, D., Heyes, J. and Springer, C. J. (2003) Structure-activity relationship in cationic lipid mediated gene transfection. *Current Medicinal Chemistry*, **10** (14), 1233-1261.

67. Farhood, H., Serbina, N. and Huang, L. (1995) The role of dioleoyl phosphatidylethanolamine in cationic liposome mediated gene transfer. *Biochimica et Biophysica Acta*, **1235** (2), 289-295.

68. Karmali, P. P. and Chaudhuri, A. (2007) Cationic liposomes as non-viral carriers of gene medicines: resolved issues, open questions, and future promises. *Medicinal Research Reviews*, **27** (5), 696-722.

69. Kim, J. K., Choi, S. H., Kim, C. O. et al. (2003) Enhancement of polyethylene glycol (PEG) -modified cationic liposome-mediated gene deliveries: effects on serum stability and transfection efficiency. *Journal of Pharmacy and Pharmacology*, **55** (4), 453-460. Review of liposomes as DNA vectors.

70. Cheng, P. W. (1996) Receptor ligand-facilitated gene transfer: enhancement of liposome-mediated gene transfer and expression by transferrin. *Human Gene Therapy*, **7** (3), 275-282.

71. Hofland, H. E., Masson, C., Iginla, S. et al. (2002) Folate-targeted gene transfer in vivo. *Molecular Therapy*, **5** (6), 739-744.

72. Tan, P. H., Manunta, M., Ardjomand, N. et al. (2003) Antibody targeted gene transfer to endothelium. *Journal of Gene Medicine*, **5** (4), 311-323.

73. Vitiello, L., Chonn, A., Wasserman, J. D. et al. (1996) Condensation of plasmid DNA with polylysine improves liposome-mediated gene transfer into established and primary muscle cells. *Gene Therapy*, **3** (5), 396-404.

74. Legendre, J. Y. and Szoka, F. C. Jr. (1993) Cyclic amphipathic peptide-DNA complexes mediate high-efficiency transfection of adherent mammalian cells. *Proceedings of the National Academy of Sciences of the United States of America*, **90** (3), 893-897.

75. Hart, S. L., Arancibia-Carcamo, C. V., Wolfert, M. A. et al. (1998) Lipid-mediated enhancement of transfection by a nonviral integrin-targeting vector. *Human Gene Therapy*, **9** (4), 575-585.

76. Li, J. M., Collins, L., Zhang, X. et al. (2000) Efficient gene delivery to vascular smooth muscle cells using a nontoxic, synthetic peptide vector system targeted to membrane integrins: a first step toward the gene therapy of chronic rejection. *Transplantation*, **70** (11), 1616-1624.

77. Zhang, X., Collins, L. and Fabre, J. W. (2001) A powerful cooperative interaction between a fusogenic peptide and lipofectamine for the enhancement of receptor-targeted, non-viral gene delivery via integrin receptors. *Journal of Gene Medicine*, **3** (6), 560-568.

78. Dodds, E., Piper, T. A., Murphy, S. J. and Dickson, G. (1999) Cationic lipids and polymers are able to enhance adenoviral infection of cultured mouse myotubes. *Journal of Neurochemistry*, **72** (5), 2105-2112.

79. Kaneda, Y. (2001) Improvements in gene therapy technologies. *Molecular Urology*, **5** (2), 85-89.

80. Filion, M. C. and Phillips, N. C. (1997) Toxicity and immunomodulatory activity of liposomal vectors formulated with cationic lipids toward immune effector cells. *Biochimica et Biophysica Acta*, **1329** (2), 345-356.

81. Ruiz, F. E., Clancy, J. P., Perricone, M. A. et al. (2001) A clinical inflammatory syndrome attributable to aerosolized lipid-DNA administration in cystic fibrosis. *Human Gene Therapy*, **12** (7), 751-761.

82. Wu, G. Y. and Wu, C. H. (1988) Receptor-mediated gene delivery and expression in vivo. *Journal of Biological Chemistry*, **263** (29), 14621-14624.

83. Wolfert, M. A. and Seymour, L. W. (1996) Atomic force microscopic analysis of the influence of the molecular weight of poly (L) lysine on the size of polyelectrolyte complexes formed with DNA. *Gene Therapy*, **3** (3), 269-273.

84. Fabre, J. W. and Collins, L. (2006) Synthetic peptides as non-viral DNA vectors. *Current Gene Therapy*, **6**

(4), 459-480. Review of the use of peptides as DNA vectors.
85. Wagner, E., Zenke, M., Cotten, M. et al. (1990) Transferrin-polycation conjugates as carriers for DNA uptake into cells. *Proceedings of the National Academy of Sciences of the United States of America*, **87** (9), 3410-3414.
86. Huckett, B., Ariatti, M. and Hawtrey, A. O. (1990) Evidence for targeted gene transfer by receptor-mediated endocytosis. Stable expression following insulin-directed entry of NEO into Hep G2 cells. *Biochemical Pharmacology*, **40** (2), 253-263.
87. Wu, G. Y. and Wu, C. H. (1988) Evidence for targeted gene delivery to Hep G2 hepatoma cells *in vitro*. *Biochemistry*, **27** (3), 887-892.
88. Nishikawa, M., Yamauchi, M., Morimoto, K. et al. (2000) Hepatocyte-targeted *in vivo* gene expression by intravenous injection of plasmid DNA complexed with synthetic multi-functional gene delivery system. *Gene Therapy*, **7** (7), 548-555.
89. Collins, L., Sawyer, G. J., Zhang, X. H. et al. (2000) *In vitro* investigation of factors important for the delivery of an integrin-targeted nonviral DNA vector in organ transplantation. *Transplantation*, **69** (6), 1168-1176.
90. Patel, S., Zhang, X., Collins, L. and Fabre, J. W. (2001) A small, synthetic peptide for gene delivery via the serpin-enzyme complex receptor. *Journal of Gene Medicine*, **3** (3), 271-279.
91. Shewring, L., Collins, L., Lightman, S. L. et al. (1997) A nonviral vector system for efficient gene transfer to corneal endothelial cells via membrane integrins. *Transplantation*, **64** (5), 763-769.
92. Schachtschabel, U., Pavlinkova, G., Lou, D. and Kohler, H. (1996) Antibody-mediated gene delivery for B-cell lymphoma *in vitro*. *Cancer Gene Therapy*, **3** (6), 365-372.
93. Gill, T. J. III, Papermaster, D. S., Kunz, H. W. and Marfey, P. S. (1968) Studies on synthetic polypeptide antigens. XIX. Immunogenicity and antigenic site structure of intramolecularly cross-linked polypeptides. *Journal of Biological Chemistry*, **243** (2), 287-300.
94. Wilson, J. M., Grossman, M., Wu, C. H. et al. (1992) Hepatocyte-directed gene transfer *in vivo* leads to transient improvement of hypercholesterolemia in low density lipoprotein receptor-deficient rabbits. *Journal of Biological Chemistry*, **267** (2), 963-967.
95. Tietz, P. S., Yamazaki, K. and LaRusso, N. F. (1990) Time-dependent effects of chloroquine on pH of hepatocyte lysosomes. *Biochemical Pharmacology*, **40** (6), 1419-1421.
96. Carr, C. M. and Kim, P. S. (1993) A spring loaded mechanism for the conformational change of influenza hemagglutinin. *Cell*, **73** (4), 823-832.
97. Collins, L. and Fabre, J. W. (2004) A synthetic peptide vector system for optimal gene delivery to corneal endothelium. *Journal of Gene Medicine*, **6** (2), 185-194.
98. Boussif, O., Lezoualc'h, F., Zanta, M. A. et al. (1995) A versatile vector for gene and oligonucleotide transfer into cells in culture and *in vivo*: polyethylenimine. *Proceedings of the National Academy of Sciences of the United States of America*, **92** (16), 7297-7301.
99. Kircheis, R., Wightman, L. and Wagner, E. (2001) Design and gene delivery activity of modified polyethylenimines. *Advanced Drug Delivery Reviews*, **53** (3), 341-358. Review of polyethyleneimine as a DNA vector.
100. Lungwitz, U., Breunig, M., Blunk, T. and Gopferich, A. (2005) Polyethylenimine-based non-viral gene delivery systems. *European Journal of Pharmaceutics and Biopharmaceutics*, **60** (2), 247-266.
101. Ogris, M., Brunner, S., Schuller, S. et al. (1999) PEGylated DNA/transferring-PEI complexes: reduced interaction with blood components, extended circulation in blood and potential for systemic gene delivery. *Gene Therapy*, **6** (4), 595-605.
102. Erbacher, P., Remy, J. S. and Behr, J. P. (1999) Gene transfer with synthetic virus-like particles via the integrin-mediated endocytosis pathway. *Gene Therapy*, **6** (1), 138-145.
103. Kircheis, R., Kichler, A., Wallner, G. et al. (1997) Coupling of cell-binding ligands to polyethylenimine for

targeted gene delivery. *Gene Therapy*, **4** (5), 409-418.
104. Tang, M. X., Redemann, C. T. and Szoka, F. C. Jr. (1996) *In vitro* gene delivery by degraded polyamidoamine dendrimers. *Bioconjugate Chemistry*, **7** (6), 703-714.
105. Collins, L., Kaszuba, M. and Fabre, J. W. (2004) Imaging in solution of $(Lys)_{16}$-containing bifunctional synthetic peptide/DNA nanoparticles for gene delivery. *Biochimica et Biophysica Acta*, **1672** (1), 12-20.
106. Labat-Moleur, F., Steffan, A. M., Brisson, C. *et al.* (1996) An electron microscopy study into the mechanism of gene transfer with lipopolyamines. *Gene Therapy*, **3** (11), 1010-1017.
107. Grosse, S., Aron, Y., Thevenot, G. *et al.* (2005) Potocytosis and cellular exit of complexes as cellular pathways for gene delivery by polycations. *Journal of Gene Medicine*, **7** (10), 1275-1286.
108. Budker, V. G., Slattum, P. M., Monahan, S. D. and Wolff, J. A. (2002) Entrapment and condensation of DNA in neutral reverse micelles. *Biophysical Journal*, **82** (3), 1570-1579.
109. Bradford, M. M. (1976) A rapid and sensitive method for the quantitation of microgram quantities of protein *utilizing* the principle of protein-dye binding. *Analytical Biochemistry* **72**, 248-254.
110. Freshney, R. (1987) *Culture of Animal Cells. AManual of Basic Techniques*, 2nd edn, Wiley-Liss.
111. Parks, D. R., Bryan, V. M., Oi, V. T. and Herzenberg, L. A. (1979) Antigen-specific identification and cloning of hybridomas with a fluorescence-activated cell sorter. *Proceedings of the National Academy of Sciences of the United States of America*, **76** (4), 1962-1966.
112. Mosmann, T. (1983) Rapid colorimetric assay for cellular growth and survival: application to proliferation and cytotoxicity assays. *Journal of Immunological Methods*, **65** (1-2), 55-63.
113. Cory, A. H., Owen, T. C., Barltrop, J. A. and Cory, J. G. (1991) Use of an aqueous soluble tetrazolium/formazan assay for cell growth assays in culture. *Cancer Communications*, **3** (7), 207-212.
114. Korzeniewski, C. and Callewaert, D. M. (1983) An enzyme-release assay for natural cytotoxicity. *Journal of Immunological Methods*, **64** (3), 313-320.
115. Merrick, A. F., Shewring, L. D., Sawyer, G. J. *et al.* (1996) Comparison of adenovirus gene transfer to vascular endothelial cells in cell culture, organ culture, and *in vivo*. *Transplantation*, **62** (8), 1085-1089.

# 12 基因治疗策略：构建 AAV 特洛伊木马

M. Ian Phillips[1], Edilamar M. de Oliveira[2], Leping Shen[1], Yao Liang Tang[1] and Keping Qian[1]
1 Keck Graduate Institute, Claremont University Colleges, Claremont, California, USA
2 Laboratory of Biochemistry, School of Physical Education and Sport, Sao Paulo University, Sao Paulo, Brazil

## 12.1 简介

现在对多种疾病有很多基因治疗的策略，这些疾病采用基因治疗的方法都是能被治疗甚至可以被治愈的，但是成绩都很有限。这反映在这一领域在不同时期的状况和研究工具的局限上。理论上基因治疗很容易理解，如果是由于某个基因缺失而导致的单基因病，那么就可能实现治疗，具体而言就是把缺失的基因重新插回原来该基因在染色体上的位置。这其中的问题是如何安全而有效地将基因导入。

即使疾病是由多基因引起的，我们从药物治疗知道，可以通过调节一个特定基因表达或者阻断一个基因产物就能控制疾病。例如，高血压无疑是多基因引起的疾病，但是一些有效的药物可以通过抑制如血管紧张素 I 型受体、血管紧张素转换酶或血管紧张肽原酶此类特定的基因产物来控制高血压病情。因此，即使是由多基因引起的疾病，也可以通过抑制细胞中单个基因而实现有效的基因治疗。

为了将目的 DNA 取代原有基因或抑制基因表达，研究人员寄希望于使用病毒载体来当作"特洛伊木马"。荷马史诗中希腊人围困了特洛伊城十年，久攻不下，于是假装撤退，留下一具巨大的中空木马，特洛伊守军不知是计，把木马运进城中作为战利品。夜深人静之际，木马腹中躲藏的希腊士兵打开城门，特洛伊沦陷。借助这种方法进入细胞，并在细胞里对细胞进行攻击的现象是比这个故事更古老的了，这一直是病毒、质粒、细菌和寄生虫的生活方式。利用病毒和质粒作为木马，其危害性低，我们可以对其基因进行改造或诱导，从而使细胞死亡或存活时间更长、分泌蛋白质或关闭某些基因，以及让细胞分化或者不分化等。

在这章中我们讨论一些基因转运的策略，并详细介绍安全、可靠、持续时间长的腺相关病毒（AAV）基因转运方法的操作规程。

### 12.1.1 基因治疗的常规策略：基本方法

#### 12.1.1.1 转基因

使用转基因技术进行研究已经阐明了一些重要的或是必不可少的基因。转基因小鼠敲除基因的或者敲入基因增加一些基因在体内的拷贝[1]都是基因研究的活体实验材料。它们对于研究某个人类特定基因产生的蛋白质都是有益和实用的角色。这个方法需要收集从囊胚内细胞团分离的胚胎干细胞。然后还需要将我们希望表达的重组 rDNA 插入到一个载体中，该载体上含有正负选择基因，正选择基因为 $neo^r$ 基因（neomysine），位于同源区内，其在随机整合和同源重组中均可正常表达；负选择基因为胸腺嘧啶核苷激酶（TK）基因，在靶基因同源区之外，位于载体的 3' 端。同源重组时，$tk$ 基因将被切除而丢失，而在随机整合时，所有的序列（包括 $tk$）均保留。当加入新霉素和 GANC 后，$tk$ 由于表达的胸苷激酶可使 GCV（ganciclovir）转变为毒性氨基酸，使携带此基因的转染细胞死亡。同源重组后，因 TK 基因位于构建的打靶载体目的基因同源序列之外，所以可用 GCV 来筛选随机整合的阳性克隆细胞。因此经过正负双选择系统的筛选，可得到已发生同源重组的阳性克隆细胞。将阳性细胞注射到胚胎细胞中后，将它移植到一个子宫中发育成一个后代，可进行多次传代，在这些后代中很多个体可能丢失了我们插入的基因或者是具有了新的基因。如果新基因没有功能（如无效的对偶基因），之前与我们插入的基因同源重组的基因功能就会显现在后代的小鼠身上，表现出之前被敲除的基因的性状。如果这个基因完全有效地被敲除掉，这对于初期胚胎的发育是致命的。

有趣的是，理论上敲除基因后显现的功能应该就像截肢一样明显，但实际上，会有几种不同的情况出现，若敲除的基因是保护胚胎发育的（敲除是致命的），或者是敲除的基因是完全靠其他一些基因补偿的，又或者是一些我们目前不清楚在发育中或者在器官分化中所起微妙功能的基因。然而，机理对有关蛋白质功能的影响非常巨大，特别是一些目前还没有抗体的蛋白质。尽管研究人员通过敲入多拷贝基因揭示出一些疾病致病的机理是由某些基因的过量表达一种蛋白质，但是转基因动物是通过胚胎来不断研究的，对于胚胎来说敲除一些基因是致命的，这也限制了转基因动物的发展。然而，Gu[2]等使用一种 Cre/Lox P 的新方法，诱导得到了相同的突变而同时避免了胚胎的死亡。

### 12.1.1.2 Cre/Lox P 系统

在特定细胞簇、组织或者成年动物敲除靶基因，使用 Cre/lox P 系统是非常合适的。一种噬菌体 P1 病毒可以生产一种重组酶 Cre，Cre 将病毒的 DNA 剪切包装，Cre 可以将两个单独的 lox P 位点间的 DNA 剪切开。在 DNA 的末端带有半个 lox P 位点，这样便于后面同源重组。Gu[2]等用这个原理设计了一个转基因小鼠的方案，制备一个在特异细胞中携带 Cre 重组酶的小鼠，同时制备一只小鼠携带靶基因，靶基因两侧带有 lox P 位点。两只小鼠交配产生子代，在子代中只在特异的细胞（包含 Cre 表达框）中靶基因被敲除，其他细胞中靶基因表达仍然正常，动物发育和存活仍然可以继续，这样有助于我们研究基因在特异组织中的功能。

最近的技术发展减少了劳动量[3,4]，举一个例子，Sinnayah[4]使用 Cre/lox P 系统做了一个转基因小鼠，小鼠携带血管紧张肽原靶基因且两侧带 lox P 位点。血管紧张肽原是肾上素酶的底物，也是血管紧张素-多肽循环中的重要组成部分。他们将 Cre 注射到携带两个 lox P 的小鼠体内，代替了与携带 Cre 重组酶小鼠交配繁衍后代得到转基因小鼠的办法。这样不仅节省了很多时间，也开创了一条新的研究特异细胞基因定位的研究路线。他们花了很长时间针对大脑进行研究，他们清楚地知道大脑的任何一个细小结构，不管是大脑自己分泌血管紧张素 [5, 6] 还是在大脑中发现的血管紧张素来自血液，注射 Cre 到大脑中的一个结构，就可以将血管紧张素多肽循环阻断，因此血管紧张素基因定位在大脑里。

### 12.1.1.3 反义 mRNA

抑制系统蛋白表达通过抑制基因翻译有两种方法：反义 mRNA 和 RNA 干扰 (RNAi)。反义 mRNA 技术是 1977 年 [7] 发现的，但是直到 1993 年反义技术在体内对基因的抑制效果的潜力才被清楚地证实。给焦虑症模型大鼠的大脑注射神经肽 YY-1 受体基因的反义核苷酸，注射之后大鼠的焦虑症状降低了 [8]。给高血压模型大鼠注射血管紧张肽原、血管紧张素折叠酶和血管紧张素 I 型基因的反义核苷酸之后，他们发现大鼠血压下降了 [9]。反义核苷酸是依照 mRNA 在有意义的序列从 5′ 到 3′ 直接设计的。反义链是有局限性的，只能是针对已经知道的基因设计的直接从 3′ 到 5′ 的 DNA。反义寡核苷酸（AS-OND）可能比基因全长要短，通常用来抑制基因的密码子，这是因为它的序列可以与 mRNA 的一部分结合在一起，这样就阻止了 mRNA 翻译成蛋白质。

在细胞中进行病毒载体的基因改造适合直接用来表达反义核苷酸。我们设计了一些腺相关病毒载体，发现它们可以持续很长时间抑制细胞蛋白质的产生 [10]。

反义核苷酸抑制尽管很广泛地应用在研究和临床治疗中 [11]，但是并不完美。当反义核苷酸进入细胞时，细胞有自己的 mRNA 复制机制。AS-OND 的存在其实上可能促使细胞自身 mRNA 拷贝增加，细胞内生的大量 RNA 稀释了 AS-OND 比例。

因为反义核苷酸作为一种治疗方法不能杀死细胞，所以正如众所周知的，它不能胜任抗癌药物的这个药剂。然而它也在引领新的小 RNA 干扰细胞内基因表达方法上起到了非常重要的作用。

### 12.1.1.4 siRNA

Fire 和 Mello [12] 用反义核苷酸研究秀丽隐杆线虫的原始行为，他们在线虫身上实验正义 RNA 和反义 RNA，但是线虫没有任何反应，然而当他们把正义 RNA 和反义 RNA 混合起来作用在线虫身上后出现了戏剧性的变化，线虫开始自然抽搐，线虫痉挛基因被成功沉默了。Fire 和 Mello 发现是组成了双链的 RNA 作为一个小的 RNA 干扰片段将基因沉默了，他们也因此获得了 2006 年的诺贝尔奖。人们也掌握了 RNAi 调控基因表达的机制并把它应用到抑制细胞内基因的表达。RNAi 的机制是，起始阶段细胞核内形成 dsRNA，然后在细胞质中同 Dicer 酶结合，Dicer 酶将 dsRNA 剪切成 15～20bp 的小片段。

效应阶段 siRNA 双链的一条链结合一个核酶复合物从而形成所谓的 RNA 诱导沉默复合物 (RNA-induced silencing complex, RISC)，激活的 RISC 通过碱基配对定位到同源 mRNA 的转录物上，切割 mRNA，使 mRNA 不能被翻译成特定的蛋白质，基因获得了沉默。

人们发现 RNAi 在动物和植物的细胞中都存在。自从植物和动物被病毒侵染致病，细胞自身为防御病毒对自身造成伤害产生 RNAi 来降解病毒的 RNA。逆转录病毒是一种双链 RNA 病毒，它没有细胞那样的机制，所以也没有 DNA，它的繁殖是通过将自己的基因组 RNA 注射到细胞中，用细胞的 DNA 机制来复制自己。RNAi 通过诱导沉默复合物 RISC 机制来防御细胞不受到病毒的 RNA 对自己的破坏。

siRNA 在基因沉默方面要比反义核苷酸更强，但是也有困难，这种方法效果持续时间不长，还存在脱靶效应，到目前为止也没有在临床上作为一种治疗手段应用。我们将 siRNA 同 AS-OND 在 β-1 肾上腺素受体 [13] 基因沉默试验中进行了比较，实验动物是高血压大鼠模型和心力衰竭大鼠模型然后测量其血压和心脏功能。医生通常针对 β-1 肾上腺素来治疗高血压和心力衰竭患者。大鼠注射了 siRNA 和 AS-OND 后检测大鼠的血压及心脏工作状况，注射 siRNA 大鼠明显好于注射 AS-OND 的大鼠，这种效果可维持一周 [13]。

#### 12.1.1.5 MicroRNA

MicroRNA（miRNA）为基因修饰，以及细胞治疗、药物发展提供了完全新的可能性。它几乎参与所有基因调控的生物过程，它的缺失或突变都可能导致很多疾病，它的缺陷导致癌症。

尽管 miRNA 于 20 年前在秀丽隐杆线虫 [14] 中被发现后在哺乳动物体内也被发现，但我们的研究还处于早期，主要研究它有多少、它是什么、有什么作用。在人类基因组中也发现 500 种 miRNA。最近的一篇发表在《自然》杂志上的文章综述了人的 miRNA [15] 中有 1/3 的基因表达调控的研究进展，因此在细胞基因修饰中是很重要的。miRNA 是一种非编码的 RNA 片段，通过抑制转录后的靶 mRNA 来修饰基因的表达。在细胞核内，形成的 miRNA 夹在内含子和外显子中作为前体或者前体 miRNA（pri-miRNA），但它不是信使 RNA（mRNA），因为它不编码任何特异的或者普通的蛋白质，这个 pri-miRNA 被 Drosha 和 Pasha 的两个酶组成的复合体剪切成 60～70bp 折叠结构的核苷酸片段。Drosha 主要是剪切成 pre-miRNA（miRNA 前体）茎环结构。这个 pre-miRNA 从细胞核里转运到细胞质中，被 Dicer RNaseIII 剪切，就跟之前提到的 siRNA 过程一样。同样，pre-miRNA 也被去掉茎环剪切成了 19～25bp 的小片段的核苷酸这样就形成了成熟 miRNA。跟 siRNA 一样，miRNA 的一链跟 RISC 结合形成非完全结合的 RISC 复合物，然后复合物结合到目标靶 mRNA，从而引起目标靶 mRNA 降解。通过 PCR 和转基因鼠敲除了特异 miRNA 已经揭示出 miRNA 在基因表达中的众多调控角色。表达谱可以检测特异的 miRNA 在不同组织和细胞的表达情况，从无脊柱动物到人类的表达量。很多 miRNA（mir-1、mir-34、mir-60、mir-87、mir-124a）在脊柱动物和无脊椎动物中都有很高的表达水平，包括在秀丽隐杆线虫发现的小时序 RNA（stRNA）（如 let-7RNA、lin-4）跟人类基因组中的 miRNA 很相似。stRNA 在细胞分化和神经连接时间上非常关键，它的这种保守性可能会揭示出生物演化的过程。

取小鼠的不同组织进行 RNA 印迹 [16]，发现 miR-1 在小鼠心脏部位的含量达到 45%，miR-122 在肝脏达到了 72%；在所有 miRNA 中，发现 mir-124a 存在于小鼠大脑中。

尽管从理论上已经清楚 miRNA 抑制靶 mRNA 的机制，清楚 miRNA 是如何控制正常生长、细胞分化和组织发育；但是 miRNA 也存在于癌细胞中，如果癌基因过量生产，miRNA 就能枯竭和耗尽失去自身的调节功能。Kumer [17] 等最近发现如果全方面抑制 miRNA，小鼠的各种细胞系转型为癌细胞的数量就会增加，也提高了癌基因的增加。他们针对 Drosha 和 Dicer 两个基因设计 siRNA 干扰这两个酶的表达，从而抑制 miRNA 的表达。这也提示我们可以通过增加 miRNA 的量来抑制原癌基因这样一种新的基因治疗的方法来治疗癌症。

## 12.1.2 基因治疗策略：基因转染细胞

### 12.1.2.1 非病毒载体

非病毒载体主要有脂质体、裸 DNA 和阳离子多聚物。它们的主要优点就是不致病和毒性低、易于纯化，很明显它还可以转染任何大小的基因。主要缺点是效率不高，转染后基因不表达。裸 DNA 注射到心脏或者是肌肉细胞可以持续表达 2 周至几个月 [18]。

### 12.1.2.2 电穿孔

电穿孔是在体外实验中将 DNA 转入细胞中的一种方法。第一次使用是在 1982 年，Neumann [19] 等将外源 DNA 在电场存在的条件下导入小鼠成纤维细胞。之后在 1987 年，Okino [20] 等用电穿孔对小鼠的固体瘤细胞进行了体内的电化学治疗。自此人们开始使用 EP 将药物或者基因打到人体还有动物体。EP 现在经常使用在质粒转化中，成为病毒载体和脂质体产品的替代品。Heller 和 Heller 已经列出了众多使用电穿孔转移到各种类型的细胞、器官中检测它们的效率和免疫反应。电穿孔是一种有效地增加基因表达的方法，这种方法比直接注射裸 DNA（质粒）要高几倍。

电穿孔不是木马，但是对于细胞外层来说它是一个子弹。电穿孔的机制是很简明的。在电极加电压电流形成强电场，细胞膜在这种情况下会变成半透膜，细胞的脂质膜会张开小孔，但并不会对细胞造成永久性损坏，这样被排斥的亲水的、非脂质的和阳离子的小分子就可以进入到细胞中去。困难的是参数的确定，针对不同的基因，不同细胞和不同的目的，电压、电流、脉冲的宽度长短、脉冲间隔时间、脉冲形状、脉冲次数和刺激频率怎样调整才能得到预期效果。长期以来，低电压更适合肌肉组织而并不适用于癌症细胞。为避免直流电流对实验对象造成损害，通常使用强脉冲（>700V/cm）时采用短的脉冲间隔，使用低脉冲（<700V/cm）时采用长的脉冲间隔，有几个系统已经商业化。如果有疑问，可以参考很多文章中所报道的提高 DNA 转染效率的参数，如 Heller 和 Heller [21] 的综述。

### 12.1.2.3 脂质体

DNA 是带负电荷的，阳离子脂质体结合 DNA 之后形成了一个脂质体-DNA 复合物，这个复合物可以跟细胞的脂质膜融合使得 DNA 可以进入细胞。很多纯化的脂质体已经商业化，并且被广泛使用（如脂质体、DOPE、DOTAP）。这些被很好使用在体外转染细胞，尽管检测到它有一定的补体活化和一定的毒性，但是也有在体内使用的。

### 12.1.2.4 树枝状聚合物

树枝状聚合物在高效基因转染方面具有一定的潜力 [22]。这是一种球形聚合物，具有多树枝状结构特征。这种聚合物可以很稳定地以任何浓度同水融合在一起。它表面带正电荷可以跟细胞的脂质膜结合，同时在里面还携带着带负电荷的 DNA。它们提高了 DNA 和 RNA、单链的和双链的基因的转染效率。同时研究发现了调整质粒跟树枝状聚合物的比例可以提高质粒转染心脏的转染效率[23]，最佳 DNA：树枝状聚合物比例是 1：20。

### 12.1.3 病毒载体

基因修饰细胞移植的重点是利用病毒载体的基因转移和基因重组表达框，病毒载体具有高感染效率和基因的高表达以及持续时间长。几篇综述和书中清楚地阐述了不同病毒作为载体的利弊，我们在这里就简单总结一下，主要归结为以下几点：①是否可以感染分裂细胞或者非分裂细胞；②病毒的包装能力，病毒是否可以包装一个大基因或者是一个基因调控表达框；③载体是否稳定，还是瞬时的；④是否是安全的，不引起宿主的自身免疫反应；⑤感染效率是否高；⑥能否获得高滴度病毒产品。

#### 12.1.3.1 逆转录病毒

我们通常说的逆转录病毒载体是指莫洛尼鼠白血病病毒（MMLV）。逆转录病毒是一种 RNA 病毒，可以感染分裂细胞但是不能感染非分裂细胞。它的最大包装效率约为 10kb。逆转录病毒可以很容易获得大量病毒，而且由包装细胞分泌在培养基中，易于被收集。逆转录病毒可以整合到宿主的染色体里长期稳定地对转基因进行表达。然而随着时间的推移，基因会出现沉默，不再表达。一个很大的隐患是逆转录病毒是随机整合，这可能导致基因发生突变。在实验室，逆转录被广泛应用但是没有人冒险在人体上应用。

#### 12.1.3.2 慢病毒

慢病毒是逆转录病毒，源自人类自身免疫缺陷病毒（HIV）或者是 FIV（猫）、SIV（猴子），又或是 EIAV（马）。像其他逆转录病毒一样，它也具有跟宿主的染色体整合，可以感染分裂细胞，转基因持续时间长，有一个 10kb 大的包装容量，除了这些它还可以感染非分裂细胞，转导效率是 20%～50%。因此慢病毒很适合作为一个病毒载体针对癌症细胞和癌症干细胞，让癌细胞的分裂停止。它们在诱导细胞分化和凋亡方面有一些优点。慢病毒生产需要三种质粒：①表达质粒，可以包含转基因或者干扰 RNA（shRNA）；②一个包装质粒；③一个包膜质粒。293T/293FT 细胞是慢病毒的包装细胞，通过瞬时转染。在慢病毒载体发展的过程，第一代载体有三个质粒：①表达质粒带有一个 HIV 的顺式元件和目的基因；②包装质粒所有的 HIV 病毒的基因除了包膜基因；③包膜质粒是口水炎病毒的 G 蛋白基因。尽管包膜基因被单独作为一个辅助质粒，第一代慢病毒载体中包含 HIV 的附件基因在包装质粒中，有很大的危险性。第二代慢病毒载体发生了改进，去掉了 HIV 的附件，增加了安全性。包装质粒包含 psPAX2 和 pCMV-Dr8.2dvpr 两个质粒，包含元件 *gag*、*rev*、*cppt* 和 *RRE*。第三代慢病毒载体是自灭活载体，删除了增强子区域的 3′端 U3 的长末端重复序列（LTR），导致载体不能转录，这样提供了很高的安全性。为了降低逆转录病毒的重组机会，包装质粒被分别装到两个质粒里,一个含有 *rev*,另一个含有 *gag-pol*。因为四个质粒供转染 293T/293FT 细胞,所以包装效率会低于第一代和第二代慢病毒系统。

### 12.1.3.3 单纯疱疹病毒(HSV)

HSV 是双链 DNA 病毒,它具有 20~30kb 的超大包装容量,因为 HSV 易于感染神经类细胞,所以它主要被用来研究神经细胞。它可以感染非分裂细胞,不能整合到基因组中,可以包装大的转基因片段和复杂的基因表达框。然而,HSV 的安全性不清楚。

### 12.1.3.4 腺病毒(Ad)

腺病毒可以很容易的获得高滴度($10\sim10^{12}$ pfu/ml),可以感染非分裂细胞,包装容量是 7~8kb,它是瞬时的,因为它不能整合到基因组中;它有一个实验中使用的载体,但它在一次人体试验中遭到了灾难性的失败。腺病毒之所以不安全的因为产生蛋白质导致宿主的免疫反应。由腺病毒和其产生的蛋白质引起的免疫反应和炎症反应不仅让腺病毒学术的研究失去了生命,也让我们开始对基因治疗作为一种新疗法的安全性做一个全新的思考。

### 12.1.3.5 腺相关病毒(AAV)

AAV 跟腺病毒不相关的,尽管它的名字叫腺相关病毒。AAV 是一个人类细小病毒,它可以感染非分裂细胞。它实际上在人身上很常见,几乎对人没有致病性。AAV 病毒感染之后持续时间可以很长,而且比较稳定。野生型 AAV 可以在人的 19 条染色体定位整合,改造的重组 AAV 一样具有整合性质,但不是定位整合。去掉 AAV 的 *gag* 和 *pol* 元件只剩下 ITR 元件,这样 AAV 载体就不能产生外源性的蛋白质,机体也就不会产生免疫反应,这样这个载体就是没有毒性的载体。高感染效率主要依靠高的感染复数 MOI(MOI 即是每个细胞被多少病毒浸染,被多少 DNA 侵染),见图 12.1。AAV 病毒的缺点就是包装容量只有 4.7kb,不够大,但它可以获得很高滴度的病毒(高于 $10^{12}$ pfu/ml)。它正在临床治疗使用,而且有利于基因修饰和细胞移植。最近,证明在一些特异的组织中进行转基因实验,AAV 的血清型很重要。Cheng[26] 等研究表明 8 型 AAV 在感染胰腺组织时比标准的 2 型 AAV 要更有效。其他的一些就表明 5 型 AAV 在感染肝脏[27]和肺组织[28]时更有效。

### 12.1.3.6 报告基因

为了在 AAV 感染细胞之后能区分出被感染细胞,我们就需要细胞有标记,所以我们需要在 AAV 中装一个报告基因。用内在的记号标记细胞,在细胞被 AAV 侵染之后,我们可以生动的看到被感染细胞,我们可以把荧光基因[29,30]插到 AAV 中;如图 12.1中所示,携带绿色荧光蛋白 GFP 的 AAV 感染细胞后荧光照片。有相同的效果的还有荧光素酶基因(*Luc*)和 β-半乳糖(*LacZ*)基因。报告基因的序列可以插到任何一个载体中,当载体转染细胞之后就可以将载体的表达情况表示出来。细胞标记有它的利处也有弊端。GFP 的优点是可视性，通过高敏感的荧光可以给细胞定位，即使是在皮肤里、组织里和肿瘤里。根据双荧光素酶理论和对荧光素酶基因的一些研究知道，荧光素酶的优点是通过光度计量化细胞。$LacZ$ 的优点是体内量化但不是可视性的。在后面复杂的阶段，特异细胞和特异组织的启动子跟报告基因拼接起来，在转基因之后就可以看到基因是在哪一类细胞中表达。

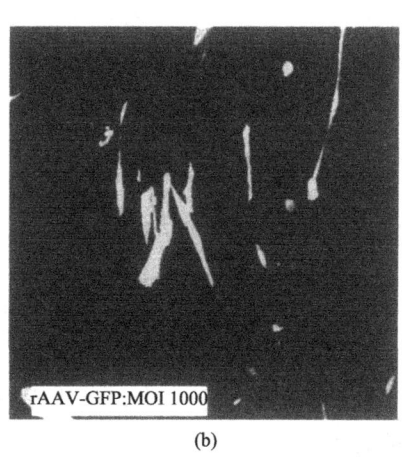

图 12.1　AAV-GFP 转导。绿色荧光细胞用 250 倍镜头观察图片（莱卡 TCS SP5 显微镜）。(a) 图为转导效率 10%，MOI＝100 感染。(b) 图为转导效率 10%，MOI＝1000 感染。一个携带 GFP（535bp）基因的质粒 pUF11（AAV 包装质粒）转染人成纤维细胞（IMR-9 0）。IMR-90 细胞在 6 孔板中用含 10% 胎牛血清，0.1mmol/L 非必须氨基酸，1.0mmol/L 的丙酮酸钠的 MEM 培养基，在 37℃、5% $CO_2$ 培养箱中培养 24h，细胞长到 70%～80% 的汇合度时，用 PBS 缓冲液洗细胞，用 AAV-GFP 质粒转染细胞。

## 12.1.4　重组 AAV 病毒的生产、纯化和滴度检测

细小病毒 AAV 是一个有 4.7kb 长度的基因组的单链病毒。AAV 有两个开放读码框，分别编辑 rep 和 cap，重组 AAV 是将人们感兴趣的基因代替这两个基因，这已经成为转基因的一个重要工具。

这章介绍的重组 AAV 病毒的生产方法是 Muzyscka[33] 和他的合作者们摸索发展的。这个方法从使用的 AAV 质粒 pTR-UF[3] 开始介绍，这个质粒包含一个由 CMV 启动子控制的 GFP 基因通过脊髓灰质炎病毒 I 型的 IRES 元件（图 12.2）和一个辅助质粒 pDG，这个质粒包含负责腺相关病毒传播基因的 rep 和 cap 基因。

图 12.2　质粒（pTR-UF[3]）包含一个 CMV 启动子和一个 GFP 报告基因。这个质粒是由佛罗里达大学设计的。ITR：AAV 末端重复信号；AMP[R]：氨苄抗性；其他介绍详见文章。

在从人胚胎肾细胞293细胞收获AAV病毒后，通过反复冻融细胞释放病毒，然后低速离心收集。AAV病毒一个很有效的纯化方法是使用碘克沙醇梯度离心。进一步纯化AAV病毒，层析柱（像肝素亲和色谱）用作第二步的纯化紧接在碘克沙醇梯度离心之后（详见后文）。

一个已有的评价病毒质粒的重要指标是物理滴度（PP）与感染滴度（IP）的比例。竞争定量PCR（QC-PCR）和酶联免疫吸附（ELISA）用来检测物理滴度（PP）。感染滴度由感染的中心ICA/荧光数FCA来确定。一个重组AAV病毒的生产、纯化和滴度检测在图12.3中简示。这些操作规程（实验方案12.1~12.7）分别做了详细的描述。

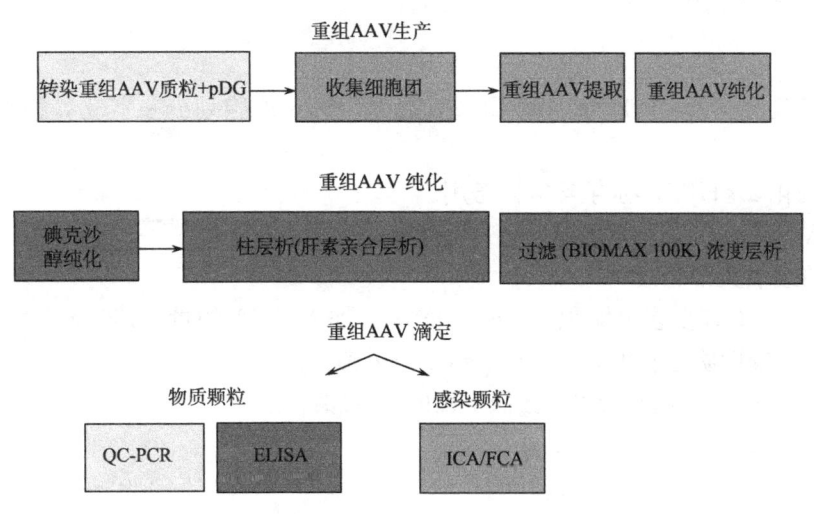

图12.3 重组AAV病毒的生产、纯化和滴度检测。

## 12.2 方法和途径

### 实验方案12.1 磷酸钙转染10个直径15cm的大培养皿

设备和试剂

- 人胚胎肾细胞293[a]（ATCC公司）
- DMEM培养基（Cellgro公司）
- 胎牛血清
- 青链霉素（100×）简称双抗（Invitrogen）
- 磷酸缓冲液（PBS）
- 2×HBS[b]（Hepers缓冲液）1000ml：16.4g NaCl、0.74g KCl、0.21g $Na_2HPO_4$、2.0g 葡萄糖、10.0g Hepes，用5mol/L的NaOH调pH至7.05；用0.45μm的滤器过滤除菌，分装成13.5ml/支保存于-20℃冰箱
- 重组AAV质粒（如pTR-UF3）

- 辅助质粒：pDG
- 2.5mol/L 的 $CaCl_2$ 溶液（1.4ml 1 只于 $-20$℃保存）
- 100mm×20mm 细胞培养皿
- 150mm×20mm 细胞培养皿
- 50ml 离心管
- 移液管（5ml、10ml 和 25ml）
- 生物安全柜
- $CO_2$ 培养箱

方法

1. 实验前一天，用胰蛋白酶-EDTA 把 HEK293 细胞划分三等份，检查细胞汇合度[c]。
2. 融化 2×HBS，孵育至 37℃备用。
3. 预热 210ml 完全培养基（含 5%FBS，1×的双抗）
4. 准备转染混合液

   (a) 计算需要多少体积（$x$ ml）DNA。加入 DNA 的量：150μg AAV 包装质粒和 450μg 辅助质粒 pDG，10 个 15cm 的培养皿。

   (b) 在 50ml 离心管里，按照下面的步骤加：

   水：(11.5−$x$) ml

   2.5mol/L$CaCl_2$：1.25ml

   DNA（pTR-UF3 和 pDG）：$x$ ml

   2×HBS[d]：12.5ml

   轻轻混合转染混合物。

5. 丢弃培养皿里的不新鲜的培养基，用 2×HBS 清洗细胞在进行步骤 4（b）之前。
6. 让转染混合物[步骤 4（b）]孵育 2~3min[e]（少于 5min）自 $Ca_3(PO_4)_2$ 颗粒形成。
7. 逐滴将转染混合物加到预热的完全培养基（210ml）中。
8. 取 22ml 培养基（步骤 7）加到每个 15cm 的培养皿细胞中去。
9. 轻轻来回晃动培养皿。
10. 在 37℃，5%$CO_2$ 培养箱中培养 48h。

**注释**

a 请使用小于 50 代的 293 细胞。

b 请精确 2×HBS 的 pH，因为这对于转染很重要，理想 pH 区间是 7.05~7.12。

c 理想的汇合度是大约 70%~80%。

d 丢弃培养皿里的不新鲜的培养基在加 2×HBS 之前。

e 这是转染的关键步骤。当加入新的 2.5mol/L 的 $CaCl_2$ 和 2×HBS 时观察 $Ca_3(PO_4)_2$ 颗粒的形成情况。

## 实验方案 12.2　从 10 个 15cm 的培养皿中收集转染细胞

设备和试剂

- 细胞刮
- DMEM 培养基
- 胎牛血清（FBS）
- 青链霉素（100×）简称双抗（Invitrogen）
- 50ml 离心管
- 移液管（5ml、10ml 和 25ml）
- 离心机
- 生物安全柜
- 裂解缓冲液：150mmol/L NaCl 和 50mmol/L Tris（pH8.4）

方法

1. 从培养箱中取出培养皿，用细胞刮将细胞尽量全部刮到培养基中。
2. 收集细胞和培养基到 6 个 50ml 离心管中。
3. 一个一个地在培养皿中加 30ml 新鲜的培养基，冲刷收集残留的细胞，然后将它们装在 6 个 50ml 离心管中。
4. 将 12 个离心管，1000r/min，4℃离心 10~15min 以收集细胞。
5. 丢弃上清。
6. 在每个 50ml 离心管中加 2ml 细胞裂解缓冲液，上下晃动 4 或 5 次以重悬细胞，然后用 5ml 移液管将其他 5 个管子的细胞收集在一个 50ml 离心管中。
7. 然后用多于 2ml 裂解液洗一下其他 5 个 50ml 离心管，一个一个地重悬残留的细胞，然后把它们集合到一个 50ml 离心管（约 15ml）。
8. 将细胞冻存于 -20℃以便于提取和纯化病毒。

## 实验方案 12.3　纯化 AAV：碘克沙醇纯化

设备和试剂

- 干冰
- 乙醇
- 核酸酶（benzonase）（sigam 公司）
- Oak Ridge 离心管（带密封盖）
- 50ml 超速离心管（Beckman 公司）
- 12ml 注射器
- 19-GA 和 16-GA 型针

- 100μl 的微型毛细吸液管
- 石蜡封口膜
- 碘克沙醇 60% ($m/V$) (Accurate chemical&Scientific 公司)
- 5mol/L NaCl
- 1×PBS-MK；1×PBS、1mmol/L $MgCl_2$ 和 2.5mmol/L KCl
- 酚红 (Sigma 公司)
- 裂解缓冲液：150mmol/L NaCl 和 50mmol/L Tris (pH8.4)
- 热封口机
- 70Ti/70.1Ti 转子 (Beckman Coulter 公司)
- Optima L-90K 超速离心机 (Beckman Coulter 公司)

方法

1. 从细胞提取病毒，采用干冰乙醇和 37℃ 至少三次冻融法[f]。
2. 在大约 15ml 的细胞裂解液中按照 50U/ml 加核酸酶 benzonase，然后 37℃ 孵育 30min。
3. 将 15ml 裂解液装到 Oak Ridge 离心管（带密封盖）中，400r/min（2000g），4℃ 离心 20min。
4. 每 15ml 裂解液准备一个 50ml 超速离心管进行碘克沙醇梯度离心，用 12ml 注射器，19-GA 针头和 100μl 的微型毛细吸液管按照下面的步骤：

    (a) 将步骤 3 得到的上清加到 50ml 超速离心管中。
    (b) 开始按照下面的要求[g] 来完成碘克沙醇梯度
    约 15ml 细胞裂解液（步骤 3）
    7.5ml 的 15% 碘克沙醇
    7.5ml 的 40% 碘克沙醇
    5.0ml 的 60% 碘克沙醇

|  | 15%[h] | 25% | 40% | 60% |
|---|---|---|---|---|
| 碘克沙醇 60%/ml | 12.50 | 20.84 | 33.25 | 50 |
| 1×PBS-MK/ml | 27.50 | 29.16 | 16.75 | 0 |
| 5mol/L NaCl/ml | 10.0 | 0 | 0 | 0 |
| 酚红/μl | 0 | 100 | 0 | 125 |

5. 用 Kimwipes 微擦纸将离心管头部擦干净并遗弃超速离心管颈部的液体。
6. 用裂解缓冲液在超速离心管的头部滴加配平离心管[i]。
7. 用封口机将管子的头部封闭[j]。
8. 使用 Optima L-90K 超速离心机的 70Ti 转子，64 000g（69 000r/min），18℃ 进行离心。
9. 用 12ml 注射器，16-GA 针头小心的吸取包含病毒的层（约 4ml 在 40% 碘克沙层和 3ml 在 60%碘克沙醇)ᵏ 装到 15ml 管中，保存到－20℃冰箱，用于后面进一步的层析柱纯化。

**注释**

f 每次时间：10min 完全冻结和 15min 完全融化，可以大力振动。

g 在做梯度装管之前，将碘克沙醇混合液彻底混匀。

h 在 15%碘克沙醇成分中含有 1mol/L 的 NaCl，目的是破坏大分子之间的离子相互作用。

i 小心的、轻轻的滴加裂解缓冲液配平，千万不要干扰梯度。

j 确保完全封闭好管子。

k 不要吸到 40%碘克沙醇层和 25%碘克沙醇层交接处的液体。

## 实验方案 12.4　层析柱（肝素亲和层析）

### 设备和试剂

- 经济型层析柱（Bio-Rad 公司）
- I 型肝素琼脂糖（Sigma 公司）
- 5mol/L NaCl 溶液
- 1×PBS-MK；1×PBS、1mmol/L $MgCl_2$ 和 2.5mmol/L kcl
- 移液管（10ml 和 25ml）
- 超滤管（Millipore 公司：过滤介质 100K，15ml 容积）
- PBS 缓冲液
- 乳酸林格液
- 离心机

### 方法

1. 取一个新的 20ml 经济型层析柱，将它立起用钳子夹住。
2. 取 5ml 泥浆状ˡ I 型肝素琼脂糖，一滴一滴靠重力滴到柱子里。
3. 当最后一滴滴到柱子里后，在柱子里加一个滤片加到肝素琼脂糖上边ᵐ，形成一个 2.5ml 柱床的肝素柱。
4. 用 20ml 的 1×PBS-MK 预处理肝素柱，靠重力流。
5. 用 10ml 的 1×PBS-MK/1mol/L NaCl 预洗脱肝素柱，靠重力流。
6. 用 25ml 的 1×PBS-MK 处理肝素柱两次，靠重力流。
7. 将用碘克沙醇梯度离心纯化得到的病毒层液体（约 7～28ml）加到处理过的肝素柱里。
8. 让含病毒的液体从柱子里穿过靠重力；丢弃滴下的液体，因为病毒已经挂到了肝素柱上。

9. 用 25ml 1×PBS-MK 洗柱两次，靠重力。

10. 在肝素柱下放一个超滤管（100K 过滤介质）。

11. 用 7ml 1×PBS-MK/1mol/L NaCl 洗脱病毒到超滤管中。

12. 2000$g$，10℃离心洗脱的病毒，直到浓缩至 300～500$\mu$l 为止。

13. 加 5ml 1×PBS（或者 5ml 乳酸林格液）到滤器中，2000$g$，10℃离心，直到浓缩至 300～500$\mu$l 为止。

14. 再重复步骤 13 两次，然后将浓缩的病毒转移到 1.5ml 管中。

15. 将浓缩的病毒放在 4℃保存，以便于对纯化病毒进行检测[n]。

**注释**

l 用力摇匀肝素琼脂糖填料，然后立即将它加到柱中去。

m 用 25ml 移液管的末端将过滤器推到柱子里去直到肝素琼脂糖填料的位置，不要有任何气泡。

n 病毒短期保存放在 4℃，长期保存需要分装成小管放在 −80℃。

## 实验方案 12.5　AAV 滴度检测：用 QC-PCR[o] 测定病毒的物理滴度

### 设备和试剂

- 10×DNA 酶缓冲液：500mmol/L Tris pH7.5 和 100mmol/L $MgCl_2$
- DNase 酶 I
- 10×蛋白酶 K 缓冲液：100mmol/L Tris pH8.0，100mmol/L EDTA 和 10%SDS
- 蛋白酶 K（20mg/ml）
- 3mol/L NaAc pH7.0
- 乙醇（无水）
- 蓝色葡聚糖（Sigma 公司）
- 内参标准物（ISC）[p]
- PCR 材料：10×PCR 缓冲液，50mmol/L $MgCl_2$，10$\mu$mol/L 上游引物，10$\mu$mol/L 下游引物，$Taq$ 聚合酶
- 无核酸酶水
- 水浴锅
- 热循环仪（iCycler，Bio-Bad）
- 凝胶成像仪（UVP 公司）

### 方法

1. DNase I 消化：5$\mu$l 纯化的 AAV 病毒，10U-DNase I 加 10$\mu$l 10×DNase 缓冲液在 100$\mu$l 反应混合液中，37℃孵育 1h。

2. 在孵育结束时，加 11.2$\mu$l 10×蛋白酶 K 缓冲液和 1$\mu$l 蛋白酶 K(20mg/ml)。

3. 然后 42℃孵育 1h。

4. 在混合液中加 13μl 的 3mol/L NaAc (pH7.0)、280μl 乙醇（从 −20℃冰箱取出）和 0.5μl 蓝色葡聚糖[q] (20mg/ml)。

5. −20℃放置不少于 30min。

6. 大于 12 000r/min，4℃离心 20min；弃上清。

7. 用 −20℃的 70%乙醇洗管子，弃上清。

8. 自然晾干管子。

9. 用 10μl 无核酸酶水回溶。

10. 把纯化的 AAV 样品做一系列的梯度稀释（绝大多数稀释成 1∶10 和 1∶100）为后面的 QC-PCR 做准备。

11. 每一个待检（纯化病毒）样品通常进行 4 个或 8 个反应[r]，如下所示：

|     | 内参标准物 | 纯化病毒（未知滴度） |
| --- | --- | --- |
| (1) | 1μl (200pg/μl) | 1μl (1∶100 稀释) |
| (2) | 1μl (100pg/μl) | 1μl (1∶100 稀释) |
| (3) | 1μl (20pg/μl) | 1μl (1∶100 稀释) |
| (4) | 1μl (10pg/μl) | 1μl (1∶100 稀释) |
| (5) | 1μl (200pg/μl) | 1μl (1∶10 稀释) |
| (6) | 1μl (100pg/μl) | 1μl (1∶10 稀释) |
| (7) | 1μl (20pg/μl) | 1μl (1∶10 稀释) |
| (8) | 1μl (10pg/μl) | 1μl (1∶10 稀释) |

12. 做三个对照：第一个阳性对照全长基因、第二个阳性对照内参标准物和第三个阴性对照。

13. PCR 反应混合液：一个 25μl 体系包括：1×PCR 缓冲液，1.5mmol/L $MgCl_2$，0.2μmol/L dNTP，0.2μmol/L 上游引物，0.2μmol/L 下游引物和 1U 的 *Taq* 聚合酶。

14. 扩增：95℃，4min；94℃ 30s，53℃ 30s（退火），72℃ 1min，25 个循环；最后 72℃延伸 10min。

15. 电泳：10μl 扩增产物（加 2μl 6×上样缓冲液）跑 1.5%的琼脂糖电泳，EB 染色分析。

16. 用凝胶成像仪拍照。

17. 用 VisionWorks® LS 分析软件分析每个泳道里的目的条带和内参条带的密度。

**注释**

qPCR 在实验室中已经是非常常见的试验方法。QC-PCR 实验需要的设备和试剂与普通 PCR 几乎是完全一样的，然而 QC-PCR 的缺点是它需要加入一个内参作为一个竞争分子，内参根据不同的基因（或启动子）的纯化 AAV 病毒而不同。

p 在附录 A 中将会以 AAV-GFP 病毒为例详细介绍怎样设计内参标准物。

q 用 10μg 蓝色葡聚糖作为载体，它不会干扰 PCR 反应。

r 可以直接做 1∶100 稀释，这样节省时间和实验材料。

## 实验方案 12.6　用 ELISA 检测 AAV 病毒的物理滴度

这是一个替代检测病毒物理滴度的方法，它可以避开 QC-PCR 的缺点。

### 设备和试剂

- AAV2 滴度检测 ELISA 试剂盒（美国研究生产）
- 无菌移液管和枪头
- 12 道排枪
- 无菌水
- 样品瓶
- 37℃孵育箱
- 微孔板分光光度计（450nm）

### 方法

AAV 病毒滴度检测是按照试剂盒的说明书的步骤进行的。为了方便操作，把操作规程中一些关键步骤列在了下面。

1. 材料
   
   （a）样品缓冲液：用无菌水稀释 20×样品缓冲液至 1×样品缓冲液
   
   （b）标准品
   
   样品：重组一小瓶试剂盒对照（空的 AAV2 衣壳用来确定液体每毫升里含有病毒颗粒数的标签）加 500μl 无菌水，然后用 1×样品缓冲液$^s$ 进行一系列稀释，1∶2、1∶4、1∶8、1∶16、1∶32 和 1∶64。
   
   （c）待检样品：用 1×样品缓冲液稀释待检样品至理想的、可以检测到病毒滴度的范围。
   
   （d）洗液：用无菌水稀释 20×洗液至 1×洗液。
   
   （e）生物素（抗 AAV2）：用 750μl 无菌水溶解冻干的生物素，这样就成了 20×生物素，然后再用 1×洗液$^t$ 稀释至 1×生物素：B*。
   
   （f）共轭链过氧化物酶：用 1×洗液$^u$ 稀释 20×共轭链过氧化物酶至 1×共轭链过氧化物酶：C*。
   
   （g）底物：用无菌水稀释 20×底物至 1×底物：S*。

2. 取适量的小鼠单抗包被的 8 连孔酶标孔放到酶标板夹上。

3. 第一排用排枪每孔加 100μl 样品缓冲液（作为空白对照）；第二排系列稀释的标准样品加到孔里；第三排加待检样品，用胶带密封酶标板，37℃孵育 1h。

4. 每孔加 200μl 洗液洗板，洗两次（每次孵育 5～10s）。

5. 每孔加 100μl 1×生物素 B*，胶带密封，37℃孵育 1h。

6. 重复步骤 4。

7. 每孔加 100μl 1×共轭链过氧化物酶 C*，胶带密封，37℃孵育 1h。

8. 重复步骤 4。
9. 每孔加 100μl 1×底物 S*然后室温孵育 10～15min。
10. 每孔加 100μl 终止液，终止显色。
11. 用分光光度计，450nm 波长检测反应显色强度，30min 内完成。
12. 根据标准曲线计算 AAV 病毒滴度。

**注释**

s 准备用 1×样品缓冲液梯度稀释标准品和待检 AAV 病毒样品。
t 用 1×洗液稀释 20×共轭生物素至 1×共轭生物素。
u 用 1×洗液稀释 20×共轭链过氧化物酶至 1×共轭链过氧化物酶。

## 实验方案 12.7　检测 AAV 病毒感染滴度用 ICA/FCA

### 设备和试剂

- C-12 细胞株（ATCC 公司）
- DMEM 培养基（Cellgro 公司）
- 胎牛血清
- 遗传霉素 50mg/ml（Invitrogen 公司）
- 庆大霉素 50mg/ml（Invitrogen 公司）
- 0.025％胰酶消化液
- PBS 缓冲液
- 纯化的 AAV 病毒（以 pTR-UF3 为例）
- 5 型腺病毒（Ad5）
- T-75 方瓶
- 96 孔细胞培养板
- 无菌移液管和枪头
- 无菌 50ml 管
- 生物安全柜
- $CO_2$ 培养箱
- 荧光显微镜（Nikon 公司）

### 方法

#### 第一天：C-12 细胞分 96 孔板

1. 取一个 T-75 方瓶的 C-12 细胞，倒掉不新鲜的培养基u。
2. 用 10ml PBS 洗细胞，然后倒掉。
3. 加 2ml 0.025％胰酶消化液到细胞中，孵育 2min。

4. 轻敲下 T-75 方瓶直到细胞全部滑落。

5. 加 8ml 新鲜培养基（含 5% 胎牛血清、200μg 遗传霉素和 200μg 庆大霉素的 DMEM）到消化下来的细胞中，用移液管上下反复吹打细胞，使其形成一个一个的。

6. 取 0.75ml 细胞混合液到 10ml 新鲜培养基的 50ml 管中[w]。

7. 取 100μl 细胞混合液加到 96 孔板的每个孔中（或者是加合适的数量的细胞到 96 孔板中）；37℃，5% $CO_2$ 培养过夜。

**第二天：感染细胞**

1. 对纯化的 AAV 病毒（以 pTR-UF3 为例）做一系列稀释。
   (a) 取一块新的 96 孔板，然后在第一个孔（A1）加 250μl[x] 新鲜培养基。
   (b) 加 225μl 新鲜培养基从 A2～A10。
   (c) 加 2.5μl 纯化的 pTR-UF[3] 的 AAV 病毒在 A1 孔中，用枪混匀。
   (d) 开始从 A1 空中取出 25μl 转移到 A2 孔中一直继续至从 A9 到 A10，做系列稀释（从 $10^{-2}$ 到 $10^{-11}$）。每次转移需要换新的枪头。

2. 在一个新管中，加 25μl Ad5[y] 病毒到 975μl 新鲜培养基中，混匀。

3. 从培养箱中取出第一天培养的 96 孔板，丢弃不新鲜的培养基。

4. 将稀释好的病毒（通常选择 $10^{-8}$～$10^{-11}$）加到 96 孔板中（在第二个复孔或第三个复孔中）。

5. 取合适体积[z] 的 Ad5 病毒（MOI=20 感染细胞）加到每个孔中[aa]。

6. 加 100μl 新鲜培养基以及步骤 5 中相同体积的 Ad5 病毒（MOI=20 感染细胞）（在第二个复孔或第三个复孔中）。

7. 每个孔中补加 100μl 新鲜培养基不含 Ad5 病毒（在第二个复孔或第三个复孔中）[bb]。

8. 37℃，5% $CO_2$ 培养 48h[cc]。

9. 在荧光显微镜下观察被 AAV-UF3 病毒感染的细胞并计数荧光细胞数。

10. 根据荧光细胞数和稀释倍数计算感染滴度[dd]。

**注释**

v C-12 细胞株具有野生型 AAV 的 *rep* 和 *cap* 基因，可以满足 ICA 和荧光细胞检测。

w 取 1.5ml 细胞悬浮液到装有 15ml 新鲜培养基的新的 T-75 方瓶中，继续 37℃，5% $CO_2$ 培养，留在后面使用。

x 精确加入新鲜培养基的体积是 247.5μl。

y Ad5 病毒是和 AAV 病毒共感染 C-12 细胞。这样梯度稀释感染 C-12 细胞，继而细胞病变（CPE）来测定病毒滴度。

z 这个体积取决于 Ad5 病毒的滴度和 C-12 细胞的汇合度达到 MOI=20。

aa 一个 Ad5 的阴性对照

bb 一个培养基的阴性对照

cc 48h Ad 腺病毒在 C-12 细胞产生的病变效应是辅助 ICA 和 FCA 的。

dd PP/ml 和 IP/ml 的不同的因素在大多数情况下有两个或更少。

## 12.3 疑难解答

- **质粒的质量。**质粒中存在杂质会降低转染的效率。质粒（AAV 穿梭质粒和辅助质粒 pDG），经 CsCl 梯度离心纯化后质粒质量会很好，适合转染细胞。用 QIAGEN 的小提试剂盒和大提试剂盒得到的质粒质量也合适转染。
- **低代次（低于 50 代）的 293 细胞。**生产高滴度 AAV 病毒需要低代次 293 细胞。最近发现超过 65 代的 293 细胞致瘤性可以达到 100%，然而用低代次（低于 52 代）在相同条件下诱导没有任何瘤产生，因此需要更关注低代次（低于 50 代）293 细胞。
- **2×HBS 缓冲液合适的 pH。**适合高效率转染的 pH 范围是很小的（pH7.05～7.12）。pH 计在测量 2×HBS 缓冲液之前需要校正几次直到很精确。2×HBS 缓冲液冻融 pH 会发生变化。所以需要分装成很小的体积后，保存在 −20℃。在转染实验没有进行很好时，不用冻存。
- **$Ca_3(PO_4)_2$-DNA 复合物沉淀。**普遍认为形成高效转染的沉淀颗粒的理化条件范围是很窄的，理化条件可引发 $Ca_3(PO_4)_2$-DNA 复合物沉淀形成变大。pH 与磷酸根离子的浓度（HBS 溶液）和钙离子（$CaCl_2$ 溶液）是影响 $Ca_3(PO_4)_2$-DNA 复合物形成的主要因素。当准备新的 2.5mol/L 的 $CaCl_2$ 溶液和 2×HBS 溶液时检查 $Ca_3(PO_4)_2$ 沉淀形成情况是很有必要的。同时，沉淀复合物反应的时间也是很重要的。理论上，标准时间需要精确到每个参数。已经发现大多数情况下 DNA 混合物通常在 1～3min 之内就会与不溶性 $Ca_3(PO_4)_2$ 结合。延长这个时间超过 5min，就会大大降低转染的效率。
- **碘克沙醇梯度离心。**在第一层 15% 碘克沙醇成分中含有 1mol/L 的 NaCl，很重要的是它可以破坏大分子之间的离子相互作用。如果在 15% 碘克沙醇这层中没有这 1mol/L 的 NaCl，15% 碘克沙醇将会打散这个梯度，使得病毒纯化分离失败。由于等渗的原因在靠近病毒的梯度碘克沙醇中不需要高盐，这样使得到的病毒可以直接上后面的肝素亲和柱纯化步骤。

（李欣刚 译）

### 参考文献

1. Smithies, O. (2005) Many little things: one geneticist's view of complex diseases. *Nature Reviews Genetics*, **6**, 419-425. Oliver Smithies Nobel Prize 2007.
2. Gu, H., Marth, J. D., Orban, P. C. et al. (1994) Deletion of a DNA polymerase beta gene segment in T cells using cell type-specific gene targeting. *Science*, **265**, 103-106.
3. Sakai, K., Agassandian, K., Morimoto, S. et al. (2007) Local production of angiotensin II in the subfornical organ causes elevated drinking. *Journal of Clinical Investigation*, **117**, 1088-1095.
4. Sinnayah, P., Lindley, T. E., Staber, P. D. et al. (2004) Targeted viral delivery of Cre recombinase induces conditional gene deletion in cardiovascular circuits of the mouse brain. *Physiological Genomics*, **18**, 25-32.
5. Phillips, M. I. and Sumners, C. (1998) Angiotensin II in central nervous system physiology. *Regulatory Peptides*, **78**, 1-11.
6. Phillips, M. I. (2004) A Cre-loxP solution for defining the brain rennin-angiotensin system. Focus on 'Targeted

viral delivery of Cre recombinase induces conditional gene deletion in cardiovascular circuits of the mouse brain'. *Physiological Genomics*, **18**, 1-3.

7. Zamecnik, P. C. and Stephenson, M. L. (1978) Inhibition of Rous sarcoma virus replication and cell transformation by a specific oligodeoxynucleotide. *Proceedings of the National Academy of Sciences of the United States of America*, **75**, 280-284.

8. Wahlestedt, C., Pich, E. M., Koob, G. F. et al. (1993) Modulation of anxiety and neuropeptide Y-Y1 receptors by antisense oligodeoxynucleotides. *Science*, **259**, 528-531.

9. Gyurko, R., Wielbo, D. and Phillips, M. I. (1993) Antisense inhibition of AT1 receptor mRNA and angiotensinogen mRNA in the brain of spontaneously hypertensive rats reduces hypertension of neurogenic origin. *Regulatory Peptides*, **49**, 167-174.

10. Kimura, B., Mohuczy, D., Tang, X. and Phillips, M. I. (2001) Attenuation of hypertension and heart hypertrophy by adeno-associated virus delivering angiotensinogen antisense. *Hypertension*, **37**, 376-380.

11. Crooke, S. T. (2004) Progress in antisense technology. *Annual Review of Medicine*, **55**, 61-95.

12. Fire, A., Xu, S., Montgomery, M. K. et al. (1998) Potent and specific genetic interference by double-stranded RNA in *Caenorhabditis elegans*. *Nature*, **391**, 806-811. Andrew Fire and Craig Mello Nobel prize 2006.

13. Arnold, A. S., Tang, Y. L., Qian, K. et al. (2007) Specific $\beta_1$-adrenergic receptor silencing with small interfering RNA lowers high blood pressure and improves cardiac function in myocardial ischemia. *Journal of Hypertension*, **25**, 197-205.

14. Lee, R. C., Feinbaum, R. L. and Ambros, V. (1993) The C. *elegans* heterochronic gene lin-4 encodes small RNAs with antisense complementarity to lin-14. *Cell*, **75**, 843-854.

15. Esquela-Kerscher, A. and Slack, F. J. (2006) Oncomirs-microRNAs with a role in cancer. *Nature Reviews Cancer*, **6**, 259-269.

16. Lagos-Quintana, M., Rauhut, R., Yalcin, A. et al. (2002) Identification of tissue-specific microR-NAs from mouse. *Current Biology*, **12**, 735-739.

17. Kumar, M. S., Lu, J., Mercer, K. L. et al. (2007) Impaired microRNA processing enhances cellular transformation and tumorigenesis. *Nature Genetics*, **39**, 673-677.

18. Wolff, J. A. and Budker, V. (2005) The mechanism of naked DNA uptake and expression. *Advances in Genetics*, **54**, 3-20.

19. Neumann, E., Schaefer-Ridder, M., Wang, Y. and Hof-Schneider, P. H. (1982) Gene transfer into mouse lyoma cells by electroporation in high electric fields. *EMBO Journal*, **1**, 841-845.

20. Okino, M., Marumoto, M., Kanesada, H. et al. (1987) Electrical impulse chemotherapy for rat solid tumors. *Japanese Journal of Cancer Research*, **46**, 420.

21. Heller, L. C. and Heller, R. (2006) In vivo electroporation for gene therapy. *Human Gene Therapy*, **17** 890-897.

22. Bromberg, J. S., Boros, P., Ding, Y. et al. (2002) Gene transfer methods for transplantation. *Methods in Enzymology*, **346**, 199-224.

23. Wang, Y., Boros, P., Liu, J. et al. (2000) DNA/dendrimer complexes mediate gene transfer into murine cardiac transplants *ex vivo*. *Molecular Therapy*, **2**, 602-607.

24. Phillips, M. I. (ed.) (2002) *Gene Therapy Methods*, vol. **346**, Academic Press, New York, PP. 1-728. Useful collection of gene therapy methods.

25. Wu, P., Phillips, M. I., Bui, J. and Terwilliger, E. F. (1998) Adeno-associated virus vector-mediated transgene integration into neurons and other nondividing cell targets. *Journal of Virology*, **72**, 5919-5926. Addresses the question of integration of AAV

26. Cheng, H., Wolfe, S. H., Valencia, V. et al. (2007) Efficient and persistent transduction of exocrine and endocrine pancreas by adeno-associated virus type 8. *Journal of Biomedical Science*, **14** (5), 585-594.

27. Mingozzi, F., Schuttrumpf, J., Arrunda, V. R. et al. (2002) Improved hepatic gene transfer by using an adeno-associated virus serotype 5 vector. *Journal of Virology*, **76**, 10497-10502.
28. Zabner, J., Seiler, M., Walters, R. et al. (2000) Adeno-associated virus type 5 (AAV5) but not AAV2 binds to the apical surfaces of airway epithelia and facilitates gene transfer. *Journal of Virology*, **74**, 3852-3858.
29. Shimomura, O. (1991) Preparation and handling of aequorin solutions for the measurement of cellular $Ca^{2+}$. *Cell Calcium*, **12** (9), 635-643. Preparation and handling of aequorin solutions for the measurement of cellular $Ca^{2+}$, Osamu Shimomura, Nobel Prize 2008.
30. Chalfie, M., Tu, Y., Euskirchen, G. et al. (1994) Green fluorescent protein as a marker for gene expression. *Science*, **263**, 802-805. Martin Chalfie Nobel Prize 2008 (but unfortunately, not the deserving DC Prasher).
31. Heim, R., Prasher, D. C. and Tsien, R. Y. (1994) Wavelength mutations and posttranslational autox-idation of green fluorescent protein. *Proceedings of the National Academy of Sciences of the United States of America*, **91**, 12501-12504. Roger Y. Tsien Nobel Prize 2008.
32. Wu, Z., Asokan, A. and Samulski, R. J. (2006) Adeno-associated virus serotypes: vector toolkit for human gene therapy. *Molecular Therapy*, **14**, 3 16-327.
33. Zolotukhin, S., Byrne, B. J., Mason, E. et al. (1999) Recombinant adeno-associated virus purifi-cation using novel methods improves infectious titer and yield. *Gene Therapy*, **6**, 973-985. Originators of AAV vector production method.
34. Grimm, D., Kern, A., Rittner, K., and Kleinschmidt, J. (1998). Novel tools for production and purification of recombinant adenoassociated virus vectors. *Human Gene Therapy*, 9, 2745-2760.
35. Shen, C., Gu, M., Song, C. et al. (2008) The tumorigenicity diversification in human embryonic kidney 293 cell line cultured *in vitro*. *Biologicals*, **4**, 213-276.

# 13 蛋白质组学技术简介

**David B. Friedman**
*Vanderbilt University School of Medicine，Nashville，Tennessee，USA*

## 13.1 简介

几个最值得关注的领域，如质谱分析和蛋白质分离技术，为今天蛋白质组学的确立作出了贡献。将这两种技术导向的方法结合起来至关重要的一点就是从各种生物有机体获得的蛋白质序列数据库的丰富程序。重要的是，这些蛋白质序列数据库来自基因组数据库信息的推断，而这些基因组序列的大量获得正是人类基因组计划（20世纪80年代中期）的产物。本章内容为基因组学领域有着丰富技术经验的研究人员介绍了蛋白质组学技术的广泛应用，主要关注双向凝胶电泳、基于液相色谱串联质谱（LC/MS/MS）法（"鸟枪法"）、基于质谱分析（基质辅助激光解吸电离成像）等技术。

蛋白质组学一词最初来源于1994年澳大利亚罗恩蛋白质化学会议，1995年开始出现在发表刊物中[1]。现代蛋白质组学技术的应用方式取决于具体实验设计。例如，许多实验关注挖掘蛋白质组或者亚蛋白质组（亚细胞成分）从而得到详细的蛋白质成分内容。许多其他蛋白质组学策略目的是分析由于实验干扰产生的动态蛋白的表达情况。这包括蛋白质表达水平的变化和翻译后修饰水平的变化，后者包含生物学意义显著的蛋白质水解和修饰（通过磷酸化、乙酰化、糖基化等作用），这些完全隐藏在静态的DNA编码中。

许多蛋白质组学策略把蛋白质识别作为主要部分，这通常是通过质谱分析然后将大量光谱数据与蛋白质数据库中从基因组数据推断生成的理论数据进行统计学比较来完成。在某些情况下，蛋白质丰度变化的量化可以通过质谱完成（见13.2.2节和13.2.3节）。为了蛋白质识别目的，质谱可以用来在氨基酸序列或者多肽序列（通过位点特异性蛋白酶水解酶切获得）水平获得个别蛋白质特征数据，有时还包括完整蛋白质量的精确测定。功能强大的生物信息学算法可以应用于在不断扩大的数据库中检索到那些符合质谱实验所得特征的蛋白质[2~9]。

20世纪80年代中期，新的电离源的启用使得蛋白质质谱分析的灵敏度、分辨率和精确度大幅增加。这些电离源有电喷雾离子化（ESI）和基质辅助激光解吸电离（MALDI），二者都可与各种各样的质谱分析仪耦联。很多仪器配置可以功能互补或者重叠，对初学者而言很容易对技术术语产生迷惑。蛋白质组学的典型配置包括线性四极场、飞行时间质量分析（TOF）、四级离子阱质谱（3D或线性离子阱）、超高分辨率轨道离子阱和傅里叶变换离子回旋共振质谱仪（FTICR）。MALDI来源也可以与各种各样的质量分析仪耦联，但是更为典型的是与TOF质量分析耦联。

用质谱进行蛋白质特征描述的策略有两种流行方式，即"自上而下"（top-down）和"自下而上"（bottom-up）。"自上而下"策略的命名是由于它首先用高分辨率仪器如MALDI-TOF或者ESI-FTICR质谱来获得完整的蛋白质，然后进行后续片段分析。这种方法很难应用于全局探索阶段的蛋白质组学实验，但是对于有针对性的研究极为有效。"自下而上"法首先将目标蛋白或者蛋白质组分成小片段，这种方法奏效是因为多肽很容易获得质谱信息，而且肽段的质量和结构可以通过软件搜索工具很好地预测鉴定蛋白质。

在典型的"自下而上"蛋白质鉴定策略中，蛋白质首先用位点特异的蛋白酶水解，产生一组多肽来进行质量分析。通过生化或者凝胶分离的方法很容易完成。收集在高精度条件下测量（少于10ppm时使用MALDI-TOF MS）的肽离子质谱数据，可以直接用来检索蛋白质数据库，寻找数据上有重大意义的候选匹配蛋白质，这个过程被称为肽段的质谱定位或者肽段的指纹识别[6~9]。在很多情况下，多肽质谱定位可以足以完成明确的蛋白质匹配。

多肽混合物中的某一单独肽段的离子可以揭示其氨基酸序列的信息，这些信息产生额外的质谱波普数据。在这样一个串联质谱分析实验中，片段化步骤被合并到单独离子分析中，这些单独离子在第一阶段质谱分析中被选中，围绕着酰胺键断裂（氨基酸之间），随后断裂的离子可被质谱分析。由于离子平均每个分子中断裂一或两次，全部的断裂模式就是所选肽离子氨基酸序列的指示，而这个模式可以同所选的蛋白质数据库中理论肽段消化所得的可预测断裂模式联系起来，从而实现数据上有重大意义的候选蛋白的识别。数据库搜索的算法，如"Sequest"和"Mascot"，被设计成用肽质谱和（或）片段化数据检索数据库（[10]，以及www.matrixscience.com），同时大多数的ESI和MALDI仪器都可以进行串联质谱分析实验。

肽质谱图谱策略对于已变性蛋白是既快速又可靠的（使用MALDI-TOF尤其迅速），但是当搜集到的多肽源自三个甚至更多蛋白质时，这种方法的效果便大幅下降。对于更复杂的蛋白质混合物和更全局分析，肽段的串联质谱法分析被证明是众多质谱分析方法中最灵敏的，也是从亚蛋白质组中、从免疫亲和层析获得的复合体中，甚至从未分开的蛋白质组中获得质谱数据的方法。这个俗称"鸟枪"法的蛋白质组学分析方法，详细说明参见13.2.3节。

既然通过质谱分析识别蛋白质要依赖样品匹配数据库内的蛋白质序列，当蛋白序列不在所选数据库时，肽段质谱图谱法和肽段片段化法都将失效。由于上述或者其他原因导致蛋白质鉴定结果模糊不清的时候，串联质谱法所得到的片段化数据有时能够用来识别其他蛋白质中的同源区域，或者用来识别仅出现在表达序列标签（EST）数据库中的序列。在某些极端的例子中，片段化数据可以重新阐释并用来指导以克隆为目的的简并寡核苷酸的设计。

## 13.2 方法和途径

### 13.2.1 基于凝胶的策略

Laemmli[11]最先提出SDS聚丙烯酰胺凝胶电泳（SDS-PAGE）方法，长久以来人们用这种方法分离完整蛋白质（基于表观分子质量，即通常所说的分子质量 MW）用于各种生化分析。对于更复杂的化合物，双向凝胶电泳（2DE）是用两次正交分离得到完整蛋白的典型方法，第一次基于电荷（等电点 pI），第二次基于表观分子质量。双向凝胶电泳实验对于肉眼观察来源于电荷翻译后修饰不同的蛋白亚型尤其有效，如磷酸化、硫化（增加电荷）、乙酰化（中和电荷）。这些方法对于检测剪切变体和可以导致蛋白质分子质量等电点改变的蛋白质切割水解也很有用。

1975 年 [12] 由 O'Farrell 及其同事首次介绍的现代双向凝胶技术，是通过从众多供应商处 [13, 14] 购买固相 pH 梯度胶条，利用一维等电点聚焦实现。SDS-PAGE 将蛋白质变性，经过凝胶切割以及胶条内的目标蛋白直接消化之后，通常直接应用于"自下而上"蛋白质鉴定策略。尽管双向凝胶法传统上用于分类实验，近来更多地是用于研究全局范围内多重实验条件下蛋白质组的差异表达。对于这些比较方法，要求凝胶确保变化是有生物学意义而且不是由于实验或样品处理以及分析用的凝胶变化引起的。

然而直到最近，这些策略缺乏简便的量化丰度变化的能力，主要原因是不能在凝胶分离（分析胶间变化）时直接将迁移模式和蛋白质染色相关联。稳定同位素已经用于基于凝胶的蛋白质组学研究，以此将不同蛋白质组用不同的稳定同位素（如生长细胞使用 $^{14}N$ 对 $^{15}N$）分别标记，事先混合然后一同进行同一个双向凝胶电泳分离 [15]。这样丰度变化就能通通过对每个分解的蛋白质进行质谱检测到，而且仅限于一块凝胶中的比较。

DIGE（差异荧光凝胶电泳）技术目前已经用于全局范围内直接量化丰度变化，而没有胶间变化引起的影响。这项技术是用光谱可分辨的质子质量和电荷匹配荧光染料（Cy2、Cy3 和 Cy5）提前标记蛋白样品，然后在双向凝胶电泳上多重显示来实现。这些染料能够检测提供的亚纳克级的限制和四个数量级的线性动态范围 [16, 17]，当使用内标方法时，能够容易地比较出多种实验条件下全局表达量的变化 [18~22]，为了提供高的统计强度，每种条件有独立的重复实验来代表 [23]。

当 Cy2 标记的内标（包含在实验所有样品混合物中）在一系列包含 Cy3 和 Cy5 标记独立样品的凝胶上一同变性分离时，DIGE 方法最为有利。因为这些单独的样品复合成含有等份的 Cy2 内标的混合物，每个分辨点都可以直接与凝胶中 Cy2 标准混合物中的同源点相关联。这些内部凝胶比率可以以与其他所有的比率进行归一化，有着极低的技术（分析）背景和高统计强度 [23~25]（图 13.1）。这种方法也能直接应用于多元统计分析，如主成分分析和分层聚类，这些对目测一组实验样品中的变化十分有效。这些方法能够帮助鉴定变化的主要来源是否描述生物学或者揭示出样品间（或者在样品处理过程中引入的）预期之外的变化，而不仅仅是定位出共同响应实验刺激或分类的蛋白质亚基 [19~22, 26]。

### 13.2.1.1 基于凝胶的策略：步骤和应用

- 基于大小（分子质量）和电荷（等电点）分辨完整的原始蛋白。
- 分辨蛋白质种类，包括电荷亚型、剪切变体、水解产物。
- 直接从凝胶中通过凝胶内水解和质谱鉴定蛋白质。

- DIGE 技术对完整蛋白质进行低技术噪声和高统计强度定量研究。
- DIGE 直接用于来自多重实验条件的独立重复检测,如多元统计分析。
- 市售的高分辨率(24cm×20cm)分色,使用低分辨率(pH3~11)、中分辨率(pH4~7,7~11)或者高分辨率(pH 5~6)的 IPG 来进行一维等电点聚焦。

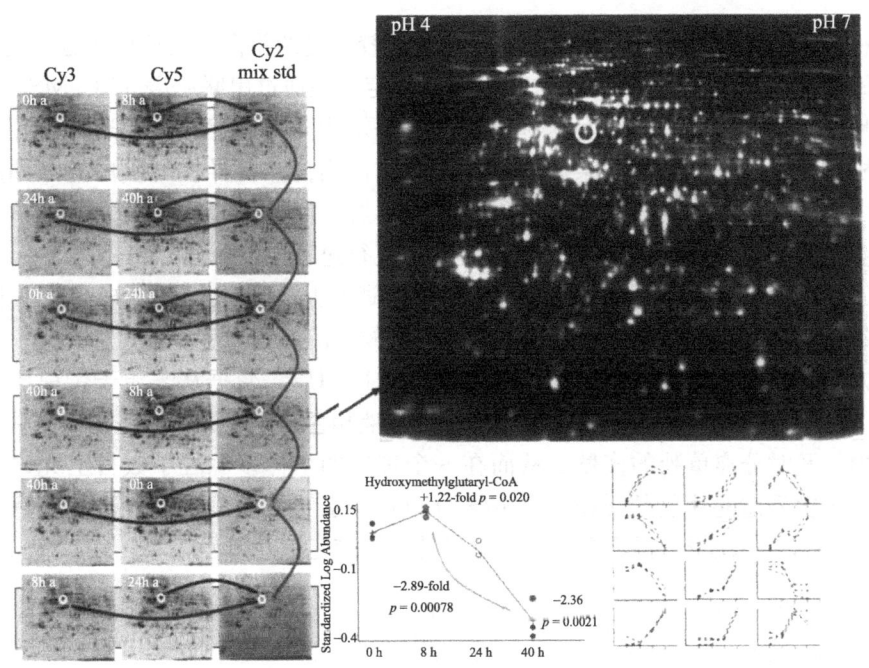

图 13.1 图示典型的 DIGE 实验,一次独立分析中使用 Cy2 标记混合样品内标来标定来自于多重条件下的独立重复样品。左侧的三方图来自 6 块凝胶,连线表示每块凝胶归一化后 Cy3:Cy2、Cy5:Cy2 的比率。放大的凝胶显示等电点在 pH 4~7 的典型蛋白质。底部显示的是蛋白质表达谱的例子。来自 Friedman 等 [20]。

双向凝胶电泳蛋白质组学分析长处主要在于分辨以及量化蛋白质种类,包括电荷的翻译后修饰以及多肽水解形式,还有容易通过凝胶切割、凝胶内消化和质谱来直接鉴定蛋白质。对于定量研究,在利用 DIGE 技术和混合样品内标方法的情况下,这种技术平台提供了极高的统计强度。一些研究已经发表了 DIGE 技术关于定量评估的验证 [27],以及低背景干扰的实验证明,不需要技术重复,并且使用最少的独立生物学重复样品完成有统计学意义的实验(例如,$N=4$ 的独立样品,两倍变化 [23])。

双向凝胶电泳的局限性是几乎只能与等电点关键步骤关联,这样很难探测到有着极端等电点($3<pI<11$)或者分子质量($10kDa<Mr<150kDa$)的蛋白质、低丰度蛋白(小于 20fmol)以及疏水膜蛋白。此外,双向电泳的总体敏感性被双向凝胶中材料数量以及那些蛋白质在蛋白质组中丰度如何分布所限制。总蛋白质荧光位点检测系统可以检测到低至纳克级水平(如一个 50kDa 的蛋白质 20fmol 的量),这就接近大部分经过凝胶内消化后质谱探测的底线 [25]。

尽管这些局限性现在通过增大上样量、多次窄幅 pH 重叠的双向凝胶电泳可以解决

[13,14,20]，但是对于给定蛋白质组或者亚蛋白质组更为灵敏的探测可以通过 LC/MS/MS 法（液相色谱串联质谱法）实现，详见 13.2.2 节。

## 13.2.2 LC/MS 策略

液相色谱结合质谱法提供的灵敏性比基于凝胶策略的蛋白质染色检测范围内所能提供的灵敏性更高。基于 LC/MS 方法，蛋白质鉴定是在通过串联质谱（LC/MS/MS）获得多肽片段化的水平实现，并且这种方法能够揭示出氨基酸序列。在通常被称为"鸟枪"分析方法中，来自一个复杂混合物的蛋白质，用位点特异性的蛋白酶（如胰蛋白酶）集中消化。由此产生的多肽复杂混合物用高效液相色谱分离，并直接引入一个敏感（低飞克分子）的串联质谱仪，它能够在多肽"飞行过程中"分离打断 [2]。

在一个典型的鸟枪法 LC/MS/MS 实验中，通常从大量数据中生成单个片段的光谱，这些数据可以用来检索蛋白质数据库来生成候选的蛋白质鉴定信息。这是一个非常强大的方法，因为初始蛋白复合体得每个成分可以用质谱数据从来源于蛋白质的少量"代理"肽来鉴定 [10]。这些实验包含反相高效液相色谱的上游，但是嵌入到一个串联质谱仪中，及时分离单独的多肽，从而在一个理想的个体多肽粒子数目上允许串联质谱。然后每次质谱的片段粒子模式（$m/z$ 分布）分别与数据库中经过比对计算搜索出的理论片段模式相比较，得到有统计学意义的蛋白鉴定信息（图 13.2）。

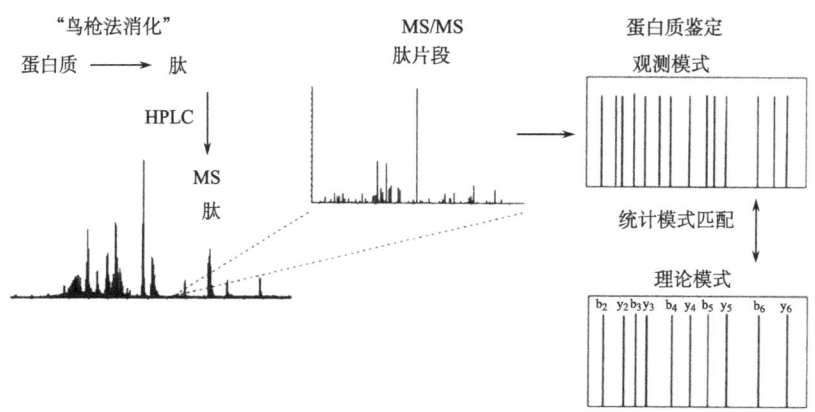

图 13.2　图中所示是典型的 LC/MS/MS "鸟枪法"实验。用位点特异的蛋白酶将蛋白质水解成多肽，产生的多肽用高效液相色谱和串联质谱解析。将来自串联质谱的单个的片段模式检索由数据库中经过比对计算搜索出的理论片段模式相比较，得到有统计学意义的蛋白鉴定信息。

LC/MS/MS 实验通常利用电喷雾离子化（ESI）来源来为串联质谱产生多重电荷粒子，尽管液相色谱-基质辅助激光解吸电离-飞行时间质量分析-飞行时间质量分析（LC-MALDI/TOF/TOF）这样的流程也可以完成。对于更多复杂蛋白混合物来说，附加的离子交换高效液相色谱通常用来进一步提前分离多肽，通常称之为多维高效液相色谱（基质辅助激光解吸电离）/串联质谱（（LC/LC/MS/MS；MDLC/MS/MS）；多维蛋白识别技术（MudPIT）[2]；DALPC[3]）。这种方法在分析或识别确定的蛋白亚基（如细胞器组分[28]、多重蛋白复合体[3]或者免疫共沉淀[29，30]）时特别有效，而且它还应用于全蛋白质组学研究[31，32]。

LC/MS/MS策略也可以量化使用。传统上使用稳定同位素标记来进行，两个或两个以上的样品可以单独标记也可以多重并行入同一次分析运行。这类似于章节13.2.1中对DIGE的描述——用双向凝胶从给定的一次分析中去除变体（但现在不包括内标的归一化）。第一个商业化的该技术被称为同位素代码标记技术（ICAT）[33]。使用这种技术，蛋白质用标记有不同同位素（包括一个富集含半胱氨酸的多肽的步骤，使用链亲和素作用）的巯基半胱氨酸标记。用这种方法，就能基于蛋白质的粒子强度完成定量，可以被共洗脱的多肽遮蔽，背景噪声影响低。

另一种定量策略包含类似的同位素标签使用，包括在选定的多肽经串联质谱片段化之前不可区分的同位素报告粒子。使用被称作同位素标记相对和绝对定量（iTRAQ）[34]或者串联质谱标签[35]，差异标记样品可以在一个单次的LC/MS/MS分析中共解析，而且相对定量可以从片段报告粒子的粒子强度来得出（因为它们是不可区分完整肽，它们都是选来在MS/MS的同时片段化）。近来在LC/MS/MS领域，所谓的"免标签"方法的使用已经突显出来，单个样品用LC/MS/MS分别分析，相对蛋白丰度与用多肽MS/MS片段化光谱相关联，这种方法有着显著的蛋白质识别的统计学意义（称作"光谱计数"）[36，37]。然而这些方法适用于全局探索阶段的实验，选出的单反应监测/多反应监测（SRM/MRM）是另一种免标记的LC/MS/MS技术，因此一批预先挑选的多肽可以定位于后续（或者验证）定量分析[38，39]。

### 13.2.2.1 多维LC/MS/MS策略：步骤和应用

- 分解来自蛋白质水解的多肽。
- 基于来源于数据库检索后的质谱数据的多肽片段化模式。
- 将来源于可控蛋白质水解的多肽进行反相高效液相色谱合并多肽串联质谱直接分离。
- 对于高敏感型动态范围复杂混合物的多维蛋白识别技术（MudPIT），可以结合二次层析分离（如强阳离子交换）。
- 对于定量分析，使用同位素标记蛋白或者多肽（如ICAT、iTRAQ）或者免标签的光谱计数技术。

基于LC/MS的策略是针对与来自完整蛋白的多肽进行分析，这种技术通常用来对样品中的蛋白质进行最灵敏的检测，原因是多肽通常在物化性质上有同源性，而且可以用高效液相色谱分离，通常少量的多肽就可以清楚地鉴定出蛋白质。此外，在MUdPIT实验中多重高效液相色谱分离额外的分辨能力提供了极佳的灵敏性和动态检测范围[2，3]。

LC/MS技术的局限性在于简单区分翻译后修饰亚型和多肽水解产物，以及对全局/探索阶段的定量分析的较低的统计强度。这主要是由于分析是在对完整蛋白没有任何测量的情况下，对初始混合物多肽产物进行分析，因此蛋白质亚型无法辨别，多肽水解产物被完整蛋白种类隐藏。这种较低的统计强度主要根源于质谱分析仪为串联质谱提取的粒子是基于相对信号强度，而信号强度每一运行都会有不同［40，41］，这就要求技术上更多地对每个独立样品进行重复，来获得有可信度的统计强度。

### 13.2.3　基质辅助激光解吸电离（MALDI）成像和概览

MALDI 质谱成像（IMS）的主要特点是能在完整的组织样本中映射出蛋白质的空间分布，还能生成特定蛋白质种类的分子图像。这与基于双向凝胶电泳和 LC/MS/MS 的技术形成对比，这些技术是在蛋白质匀浆基础上完成，而这样就无法保留蛋白质的空间分布信息。使用 MALDI-IMS 技术，一些比如冰冻组织切片的薄片样品、激光捕获纤维切割得来细胞［45］以及流体［46］，就可以直接用质谱仪分析（图 13.3）。和双向凝胶电泳技术一样，MALDI-IMS 也需要在完整蛋白水平表达（已修饰和水解形式），而且直接应用于复杂实验设计，包括多重实验条件下的独立重复，以及多元统计分析。这个步骤可以从组织切片的单次质谱获得数据中识别分析完整分子信号（如来源于 MALDI 的直径 $25\sim50\mu m$ 激光）［47］。

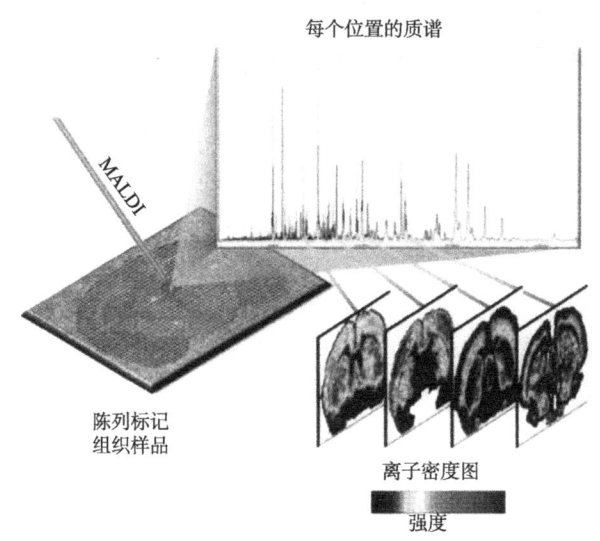

图 13.3　图中所示是 MALDI 实验。完整组织（冰冻薄切片）安装在 MALDI 物台上，覆盖基质。单独的 MALDI-MS 质谱要求在高分辨率下有一个穿过组织的单独位点。放大的质谱图谱包含单电荷分子离子，这些离子可以一定强度穿过组织映射。四个个体种类的强度分别在底部显示。图片由 R. M. Caprioli 和 R. Groseclose 提供。

更多情况下，冰冻组织切片装在 MALDI 载物台上，以备精确质谱，直接引入离子源（见参考文献［48，49］）。这种类型的实验可以在低分辨率的概览模式下进行，其中目标组织在多个离散位点进行分析（组织学定向［50］），或者在高分辨率的成像模式下进行，由此，组织上沿着扫描的 $X$-$Y$ 列的每一位置都要求进行 MALDI-TOF 质谱。在这样一个成像实验中，单独的质量/电荷（$m/z$）值（每一个都代表着一个独立的完整分子种类）可以通过与离子信号相关的组织切片被追踪到，这些离子信号强度与蛋白质表达量成比例。这样针对每一个分辨出的质量/电荷种类，产生了一个离子密度谱。产生的分子属性和高分辨率图像可以与/在组织切片之间进行比较，可以识别指示疾病的有统计学意义的特征 [51, 52]。这些方法已经特别用来研究各种癌症的预测诊断标记 [51, 53~58]。那些引起目的分子信号的蛋白质可以用生化手段从完整组织中分离得到，能够用以上所述的基于多肽的标准蛋白鉴定策略鉴定。

另一种商业化的基于 MALDI 的平台是表面增强激光解吸离子化（SELDI），用于血浆或者其他生物流体分析 [59~61]。SELDI 主要的特点是有几个不同的专属样品处理方法，这些方法基于不同的物理化学参数（疏水性、离子相互作用、金属亲和力 [59~61]），简化/富集了蛋白质混合物。这种方法，与一些致力于关于实验设计和可重复性问题的技术研究 [62~64] 一起，继续应用于许多研究。

### 13.2.3.1 成像：步骤和应用

- 分辨质谱仪中来自完整样品（例如组织切片）的完整蛋白质种类的分子离子。
- 穿过完整组织保留空间分布信息。
- 可以在高分辨率模式（成像）和低分辨率模式（profiling）下运行。
- 可以直接与完整组织的结构关联。
- 直接进行不同实验条件的独立重复实验和多元统计分析检验。

MALDI 成像的主要优势在于直接取自完整组织切片中的完整蛋白种类的量化，完好保持了蛋白质空间上的/拓扑学上的分布。13.2.1 节中所描述的 DIGE 技术，使用多元统计分析大数据集可被简单的归一化和分析，这使得样品间的改变可视化，又能鉴定可预测的及可诊断的表型指示物。尽管根据不同的实验有所变化，但这个技术通常相比其他技术消耗更少量的样品 [65]。MALDI 成像的最大的缺陷在于，在保持体内空间蛋白质分布的应用条件下，可溶性的蛋白质才能被分析研究。此外，尽管直接从组织样本中鉴定蛋白质的方法正在研究中 [66]，识别一个独立的实验中出现的蛋白质，常常还是需要在生化水平的富集/片段化之后。

## 13.3 故障诊断

没有哪个单一的蛋白质组学技术平台能够实现对整个蛋白质组的真实而全面的分析。每一个主要的技术平台都有其优势和缺陷，在很多情况下这些平台可以交叉互补。基本上，所有的分析平台在实现解析之前，对蛋白质总量分析都有其基础的局限性，此局限性是由于在某些样品类型里少量蛋白质就包括大部分样本所制约（这是血清/血浆研究中的主要问题 [67]）。下面的比较中列出的编号大致能反映典型的范围，但是肯定也取决于所分析样品的属性/质量。

### 13.3.1 若干分解出来的特征和修饰

在此讨论的三个主要技术平台都能对数以百计的特征进行分辨。大多数易处理的完整MALDI-IMS信号都很典型地低于30 000MW的范围，而这个技术保留了完整组织中蛋白质的空间分布。差异荧光凝胶电泳技术使用双向凝胶电泳可以分辨匀浆样品的完整特征，这些蛋白质的分子质量大约在10～200kDa的范围，等电点聚焦在3～11的范围。DIGE/MS和MALDI-IMS都可分析和定量完整蛋白的种类，而且它们在多个实验条件下的独立（生物学）重复中是经得起考验的，易于实现多元数据分析。在某些实例中（如磷酸化的蛋白质），修饰蛋白亚型可以通过双向凝胶电泳的模式直接可见（第一维中蛋白质的电荷梯度），同时易于在胶内蛋白质消化和质谱分析过程中通过蛋白质剪切证实（甚至不包括修饰肽段的质谱信息本身）。这些亚型在MALDI-IMS实验里会很明显的形成一系列$m/z$的峰值（如磷酸化的偏移量在80Da）。除非使用LC/MS/MS实验立即进行检测（或被明确的靶向）这些修饰的肽段，使用"自下而上"的"鸟枪"法从复杂的混合物种捕获/分析它们（尤其在全局范围的探索研究中）可能难以实现。

使用完整蛋白法难以分离的那些蛋白质，通常使用LC/MS/MS鸟枪法来确认，因为充足的代理肽段可以通过质谱分析得到（假设在各种分离、提取和消化步骤里蛋白质保持可溶）。鸟枪法还可用于有更高灵敏性和动力学范畴，尤其使用多维蛋白鉴定技术分析。但是在使用基于肽段的方法时，分析不同修饰和（或）在非靶向研究分析里进行数量化操作，将面临更大的考验，尤其是那些需要在多重实验条件里包含多个独立重复的实验。

### 13.3.2　样品消耗、蛋白质识别及覆盖深度

与双向凝胶电泳/差异荧光凝胶电泳法相比较（每块胶需要几百微克样品），MALDI-IMS和鸟枪法LC/MS/MS技术需要相对更少的材料，通常低到飞摩尔到皮摩尔数量级，或者少到通过激光捕获显微切割技术得到几千个细胞的级别。MALDI-IMS恐怕只需消耗最少量的材料（参考文献[65]）；当伴随着无监控多变量数据聚类算法时，尽管蛋白质组的一部分被屏蔽了，MALDI-IMS生成的图示也可以提供稳定的疾病预测和诊断的标记[51，52]。DIGE技术也可以从大量群体中产生类似的定量数据[23]。因为可定量的特征点是从双向电泳凝胶中分离出来的，可通过标准的"自下而上"的质谱方法直接从DIGE胶里快速识别目标蛋白，而用MALDI-IMS法识别蛋白质却常常需要进行单独的实验[66]。

对于LC/MS/MS鸟枪法，蛋白质是直接根据基于代理肽段的质谱数据进行识别和定量，这些代理肽段是由初始蛋白样品进行蛋白酶消化而得。因为肽段在它们的理化性质里是相对均质的，同时又可以从多个层析相中分离，所以这个方法为一个指定蛋白质组提供更深的覆盖度。分析代理肽还适用于溶解度、疏水性以及极端MW/PI值等问题，而不适用于双向凝胶电泳和MALDI-IMS法的完整蛋白的识别成为可能。然而，根据前面所述，只有在这些重要的肽段利用此技术被捕获或者被直接靶向，重要的翻译后修饰和形成的蛋白质构象才能被检测（因为完整蛋白的信息是不会被保留的），复合体实验对照也变得更有挑战性，而对与DIGE和MALDI-IMS这要相对简单些[23，40，41]。这些因素会发展成这个方法的优势还是劣势，取决于它的实验目的；对于全局性

的，基于发现为目的的实验，这些完整蛋白的属性不需要检测，但是在一个靶向的方法，尤其是运用 MRM 介导的质谱分析法中[39]，特定的修饰是可被定量的，而在双向凝胶电泳和 MALDI 方法下，它们是检测不到的。

### 13.3.3 统计强度

技术和生物学上的重复对于定量测定的准确度非常重要。但是，改变蛋白质的丰度/修饰是否能描述生物学意义，而不是产生自一个不可预期的实验条件改变，对于这一点来说生物学重复的评估是至关重要的（如实验对象内部的改变、样品制备条件的改变和仪器带来的分析方法的改变等）。

"统计强度"就是要有能力在 $Y\%$ 的置信区间（如 $p<0.05$）内显现一个 $X$ 倍的巨大改变（作用大小）而且是"正确的"（通常情况下表述为 0.8 的次方或者 $80\%$ 的时间里是"正确的"）。统计强度非常依靠仪表化制备的设备所带来的分析方法的改变，以及独立的（生物学的）重复数量。如 DIGE 的实验干扰非常低，这归功于内部标准的实验设计，这使得具有相当统计强度的实验可以在生物学重复很少的条件下进行[23]，而 LC/MS 实验却有一个相对高程度的分析法上的变化且很少甚至没有引入内部标准化的方法，因此常常导致低强度的实验结果，除非能引入足够数量的技术上的重复[40,41]。

合并（池化）独立的（生物学的）重复应该在极度谨慎而尊重结果数据统计强度的前提下，要么得制作足够的实验材料，要么就将成本最小化（"蛋白质组学经济学"）。如果样品间技术上的变化水平非常低（如样品制备、分析平台的背景干扰非常低），那么将样品合并是很有效的；如果变化水平很高，那么将是灾难性的（如实验中无关联的生物学上的改变，分析平台具有很高背景干扰）。即使同一个样品具有充足的技术上的重复可以用来解释说明样品制备和分析过程里的高程度的技术可变性，对合并样品进行 $N=1$ 次的实验，其技术上的噪声也是很低的，假设群体的平均水平能反映生物学上的信号。技术上的重复为检测样品的结果提供可信度，但其不能为生物学上的相关性提供任何可信度。在某些实例里，在数量众多的实验中创建"亚池"可能是有效的，但在这些例子中保持样品一定程度上的个体化以保持其统计强度仍然是非常必要的。

### 13.3.4 结论

这里所描述的三个主要的技术平台，它们对于蛋白质组学实验来说都有其可互补的优势。虽然我们很难说哪一个的优势最大，但是最常见的情况下可以根据你所能看到的，以及你看的到底有多好来下定论。在定量蛋白质组学研究中，灵敏度（覆盖深度）和统计强度（它在生物学上非常重要吗？）间的权衡很快发展成主要的焦点[23,40,41,68]。通常情况正是如此，样品的片段化和富集策略对于产生更深的覆盖度非常必要。但是，这不断提高的灵敏度也有相应的代价，因为它给实验系统带来了技术上的变化/噪声，从而降低了统计强度，除非分析足够数量的技术上的重复，除此之外必须数量的生物学重复给实验带来生物学上的重大意义。分析未分离的样品会引入最少量的技术上的变化/噪声，使得更加高的统计强度成为可能，但是却牺牲了总体的灵敏度/覆盖深度。最后，关于利用哪一个方法是最好的定论，是由实验中所遇到问题的本质所决定的，同时也由可达到的实验仪器化/专业化程度所决定。在这个最佳方案的"剧本"里，蛋白质组学项目不会被仅使用一个技术平台所制约。

（肖景发　译）

## 参 考 文 献

1. Wasinger, V. C., Cordwell, S. J., Cerpa-Poljak, A. et al. (1995) Progress with gene-product mapping of the Mollicutes: *Mycoplasma genitalium*. *Electrophoresis*, **16** (7), 1090-1094.

2. Wolters, D. A., Washburn, M. P. and Yates, J. R. III (2001) An automated multidimensional protein identification technology for shotgun proteomics. *Analytical Chemistry*, **73** (23), 5683-5690. Multidimensional protein identification technology (MudPIT).

3. Link, A. J., Eng, J., Schieltz, D. M. et al. (1999) Direct analysis of protein complexes using mass spectrometry. *Nature Biotechnology*, 17 (7), 676-682. Direct analysis of large protein complexes (DALPC).

4. Ducret, A., Van Oostveen, I., Eng, J. K. et al. (1998) High throughput protein characterization by automated reverse-phase chromatography/electrospray tandem mass spectrometry. *Protein Sci-ence*, 7 (3), 706-719.

5. Eng, J. K., McCormack, A. L. and Yates, J R. (1994) An approach to correlate tandem mass spectral data of peptides with amino acid sequences in a protein database. *Journal of the American Society for Mass Spectrometry*, **5** (11), 976-989. Database searching with tandem MS data.

6. Yates, J. R. III, Speicher, S., Griffin, P. R. and Hunkapiller, T. (1993) Peptide mass maps: a highly informative approach to protein identification. *Analytical Biochemistry*, **214** (2), 397-408.

7. Mann, M., Hojrup, P. and Roepstorff, P. (1993) Use of mass spectrometric molecular weight information to identify proteins in sequence databases. *Biological Mass Spectrometry*, **22** (6), 338-345.

8. James, P., Quadroni, M., Carafoli, E. and Gonnet, G. (1993) Protein identification by mass profile fingerprinting. *Biochemical and Biophysical Research Communications*, 195 (1), 58-64.

9. Henzel, W. J., Billeci, T. M., Stults, J. T. et al. (1993) Identifying proteins from two-dimensional gels by molecular mass searching of peptide fragments in protein sequence databases. *Proceedings of the National Academy of Sciences of the United States of America*, 90 (11), 5011-5015.

10. Yates, J. R. III, Eng, J. K., McCormack, A. L. and Schieltz, D. (1995) Method to correlate tandem mass spectra of modified peptides to amino acid sequences in the protein database. *Analytical Chemistry*, 67 (8), 1426-1436.

11. Laemmli, U. K. (1970) Cleavage of structural proteins during the assembly of the head of bacte-riophage T4. *Nature*, **227** (259), 680-685. SDS-PAGE.

12. O'Farrell, P. H. (1975) High resolution two-dimensional electrophoresis of proteins. *Journal of Biological Chemistry*, **250** (1 0), 4007-4021. 2D gel electrophoresis.

13. Görg, A., Postel, W., Domscheit, A. and Gunther, S. (1988) Two-dimensional electrophoresis with immobilized pH gradients of leaf proteins from barley (*Hordeum vulgare*): method, reproducibility and genetic aspects. *Electrophoresis*, **9** (1 1), 681-692.

14. Görg, A., Obermaier, C., Boguth, G. et al. (2000) The current state of two-dimensional elec-trophoresis with immobilized pH gradients. *Electrophoresis*, **21** (6), 1037-1053.

15. Vogt, J. A., Schroer, K., Holzer, K. et al. (2003) Protein abundance quantification in embryonic stem cells

using incomplete metabolic labelling with[15] N amino acids. matrix-assisted laser desorp tion/ionisation time-of-flight mass spectrometry, and analysis of relative isotopologue abundances of peptides. *Rapid Communications in Mass Spectrometry*, **17** (12), 1273-1282.

16. Tonge, R., Shaw, J., Middleton, B. et al. (2001) Validation and development of fluorescence two-dimensional differential gel electrophoresis proteomics technology. *Proteomics*, **1** (3), 377-396.
17. Von Eggeling, F., Gawriljuk, A., Fiedler, W. et al. (2001) Fluorescent dual colour 2D-protein gel electrophoresis for rapid detection of differences in protein pattern with standard image analysis software. *International Journal of Molecular Medicine*, **8** (4), 373-377.
18. Bengtsson, S., Krogh, M., Szigyarto, C. A. et al. (2007) Large-scale proteomics analysis of human ovarian cancer for biomarkers. *Journal of Proteome Research*, **6** (4), 1440-1450 [Epub 2007 Feb 22].
19. Friedman, D. B., Stauff, D. L., Pishchany, G. et al. (2006) *Staphylococcus aureus* redirects central metabolism to increase iron availability. *PLoS Pathogens*, **2** (8), e87.
20. Friedman, D. B., Wang, S. E., Whitwell, C. W. et al. (2007) Multivariable difference gel elec trophoresis and mass spectrometry: a case study on transforming growth factor-beta and ERBB2 signaling. *Molecular&Cellular Proteomics*, **6**, 150-169. DIGE experimental design.
21. Seike, M., Kondo, T., Fujii, K. et al. (2004) Proteomic signature of human cancer cells. Pro-*teomics*, **4** (9), 2776—2788. DIGE experimental design.
22. Suehara, Y., Kondo, T., Fujii, K. et al. (2006) Proteomic signatures corresponding to histolog ical classification and grading of soft-tissue sarcomas. *Proteomics*, **6** (15), 4402-4409. DIGE experimental design.
23. Karp, N. A. and Lilley, K. S. (2005) Maximising sensitivity for detecting changes in protein expres sion: experimental design using minimal CyDyes. *Proteomics*, **5** (12), 3105-3115. Variation in proteomics experiments, and statistical power for DIGE experiments.
24. Alban, A., David, S. O., Bjorkesten, L. et al. (2003) A novel experimental design for compara tive two-dimensional gel analysis: two—dimensional difference gel electrophoresis incorporating a pooled internal standard. *Proteomics*, **3** (1), 36-44. First description of internal standard method ology for DIGE.
25. Friedman, D. B., Hill, S., Keller, J. W. et al. (2004) Proteome analysis of human colon cancer by two-dimensional difference gel electrophoresis and mass spectrometry. *Proteomics*, **4** (3), 793-811. DIGE internal standard and limit of sensitivity.
26. Hatakeyama, H., Kondo, T., Fujii, K. et al. (2006) Protein clusters associated with carcinogen esis, histological differentiation and nodal metastasis in esophageal cancer. *Proteomics*, **6** (23), 6300-6316.
27. Kolkman, A., Dirksen, E. H., Slijper, M. and Heck, A. J. (2005) Double standards in quantitative proteomics: direct comparative assessment of difference in gel electrophoresis and metabolic stable isotope labeling. *Molecular&Cellular Proteomics*, **4** (3), 255-266 [Epub 2005 Jan 4].
28. Wu, C. C., Yates, J. R. III, Neville, M. C. and Howell, K. E. (2000) Proteomic analysis of two functional states of the Golgi complex in mammary epithelial cells. *Traffic*, **1** (10), 769-782.
29. Ohi, M. D., Link, A. J., Ren, L. et al. (2002) Proteomics analysis reveals stable multiprotein com plexes in both fission and budding yeasts containing Myb-related Cdc5p/Ceflp, novel pre-mRNA splicing factors, and snRNAs. *Molecular and Cellular Biology*, **22** (7), 2011-2024.
30. Sanders, S. L., Jennings, J., Canutescu, A. et al. (2002) Proteomics of the eukaryotic transcription machinery: identification of proteins associated with components of yeast TFIID by multidimen sional mass spectrometry. *Molecular and Cellular Biology*, **22** (13), 4723-4738.
31. Washburn, M. P., Wolters, D. and Yates, J. R. III (2001) Large-scale analysis of the yeast proteome by multidimensional protein identification technology. *Nature Biotechnology*, **19** (3), 242-247. MudPIT analysis.
32. Florens, L., Washburn, M. P., Raine, J. D. et al. (2002) A proteomic view of the *Plasmodium falciparum* life cycle. *Nature*, **419** (6906), 520-526.

33. Gygi, S. P., Rist, B., Gerber, S. A. et al. (1999) Quantitative analysis of complex protein mixtures using isotope-coded affinity tags. *Nature Biotechnology*, **17** (10), 994-999. ICAT labeling for quantitative LC/MS/MS.
34. Ross, P. L., Huang, Y. N., Marchese, J. N. et al. (2004) Multiplexed protein quantitation in *Saccharomyces cerevisiae* using amine-reactive isobaric tagging reagents. *Molecular & Cellular Proteomics*, **3** (12), 1154-1169 [Epub 2004 Sep 22]. iTRAQ labeling for quantitative LC/MS/MS.
35. Dayon, L., Hainard, A., Licker, V. et al. (2008) Relative quantification of proteins in human cerebrospinal fluids by MS/MS using 6-plex isobaric tags. *Analytical Chemistry*, **80** (8), 2921-2931 [Epub 008 Mar 1].
36. Old, W. M., Meyer-Arendt, K., Aveline-Wolf, L. et al. (2005) Comparison of label-free methods for quantifying human proteins by shotgun proteomics. *Molecular & Cellular Proteomics*, **4** (10), 1487-1502 [Epub 2005 Jun 23]. Spectral counting for LC/MS/MS.
37. Zhang, B., VerBerkmoes, N. C., Langston, M. A. et al. (2006) Detecting differential and correlated protein expression in label-free shotgun proteomics. *Journal of Proteome Research*, **5** (11), 2909-2918.
38. Anderson, L. and Hunter, C. L. (2006) Quantitative mass spectrometric multiple reaction monitoring assays for major plasma proteins. *Molecular&Cellular Proteomics.*, **5** (4), 573-588 [Epub 2005 Dec 6].
39. Wolf-Yadlin, A., Hautaniemi, S., Lauffenburger, D. A. and White, F. M. (2007) Multiple reaction monitoring for robust quantitative proteomic analysis of cellular signaling networks. *Proceedings of the National Academy of Sciences of the United States of America*, **104** (14), 5860-5865 [Epub 2007 Mar 26].
40. Anderle, M., Roy, S., Lin, H. et al. (2004) Quantifying reproducibility for differential proteomics: noise analysis for protein liquid chromatography — mass spectrometry of human serum. *Bioinformatics*, **20** (18), 3575-3582 [Epub 2004 Jul 29]. Variation in proteomics experiments.
41. Cho, H., Smalley, D. M., Theodorescu, D. et al. (2007) Statistical identification of differentially labeled peptides from liquid chromatography tandem mass spectrometry. *Proteomics*, **7** (20), 3681-3692. Variation in proteomics experiments.
42. Todd, P. J., Schhaaff, T. G., Chaurand, P. and Caprioli, R. M. (2001) Organic ion imaging of biological tissue with secondary ion mass spectrometry and matrix-assisted laser desorption/ionization. *Journal of Mass Spectrometry*, **36** (4), 355-369.
43. Chaurand, P., Schwartz, S. A. and Caprioli, R. M. (2002) *Current Opinion in Chemical Biology*, **6** (5), 676-68 1. Review of MALDI-IMS.
44. Schwartz, S. A., Reyzer, M. L. and Caprioli, R. M. (2003) *Journal of Mass Spectrometry*, **38**, 699-708. MALDI-IMS sample preparation.
45. Sanders, M. E., Dias, E. C., Xu, B. J. et al. (2008) Differentiating proteomic biomarkers in breast cancer by laser capture microdissection and MALDI MS. *Journal of Proteome Research*, **7** (4), 1500-1507 [Epub 2008 Apr 4]. MALDI-IMS directed by histology.
46. Yildiz, P. B., Shyr, Y., Rahman, J. S. et al. (2007) Diagnostic accuracy of MALDI mass spectrometric analysis of unfractionated serum in lung cancer. *Journal of Thoracic Oncology*, **2** (10), 893-901.
47. Chaurand, P. and Caprioli, R. M. (2002) Direct profiling and imaging of peptides and proteins from mammalian cells and tissue sections by mass spectrometry. *Electrophoresis*, **23** (18), 3125-3135.
48. Cornett, D. S., Reyzer, M. L., Chaurand, P. and Caprioli, R. M. (2007) MALDI imaging mass spectrometry: molecular snapshots of biochemical systems. *Nature Methods*, **4** (10), 828-833.
49. Seeley, E. H. and Caprioli, R. M. (2008) Molecular imaging of proteins in tissues by mass spectrometry. *Proceedings of the National Academy of Sciences of the United States of America*, **105** (47), 18126-18131 [Epub 2008 Sep 5].
50. Cornett, D. S., Mobley, J. A., Dias, E. C. et al. (2006) A novel histology—directed strategy for MALDI-MS tissue profiling that improves throughput and cellular specificity in human breast cancer. *Molecular & Cellu-*

lar *Proteomics*, **5** (10), 1975-1983 [Epub 2006 Jul 18].

51. Yanagisawa, K., Shyr, Y., Xu, B. J. *et al.* (2003) Proteomic patterns of tumour subsets in non-small-cell lung cancer. *Lancet*, **362** (9382), 433-439.

52. Schwartz, S. A., Weil, R. J., Thompson, R. C. *et al.* (2005) Proteomic-based prognosis of brain tumor patients using direct-tissue matrix-assisted laser desorption ionization mass spectrometry. *Cancer Research*, **65** (17), 7674-7681.

53. Annan, R. S. and Carr, S. A. (1997) The essential role of mass spectrometry in characterizing protein structure: mapping posttranslational modifications. *Journal of Protein Chemistry*, **16** (5), 391-402.

54. Chaurand, P., DaGue, B. B., Pearsall, R. S. *et al.* (2001) Profiling proteins from azoxymethane induced colon tumors at the molecular level by matrix-assisted laser desorption/ionization mass spectrometry. *Proteomics*, **1** (10), 1 320-1326.

55. Rahman, S. M., Shyr, Y., Yildiz, P. B. *et al.* (2005) Proteomic patterns of preinvasive bronchial lesions. *American Journal of Respiratory and Critical Care Medicine*, **172** (12), 1556-1562 [Epub 2005 Sep 22].

56. Schwartz, S. A., Weil, R. J., Johnson, M. D. *et al.* (2004) Protein profiling in brain tumors using mass spectrometry: feasibility of a new technique for the analysis of protein expression. *Clinical Cancer Research*, **10** (3), 981-987.

57. Schwartz, S. A., Weil, R. J., Thompson, R. C. *et al.* (2005) Proteomic-based prognosis of brain tumor patients using direct-tissue matrix-assisted laser desorption ionization mass spectrometry. *Cancer Research*, **65** (17), 7674-7681.

58. Xie, L., Xu, B. J., Gorska, A. E. *et al.* (2005) Genomic and proteomic analysis of mammary tumors arising in transgenic mice. *Journal of Proteome Research*, **4** (6), 2088-2098.

59. Simpkins, F., Czechowicz, J. A., Liotta, L. and Kohn, E. C. (2005) SELDI-TOF mass spectrometry for cancer biomarker discovery and serum proteomic diagnostics. *Pharmacogenomics*, **6** (6), 647-653.

60. Albrethsen, J., Bøgebo, R., Olsen, J. *et al.* (2006) Preanalytical and analytical variation of surface-enhanced laser desorption-ionization time-of-flight mass spectrometry of human serum. *Clinical Chemistry and Laboratory Medicine*, **118**, 1243-1252.

61. Roboz, J. (2005) Mass spectrometry in diagnostic oncoproteomics. *Cancer Investigation*, **23** (5), 465-478.

62. Baggerly, K. A., Morris, J. S., Edmonson, S. R. and Coombes, K. R. (2005) Signal in noise, evaluating reported reproducibility of serum proteomic tests for ovarian cancer. *Journal of the National Cancer Institute*, **97** (4), 307-309.

63. Baggerly, K. A., Morris, J. S. and Coombes, K. R. (2004) Reproducibility of SELDI-TOF protein patterns in serum: comparing datasets from different experiments. *Bioinformatics*, **20** (5), 777-785.

64. Diamandis, E. P. (2004) Analysis of serum proteomic patterns for early cancer diagnosis: drawing attention to potential problems. *Journal of the National Cancer Institute*, **96** (5), 353-356.

65. Xu, B. J., Li, J., Beauchamp, R. D. *et al.* (2009) Identification of early intestinal neoplasia protein biomarkers using laser capture microdissection and MALDI MS. *Molecular&Cellular Proteomics*, **8**, 936-945.

66. Groseclose, M. R., Andersson, M., Hardesty, W. M. and Caprioli, R. M. (2007) Identification of proteins directly from tissue: in situ tryptic digestions coupled with imaging mass spectrometry. *Journal of Mass Spectrometry*, **42** (2), 254-262. Protein identification from MALDI-IMS.

67. Anderson, N. L., Polanski, M., Pieper, R. *et al.* (2004) The human plasma proteome: a nonredundant list developed by combination of four separate sources. *Molecular &Cellular Proteomics*. **3** (4), 311-326 [Epub 2004 Jan 121].

68. Karp, N. A. and Lilley, K. S. (2009) Investigating sample pooling strategies for DIGE experiments to address biological variability. *Proteomics*, **9** (2), 388-397.

# 索　引

安全的载体　221
白血病抑制因子　188
斑马鱼信息网络　170
包含 Aminoallyl 的 aRNA　92
报告基因　138
报告系统　118
比较基因组杂交技术　1
变异组分分析　74
标准化　10
表达序列标签（EST）数据库　271
表面增强激光解吸离子化　277
病毒载体　139
哺乳动物细胞　137
层析柱　257
插入片段大小　157
差异荧光凝胶电泳　272
长同源臂　189
传代　196
传递不平衡分析　72
传递系统　221
串联质谱分析　271
纯化　4
纯化噬斑　228
单标记　68
单纯疱疹病毒　188
单核苷酸多态性芯片　1
单体型分析　69
单细胞分析　83
蛋白质-蛋白质相互作用谱　168
蛋白质功能预测　168
蛋白质基因本体　174
蛋白质结构分类　169
蛋白质识别　278
蛋白质相互作用　152
蛋白质相互作用信息的数据库　178
蛋白质组学　270
等位基因　74

等位基因不平衡　52
滴定　7
碘克沙醇纯化　259
电穿孔　193
电聚合物　220
电喷雾离子化　270
定量方法　109
定量聚合酶链反应　107
动态光散射　235
对数回归分析　68
多个蛋白质识别系统　171
多态性标记　29
多肽-DNA 复合体　235
多肽-DNA 复合体的准备　237
多维蛋白识别技术　275
多维高效液相色谱　274
多维还原　69
多位点关联分析　68
多重检验　69
多重连接探针扩增　1
翻译后修饰　137
反相高效液相色谱　274
反义 mRNA　251
反义寡核苷酸　251
飞行时间质量分析　270
非病毒载体　221
非参数法　60
非柱式 DNA 分离　46
分化　83
分离 MEF 细胞　196
分子倒置探针　44
分子相互作用数据库　178
福尔马林固定石蜡包埋　1
复杂性状　60
傅里叶变换离子回旋共振质谱仪　270
富集和低温储藏　198
肝素亲和层析　261

# 索　引

感染的中心　257
高精度分析　1
高密度 SNP 芯片　13
高通量基因分型　13
高效液相色谱　274
功能关联矩阵　175
供体细胞微核　144
共转染　140
构建 AAV 特洛伊木马　249
寡核苷酸　1
寡核苷酸比较基因组杂交　2
寡核苷酸探针标记的定量 PCR　121
关联分析的定位方法　60
关联分析框架　72
归一化　16
国际蛋白质索引　171
合成　14
合成 cDNA 的第二条链　99
化学方法　118
环氧鸟苷　140
机器学习技术　180
基因变异的靶向重测序　30
基因变异的知识库　29
基因表达谱　2
基因打靶　187
基因工程小鼠　186
基因间相互作用　69
基因拷贝数量变化　1
基因缺失　249
基因型　16
基因治疗策略　222
基因治疗载体　140
基因转移　137
基因组覆盖　64
基于凝胶策略　274
基质辅助激光解吸电离　270
激发荧光细胞分类　143
激光捕获显微切割技术　108
计算方法　168
剂量　18
假阳性率　69
兼容性重组插入　156

简单序列长度多态性　44
交换转移基因的提取　143
酵母基因组数据库　171
酵母菌基因组数据库　170
酵母菌落 PCR　159
酵母人工染色体　138
酵母双杂交　152
结合域　191
进化基因组学　177
聚合酶链反应　31
绝对定量　126
菌株　152
卡方检验　64
扩增方法比较　87
扩增和传代　197
酪胺信号扩增　85
粒子　228
连锁不平衡　29
连锁关联分析　45
临床样本和环境样本　112
绿色荧光蛋白　138
氯化铯　241
氯霉素-乙酰转移酶　138
慢病毒　223
毛细管凝胶电泳　18
酶联免疫吸附　257
目标胚胎干细胞的扩增　212
目标区域的选择　31
内部核糖体进入位点　222
内部扩增控制元件　113
胚泡注射　213
胚胎干细胞　140
胚胎细胞涂板　202
启动子　17
嵌合体培养　215
曲线分位点平滑　14
全基因组关联分析　29
全局 PCR 扩增　85
全局 RT-PCR　86
缺口修复反应　156
缺口修复克隆法　155
群体分层　61

| | | | |
|---|---|---|---|
| 染色体拷贝数量 | 1 | 位置效应 | 139 |
| 染色体整合 | 140 | 无循环导向性图形 | 170 |
| 染色体转移 | 144 | 系统发生关系 | 168 |
| 染色质 | 137 | 系统发生谱 | 175 |
| 染色质绝缘体 | 139 | 系统发生树 | 175 |
| 人类蛋白质参考数据库 | 178 | 细胞毒性分析 | 240 |
| 溶解曲线 | 120 | 细胞形态学 | 203 |
| 石蜡包埋组织中提取DNA | 5 | 细菌人工染色体 | 2 |
| 实时定量 | 107 | 下游的应用 | 214 |
| 实时定量PCR | 126 | 显微镜 | 149 |
| 使用LOD值作为参数的分析方法 | 73 | 限制性片段长度多态性 | 44 |
| 收集转染细胞 | 257 | 线性扩增介导聚合酶链反应 | 143 |
| 受累家系成员分析 | 74 | 腺病毒 | 222 |
| 受累同胞对分析 | 74 | 腺相关病毒 | 225 |
| 数据存储 | 53 | 小沟结合 | 122 |
| 数据分析 | 10 | 小鼠基因组数据库 | 170 |
| 数据质量控制 | 61 | 小鼠胚胎成纤维细胞 | 187 |
| 双向凝胶电泳 | 270 | 效功率 | 63 |
| 水解探针 | 110 | 芯片分析 | 14 |
| 四环素耐药操纵子 | 190 | 新鲜组织或冷冻组织中提取DNA | 4 |
| 随机样本 | 60 | 序列比对和组装 | 36 |
| 随机引物 | 9 | 序列同源性 | 168 |
| 锁核酸 | 122 | 选择SNP | 62 |
| 唐氏综合征 | 18 | 血缘同一的 | 74 |
| 特异性染色体重组 | 140 | 严重免疫缺陷综合征 | 220 |
| 体内缺口修复克隆 | 154 | 研究设计 | 60 |
| 体外基因传递 | 236 | 研究主题 | 61 |
| 体外转录 | 84 | 阳离子聚合体 | 233 |
| 挑选胚胎干细胞克隆 | 208 | 阳离子脂质体 | 232 |
| 通过进化关系的功能统计推断 | 177 | 阳性转化株鉴定 | 159 |
| 同位素标记相对和绝对定量 | 275 | 样本的选择 | 31 |
| 同源性探索 | 172 | 样品类型 | 277 |
| 统计强度 | 272 | 样品消耗 | 278 |
| 透射电子显微镜 | 235 | 液相色谱串联质谱法 | 274 |
| 图形界面软件 | 39 | 遗传图谱 | 29 |
| 完整序列的多比对 | 174 | 阴性对照组 | 130 |
| 微核细胞分离 | 147 | 引物设计 | 31 |
| 微球芯片 | 14 | 荧光标记探针 | 123 |
| 微细胞融合 | 140 | 荧光细胞检测 | 265 |
| 微小RNA | 187 | 荧光原位杂交 | 144 |
| 为电转化准备目标载体DNA | 205 | 萤光素酶 | 138 |
| 位点控制区域 | 138 | 优化方案 | 239 |

# 索　引

优势对数记分法　73
"诱饵"或"猎物"蛋白克隆　154
诱导性删除　190
诱饵克隆　165
原液粗裂解液　226
杂合性缺失　13
载体系统　220
再现性和可靠性　86
在 Phrap 拼接结果中发现遗传变异　38
支持向量机　174
脂质-DNA 复合体的准备　237
质粒设计　222
质谱成像　276
质谱分析　270
致癌逆转录病毒　223
重复序列　11
柱式 DNA 分离　47
转基因技术　138
转录激活结构域　152
状态同一　74
自动功能预测　173
自激活检测　161
组织特异性调控元件　139
祖先信息标记　65
最大 LOD 值　73
AAV 病毒滴度检测　263
AliasServer　172
aRNA 纯化　93
BAC 到重组细菌株　193
BLASTn　122
cDNA 纯化　91
Cre 介导的盒式交换　144
Cre 重组酶　140
$CsCl_2$ 纯化重组　226

DNA 标记　9
DNA 定量　7
DNA 回收　216
DNA 拷贝数变化　1
DNA 样品　1
DNA 质量控制　50
DNA 阻滞实验　239
EIGENSTRAT 方法　65
Hardy-Weinberg 平衡定律　64
HIV　225
Illumina SNP Beadarray　14
LC/MS 策略　274
MLPA 产物分离和相对定量　22
mRNA 表达谱　17
NovoSNP　38
Oligo-dT 引物　85
P1-人工染色体　138
pGAD 载体　152
Phrap 软件　36
Phred 程序　34
PicoGreen　7
PLINK 软件　65
RMCE 实验方案　140
RNA 的完整性评估　109
RNA 扩增　82
RNA 提取　109
RNA 诱导沉默复合物　251
Scorpions 探针　122
SDS 聚丙烯酰胺凝胶电泳　271
siRNA　224
sudophred 工具　36
SYBR Green I 染料检测　118
β-半乳糖苷酶　190